机械设计基础

第七版

杨可桢　程光蕴
李仲生　钱瑞明
主编

"十二五"普通高等教育
本科国家级规划教材

高等教育出版社·北京

内容提要

本书是"十二五"普通高等教育本科国家级规划教材，是在前六版的基础上，根据教育部高等学校机械基础课程教学指导分委员会制订的《高等学校机械设计基础课程教学基本要求》以及新发布的有关国家标准修订而成的。 本书荣获首届全国教材建设奖全国优秀教材二等奖。

本书的体系和章节顺序与第六版相同。 全书除绪论外共 18 章，第1~8 章讲述常用机构及机器动力学基本知识，第9~18 章讲述常用连接、机械传动、轴系部件和弹簧。

本书附有数字课程资源网站，包括教学课件、学习指导及部分典型机构的视频和动画等，可供教学和自学使用。

本书可作为高等工科院校机械设计基础课程的教材，也可供有关工程技术人员参考。

本书第二版曾获全国第一届高等学校优秀教材国家教委一等奖。 本书第五版被评为 2007 年度普通高等教育精品教材。

图书在版编目（ＣＩＰ）数据

机械设计基础/杨可桢等主编 . --7 版 . --北京：高等教育出版社,2020. 7(2024.12重印)

ISBN 978-7-04-053821-2

Ⅰ.①机… Ⅱ.①杨… Ⅲ.①机械设计-高等学校-教材 Ⅳ.①TH122

中国版本图书馆 CIP 数据核字（2020）第 038327 号

Jixie Sheji Jichu

| 策划编辑 薛立华 | 责任编辑 薛立华 | 封面设计 张申申 | 版式设计 徐艳妮 |
| 插图绘制 于 博 | 责任校对 吕红颖 | 责任印制 沈心怡 | |

出版发行	高等教育出版社	网 址	http://www.hep.edu.cn
社 址	北京市西城区德外大街 4 号		http://www.hep.com.cn
邮政编码	100120	网上订购	http://www.hepmall.com.cn
印 刷	涿州市星河印刷有限公司		http://www.hepmall.com
开 本	787 mm×1092 mm 1/16		http://www.hepmall.cn
印 张	21	版 次	1979 年 5 月第 1 版
字 数	500 千字		2020 年 7 月第 7 版
购书热线	010 - 58581118	印 次	2024 年 12 月第 11 次印刷
咨询电话	400 - 810 - 0598	定 价	47.50 元

机械设计基础

（第七版）

1 计算机访问 http://abook.hep.com.cn/1255691，或手机扫描二维码、下载并安装 Abook 应用。

2 注册并登录，进入"我的课程"。

3 输入封底数字课程账号（20位密码，刮开涂层可见），或通过 Abook 应用扫描封底数字课程账号二维码，完成课程绑定。

4 单击"进入课程"按钮，开始本数字课程的学习。

机械设计基础数字课程与纸质教材一体化设计，紧密配合。数字课程涵盖多媒体课件、学习指导及部分典型机构的视频和动画等，充分运用多种形式的媒体资源，极大地丰富了知识的呈现形式，拓展了教材内容，为学生创建一个适宜自主学习和创造性学习的环境。在提升课程教学效果的同时，为学生学习提供思维与探索的空间。

课程绑定后一年为数字课程使用有效期。受硬件限制，部分内容无法在手机端显示，请按提示通过计算机访问学习。

如有使用问题，请发邮件至 abook@hep.com.cn。

扫描二维码
下载 Abook 应用

http://abook.hep.com.cn/1255691

第七版序

　　本书是根据教育部高等学校机械基础课程教学指导分委员会制订的《高等学校机械设计基础课程教学基本要求》以及新发布的有关国家标准,结合近几年各校使用本教材的实践经验修订而成的。

　　在本版的修订过程中,编者仍试图从满足教学基本要求、贯彻少而精的原则出发,力求做到精选内容,适当拓宽知识面,反映学科新成就,但深度适中、篇幅不大,以期保持本书简明、实用的特色。

　　为了适应我国实施创新驱动发展战略的形势要求,服务新时期拔尖创新人才的培养,本次修订根据新近发布的国家标准、规范,对书中的术语、图表、数据进行了全面订正和更新。本书编者还走访多所院校,听取使用本教材师生的宝贵建议,对教材内容作了局部调整和修改,使之更加完善。另外,本书第七版为新形态教材,配套有教学课件、学习指导及部分典型机构的视频和动画等课程资源,部分课程资源以二维码链接的形式在教材中呈现,便于教师教学和学生自学。

　　本书第一版于 1979 年出版,由南京工学院程光蕴、钱庆蕊、杨可桢、朱永玉、胡宗祺、郑文纬,同济大学喻怀正、董亲建,上海工业大学王绍杰,上海科技大学谢伟民、胡哲鸿,华东化工学院李永年、李仲生编写,杨可桢、程光蕴任主编。参加第七版修订工作的有程光蕴、李仲生(负责第 9~18 章统稿)、钱瑞明(负责第 1~8 章统稿)。

　　本书第七版承华南理工大学黄平教授细心审阅,他对本次修订提出了许多宝贵意见,编者对此深表感谢。

　　编者殷切希望广大读者在使用过程中对本书的错误和欠妥之处批评指正。对本书的意见请寄:南京市江宁区东南大学机械工程学院设计工程系(邮编:211189)。

编　者

2019 年 12 月

§0-1　本课程研究的对象和内容

人类在长期的生产实践中创造了机器,并使其不断发展,形成当今多种多样的类型。在现代生产和日常生活中,机器已成为代替或减轻人类劳动、提高劳动生产率的主要手段。使用机器的水平是衡量一个国家现代化程度的重要标志。

机器是执行机械运动的装置,用来变换或传递能量、物料、信息。凡将其他形式能量变换为机械能的机器称为原动机。如内燃机将热能变换为机械能,电动机将电能变换为机械能,它们都是原动机。凡利用机械能去变换或传递能量、物料、信息的机器称为工作机。如发电机将机械能变换为电能,起重机传递物料,金属切削机床变换物料外形,磁带录音机变换和传递信息,它们都属于工作机。

图 0-1 所示为单缸四冲程内燃机。它是由气缸体 1、活塞 2、进气阀 3、排气阀 4、连杆 5、曲轴 6、凸轮 7、顶杆 8、齿轮 9 和 10 等组成。燃气推动活塞往复运动,经连杆转变为曲轴的连续转动。凸轮和顶杆是用来启闭进气阀和排气阀的。为了保证曲轴每转两周进、排气阀各启闭一次,曲轴与凸轮轴之间安装了齿数比为 1∶2 的齿轮。这样,当燃气推动活塞运动时,各构件协调地动作,进、排气阀有规律地启闭,加上汽化、点火等装置的配合,就把热能转换为曲轴回转的机械能。

图 0-2 所示为一工业机器人。它由铰接臂机械手 1、计算机控制台 2、液压装置 3和电力装置 4 组成。当机械手的大臂、小臂和手按指令有规律地运动时,手端夹持器(图中未示出)便将物料运送到预定的位

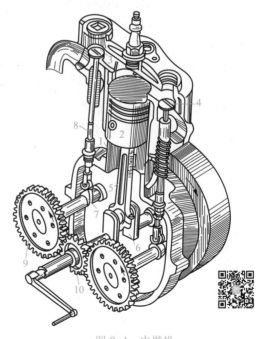

图 0-1　内燃机

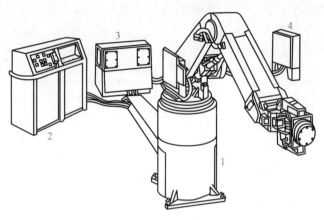

图 0-2　工业机器人

置。在这部机器中,机械手是传递运动和执行任务的装置,是机器的主体部分,电力装置和液压装置提供动力,计算机控制台实施控制。

　　从以上两例可以看出,机器的主体部分是由许多运动构件组成的。用来传递运动和力、有一个构件为机架、用构件间能够相对运动的连接方式组成的构件系统称为机构。在一般情况下,为了传递运动和力,机构各构件间应具有确定的相对运动。例如在图 0-1 所示的内燃机中,活塞、连杆、曲轴和气缸体组成一个曲柄滑块机构,将活塞的往复运动变为曲柄的连续转动。凸轮、顶杆和气缸体组成凸轮机构,将凸轮轴的连续转动变为顶杆有规律的间歇运动。曲轴和凸轮轴上的齿轮与气缸体组成齿轮机构,使两轴保持一定的速比。

　　机器的主体部分是由机构组成的。一部机器可包含一个或若干个机构。例如鼓风机、电动机只包含一个机构,而内燃机则包含曲柄滑块机构、凸轮机构、齿轮机构等若干个机构。机器中最常用的机构有连杆机构、凸轮机构、齿轮机构、轮系和间歇运动机构等。

　　就功能而言,一般机器包含四个基本组成部分:动力部分、传动部分、控制部分、执行部分。动力部分可采用人力、畜力、风力、液力、电力、热力、磁力、压缩空气等作动力源。其中利用电力和热力的原动机(电动机和内燃机)使用最广。传动部分和执行部分由各种机构组成,是机器的主体。控制部分包括计算机、传感器、电气装置、液压系统、气压系统,还包括各种控制机构。例如,内燃机中的凸轮机构便是用于控制进、排气阀启闭的控制机构。由于信息技术、数字化技术的飞速发展,在近代机器的控制部分中,计算机系统已居于主导地位。

　　机构与机器的区别在于:机构只是一个构件系统,而机器除构件系统之外,还包含电气、液压等其他装置;机构只用于传递运动和力,而机器除传递运动和力之外,还具有变换或传递能量、物料、信息的功能。但是,在研究构件的运动和受力情况时,机器与机构并无差别。因此,习惯上用"机械"一词作为机器和机构的总称。

　　构件是运动的单元。它可以是单一的整体,也可以是由几个零件组成的刚性结构。图 0-3 所示内燃机的连杆就是由连杆体 1、连杆盖 4、螺栓 2 和螺母 3 等几个零件组成的。这些零件之间没有相

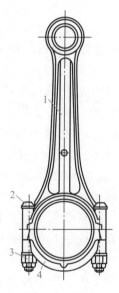

图 0-3　连杆

对运动,构成一个运动单元,成为一个构件。零件是制造的单元①。机械中的零件可分为两类:一类称为通用零件,在许多机械中都会遇到,如齿轮、螺钉、轴、弹簧等;另一类称为专用零件,只出现于某些特定机械之中,如汽轮机的叶片、内燃机的活塞等。

机械设计基础主要研究机械中的常用机构和通用零件的工作原理、结构特点、基本的设计理论和计算方法。

本书第1章至第8章介绍机械中的常用机构(连杆机构、凸轮机构、齿轮机构、轮系和间歇运动机构)及机器动力学的基本知识(机械调速和平衡);第9章及其后各章阐述常用连接(螺纹连接、键连接等),机械传动(螺旋传动、带传动、链传动、齿轮传动和蜗杆传动),轴系零、部件(轴、轴承、联轴器)和弹簧等,扼要介绍相关国家标准和规范。这些常用机构和通用零件的工作原理、设计理论和计算方法,对于专用机械和专用零件的设计也具有一定的指导意义。

随着科学技术的发展,特别是计算机的应用,出现了一些新的机械设计方法。例如:用优化方法寻求最佳设计方案和设计参数,用有限元法对强度、刚度、润滑、传热等进行数值计算,用可靠性设计精确评定机械零件的强度和寿命,用CAD(计算机辅助设计)技术替代手工计算和绘图,并构建虚拟样机和进行性能分析与评判等。这些新的机械设计方法,目前已在我国高等学校单独设课讲授,故未列入本课程之中。

§0-2　本课程在教学中的地位

随着机械化、自动化生产规模的日益扩大,除机械制造部门外,在动力、采矿、冶金、石油、化工、轻纺、食品等许多生产部门工作的工程技术人员,都会经常接触各种类型的通用机械和专用机械。他们必须对机械具备一定的基础知识。因此,机械设计基础如同机械制图、电工学、计算机应用技术一样,是高等学校工科有关专业的一门重要的技术基础课。

机械设计基础将为有关专业的学生学习专业机械设备课程提供必要的理论基础。

机械设计基础将使从事工艺、运行、管理的技术人员,在了解机械的传动原理,设备的选购、正确使用和维护及故障分析等方面获得必要的基本知识。

通过本课程的学习和课程设计实践,可使学生初步具备运用手册设计简单机械传动装置的能力,为日后从事技术革新创造条件。

机械设计是多学科理论和实际知识的综合运用。机械设计基础的主要先修课程有机械制图、工程材料及机械制造基础、金工实习、理论力学和材料力学等。除此之外,考虑到许多近代机械设备中包含复杂的动力系统和控制系统,因此各专业的工程技术人员还应当了解液压传动、气压传动、电子技术、计算机应用等有关知识。

在各个生产部门实现机械化和自动化,对于发展国民经济具有十分重要的意义。为了加速社会主义现代化建设的步伐,应当对原有的机械设备进行全面的技术改造,以充分发挥企业潜力;应当设计各种高质量的、先进的成套设备来装备新兴的生产部门;还应当研究、设计完善的、高度智能化的机械手和机器人等装备,从事空间探测、海底开发和实现生产过程

---

① 为完成共同任务而结合起来的一组零件称为部件,它是装配的单元,如滚动轴承、联轴器等。但是,在一般论述中,对零件和部件往往不作严格区分。

自动化。可以预计,在实现四个现代化的进程中,机械设计这门学科必将发挥越来越大的作用,它自身也将得到更大的发展。

§0-3　机械设计的基本要求和一般过程

机械设计是指规划和设计实现预期功能的新机械或改进原有机械的性能。

设计机械应满足的基本要求是:

(1) 良好的使用性能　实现预期功能,满足使用要求。操作容易,保养简单,维修方便。不必追求"多功能",因为"多功能"会增加成本,降低可靠性。

(2) 安全　许多重大事故出自机械故障。起落架故障引发空难,刹车失灵酿成车祸,密封件泄漏导致"挑战者号"航天飞机失事,频繁出现的汽车"召回"事件更暴露机械设计不良造成的安全隐患。机械设计必须以人为本。凡关系到人身安全或重大设备事故的零部件都必须进行认真、严格的设计计算或校核计算①,不能凭经验或以"类比"代替。计算说明书应妥善保管,以备核查。暴露的运动构件要配置防护网。易造成人身伤害的部位必须有安全连锁装置或实施远距离操纵。电气元件、导线的规格和安装必须符合安全标准。除此之外,为了保护设备,还应设置保险销、安全阀等过载保护装置以及红灯、警铃等警示装置。

(3) 可靠、耐用　在预定的使用期限内不发生或极少发生故障。大修或更换易损件的周期不宜太短,以免经常停机影响生产。但是,也不宜过分强调"耐用"。现代化生产推行定期更新和逾期强制报废,个别零、部件的"长寿"对整机并无实际意义。因追逐"耐用"而滥用贵重材料会徒然增加成本。

(4) 经济　设计中应尽可能多选用标准件和成套组件,它们不仅可靠、价廉,而且能大大节省设计工作量。可以说,设计中使用标准件的多少是评价设计水平的重要标志。要重视节约贵重原材料,降低成本。零件设计必须关注加工工艺性,力求减少加工费用。良好的经济性不仅体现在制造成本低,更应体现在机器使用中的高效率、低能耗。

(5) 符合环保要求　机器噪声不超标。不采用石棉等禁用的原材料。确保机械在使用过程中不泄漏水、油、粉尘和烟雾。生产中的废水、废气必须经过治理,达标排放。

除此之外,欲使产品具有市场竞争力,机械设计师还应与工艺美术人员密切配合,力求产品造型美观。

在明确设计要求之后,机械设计包括以下主要内容:确定机械的工作原理,选择合宜的机构;拟订设计方案;进行运动分析和动力分析,计算作用在各构件上的载荷;进行零部件工作能力计算、总体设计和结构设计。本书第1章至第8章着重介绍选择机构和拟订设计方案的有关知识,第9章至第18章着重论述应力分析、零部件工作能力计算和结构设计的有关内容。

一部机器的诞生,从感到某种需要、萌生设计念头、明确设计要求开始,经过设计、制造、鉴定直到产品定型,是一个复杂、细致的过程。为了便于理解,可将机械设计的一般过程用

① 本书介绍的安全系数和许用应力仅适用于一般生产机械。对于涉及人身安全的车辆、电梯、起重机、载人装置等特种机械,它的安全系数须增大许多倍。读者设计此类特种机械的重要零、部件时,必须参照相关专业规范选取安全系数和许用应力。

图 0-4 所示的框图表示。

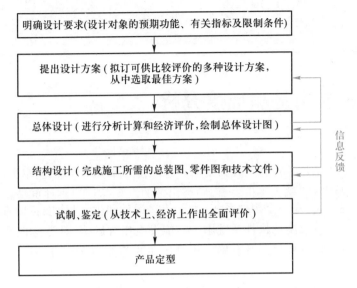

图 0-4　机械设计的一般过程

　　设计人员要善于把设计构思、设计方案用语言、文字、图形方式传递给主管人和协作者，以获得支持。除技术问题之外，设计人员还要论证下列问题：① 此设计是否确实为人们所需要？② 有哪些特色？能否与同类产品竞争？③ 制造上是否经济？④ 保养、维修是否方便？⑤ 是否有市场？⑥ 社会效益与经济效益如何？

　　设计人员既要富有创造精神，又要从实际出发；要善于调查研究，广泛听取用户和工艺人员的意见，在设计、加工、安装、调试过程中及时发现问题，反复修改，以期取得最佳的成果，并从中积累设计经验。

习题

　　0-1　对具有下述功能的机器各举出两个实例：（1）原动机；（2）将机械能变换为其他形式能量的机器；（3）变换物料的机器；（4）变换或传递信息的机器；（5）传递物料的机器；（6）传递机械能的机器。

　　0-2　指出下列机器的动力部分、传动部分、控制部分和执行部分：（1）汽车；（2）自行车；（3）车床；（4）电风扇；（5）录音机。

第 1 章

平面机构的自由度和速度分析

如绪论中所述,机构是一个构件系统,为了传递运动和力,机构中各构件之间应具有确定的相对运动。但任意拼凑的构件系统不一定能发生相对运动,即使能够运动,也不一定具有确定的相对运动。讨论构件间具有确定相对运动的条件,对于分析现有机构或设计新机构都是很重要的。

实际机构的外形和结构都很复杂,为了便于分析研究,在工程设计中,通常都用简单线条和规定符号绘制机构运动简图来表示实际机械。工程技术人员应当熟悉机构运动简图的绘制方法。

在研究机构的工作特性和运动情况时,常常要分析确定机构中有关构件的运动规律,如构件整体的位置、角位移、角速度、角加速度,构件上一点的轨迹、位移、速度、加速度等运动参数。这些运动分析的内容和方法在理论力学中均有所介绍,本章仅讨论利用速度瞬心对平面机构进行速度分析的方法。

上述内容将在本章的各节中加以讨论。

所有构件都在相互平行的平面内运动的机构称为平面机构,否则称为空间机构。工程中常见的机构多属于平面机构,因此本章只讨论平面机构。

§1-1 运动副及其分类

一个作平面运动的自由构件具有三个独立运动。如图 1-1 所示,在 Oxy 坐标系中,构件 S 可随其上任一点 A 沿 x 轴、y 轴方向独立移动和绕 A 点独立转动。构件相对于参考坐标系的独立运动的数目称为自由度。所以,一个作平面运动的自由构件具有三个自由度。

机构是由许多构件组成的。机构的每个构件都以一定方式与某些构件相互连接。这种连接不是固定连接,而是能产生一定相对运动的连接。两构件直接接触并能产生一定相对运动的连接称为运动副。构件组成运动副后,其独立运动受到约束,自由度随之减少。

图 1-1 平面运动
刚体的自由度

两构件组成运动副,其接触不外乎点、线、面。按照接触特性,通常把运动副分为低副和高副两类。

1. 低副

两构件通过面接触组成的运动副称为低副。平面机构中的低副有转动副和移动副两种。

（1）转动副　若组成运动副的两构件只能在平面内相对转动,这种运动副称为转动副,或称铰链,如图 1-2 所示。

（2）移动副　若组成运动副的两构件只能沿某一方向作相对直线移动,这种运动副称为移动副,如图 1-3 所示。

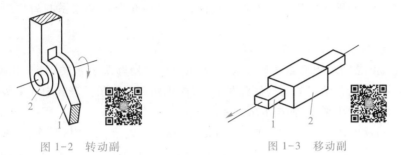

图 1-2　转动副　　　　　　　　　图 1-3　移动副

2. 高副

两构件通过点或线接触组成的运动副称为高副。图 1-4a 中的车轮 1 与钢轨 2、图 1-4b 中的凸轮 1 与从动件 2、图 1-4c 中的齿轮 1 与齿轮 2 分别在接触处 A 组成高副。组成平面高副两构件间的相对运动是沿接触处公切线 $t-t$ 方向的相对移动和在平面内的相对转动。

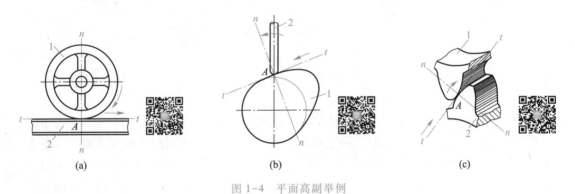

(a)　　　　　　　　(b)　　　　　　　　(c)

图 1-4　平面高副举例

除上述平面运动副之外,机械中还经常见到如图 1-5a 所示的球面副和图 1-5b 所示的

(a)　　　　　　　　　　　　(b)

图 1-5　球面副和螺旋副

螺旋副。这些运动副两构件间的相对运动是空间运动,属于空间运动副。空间运动副不在本章讨论的范围之内。

§1-2 平面机构运动简图

实际构件的外形和结构很复杂,在研究机构运动时,为了使问题简化,有必要撇开那些与运动无关的构件外形和运动副具体构造,仅用简单线条和规定符号来表示构件和运动副,并按比例定出各运动副的位置。这种表明机构各构件间相对运动关系的简化图形,称为机构运动简图。

机构运动简图中的运动副表示如下:

图 1-6a、b、c 是两个构件组成转动副的表示方法。用圆圈表示转动副,其圆心代表相对转动轴线。若组成转动副的两构件都是活动件,则用图 a 表示。若其中一个为机架,则在代表机架的构件上加阴影线,如图 b、c 所示。

两构件组成移动副的表示方法如图 1-6d、e、f 所示。表示移动副时,重点是反映出两构件之间的相对直线移动方向,即移动副的导路方向。组成移动副的两构件之一可以画成杆状、块状或槽状。同上所述,图中画阴影线的构件表示机架。

两构件组成高副时,在简图中应当画出两构件接触处的曲线轮廓,如图 1-6g 所示。

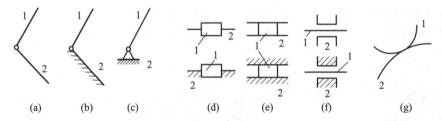

图 1-6 平面运动副的表示方法

图 1-7 为构件的表示方法。图 a 表示参与组成两个转动副的构件。图 b 表示参与组成一个转动副和一个移动副的构件。一般情况下,参与组成三个转动副的构件可用三角形表示。为了表明三角形是一个刚性整体,常在三角形内打剖面线或在三个角加上焊接标记,如图 c 所示;如果三个转动副中心在一条直线上,则用图 d 表示。超过三个运动副的构件的表示方法可依此类推。对于机械中的常用构件和零件,也可采取惯用画法,例如用粗实线或点画线画出一对节圆来表示互相啮合的齿轮;用完整的轮廓曲线来表示凸轮。其他常用构件及运动副的表示方法可参看 GB/T 4460—2013《机械制图 机构运动简图用图形符号》。

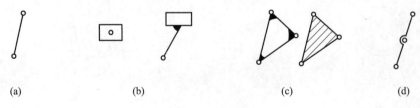

图 1-7 构件表示方法

机构中的构件可分为三类:

(1)固定构件(机架) 用来支承活动构件(运动构件)的构件。例如图 0-1 中的气缸体就是固定构件,它用以支承活塞、曲轴等。研究机构中活动构件的运动时,常以固定构件作为参考坐标系。

(2)原动件(主动件) 运动规律已知的活动构件。它的运动是由外界输入的,故又称为输入构件。例如图 0-1 中的活塞就是原动件。常用箭头表示出原动件的运动方向。

(3)从动件 机构中随原动件运动而运动的其余活动构件。其中输出预期运动的从动件称为输出构件,其他从动件则起传递运动的作用。例如图 0-1 中的连杆和曲轴都是从动件。由于该机构的功用是将直线运动变换为定轴转动,因此曲轴是输出构件,连杆是传递运动的从动件。

任何机构必有一个构件被相对地看作固定构件。例如气缸体虽然跟随汽车运动,但在研究发动机的运动时,仍把气缸体视为固定构件。在活动构件中必须有一个或几个原动件,其余的都是从动件。

下面举例说明机构运动简图的绘制方法。

例 1-1 绘制图 1-8a 所示颚式破碎机的机构运动简图。

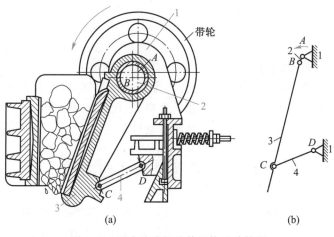

(a)   (b)

图 1-8 颚式破碎机及其机构运动简图

解:颚式破碎机的主体机构由机架 1、偏心轴(又称曲轴)2、动颚 3、肘板 4 等四个构件组成。带轮与偏心轴固连成一整体,它是运动和动力输入构件,即原动件,其余构件都是从动件。当带轮和偏心轴 2 绕轴线 A 转动时,驱使输出构件动颚 3 作平面复杂运动,从而将矿石轧碎。

在确定构件数目之后,再根据各构件间的相对运动确定运动副的种类和数目。偏心轴 2 绕机架 1 的轴线 A 相对转动,故构件 1、2 组成以 A 为中心的转动副;动颚 3 与偏心轴 2 绕轴线 B 相对转动,故构件 2、3 组成以 B 为中心的转动副;肘板 4 与动颚 3 绕轴线 C 相对转动,故构件 3、4 组成以 C 为中心的转动副;肘板 4 与机架 1 绕轴线 D 相对转动,故构件 4、1 组成以 D 为中心的转动副。

选定适当比例尺,根据图 1-8a 的尺寸定出 A、B、C、D 的相对位置,用构件和运动副的规定符号绘出机构运动简图,如图 1-8b 所示。

最后,将图中的机架画上阴影线,并在原动件 2 上标注表示运动方向的箭头。

需要指出,虽然动颚 3 与偏心轴 2 是用一个半径大于 AB 的轴颈连接的,但是运动副的规定符号仅与相对运动的性质有关,而与运动副的结构尺寸无关,所以在机构运动简图中仍用小圆圈表示。

例 1-2　绘制图 1-9a 所示活塞泵的机构运动简图。

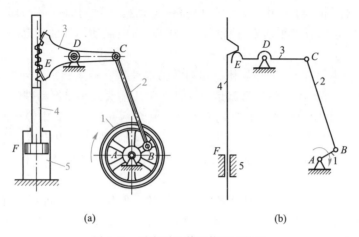

(a)　　　　　　　　　　(b)

图 1-9　活塞泵及其机构运动简图

解：活塞泵由曲柄 1、连杆 2、齿扇 3、齿条活塞 4 和泵体 5 等五个构件组成。曲柄 1 是原动件,构件 2、3、4 是从动件,泵体 5 是机架。当原动件 1 回转时,齿条活塞 4 在泵体 5 中往复运动。

各构件之间的连接如下:构件 1 和 5、2 和 1、3 和 2、3 和 5 之间为相对转动,分别构成 A、B、C、D 转动副。构件 3 的轮齿与构件 4 的齿构成平面高副 E。构件 4 与 5 之间为相对移动,构成移动副 F。

选取适当比例,按图 1-9a 的尺寸定出 A、B、C、D、E、F 的相对位置,用构件和运动副的规定符号画出机构运动简图,在原动件 1 上标注表示运动方向的箭头,如图 1-9b 所示。

应当说明,绘制机构运动简图时,原动件的位置选择不同,所绘机构运动简图的图形也不同。当原动件位置选择不当时,构件互相重叠交叉,使图形不易辨认。为了清楚地表达各构件的相互关系,绘图时应当选择一个恰当的原动件位置。

§1-3　平面机构的自由度

机构的各构件之间应具有确定的相对运动。显然,不能产生相对运动或无规则乱动的一堆构件难以用来传递运动。为了使组合起来的构件能产生运动并具有运动确定性,有必要探讨机构自由度和机构具有确定运动的条件。

一、平面机构自由度计算公式

如前所述,一个作平面运动的自由构件具有三个自由度。因此,平面机构的每个活动构件,在未用运动副连接之前,都有三个自由度,即沿 x 轴和 y 轴的移动以及在 xOy 平面内的转动。当两构件组成运动副之后,它们的相对运动受到约束,自由度随之减少。不同种类的运动副引入的约束不同,所保留的自由度也不同。例如图 1-2 所示的转动副,约束了两个移动自由度,只保留一个转动自由度;而移动副(图 1-3)约束了沿一轴方向的移动和在平面内的转动两个自由度,只保留沿另一轴方向移动的自由度;高副(图 1-4)则只约束沿接触处公法线 n-n 方向移动的自由度,保留绕接触处转动和沿接触处公切线 t-t 方向移动两个自由度。也可以说,在平面机构中,每个低副引入两个约束,使构件失去两个自由度;每个高副引入一个约束,使构件失去一个自由度。

设某平面机构共有 K 个构件。除去固定构件,则活动构件数为 $n = K-1$。在未用运动副连接之前,这些活动构件的自由度总数为 $3n$。当用运动副将构件连接组成机构之后,机构中各构件具有的自由度随之减少。若机构中低副数为 P_L 个,高副数为 P_H 个,则运动副引入的约束总数为 $2P_L + P_H$。活动构件的自由度总数减去运动副引入的约束总数就是机构自由度,以 F 表示,即

$$F = 3n - 2P_L - P_H \qquad (1-1)$$

这就是计算平面机构自由度的公式。由公式可知,机构自由度取决于活动构件的个数以及运动副的性质和个数。

机构的自由度也即是机构相对机架具有的独立运动的数目。由前述可知,从动件是不能独立运动的,只有原动件才能独立运动。通常每个原动件具有一个独立运动(如电动机转子具有一个独立转动,内燃机活塞具有一个独立移动),因此机构的自由度应当与原动件数相等。

例 1-3 计算图 1-8b 所示颚式破碎机主体机构的自由度。

解:在颚式破碎机主体机构中,有三个活动构件,$n = 3$;包含四个转动副,$P_L = 4$;没有高副,$P_H = 0$。由式(1-1)得机构自由度

$$F = 3n - 2P_L - P_H = 3 \times 3 - 2 \times 4 = 1$$

该机构具有一个原动件(曲轴2),原动件数与机构自由度数相等。

例 1-4 计算图 1-9 所示活塞泵的自由度。

解:活塞泵具有四个活动构件,$n = 4$;五个低副(四个转动副和一个移动副),$P_L = 5$;一个高副,$P_H = 1$。由式(1-1)得

$$F = 3 \times 4 - 2 \times 5 - 1 = 1$$

机构的自由度与原动件(曲柄1)数相等。

机构的原动件的独立运动是由外界给定的。如果给出的原动件数不等于机构自由度,将会发生下列问题:

图 1-10 所示为原动件数小于机构自由度的例子(图中原动件数等于1,机构自由度 $F = 3 \times 4 - 2 \times 5 = 2$)。当只给定原动件1的位置角 φ_1 时,从动件2、3、4的位置不能确定,不具有确定的相对运动。只有给出两个原动件,使构件1、4都处于给定位置,才能使从动件获得确定运动。

图 1-11 所示为原动件数大于机构自由度的例子(图中原动件数等于2,机构自由度 $F = 3 \times 3 - 2 \times 4 = 1$)。如果原动件1和原动件3的给定运动都要同时满足,机构中最弱的构件必将损坏,例如将杆2拉断,杆1或杆3折断。

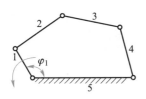

图 1-10　原动件数$<F$

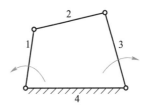

图 1-11　原动件数$>F$

图 1-12 所示为机构自由度等于零的构件组合($F=3\times4-2\times6=0$),它是一个桁架。它的各构件之间不可能产生相对运动。

综上所述可知,机构具有确定运动的条件是:机构自由度 $F>0$,且 F 等于原动件数。

二、计算平面机构自由度的注意事项

在用式(1-1)计算平面机构的自由度时,对下列情况必须加以注意:

1. 复合铰链

两个以上构件同时在一处用转动副相连接就构成复合铰链。图 1-13a 所示为三个构件汇交成的复合铰链,图 1-13b 是它的俯视图。由图 1-13b 可以看出,这三个构件共组成两个转动副。依此类推,K 个构件汇交而成的复合铰链具有($K-1$)个转动副。在计算机构自由度时应注意识别复合铰链,以免把转动副的个数算错。

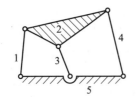

图 1-12　$F=0$ 的构件组合

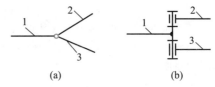

图 1-13　复合铰链

例 1-5　计算图 1-14 所示圆盘锯主体机构的自由度。

解:机构中有七个活动构件,$n=7$;A、B、C、D 四处都是三个构件汇交的复合铰链,各有两个转动副,E、F 处各有一个转动副,故 $P_L=10$,由式(1-1)得

$$F = 3 \times 7 - 2 \times 10 = 1$$

F 与机构原动件数相等。当原动件 8 转动时,圆盘中心 E 将确定地沿 EE' 移动。

2. 局部自由度

机构中常出现一种与输出构件运动无关的自由度,称为局部自由度(或称多余自由度),在计算机构自由度时应予以排除。

例 1-6　计算图 1-15a 所示滚子从动件凸轮机构的自由度。

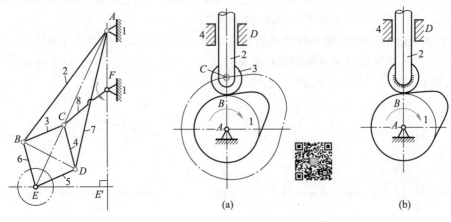

图 1-14　圆盘锯机构　　　　　　图 1-15　局部自由度

解：如图 1-15a 所示，当原动件凸轮 1 转动时，通过滚子 3 驱使从动件 2 以一定运动规律在机架 4 中往复移动。从动件 2 是输出构件。不难看出，在这个机构中，无论滚子 3 绕其轴线 C 是否转动或转动快慢，都不影响输出构件 2 的运动。因此，滚子绕其中心的转动是一个局部自由度。为了在计算机构自由度时排除这个局部自由度，可设想将滚子与从动件焊成一体（转动副 C 也随之消失），转化成图 1-15b 所示的形式。在图 1-15b 中，$n=2$，$P_L=2$，$P_H=1$。由式（1-1）可得

$$F = 3 \times 2 - 2 \times 2 - 1 = 1$$

局部自由度虽然不影响整个机构的运动，但滚子可使高副接触处的滑动摩擦变成滚动摩擦，减少磨损，所以实际机械中常有局部自由度出现。

3. 虚约束

在运动副引入的约束中，有些约束对机构自由度的影响是重复的，对机构运动不起任何限制作用。这种重复而对机构运动不起限制作用的约束称为虚约束或消极约束。在计算机构自由度时应当除去不计。

虚约束是由于构件间几何尺寸满足某些特殊条件而产生的。平面机构中的虚约束常出现在下列场合：

（1）两构件之间组成导路方向平行的多个移动副时，只有一个移动副起约束作用，其余都是虚约束。例如图 0-1 中顶杆 8 与缸体之间组成两个导路方向平行的移动副，其中之一为虚约束。

（2）两个构件之间组成多个轴线重合的转动副时，只有一个转动副起约束作用，其余都是虚约束。例如两个轴承支持一根轴只能看作一个转动副。

（3）机构中传递运动不起独立作用的对称部分。例如图 1-16 所示轮系，中心轮 1 通过两个对称布置的小齿轮 2 和 2′驱动内齿轮 3，其中有一个小齿轮对运动传递起约束作用。而另一个小齿轮的加入，使机构增加了一个虚约束（加入一个构件增加三个自由度，组成一个转动副和两个高副，共引入四个约束）。

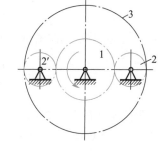

图 1-16　对称结构的虚约束

还有一些类型的虚约束需要通过复杂的数学证明才能判别，这里就不一一列举了。虚约束对运动虽不起作用，但可以增加构件的刚性或使构件受力均衡，所以实际机械中虚约束并不少见。虚约束要求较高的制造精度，如果加工误差太大，不能满足某些特殊几何条件，虚约束便会变成实际约束，阻碍构件运动。

例 1-7　计算图 1-17a 所示大筛机构的自由度。

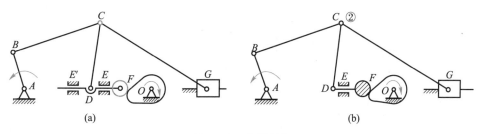

图 1-17　大筛机构

解：机构中的滚子有一个局部自由度；顶杆与机架在 E 和 E' 组成两个导路方向平行的移动副，其中之一为虚约束；C 处是复合铰链。今将滚子与顶杆焊成一体，去掉移动副 E'，并在 C 点注明转动副个数，如图 1-17b 所示。由图 1-17b 可知，$n=7$，$P_L=9$（7 个转动副，2 个移动副），$P_H=1$，根据式（1-1）得

$$F = 3n - 2P_L - P_H = 3 \times 7 - 2 \times 9 - 1 = 2$$

机构自由度等于 2，具有两个原动件。

§1-4　速度瞬心及其在机构速度分析上的应用

一、速度瞬心及其求法

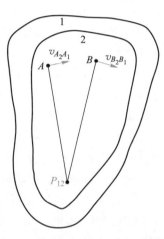

　　如图 1-18 所示，刚体 2 相对刚体 1 作平面运动，在任一瞬时，其相对运动可看作是绕某一重合点的转动，该重合点称为速度瞬心或瞬时回转中心，简称瞬心。因此，瞬心是该两刚体上绝对速度相同的重合点（简称同速点）。如果这两个刚体都是运动的，则其瞬心称为相对瞬心；如果两刚体之一是静止的，则其瞬心称为绝对瞬心。因静止构件的绝对速度为零，所以绝对瞬心是运动刚体上瞬时绝对速度等于零的点。

　　发生相对运动的任意两构件间都有一个瞬心，如机构由 K 个构件组成，则瞬心数为

$$N = \frac{K(K - 1)}{2} \qquad (1-2)$$

图 1-18　相对速度瞬心

　　当两刚体的相对运动已知时，其瞬心位置可根据瞬心定义求出。例如：① 在图 1-18 中，设已知重合点 A_2 和 A_1 的相对速度 $v_{A_2A_1}$ 的方向以及 B_2 和 B_1 的相对速度 $v_{B_2B_1}$ 的方向，则该两速度向量垂线的交点便是构件 1 和构件 2 的瞬心 P_{12}；② 如图 1-19a 所示，当两构件组成转动副时，转动副的中心便是它们的瞬心；③ 如图 1-19b 所示，当两构件组成移动副时，由于所有重合点的相对速度方向都平行于移动方向，所以其瞬心位于移动导路垂线的无穷远处；④ 如图 1-19c 所示，当两构件组成纯滚动高副时，接触点相对速度为零，所以接触点就是其瞬心；⑤ 如图 1-19d 所示，当两构件组成滑动兼滚动的高副时，由于接触点的相对速度沿切线方向，因此其瞬心应位于过接触点的公法线 $n-n$ 上，具体位置还要根据其他条件才能确定。

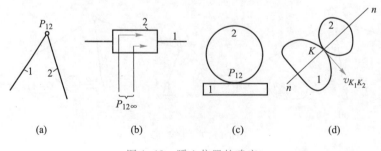

图 1-19　瞬心位置的确定

对于不直接接触的各个构件,其瞬心可用三心定理寻求。该定理是:作相对平面运动的三个构件共有三个瞬心,这三个瞬心位于同一直线上。现证明如下:

如图 1-20 所示,按式(1-2),构件 1、2、3 共有三个瞬心。为证明方便起见,设构件 1 为固定构件,则 P_{12} 和 P_{13} 各为构件 1、2 和构件 1、3 之间的绝对瞬心。下面采用反证法证明相对瞬心 P_{23} 应位于 P_{12} 和 P_{13} 的连线上。假定 P_{23} 不在直线 $P_{12}P_{13}$ 上,而在其他任一点 C,重合点 C_2 和 C_3 的绝对速度 v_{C_2} 和 v_{C_3} 各垂直于 CP_{12} 和 CP_{13},显然这时 v_{C_2} 和 v_{C_3} 的方向不一致。瞬心应是绝对速度相同(方向相同,大小相等)

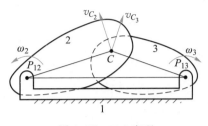

图 1-20 三心定理

的重合点,今 v_{C_2} 与 v_{C_3} 的方向不同,故 C 点不可能是瞬心。只有位于 $P_{12}P_{13}$ 直线上的重合点速度方向才可能一致,所以瞬心 P_{23} 必在 P_{12} 和 P_{13} 的连线上。

例 1-8 求图 1-21 所示铰链四杆机构的瞬心。

解:该机构瞬心数 $N = \dfrac{1}{2} \times 4 \times (4-1) = 6$。转动副中心 A、B、C、D 各为瞬心 P_{12}、P_{23}、P_{34}、P_{14}。由三心定理可知,P_{13}、P_{12}、P_{23} 三个瞬心位于同一直线上,P_{13}、P_{14}、P_{34} 也应位于同一直线上,因此 $P_{12}P_{23}$ 和 $P_{14}P_{34}$ 两直线的交点就是瞬心 P_{13}。

同理,直线 $P_{14}P_{12}$ 和直线 $P_{34}P_{23}$ 的交点就是瞬心 P_{24}。

因构件 1 是机架,所以 P_{12}、P_{13}、P_{14} 是绝对瞬心,而 P_{23}、P_{34}、P_{24} 是相对瞬心。

例 1-9 求图 1-22 所示曲柄滑块机构的瞬心。

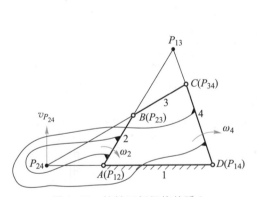

图 1-21 铰链四杆机构的瞬心

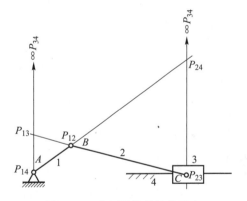

图 1-22 曲柄滑块机构的瞬心

解:该机构由四个构件组成,有六个瞬心。转动副中心 A、B、C 各为瞬心 P_{14}、P_{12}、P_{23}。瞬心 P_{34} 在垂直导路方向无穷远处。作 P_{23} 与 P_{34} 的连线(即过 P_{23} 作导路的垂线),它与直线 $P_{14}P_{12}$ 的交点就是瞬心 P_{24}。同理,过 P_{14} 作导路的垂线表示 P_{14} 与 P_{34} 的连线,它与直线 $P_{12}P_{23}$ 的交点就是瞬心 P_{13}。因构件 4 是机架,故 P_{14}、P_{24}、P_{34} 为绝对瞬心,其余为相对瞬心。

二、瞬心在速度分析上的应用

1. 铰链四杆机构

如图 1-21 所示,P_{24} 是构件 4 和构件 2 的同速点,因此通过 P_{24} 可以求出构件 4 和构件 2 的角速比。今构件 4 绕绝对瞬心 P_{14} 转动,构件 4 上 P_{24} 的绝对速度为

$$v_{P_{24}} = \omega_4 l_{P_{24}P_{14}}$$

构件 2 绕绝对瞬心 P_{12} 转动,构件 2 上 P_{24} 的绝对速度为

$$v_{P_{24}} = \omega_2 l_{P_{24}P_{12}}$$

故得

$$\omega_2 l_{P_{24}P_{12}} = \omega_4 l_{P_{24}P_{14}}$$

或

$$\frac{\omega_2}{\omega_4} = \frac{l_{P_{24}P_{14}}}{l_{P_{24}P_{12}}} = \frac{P_{24}P_{14}}{P_{24}P_{12}} \qquad (1-3)$$

上式表明两构件的角速度与其绝对瞬心至相对瞬心的距离成反比。若如图 1-21 所示,P_{24} 在 P_{14} 和 P_{12} 的同一侧,则 ω_2 和 ω_4 方向相同;若 P_{24} 在 P_{12} 和 P_{14} 之间,则 ω_2 和 ω_4 方向相反。采用类似方法,可求出其他任意两构件的角速比大小和角速度的方向关系。

2. 齿轮或摆动从动件凸轮机构

如图 1-23 所示,回转中心 A 和 B 是绝对瞬心 P_{13} 和 P_{23}。相对瞬心 P_{12} 应在过接触点的公法线上,又应位于 P_{13} 和 P_{23} 的连线上,因此该两直线的交点就是 P_{12}。P_{12} 是构件 1 和 2 的同速点,即

$$v_{P_{12}} = \omega_1 l_{P_{12}P_{13}} = \omega_2 l_{P_{12}P_{23}}$$

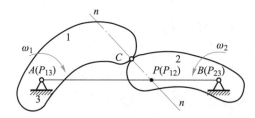

图 1-23　齿轮机构的瞬心

这种机构只有一个相对瞬心,现用不带下标的 P 表示,故

$$\frac{\omega_1}{\omega_2} = \frac{l_{P_{12}P_{23}}}{l_{P_{12}P_{13}}} = \frac{P_{12}P_{23}}{P_{12}P_{13}} = \frac{BP}{AP} \qquad (1-4)$$

上式在高副机构运动分析中得到广泛应用。

3. 直动从动件凸轮机构

如图 1-24 所示,P_{13} 位于凸轮的回转中心,P_{23} 在垂直于从动件导路方向的无穷远处。过 P_{13} 作导路的垂线代表 P_{13} 和 P_{23} 之间的连线,它与法线 n-n 的交点就是 P_{12}。P_{12} 是构件 1 和 2 的同速点。由构件 1 可得 $v_{P_{12}} = \omega_1 l_{P_{13}P_{12}}$;构件 2 为平动构件,各点速度相同,$v_{P_{12}} = v_2$。故得

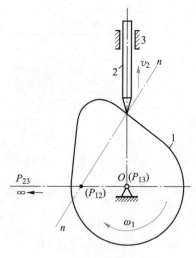

图 1-24　直动从动件凸轮机构的瞬心

$$\omega_1 l_{P_{13}P_{12}} = v_2$$

或
$$l_{P_{13}P_{12}} = \frac{v_2}{\omega_1} \qquad (1-5)$$

用瞬心法对简单机构进行速度分析是很方便的,不足之处是构件较多时瞬心数目太多,求解费时,且作图时可能会有某些瞬心落在图纸之外。

习题

1-1 至 1-4　绘出图示机构(题 1-1 图~题 1-4 图)的机构运动简图。

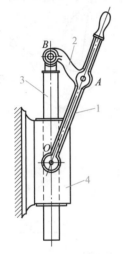

题 1-1 图　唧筒机构

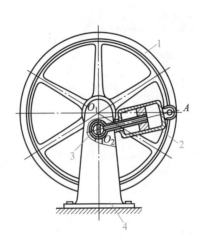

题 1-2 图　回转柱塞泵

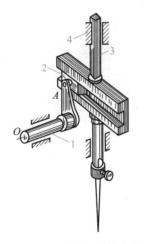

题 1-3 图　缝纫机下针机构

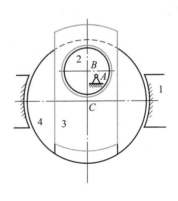

题 1-4 图　偏心轮机构

1-5 至 1-13　指出机构运动简图(题 1-5 图~题 1-13 图)中的复合铰链、局部自由度和虚约束,计算各机构的自由度。

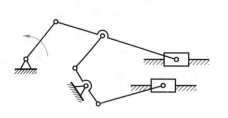

题 1-5 图 发动机机构

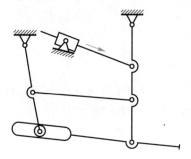

题 1-6 图 平炉渣口堵塞机构

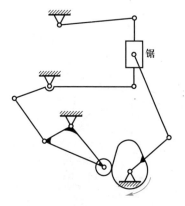

锯

题 1-7 图 锯木机机构

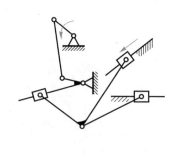

题 1-8 图 加药泵加药机构

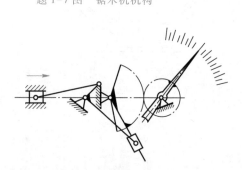

题 1-9 图 测量仪表机构

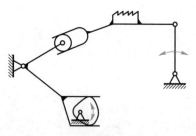

题 1-10 图 缝纫机送布机构

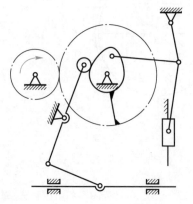

题 1-11 图 冲压机构

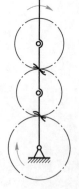

题 1-12 图 差动轮系

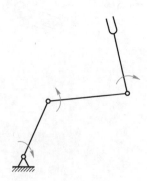

题 1-13 图 机械手

1-14 求出题 1-14 图所示导杆机构的全部瞬心和构件 1、3 的角速比。

1-15 求出题 1-15 图所示正切机构的全部瞬心。设 $\omega_1 = 10$ rad/s，求构件 3 的速度 v_3。

1-16 题 1-16 图所示为摩擦行星传动机构，设行星轮 2 与构件 1、4 保持纯滚动接触，试用瞬心法求轮 1 与轮 2 的角速比 ω_1/ω_2。

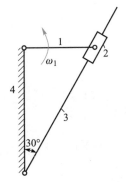

题 1-14 图　导杆机构

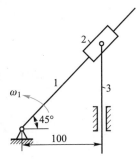

题 1-15 图　正切机构

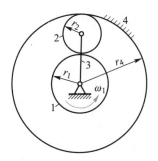

题 1-16 图　摩擦行星传动机构

1-17 题 1-17 图所示曲柄滑块机构，已知 $l_{AB} = 100$ mm，$l_{BC} = 250$ mm，$\omega_1 = 10$ rad/s，求机构全部瞬心、滑块速度 v_3 和连杆角速度 ω_2。

1-18 题 1-18 图所示平底摆动从动件凸轮机构，已知凸轮 1 为半径 $r = 20$ mm 的圆盘，圆盘中心 C 与凸轮回转中心的距离 $l_{AC} = 15$ mm，$l_{AB} = 90$ mm，$\omega_1 = 10$ rad/s，求 $\theta = 0°$ 和 $\theta = 180°$ 时，从动件角速度 ω_2 的数值和方向。

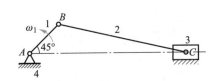

题 1-17 图　曲柄滑块机构

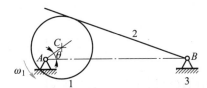

题 1-18 图　平底摆动从动件凸轮机构

第 2 章

平面连杆机构

平面连杆机构是由若干构件用低副（转动副、移动副）连接组成的平面机构，又称平面低副机构。

平面连杆机构中构件的运动形式多样，可以实现给定运动规律或运动轨迹；低副以圆柱面或平面相接触，承载能力强，耐磨损，制造简便，易于获得较高的制造精度。因此，平面连杆机构在各种机械、仪器中获得了广泛应用。连杆机构的缺点是：不易精确实现复杂的运动规律，且设计较为复杂；当构件数和运动副数较多时，效率较低。

最简单的平面连杆机构由四个构件组成，称为平面四杆机构。它的应用十分广泛，而且是组成多杆机构的基础。因此，本章着重介绍平面四杆机构的基本类型、特性及其常用的设计方法。

§2-1 平面四杆机构的基本类型及其应用

平面四杆机构种类繁多，按照所含移动副数目的不同，可分为全转动副的铰链四杆机构、含一个移动副的四杆机构和含两个移动副的四杆机构。

一、铰链四杆机构

全部用转动副相连的平面四杆机构称为平面铰链四杆机构，简称铰链四杆机构。如图 2-1a 所示，机构的固定构件 4 称为机架，与机架用转动副相连接的构件 1 和 3 称为连架杆，不与机架直接连接的构件 2 称为连杆。若组成转动副的两构件能作整周相对转动，则称该转动副为整转副，否则称为摆动副。与机架组成整转副的连架杆称为曲柄，与机架组成摆动副的连架杆称为摇杆。

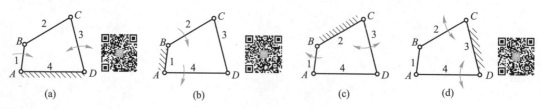

(a)   (b)   (c)   (d)

图 2-1 铰链四杆机构

根据两连架杆是曲柄或摇杆的不同,铰链四杆机构可分为三种基本形式:曲柄摇杆机构、双曲柄机构和双摇杆机构。

1. 曲柄摇杆机构

在图 2-1a 所示铰链四杆机构中,若 A 为整转副,D 为摆动副,即连架杆 1 为曲柄,连架杆 3 为摇杆,则此铰链四杆机构称为曲柄摇杆机构。由 §2-2 整转副存在条件可知,其中 B 必为整转副,C 必为摆动副。通常曲柄为原动件,并作匀速转动;而摇杆为从动件,作变速往复摆动。

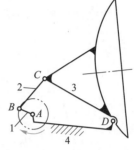

图 2-2 雷达调整机构

如图 1-8 所示的颚式破碎机,当带轮和偏心轴 2(曲柄)绕轴线 A 整周转动时,通过动颚 3 使摇杆 4 作往复摆动,利用动颚 3 的平面复杂运动,将矿石轧碎。

图 2-2 所示为调整雷达天线俯仰角的曲柄摇杆机构。曲柄 1 缓慢匀速转动,通过连杆 2 使摇杆 3 在一定角度范围内摆动,从而调整雷达天线俯仰角的大小。

2. 双曲柄机构

在图 2-1b 所示铰链四杆机构中,若 A、B 为整转副,因 1 为机架,两连架杆 2、4 均为曲柄,则此铰链四杆机构称为双曲柄机构。由 §2-2 整转副存在条件可知,其中 C、D 可以是整转副或摆动副。

图 2-3a 所示为旋转式水泵。它由相位依次相差 90° 的四个双曲柄机构组成,图 2-3b 是其中一个双曲柄机构的运动简图。当原动曲柄 1 等角速顺时针转动时,连杆 2 带动从动曲柄 3 作周期性变速转动,因此相邻两从动曲柄(隔板)间的夹角也周期性地变化。转到右边时,相邻两隔板间的夹角及容积增大,形成真空,于是从进水口吸水;转到左边时,相邻两隔板的夹角及容积变小,压力升高,从出水口排水,从而起到泵水的作用。

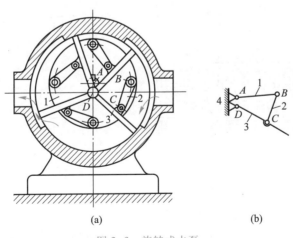

(a)   (b)

图 2-3 旋转式水泵

双曲柄机构中,用得最多的是平行四边形机构,或称平行双曲柄机构,如图 2-4a 中的 AB_1C_1D 所示。这种机构的对边长度相等,组成平行四边形,四个转动副均为整转副。当杆 1 作等角速转动时,杆 3 也以相同角速度同向转动,连杆 2 则作平移运动。必须指出,这种机构当四个铰链中心处于同一直线(如图中 AB_2C_2D 所示)上时,将出现运动不确定状态。例如在图 2-4a 中,当曲柄 1 由 AB_2 转到 AB_3 时,从动曲柄 3 可能转到 DC'_3,也可能转到 DC''_3。为了消除这种运动不确定状态,可以在主、从动曲柄上错开一定角度再安装一组平行四边形机构,如图 2-4b 所示。当上面一组平行四边形机构转到 $AB'C'D$ 共线位置时,下面一组平行四边形机构 $AB'_1C'_1D$ 却处于正常位置,故机构仍然保持确定运动。图 2-5 所示机车驱动轮联动机构,则是利用第三个平行曲柄来消除平行四边形机构在这种位置的运动不确定状态。

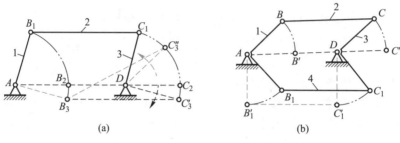

(a)　　　　　　　　　　　　(b)

图 2-4　平行四边形机构

3. 双摇杆机构

在图 2-1d 所示铰链四杆机构中,若 C、D 为摆动副,因 3 为机架,两连架杆 2、4 均为摇杆,则此铰链四杆机构称为双摇杆机构。由 §2-2 整转副存在条件可知,其中 A、B 可以是整转副或摆动副。

图 2-6 所示为飞机起落架机构的运动简图。飞机着陆前,需要将着陆轮 1 从机翼 4 中推放出来(图中实线所示);起飞后,为了减小空气阻力,又需要将着陆轮收入翼中(图中虚线所示)。这些动作是由原动摇杆 3,通过连杆 2、从动摇杆 5 带动着陆轮来实现的。

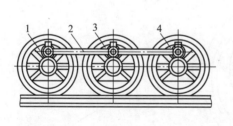 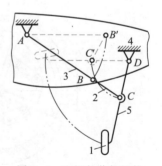

图 2-5　机车驱动轮联动机构　　　　图 2-6　飞机起落架机构

两摇杆长度相等的双摇杆机构,称为等腰梯形机构。图 2-7 所示轮式车辆的前轮转向机构就是等腰梯形机构的应用实例。车辆转弯时,与前轮轴固连的两个摇杆的摆角 β 和 δ 不等。如果在任意位置都能使两前轮轴线的交点 P 落在后轮轴线的延长线上,则当整个车身绕 P 点转动时,四个车轮都能在地面上纯滚动,避免轮胎因滑动而损伤。等腰梯形机构就能近似地满足这一要求。

改换某一机构的机架可以派生出多种其他机构,所以是机构的一种演化方式。虽然机构中任意两构件之间的相对运动关系不因其中哪个构件是固定构件而改变,但改换机架后,连架杆随之变更,活动构件相对于机架的绝对运动发生了变化。例如若将图 2-1a 曲柄摇杆机构的机架 4 改换为构件 1,则成为图 2-1b 所示的双曲柄机构;若取图 2-1a 中的构件 3 为机架,则成为双摇杆机构(图 2-1d);若取图 2-1a 中的构件 2 为机架,则仍为曲柄摇杆机构(图 2-1c)。这种通过更换机架而得到的机构称为原机构的倒置机构。

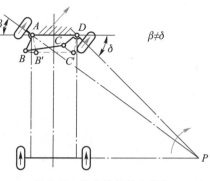

图 2-7 汽车前轮转向机构

二、含一个移动副的四杆机构

1. 曲柄滑块机构

在图 2-8 所示机构中,构件 1 为曲柄,滑块 3 相对于机架 4 作往复移动,该机构称为曲柄滑块机构。若 C 点的运动轨迹通过曲柄转动中心 A,则称为对心曲柄滑块机构(图 2-8a);若 C 点运动轨迹 m-m 的延长线与回转中心 A 之间存在偏距 e,则称为偏置曲柄滑块机构(图 2-8b)。

图 2-8 曲柄滑块机构

曲柄滑块机构广泛应用在活塞式内燃机、空气压缩机、冲床等机械中。

2. 导杆机构

导杆机构可看成是改变曲柄滑块机构中的固定构件而演化来的。如图 2-9a 所示的曲柄滑块机构,若改取杆 1 为固定构件,即得图 2-9b 所示导杆机构。杆 4 称为导杆,滑块 3 相对导杆滑动并一起绕 A 点转动,通常取杆 2 为原动件。当 $l_1 < l_2$ 时(图 2-9b),两连架杆 2 和

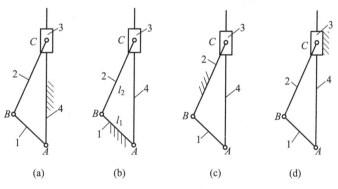

图 2-9 曲柄滑块机构的演化

4 均可相对于机架 1 整周回转，称为曲柄转动导杆机构或转动导杆机构；当 $l_1 > l_2$ 时（图 2-10），连架杆 4 只能往复摆动，称为曲柄摆动导杆机构或摆动导杆机构。导杆机构常用于牛头刨床、插床和回转式油泵等机械中。

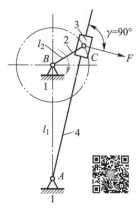

图 2-10　摆动导杆机构

3. 摇块机构和定块机构

在图 2-9a 所示曲柄滑块机构中，若取杆 2 为固定构件，即可得图 2-9c 所示摆动滑块机构，或称摇块机构。这种机构广泛应用于摆缸式内燃机和液压驱动装置中。例如在图 2-11 所示卡车车厢自动翻转卸料机构中，当油缸 3 中的压力油推动活塞杆 4 运动时，车厢 1 便绕回转副中心 B 倾斜，当达到一定角度时，物料即可自动卸下。

在图 2-9a 所示曲柄滑块机构中，若取杆 3 为固定构件，即可得图 2-9d 所示固定滑块机构，或称定块机构。这种机构常用于抽水唧筒（图 2-12）和抽油泵中。

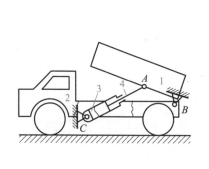

图 2-11　自卸货车

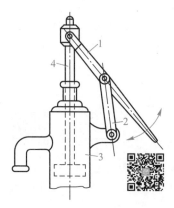

图 2-12　抽水唧筒

三、含两个移动副的四杆机构

含有两个移动副的四杆机构常称为双滑块机构。按照两个移动副所处位置的不同，可分为四种形式：① 两个移动副不相邻，如图 2-13 所示，从动件 3 的位移与原动件转角 φ 的正切成正比，故称为正切机构；② 两个移动副相邻，且其中一个移动副与机架相关联，如图 2-14 所示，从动件 3 的位移与原动件转角 φ 的正弦成正比，故称为正弦机构；③ 两个移动副相邻，且均不与机架相关联，如图 2-15a 所示，主动件 1 与从动件 3 具有相等的角速度，图 2-15b 所示滑块联轴器就是这种机构的应用实例，它可用来连接中心线平行但不重合的两根轴；④ 两个移动副都与机架相关联，如图 2-16 所示的椭圆仪就用到了这种机构，当滑块 1 和 3 沿机架的十字槽滑动时，连杆 2 上的各点便描绘出长、短径不同的椭圆。

四、具有偏心轮的四杆机构

如图 2-17a 所示机构，杆 1 为圆盘，其几何中心为 B。因运动时圆盘绕偏心 A 转动，故称为偏心轮。A、B 之间的距离 e 称为偏心距。按照相对运动关系，可画出该机构的运动简

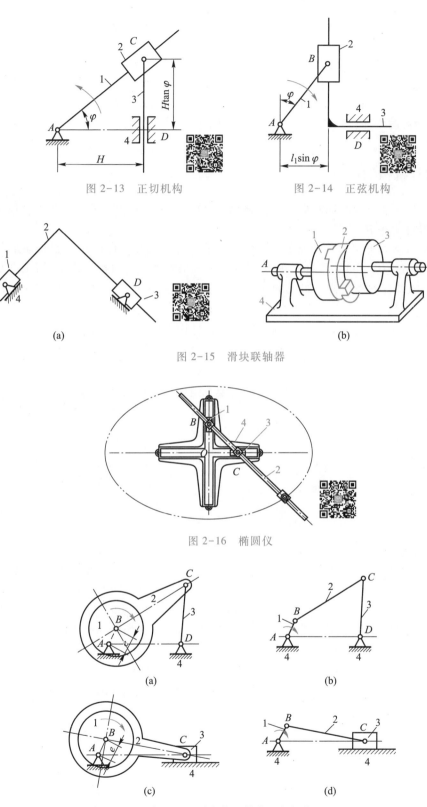

图 2-13 正切机构

图 2-14 正弦机构

(a)

(b)

图 2-15 滑块联轴器

图 2-16 椭圆仪

(a)

(b)

(c)

(d)

图 2-17 具有偏心轮的四杆机构

图,如图 2-17b 所示。由图可知,偏心轮是转动副 B 结构设计的一种构造形式,偏心距 e 即是曲柄的长度。

同理,图 2-17c 所示具有偏心轮的机构可用图 2-17d 来表示。

当曲柄长度很小时,通常都把曲柄做成偏心轮,由此可增大轴颈的尺寸,提高偏心轴的强度和刚度。而当曲柄需安装在直轴的两支承之间时,采用偏心轮结构的曲柄,可避免连杆与曲柄之间的运动干涉。因此,偏心轮广泛应用于传力较大的剪床、冲床、颚式破碎机、内燃机等机械中。

五、四杆机构的扩展

除上述四杆机构外,生产中还用到许多多杆机构。其中有些多杆机构可看成是由若干个四杆机构组合扩展形成的。

图 2-18 所示的手动冲床是一个六杆机构。它可以看成是由两个四杆机构组成的。第一个是由原动摇杆(手柄)1、连杆 2、从动摇杆 3 和机架 4 组成的双摇杆机构;第二个是由摇杆 3、小连杆 5、冲杆 6 和机架 4 组成的摇杆导杆机构。其中前一个四杆机构的输出件被作为第二个四杆机构的输入件。扳动手柄 1,冲杆 6 就上下运动。采用六杆机构,使扳动手柄的力获得两次放大,从而增大了冲杆的作用力。这种增力作用在连杆机构中经常用到。

图 2-19 所示为筛料机主体机构的运动简图。这个六杆机构也可以看成由两个四杆机构组成。第一个是由原动曲柄 1、连杆 2、从动曲柄 3 和机架 6 组成的双曲柄机构,第二个是由曲柄 3(原动件)、连杆 4、滑块 5(筛子)和机架 6 组成的曲柄滑块机构。

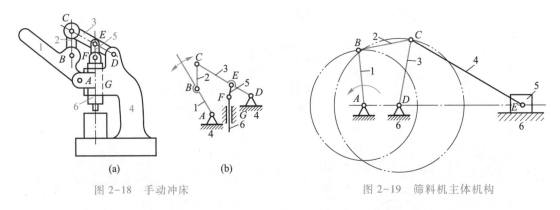

图 2-18　手动冲床　　　　　　　　　图 2-19　筛料机主体机构

需要指出,多杆机构并不都是由若干四杆机构组成的,例如题 1-5 图所示的发动机机构就不能分解成多个四杆机构。

§2-2　平面四杆机构的基本特性

平面四杆机构的基本特性包括运动特性和传力特性两个方面,这些特性不仅反映了机构传递和变换运动与力的性能,而且也是四杆机构类型选择和运动设计的主要依据。

一、铰链四杆机构有整转副的条件

铰链四杆机构是否具有整转副,取决于各杆的相对长度。下面通过曲柄摇杆机构来分析铰链四杆机构具有整转副的条件。如图 2-20 所示的曲柄摇杆机构,杆 1 为曲柄,杆 2 为连杆,杆 3 为摇杆,杆 4 为机架,各杆长度用 l_1、l_2、l_3、l_4 表示。因杆 1 为曲柄,故杆 1 与杆 4 的夹角 φ 的变化范围为 0°~360°;当摇杆处于左、右极限位置时,曲柄与连杆两次共线,故杆 1 与杆 2 的夹角 β 的变化范围也是 0°~360°;杆 3 为摇杆,它与相邻两杆的夹角 ψ、γ 的变化范围小于 360°。显然,A、B 为整转副,C、D 不是整转副。为了实现曲柄 1 整周回转,AB 杆必须顺利通过与连杆共线的两个位置 AB' 和 AB''。

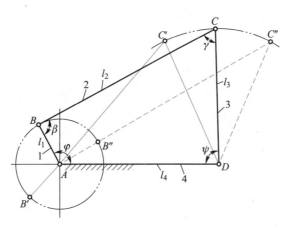

图 2-20　铰链四杆机构有整转副的条件

当杆 1 处于 AB' 位置时,形成 $\triangle AC'D$。根据三角形任意两边之和必大于(极限情况下等于)第三边的定理可得

$$l_4 \leqslant (l_2 - l_1) + l_3$$

及

$$l_3 \leqslant (l_2 - l_1) + l_4$$

即

$$l_1 + l_4 \leqslant l_2 + l_3 \qquad (2-1)$$

$$l_1 + l_3 \leqslant l_2 + l_4 \qquad (2-2)$$

当杆 1 处于 AB'' 位置时,形成 $\triangle AC''D$。可写出以下关系式:

$$l_1 + l_2 \leqslant l_3 + l_4 \qquad (2-3)$$

将式(2-1)、式(2-2)、式(2-3)两两相加可得

$$l_1 \leqslant l_2, \qquad l_1 \leqslant l_3, \qquad l_1 \leqslant l_4$$

它表明杆 1 为最短杆,在杆 2、杆 3、杆 4 中有一杆为最长杆。

从上述分析可得结论:① 铰链四杆机构有整转副的条件是最短杆与最长杆长度之和小于或等于其余两杆长度之和;② 整转副是由最短杆与其相邻杆组成的。

曲柄是连架杆,整转副处于机架上才能形成曲柄,因此具有整转副的铰链四杆机构是否存在曲柄,还应根据选择哪一个杆为机架来判断:

(1)取最短杆为机架时,机架上有两个整转副,故得双曲柄机构。

(2)取最短杆的邻边为机架时,机架上只有一个整转副,故得曲柄摇杆机构。

（3）取最短杆的对边为机架时，机架上没有整转副，故得双摇杆机构。这种具有整转副而没有曲柄的铰链四杆机构常用作电风扇的摇头机构，如图 2-21 所示。其中电动机安装在摇杆 4 上，连杆 1 上安装一个回转轴线与转动副 A 轴线重合的蜗轮，蜗轮与电动机轴上的蜗杆相啮合。当电动机转动时，通过蜗杆和蜗轮使连杆 1 和摇杆 4 作整周相对转动，从而使连架杆 2 和 4 作往复摆动，达到电风扇摇头的目的。

如果铰链四杆机构中的最短杆与最长杆长度之和大于其余两杆长度之和，则该机构中不存在整转副，无论取哪个构件作为机架都只能得到双摇杆机构。

二、急回特性

图 2-22 所示为一曲柄摇杆机构，其原动曲柄 AB 在转动一周的过程中，有两次与连杆 BC 共线。在这两个位置铰链中心 A 与 C 之间的距离 AC_1 和 AC_2 分别为最短和最长，因而从动摇杆 CD 的位置 C_1D 和 C_2D 分别为其左、右极限位置。摇杆在两极限位置间的夹角 ψ 称为摇杆的摆角。

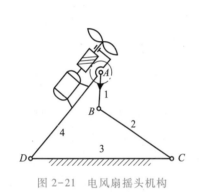

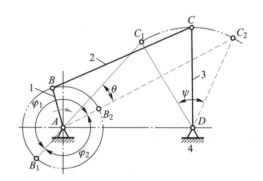

图 2-21　电风扇摇头机构　　　　　图 2-22　曲柄摇杆机构的急回特性

当曲柄由位置 AB_1 顺时针转到位置 AB_2 时，曲柄转角 $\varphi_1 = 180° + \theta$，其中 $\theta = \angle C_1AC_2$，这时摇杆由左极限位置 C_1D 摆到右极限位置 C_2D，摇杆摆角为 ψ；而当曲柄顺时针再转过角度 $\varphi_2 = 180° - \theta$ 时，摇杆由位置 C_2D 摆回到位置 C_1D，其摆角仍然是 ψ。虽然摇杆来回摆动的摆角相同，但对应的曲柄转角不等（$\varphi_1 > \varphi_2$）；当曲柄匀速转动时，对应的时间也不等（$t_1 > t_2$），从而反映了摇杆往复摆动的快慢不同。令摇杆自 C_1D 摆至 C_2D 为工作行程，这时摇杆 CD 的平均角速度是 $\omega_1 = \psi/t_1$；摇杆自 C_2D 摆回至 C_1D 是其空回行程，这时摇杆的平均角速度是 $\omega_2 = \psi/t_2$，显然 $\omega_1 < \omega_2$，它表明摇杆具有急回运动的特性。牛头刨床、往复式输送机等机械就是利用这种急回特性来缩短非生产时间，提高生产率。

急回运动特性可用行程速度变化系数（也称行程速比系数）K 表示，即

$$K = \frac{\omega_2}{\omega_1} = \frac{\psi/t_2}{\psi/t_1} = \frac{t_1}{t_2} = \frac{\varphi_1}{\varphi_2} = \frac{180° + \theta}{180° - \theta} \tag{2-4}$$

或

$$\theta = 180° \frac{K-1}{K+1} \tag{2-5}$$

上式表明，θ 与 K 之间存在一一对应关系，因此机构的急回特性也可用 θ 角来表征。由于 $\theta = \angle C_1AC_2$，它与从动件极限位置对应的曲柄位置有关，故称 θ 为极位夹角。显然，θ 越

大,K越大,急回运动的性质也越显著。

具有急回特性的四杆机构除曲柄摇杆机构外,还有偏置曲柄滑块机构(图 2-8b)和摆动导杆机构(图 2-10)等。

三、压力角和传动角

在生产中,不仅要求连杆机构能实现预定的运动规律,而且希望运转轻便,效率较高。图2-23a 所示的曲柄摇杆机构,如不计各杆质量和运动副中的摩擦,则连杆 BC 为二力杆,它作用于从动摇杆 3 上的力 F 是沿 BC 方向的。作用在从动件上的驱动力 F 与该力作用点绝对速度 v_C 之间所夹的锐角 α 称为压力角。由图可见,力 F 在 v_C 方向的有效分力为 $F' = F\cos\alpha$,即压力角越小,有效分力就越大。也就是说,压力角可作为评价机构传力性能的指标。在连杆机构设计中,为了度量方便,习惯用压力角 α 的余角 γ(即连杆和从动摇杆之间所夹的锐角)来判断传力性能,γ 称为传动角。因 $\gamma = 90° - \alpha$,所以 α 越小,γ 越大,机构传力性能越好;反之,α 越大,γ 越小,机构传力越费劲,传动效率越低。

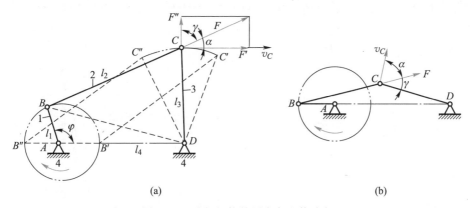

图 2-23 连杆机构的压力角和传动角

机构运转时,传动角是变化的,为了保证机构正常工作,必须规定最小传动角 γ_{min} 的下限。对于一般机械,通常取 $\gamma_{min} \geqslant 40°$;对于颚式破碎机、冲床等大功率机械,最小传动角应当取大一些,可取 $\gamma_{min} \geqslant 50°$;对于小功率的控制机构和仪表,$\gamma_{min}$ 可略小于 $40°$。

由图 2-10 可见,摆动导杆机构中从动导杆 4 的传动角始终等于 $90°$,具有很好的传力性能。

对曲柄摇杆机构出现最小传动角 γ_{min} 的位置分析如下:

由图 2-23a 中 $\triangle ABD$ 和 $\triangle BCD$ 可分别写出

$$BD^2 = l_1^2 + l_4^2 - 2l_1 l_4 \cos\varphi$$

$$BD^2 = l_2^2 + l_3^2 - 2l_2 l_3 \cos\angle BCD$$

由此可得

$$\cos\angle BCD = \frac{l_2^2 + l_3^2 - l_1^2 - l_4^2 + 2l_1 l_4 \cos\varphi}{2l_2 l_3} \qquad (2-6)$$

当 $\varphi = 0°$ 时,得 $\angle BCD_{min}$;当 $\varphi = 180°$ 时,得 $\angle BCD_{max}$。传动角是用锐角表示的。若 $\angle BCD$ 在锐角范围内变化,则如图 2-23a 所示,传动角 $\gamma = \angle BCD$,显然 $\angle BCD_{min}$ 即为传动角极小值,

它出现在 $\varphi = 0°$ 的位置。若 $\angle BCD$ 在钝角范围内变化,则如图 2-23b 所示,其传动角 $\gamma = 180° - \angle BCD$,显然 $\angle BCD_{max}$ 对应传动角的另一极小值,它出现在曲柄转角 $\varphi = 180°$ 的位置。综上所述可知,曲柄摇杆机构的最小传动角必出现在曲柄与机架共线($\varphi = 0°$ 或 $\varphi = 180°$)的位置。校核压力角时只需将 $\varphi = 0°$ 和 $\varphi = 180°$ 代入式(2-6)求出 $\angle BCD_{min}$ 和 $\angle BCD_{max}$,然后按下式:

$$\gamma = \begin{cases} \angle BCD & (\angle BCD \text{ 为锐角时}) \\ 180° - \angle BCD & (\angle BCD \text{ 为钝角时}) \end{cases} \quad (2-7)$$

求出两个 γ,其中较小的一个即为该机构的 γ_{min}。

四、死点位置

对于图 2-24 所示的曲柄摇杆机构,如以摇杆 3 为原动件,而曲柄 1 为从动件,则当摇杆摆到极限位置 C_1D 和 C_2D 时,连杆 2 与曲柄 1 共线,从动件的传动角 $\gamma = 0°$(即 $\alpha = 90°$)。若不计各杆的质量,则这时连杆加给曲柄的力将经过铰链中心 A,此力对点 A 不产生力矩,因此不能使曲柄转动。机构的这种传动角为零的位置称为死点位置。死点位置会使机构的从动件出现卡死或运动不确定现象。为了消除死点位置的不良影响,可以对从动曲柄施加外力,或利用飞轮及构件自身的惯性作用,使机构通过死点位置。

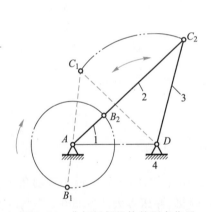

图 2-24　曲柄摇杆机构的死点位置

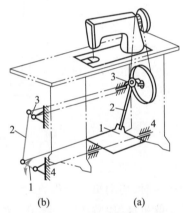

图 2-25　缝纫机踏板机构

图 2-25a 所示为缝纫机的踏板机构,图 2-25b 为其机构运动简图。踏板 1(原动件)往复摆动,通过连杆 2 驱使曲柄 3(从动件)作整周转动,再经过带传动使机头主轴转动。在实际使用中,缝纫机有时会出现踏不动或倒车现象,这就是由于机构处于死点位置引起的。在正常运转时,借助安装在机头主轴上的飞轮(即上带轮)的惯性作用,可以使缝纫机踏板机构的曲柄冲过死点位置。

死点位置对传动虽然不利,但是对某些夹紧装置却可用于防松。例如图 2-26 所示的铰链四杆机构,当工件 5 被夹紧时,铰链中心 B、C、D 共线,工件加在杆 1 上的反作用力 F_n 无论多大,也不能使杆 3 转动。这就保证在去掉外力 F 之后,仍能可靠地夹紧工件。当需要取出工件时,只需向上扳动手柄,即能松开夹具。

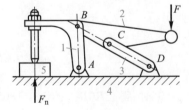

图 2-26　夹紧机构

§2-3 平面四杆机构的设计

平面四杆机构设计的主要任务是:根据给定的运动条件确定机构运动简图的尺寸参数。有时为了使机构设计得可靠、合理,还应考虑几何条件和动力条件(如最小传动角 γ_{min})等。

生产实践中的要求是多种多样的,给定的条件也各不相同,归纳起来,主要有以下两类问题:① 按照给定从动件的运动规律(位置、速度、加速度)设计四杆机构;② 按照给定点的运动轨迹设计四杆机构。

四杆机构设计的方法有解析法和几何作图法。几何作图法直观,解析法精确。下面介绍这两种方法的具体应用。

一、按照给定的行程速度变化系数设计四杆机构

在设计具有急回运动特性的四杆机构时,通常按实际需要先给定行程速度变化系数 K 的数值,然后根据机构在极限位置的几何关系,结合有关辅助条件来确定机构运动简图的尺寸参数。

1. 曲柄摇杆机构

已知条件:摇杆长度 l_3、摆角 ψ 和行程速度变化系数 K。

设计的实质是确定铰链中心 A 点的位置,定出其他三杆的尺寸 l_1、l_2 和 l_4。其设计步骤如下:

(1)由给定的行程速度变化系数 K,按式(2-5)求出极位夹角 θ。

(2)如图 2-27 所示,选取适当比例,任选固定铰链中心 D 的位置,由摇杆长度 l_3 和摆角 ψ,作出摇杆两个极限位置 C_1D 和 C_2D。

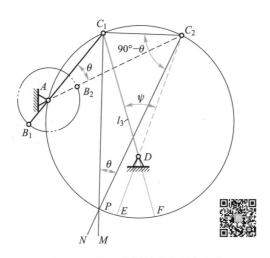

图 2-27 按 K 值设计曲柄摇杆机构

(3)连接 C_1 和 C_2,并作 C_1M 垂直于 C_1C_2。

(4)作 $\angle C_1C_2N=90°-\theta$,$C_2N$ 与 C_1M 相交于 P 点,由图可见,$\angle C_1PC_2=\theta$。

(5)作 $\triangle PC_1C_2$ 的外接圆,在此圆周(弧 C_1C_2 和弧 EF 除外)上任取一点 A 作为曲柄的

固定铰链中心。连 AC_1 和 AC_2,因同一圆弧的圆周角相等,故 $\angle C_1AC_2 = \angle C_1PC_2 = \theta$。

(6)因极限位置处曲柄与连杆共线,故 $AC_1 = l_2 - l_1$,$AC_2 = l_2 + l_1$,从而得曲柄长度 $l_1 = (AC_2 - AC_1)/2$,连杆长度 $l_2 = (AC_2 + AC_1)/2$。由图得 $AD = l_4$。

由于 A 点是 $\triangle C_1PC_2$ 外接圆上任选的点,所以若仅按行程速度变化系数 K 设计,可得无穷多的解。A 点位置不同,机构传动角的大小也不同。如欲获得良好的传动质量,可按照最小传动角最优或其他辅助条件来确定 A 点的位置。

2. 摆动导杆机构

已知条件:机架长度 l_4 和行程速度变化系数 K。

由图 2-28 可知,摆动导杆机构的极位夹角 θ 等于导杆的摆角 ψ,所需确定的尺寸是曲柄长度 l_1。其设计步骤如下:

(1)由已知行程速度变化系数 K,按式(2-5)求得极位夹角 θ(也即是摆角 ψ)。

(2)选取适当比例,任选固定铰链中心 C,以夹角 ψ 作出导杆两极限位置 Cm 和 Cn。

(3)作摆角 ψ 的平分线 AC,并在线上取 $AC = l_4$,得固定铰链中心 A 的位置。

(4)过 A 点作导杆极限位置的垂线 AB_1(或 AB_2),即得曲柄长度 $l_1 = AB_1$。

二、按给定连杆位置设计四杆机构

图 2-29 所示为铸工车间翻台振实式造型机的翻转机构。它是用一个铰链四杆机构来实现翻台的两个工作位置的。在图中实线位置 I,砂箱 7 与翻台 8 固连,并在振实台 9 上振实造型。当压力油推动活塞 6 移动时,通过连杆 5 使摇杆 4 摆动,从而将翻台与砂箱转到虚线位置 II。然后托台 10 上升接触砂箱,解除砂箱与翻台间的紧固连接并起模。

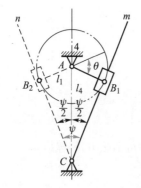

图 2-28 按 K 值设计摆动导杆机构

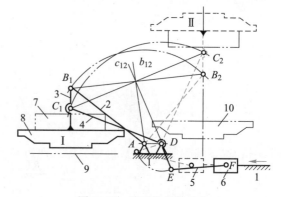

图 2-29 造型机翻转机构

今给定与翻台固连的连杆 3 的长度 $l_3 = BC$ 及其两个位置 B_1C_1 和 B_2C_2,要求确定连架杆与机架组成的固定铰链中心 A 和 D 的位置,并求出其余三杆的长度 l_1、l_2 和 l_4。由于连杆 3 上 B、C 两点的轨迹分别为以 A、D 为圆心的圆弧,所以 A、D 必分别位于 B_1B_2 和 C_1C_2 的垂直平分线上。故可得设计步骤如下:

(1)选取适当比例,根据给定条件,绘出连杆 3 的两个位置 B_1C_1 和 B_2C_2。

(2)分别连接 B_1 和 B_2、C_1 和 C_2,并作 B_1B_2、C_1C_2 的垂直平分线 b_{12}、c_{12}。

（3）由于 A 和 D 两点可分别在 b_{12} 和 c_{12} 两直线上任意选取，故有无穷多解。在实际设计时还可以考虑其他辅助条件，例如最小传动角、各杆尺寸所允许的范围或其他结构上的要求，等等。本机构要求 A、D 两点在同一水平线上，且 $AD = BC$。根据这一附加条件，即可唯一确定 A、D 的位置，并作出位于位置 I 的所求四杆机构 AB_1C_1D。

若给定连杆三个位置，要求设计四杆机构，则其设计过程与上述基本相同。如图 2-30 所示，由于 B_1、B_2、B_3 三点位于以 A 为圆心的同一圆弧上，故运用已知三点求圆心的方法，作 B_1B_2 和 B_2B_3 的垂直平分线，其交点就是固定铰链中心 A。用同样方法，作 C_1C_2 和 C_2C_3 的垂直平分线，其交点便是另一固定铰链中心 D。AB_1C_1D 即为所求的四杆机构。

三、按照给定两连架杆对应位置设计四杆机构

在图 2-31 所示的铰链四杆机构中，已知连架杆 AB 和 CD 的三对对应位置 φ_1、ψ_1、φ_2、ψ_2 和 φ_3、ψ_3，要求确定各杆的长度 l_1、l_2、l_3 和 l_4。现以解析法求解。此机构各杆长度按同一比例增减时，各杆转角间的关系不变，故只需确定各杆的相对长度。取 $l_1 = 1$，则该机构的待求参数只有三个。

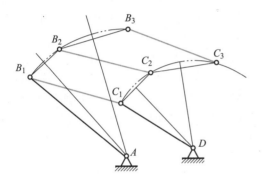

图 2-30　给定连杆三个位置的设计

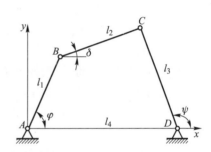

图 2-31　机构封闭多边形

该机构的四个杆组成封闭多边形。取各杆在坐标轴 x 和 y 上的投影，可得以下关系式：

$$\left.\begin{array}{l}\cos \varphi + l_2\cos \delta = l_4 + l_3\cos \psi \\ \sin \varphi + l_2\sin \delta = l_3\sin \psi\end{array}\right\} \tag{2-8}$$

将 $\cos \varphi$ 和 $\sin \varphi$ 移到等式右边，再把二等式两边平方相加，即可消去 δ，整理后得

$$\cos \varphi = \frac{l_4^2 + l_3^2 + 1 - l_2^2}{2l_4} + l_3\cos \psi - \frac{l_3}{l_4}\cos(\psi - \varphi)$$

为简化上式，令

$$P_0 = l_3, \qquad P_1 = -l_3/l_4, \qquad P_2 = \frac{l_4^2 + l_3^2 + 1 - l_2^2}{2l_4} \tag{2-9}$$

则有

$$\cos \varphi = P_0\cos \psi + P_1\cos(\psi - \varphi) + P_2 \tag{2-10}$$

上式即为两连架杆转角之间的关系式。将已知的三对对应转角 φ_1、ψ_1，φ_2、ψ_2，φ_3、ψ_3 分别代入式（2-10）可得到方程组

$$\left.\begin{aligned}
\cos\varphi_1 &= P_0\cos\psi_1 + P_1\cos(\psi_1-\varphi_1) + P_2 \\
\cos\varphi_2 &= P_0\cos\psi_2 + P_1\cos(\psi_2-\varphi_2) + P_2 \\
\cos\varphi_3 &= P_0\cos\psi_3 + P_1\cos(\psi_3-\varphi_3) + P_2
\end{aligned}\right\} \tag{2-11}$$

由方程组可以解出三个未知数 P_0、P_1 和 P_2。将它们代入式(2-9),即可求得 l_2、l_3 和 l_4。以上求出的杆长 l_1、l_2、l_3 和 l_4 可同时乘以大于零的任意比例常数,所得机构都能实现对应的转角关系。

若仅给定两连架杆两对位置,则由式(2-10)只能得到两个方程,P_0、P_1、P_2 三个参数中的一个可以任意给定,所以有无穷解。

若给定两连架杆的位置超过三对,则不可能有精确解,只能用优化或试凑等方法求其近似解。

四、按照给定点的运动轨迹设计四杆机构

1. 连杆曲线

四杆机构运动时,其连杆作平面复杂运动,连杆上一点将描出一条封闭曲线,称为连杆曲线。连杆曲线的形状随点在连杆上的位置和各杆相对尺寸的不同而变化。连杆曲线形状的多样性使它有可能用于描绘复杂的轨迹。

图 2-32 所示为自动生产线上的步进式传送机构。它包含两个相同的铰链四杆机构。当曲柄 1 整周转动时,连杆 2 上的 E 点沿虚线所示卵形曲线运动。若在 E 和 E' 上铰接推杆 5,则当两个曲柄同步转动时,推杆也按此卵形轨迹平动。当 $E(E')$ 点行经卵形曲线上部时,推杆作近似水平直线运动,推动工件 6 前移。当 $E(E')$ 点行经卵形曲线的其他部分时,推杆脱离工件沿左面轨迹下降、返回和沿右面轨迹上升至原位置。曲柄每转一周,工件就前进一步。

2. 运用连杆曲线图谱设计四杆机构

平面连杆曲线是高阶曲线,所以设计四杆机构使其连杆上某点实现给定的任意轨迹是十分复杂的。为了便于设计,工程上常常利用事先编就的连杆曲线图谱。从图谱中找出所需的曲线,便可直接查出该四杆机构的各尺寸参数。这种方法称为图谱法。

图 2-33 所示为描绘连杆曲线的模型,这种装置的各杆长度可以调节。在连杆 2 上固连一块薄板,板上钻有一定数量的小孔,代表连杆平面上不同点的位置。机架 4 与图板 S 固连。转动曲柄 1,即可将连杆平面上各点的连杆曲线记录下来,得到一组连杆曲线。依次改变杆 2、3、4 相对杆 1 的长度,就可得出许多组连杆曲线。将它们顺序整理编排成册,即成连杆曲线图谱。例如图 2-34 就是已出版的《四连杆机构分析图谱》中的一张。图中取原动曲

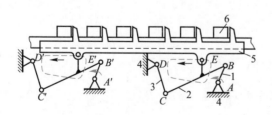

图 2-32　步进式传送机构

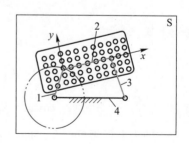

图 2-33　连杆曲线的绘制

柄 1 的长度等于 1,其他各杆的长度以相对于原动曲柄长度的比值来表示。图中每一连杆曲线由 72 根长度不等的短线构成,每一短线表示原动曲柄转过 5°时连杆上该点的位移。若已知曲柄转速,即可由短线的长度求出该点在相应位置的平均速度。连杆曲线的绘制也可借助计算机仿真软件实现。

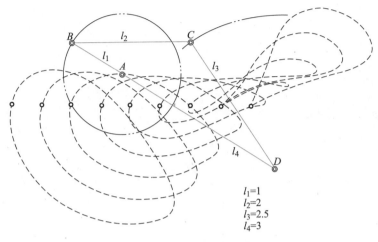

$l_1=1$
$l_2=2$
$l_3=2.5$
$l_4=3$

图 2-34   连杆曲线图谱

运用图谱设计可按以下步骤进行:首先,从图谱中查出形状与要求实现的轨迹相似的连杆曲线;其次,按照图上的文字说明得出所求四杆机构各杆长度的比值;再次,用缩放仪求出图谱中的连杆曲线和所要求轨迹之间相差的倍数,并由此确定所求四杆机构各杆的真实尺寸;最后,根据连杆曲线上的小圆圈与铰链 B、C 的相对位置,即可确定描绘轨迹之点在连杆上的位置。

习题

2-1   试根据题 2-1 图所注明的尺寸判断各铰链四杆机构是曲柄摇杆机构、双曲柄机构还是双摇杆机构。

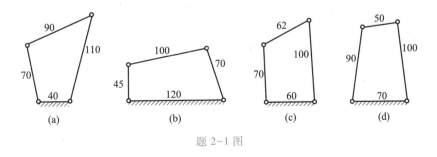

题 2-1 图

2-2   试运用铰链四杆机构有整转副的结论,推导题 2-2 图所示偏置导杆机构成为转动导杆机构的条件(提示:转动导杆机构可视为双曲柄机构)。

答:$l_{AB}+e \leqslant l_{BC}$。

2-3 已知一曲柄摇杆机构 *ABCD* 的各杆长度分别为: $l_{AB} = 12$ mm, $l_{BC} = 30$ mm, $l_{CD} = 33$ mm, $l_{AD} = 17$ mm, *AD* 为机架,曲柄 *AB* 为原动件并作匀速转动,摇杆 *CD* 为从动件。(1)选择比例尺,绘制∠ *BAD* = 90°时的机构位置图;(2)在图上标出机构的极位夹角 θ 和摇杆 *CD* 的摆角 ψ;(3)用解析法求极位夹角 θ、行程速度变化系数 *K* 和摇杆摆角 ψ 的数值。

2-4 已知某曲柄摇杆机构的曲柄匀速转动,极位夹角 θ 为 30°,摇杆工作行程需时 7 s。试问:(1)摇杆空回行程需时几秒?(2)曲柄每分钟转数是多少?

2-5 画出题 2-5 图所示各机构的传动角和压力角。图中标注箭头的构件为原动件。

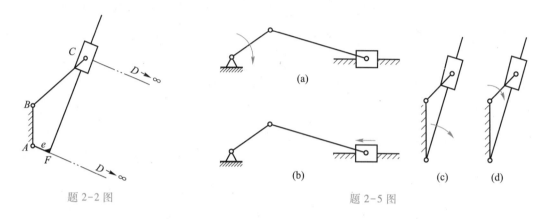

题 2-2 图   题 2-5 图

2-6 题 2-6 图所示为一偏置曲柄滑块机构,主动件曲柄 *AB* 作匀速转动。已知: $l_{AB} = 120$ mm, $l_{BC} = 250$ mm,偏距 $e = 60$ mm。试用解析法求:(1)滑块 3 的行程 *H*;(2)极位夹角 θ 和行程速度变化系数 *K*;(3)曲柄位于 $\varphi = 60°$ 时的机构压力角 α 和传动角 γ;(4)机构的最大压力角 α_{max} 和最小传动角 γ_{min}。

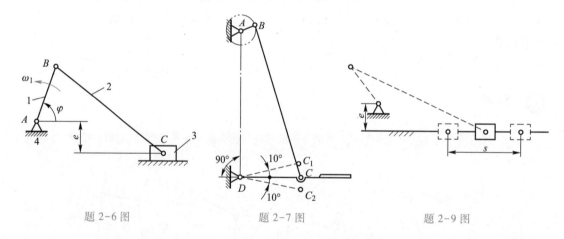

题 2-6 图   题 2-7 图   题 2-9 图

2-7 设计一脚踏轧棉机的曲柄摇杆机构,如题 2-7 图所示,要求踏板 *CD* 在水平位置上、下各摆动 10°,且 $l_{CD} = 500$ mm, $l_{AD} = 1\,000$ mm。(1)试用图解法求曲柄 *AB* 和连杆 *BC* 的长度;(2)用式(2-6)和式(2-7)计算此机构的最小传动角。

2-8 设计一曲柄摇杆机构。已知摇杆长度 $l_3 = 100$ mm,摆角 $\psi = 30°$,摇杆的行程速度变化系数 $K = 1.2$。(1)用图解法确定其余三杆的尺寸;(2)用式(2-6)和式(2-7)确定机构最小传动角 γ_{min}(若 $\gamma_{min} < 35°$,则应另选铰链 *A* 的位置重新设计)。

2-9 设计一曲柄滑块机构,如题 2-9 图所示。已知滑块的行程 $s = 50$ mm,偏距 $e = 16$ mm,行程速度变化系数 $K = 1.2$,求曲柄和连杆的长度。

2-10 设计一摆动导杆机构。已知机架长度 $l_4 = 100$ mm，行程速度变化系数 $K = 1.4$，试用解析法求曲柄长度。

2-11 设计一曲柄摇杆机构，已知摇杆长度 $l_3 = 80$ mm，摆角 $\psi = 40°$，摇杆的行程速度变化系数 $K = 1$，且要求摇杆 CD 的一个极限位置与机架间的夹角 $\angle CDA = 90°$，试用图解法确定其余三杆的长度。

2-12 设计一铰链四杆机构作为加热炉炉门的启闭机构。已知炉门上两活动铰链的中心距为 50 mm，炉门打开后成水平位置时，要求炉门温度较低的一面朝上（如虚线所示），设固定铰链安装在 y-y 轴线上，其相关尺寸如题 2-12 图所示，求此铰链四杆机构其余三杆的长度。

2-13 已知某操纵装置采用铰链四杆机构。要求两连杆的对应位置如题 2-13 图所示，$\varphi_1 = 45°$，$\psi_1 = 52°10'$，$\varphi_2 = 90°$，$\psi_2 = 82°10'$；$\varphi_3 = 135°$，$\psi_3 = 112°10'$，机架长度 $l_{AD} = 50$ mm，试用解析法求其余三杆长度。

2-14 如题 2-14 图所示机构为椭圆仪中的双滑块机构，试证明当机构运动时，构件 2 的 AB 直线上的任一点（除 A、B 及 AB 的中点外）所画的轨迹为一椭圆。

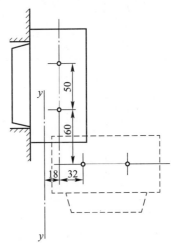

题 2-12 图

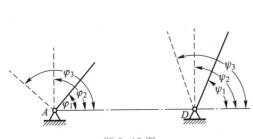

题 2-13 图

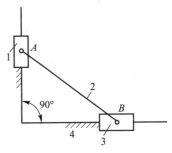

题 2-14 图

第 3 章

凸轮机构

§3-1　凸轮机构的应用和类型

凸轮机构是机械中的一种常用机构,在自动化和半自动化机械中应用非常广泛。

图 3-1 所示为内燃机配气凸轮机构,凸轮 1 以等角速度回转,它的轮廓驱使从动件 2(阀杆)按预期的运动规律启闭阀门。

图 3-2 所示为绕线机中用于排线的凸轮机构,当绕线轴 3 快速转动时,经齿轮带动凸轮 1 缓慢地转动,通过凸轮轮廓与尖顶 A 之间的作用,驱使从动件 2 往复摆动,从而使线均匀地缠绕在绕线轴上。

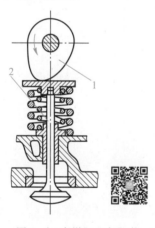
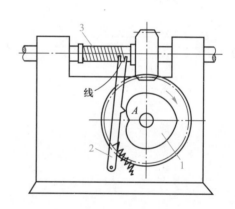

图 3-1　内燃机配气机构　　　　　　图 3-2　绕线机构

图 3-3 所示为磁带录音机卷带装置中的凸轮机构,凸轮 1 随放音键上下移动。放音时,凸轮 1 处于图示最低位置,在弹簧 6 的作用下,安装于带轮轴上的摩擦轮 4 紧靠卷带轮 5,从而将磁带卷紧。停止放音时,凸轮 1 随按键上移,其轮廓压迫从动件 2 顺时针摆动,使摩擦轮与卷带轮分离,从而停止卷带。

图 3-4 所示为自动送料机构。当带有凹槽的凸轮 1 转动时,通过槽中的滚子驱使从动件 2 作往复移动。凸轮每回转一周,从动件即从储料器中推出一个毛坯,送到加工位置。

从以上所举的例子可以看出:凸轮机构主要由凸轮、从动件和机架三个基本构件组成。

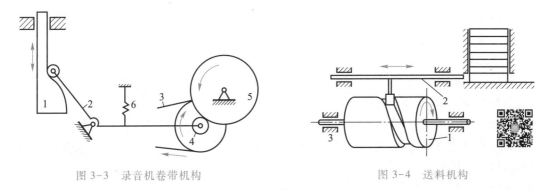

图 3-3　录音机卷带机构　　　　　　　　图 3-4　送料机构

根据凸轮和从动件的不同形状和形式,凸轮机构可分类如下:

1. 按凸轮的形状分

(1) 盘形凸轮　它是凸轮的最基本形式。这种凸轮是一个绕固定轴线转动并且具有变化半径的盘形零件,如图 3-1 和图 3-2 所示。

(2) 移动凸轮　当盘形凸轮的回转中心趋于无穷远时,凸轮相对机架作直线运动,这种凸轮称为移动凸轮,如图 3-3 所示。

(3) 圆柱凸轮　将移动凸轮卷成圆柱即成为圆柱凸轮,如图 3-4 所示。

盘形凸轮和移动凸轮与从动件之间的相对运动为平面运动,而圆柱凸轮与从动件之间的相对运动为空间运动,所以前两者属于平面凸轮机构,后者属于空间凸轮机构。

2. 按从动件的形式分

(1) 尖顶从动件　如图 3-2 所示,尖顶能与复杂的凸轮轮廓保持接触,因而能实现任意预期的运动规律。但尖顶与凸轮是点接触,磨损快,只宜用于受力不大的低速凸轮机构。

(2) 滚子从动件　如图 3-3 和图 3-4 所示。为了克服尖顶从动件的缺点,在从动件的尖顶处安装一个滚子,即成为滚子从动件。滚子和凸轮轮廓之间为滚动摩擦,耐磨损,可承受较大载荷,所以是从动件中最常用的一种形式。

(3) 平底从动件　如图 3-1 所示,这种从动件与凸轮轮廓表面接触的端部为一平面。显然,它不能与凹陷的凸轮轮廓相接触。这种从动件的优点是:当不考虑摩擦时,凸轮与从动件之间的作用力始终与从动件的平底相垂直,传动效率较高,且接触面间易形成油膜,利于润滑,故常用于高速凸轮机构。

以上三种从动件都可以相对机架作往复直线运动或往复摆动。为了使凸轮与从动件始终保持接触,可以利用重力、弹簧力(图 3-1、图 3-2 及图 3-3)或依靠凸轮上的凹槽(图 3-4)来实现。

凸轮机构的优点是只需设计适当的凸轮轮廓,便可使从动件得到所需的运动规律,并且结构简单、紧凑,设计方便。它的缺点是凸轮轮廓与从动件之间为点接触或线接触,易磨损,所以通常多用于传力不大的控制机构。

§3-2　从动件的运动规律

设计凸轮机构时,首先应根据工作要求确定从动件的运动规律,然后按照这一运动规律设计凸轮轮廓曲线。下面以尖顶直动从动件盘形凸轮机构为例,说明从动件的运动规律与凸轮轮廓曲线之间的相互关系。如图 3-5a 所示,以凸轮轮廓的最小向径 r_0 为半径所绘的圆称为基圆。当尖顶与凸轮轮廓上的 A 点(基圆与轮廓 AB 的连接点)相接触时,从动件处于上升的起始位置。当凸轮以 ω 等角速沿顺时针方向回转 Φ 时,从动件尖顶被凸轮轮廓推动,以一定运动规律由离回转中心最近位置 A 到达最远位置 B',这个过程称为推程。这时它所走过的距离 h 称为从动件的升程,而与推程对应的凸轮转角 Φ 称为推程运动角。当凸轮继续回转 Φ_s 时,以 O 点为中心的圆弧 BC 与尖顶相

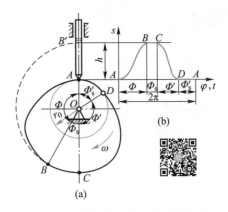

图 3-5   凸轮轮廓与从动件位移线图

作用,从动件在最远位置停留不动,Φ_s 称为远休止角。凸轮继续回转 Φ' 时,从动件在弹簧力或重力作用下,以一定运动规律回到起始位置,这个过程称为回程,Φ' 称为回程运动角。当凸轮继续回转 Φ_s' 时,以 O 点为中心的圆弧 DA 与尖顶相作用,从动件在最近位置停留不动,Φ_s' 称为近休止角。当凸轮连续回转时,从动件重复上述运动。

如果以直角坐标系的纵坐标代表从动件位移 s,横坐标代表凸轮转角 φ(因通常凸轮等角速转动,故横坐标也代表时间 t),则可以画出从动件位移 s 与凸轮转角 φ 之间的关系曲线,如图3-5b所示,称为从动件位移线图。

由以上分析可知,从动件的位移线图取决于凸轮轮廓曲线的形状。也就是说,从动件的不同运动规律要求凸轮具有不同的轮廓曲线。

下面介绍几种从动件常用运动规律。

表 3-1   从动件常用运动规律

运动规律		运动方程	推程运动线图	冲击
等速运动	推程	$s = \dfrac{h}{\Phi}\varphi$ $v = v_0 = \dfrac{h}{\Phi}\omega$ $a = 0$ $(0 \leqslant \varphi \leqslant \Phi)$		刚性
	回程	$s = h - \dfrac{h}{\Phi'}(\varphi - \Phi - \Phi_s)$ $v = -\dfrac{h}{\Phi'}\omega$ $a = 0$ $(\Phi + \Phi_s \leqslant \varphi \leqslant \Phi + \Phi_s + \Phi')$		

运动规律	运动方程		推程运动线图	冲击
简谐运动	推程	$s = \dfrac{h}{2}\left(1 - \cos\dfrac{\pi}{\Phi}\varphi\right)$ $v = \dfrac{h\pi\omega}{2\Phi}\sin\dfrac{\pi}{\Phi}\varphi$ $a = \dfrac{h\pi^2\omega^2}{2\Phi^2}\cos\dfrac{\pi}{\Phi}\varphi$ $(0 \leqslant \varphi \leqslant \Phi)$		柔性
	回程	$s = \dfrac{h}{2}\left[1 + \cos\dfrac{\pi}{\Phi'}(\varphi - \Phi - \Phi_s)\right]$ $v = -\dfrac{h\pi\omega}{2\Phi'}\sin\dfrac{\pi}{\Phi'}(\varphi - \Phi - \Phi_s)$ $a = -\dfrac{h\pi^2\omega^2}{2\Phi'^2}\cos\dfrac{\pi}{\Phi'}(\varphi - \Phi - \Phi_s)$ $(\Phi + \Phi_s \leqslant \varphi \leqslant \Phi + \Phi_s + \Phi')$		
正弦加速度运动	推程	$s = h\left(\dfrac{\varphi}{\Phi} - \dfrac{1}{2\pi}\sin\dfrac{2\pi}{\Phi}\varphi\right)$ $v = \dfrac{h\omega}{\Phi}\left(1 - \cos\dfrac{2\pi}{\Phi}\varphi\right)$ $a = \dfrac{2h\pi\omega^2}{\Phi^2}\sin\dfrac{2\pi}{\Phi}\varphi$ $(0 \leqslant \varphi \leqslant \Phi)$		无
	回程	$s = h\left[1 - \dfrac{\varphi - \Phi - \Phi_s}{\Phi'} + \dfrac{1}{2\pi}\sin\dfrac{2\pi}{\Phi'}(\varphi - \Phi - \Phi_s)\right]$ $v = -\dfrac{h\omega}{\Phi'}\left[1 - \cos\dfrac{2\pi}{\Phi'}(\varphi - \Phi - \Phi_s)\right]$ $a = -\dfrac{2h\pi\omega^2}{\Phi'^2}\sin\dfrac{2\pi}{\Phi'}(\varphi - \Phi - \Phi_s)$ $(\Phi + \Phi_s \leqslant \varphi \leqslant \Phi + \Phi_s + \Phi')$		

1. 等速运动

如表 3-1 所示,从动件推程作等速运动时,其位移线图为一斜直线,速度线图为一水平直线。运动开始时,从动件速度由零突变为 v_0,理论上该处加速度 a 趋近 $+\infty$;同理,运动终止时,速度由 v_0 突变为零,a 趋近 $-\infty$(材料有弹性变形,实际上不可能达到无穷大)。由此产生的巨大惯性力导致强烈冲击。这种因加速度发生无穷大突变而引起的冲击称为刚性冲击,会造成严重危害。因此,等速运动规律不宜单独使用,运动开始和终止段必须加以修正(参看图 3-6)。

2. 简谐运动

点在圆周上匀速运动时,它在这个圆的直径上的投影点的运动称为简谐运动。

简谐运动规律位移线图的作法如表 3-1 所示。把从动件的行程 h 作为直径画半圆,将此半圆进行若干等分(图中为 6 等分),得 1″、2″、3″…点。再把凸轮推程运动角 Φ 也进行相同等分,得 1、2、3…点,并过各等分点作垂直线,然后将圆周上的等分点投影到相应的垂直线上得 1′、2′、3′…点。用光滑曲线连接这些点,便得到简谐运动的推程位移线图。其方程为

$$s = \frac{h}{2}(1 - \cos\theta)$$

由图可知,当 $\theta = \pi$ 时,$\varphi = \Phi$,故 $\theta = \pi\varphi/\Phi$。代入上式可得从动件推程作简谐运动的位移方程。由此可导出其速度方程和加速度方程。

从加速度线图可见,简谐运动规律在运动开始和运动终止时,加速度出现有限值突变,导致惯性力突然变化而产生冲击。但是此处加速度的变化量和冲击都是有限的。这种因加速度发生有限值突变而引起的冲击称为柔性冲击,在高速状态下也会产生不良的影响。因此,简谐运动规律只宜用于中、低速凸轮机构。

3. 正弦加速度运动

如表 3-1 所示,这种运动规律的 a-t 线图为一正弦曲线,其位移为摆线在纵轴上的投影,故又称摆线运动规律[①]。由运动线图可见,这种运动规律既无速度突变,也没有加速度突变,不产生刚性或柔性冲击,故可用于高速凸轮机构。它的缺点是加速度最大值 a_{max} 较大,惯性力较大,要求较高的加工精度。

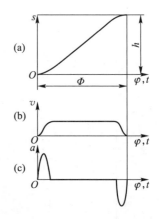

图 3-6　组合运动规律

上述运动规律的推程和回程运动方程列于表 3-1 之中。

为了进一步降低 a_{max} 或满足某些特殊要求,近代高速凸轮的运动线图还采用多项式曲线或几种曲线的组合。例如图 3-6 所示推程运动线图便是由等速运动和正弦加速度两种运动规律组合而成的,既能使从动件大部分行程保持匀速运动,又可避免起始和终止时产生冲击。

§3-3　凸轮机构的压力角

如前章所述,作用在从动件上的驱动力与该力作用点绝对速度之间所夹的锐角称为压力角。在不计摩擦时,高副中构件间的力是沿法线方向作用的,因此对于尖顶或平底从动件平面凸轮机构,压力角就是接触轮廓法线与从动件速度方向所夹的锐角。而对于滚子从动件平面凸轮机构,压力角是指滚子中心点的受力方向与该点绝对速度方向所夹的锐角。

在设计凸轮机构时,除了要求从动件能实现预期运动规律之外,还希望机构有较好的受

---

① 摆线的几何作图比较复杂,建议根据公式计算结果绘制摆线运动规律的位移线图。

力情况和较小的尺寸,为此需要讨论压力角对机构的受力情况及尺寸的影响。

一、压力角与作用力的关系

图 3-7 所示为尖顶直动从动件凸轮机构。当不计凸轮与从动件之间的摩擦时,凸轮给予从动件的力 F 是沿法线方向的,从动件运动方向与力 F 之间的锐角 α 即为压力角。力 F 可分解为沿从动件运动方向的有用分力 F' 和使从动件紧压导路的有害分力 F'',且

$$F'' = F'\tan\alpha$$

上式表明,驱动从动件的有用分力 F' 一定时,压力角 α 越大,则有害分力 F'' 越大,机构的效率越低。当 α 增大到一定程度,以致 F'' 在导路中所引起的摩擦阻力大于有用分力 F' 时,无论凸轮加给从动件的作用力多大,从动件都不能运动,这种现象称为自锁。为了保证凸轮机构正常工作并具有一定的传动效率,必须对压力角加以限制。凸轮轮廓曲线上各点的压力角一般是变化的,在设计时应使最大压力角不超过许用值。通常,对于直动从动件凸轮机构,建议取许用压力角 $[\alpha]=30°$;对于摆动从动件凸轮机构,建议取许用压力角 $[\alpha]=45°$。常见的依靠外力使从动件与凸轮维持接触的凸轮机构,其从动件是在弹簧或重力作用下返回的,回程不会出现自锁,因此对于这类凸轮机构,通常只需校核推程压力角。

二、压力角与凸轮机构尺寸的关系

由图 3-7 可以看出,在其他条件都不变的情况下,若把基圆增大,则凸轮的尺寸也将随之增大。因此,欲使机构紧凑就应当采用较小的基圆半径。但是,基圆半径减小会引起压力角增大,这可以从下面压力角计算公式得到证明。

图 3-7 所示为偏置尖顶直动从动件盘形凸轮机构推程的一个任意位置。过凸轮与从动件的接触点 B 作公法线 $n-n$,它与过凸轮轴心 O 且垂直于从动件导路的直线相交于点 P,点 P 就是凸轮和从动件的相对速度瞬心。由式 (1-5) 可知,$l_{OP} = \dfrac{v}{\omega} = \dfrac{\mathrm{d}s}{\mathrm{d}\varphi}$。因此,可由图得到直动从动件盘形凸轮机构的压力角计算公式为

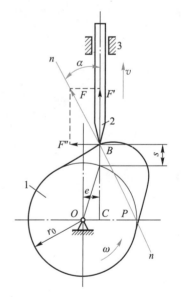

图 3-7 凸轮机构的压力角

$$\tan\alpha = \frac{\left| \dfrac{\mathrm{d}s}{\mathrm{d}\varphi} \mp e \right|}{s + \sqrt{r_0^2 - e^2}} \qquad (3-1)$$

式中:s 为对应凸轮转角 φ 的从动件位移。

式 (3-1) 说明,在其他条件不变的情况下,基圆半径 r_0 越小,压力角 α 越大。基圆半径过小,压力角就会超过许用值。因此,实际设计中应在保证凸轮轮廓的最大压力角不超过许用值的前提下,选取尽可能小的基圆半径,以缩小凸轮的尺寸。

在式 (3-1) 中,e 为从动件导路偏离凸轮回转中心的距离,称为偏距。当导路和瞬心 P 在凸轮轴心 O 的同侧时,式中取 "-" 号,可使推程压力角减小;反之,当导路和瞬心 P 在凸轮

轴心 O 的异侧时,式中取"+"号,推程压力角将增大。因此,为了减小推程压力角,应将从动件导路向推程相对速度瞬心的同侧偏置。但须注意,用导路偏置法虽可使推程压力角减小,但同时却使回程压力角增大,所以偏距 e 不宜过大。

§3-4　图解法设计凸轮轮廓

根据工作要求合理地选择从动件的运动规律之后,可以按照结构所允许的空间和具体要求,初步确定凸轮的基圆半径 r_0,然后绘制凸轮的轮廓。

下面介绍几种盘形凸轮轮廓的绘制方法。

一、直动从动件盘形凸轮轮廓的绘制

1. 偏置尖顶直动从动件盘形凸轮

图 3-8a 所示为偏置尖顶直动从动件盘形凸轮机构。已知从动件位移线图(图 3-8b)、偏距 e、凸轮的基圆半径 r_0 以及凸轮以等角速度 ω 顺时针方向回转,要求绘出此凸轮的轮廓。

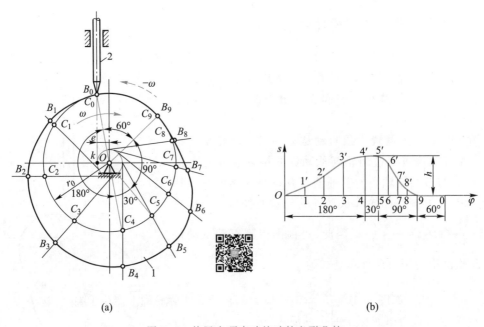

(a)　　　　　　　　　　　　　　(b)

图 3-8　偏置尖顶直动从动件盘形凸轮

凸轮机构工作时凸轮是运动的,而绘制凸轮轮廓时却需要凸轮与图纸相对静止。为此,在设计中采用"反转法"。根据相对运动原理:如果给整个机构加上绕凸轮轴心 O 的公共角速度 $-\omega$,机构各构件间的相对运动不变。这样一来,凸轮不动,而从动件一方面随机架和导路以角速度 $-\omega$ 绕 O 点转动,另一方面又在导路中往复移动。由于尖顶始终与凸轮轮廓相接触,所以反转后尖顶的运动轨迹就是凸轮轮廓。根据"反转法"原理,可以作图如下:

(1)选取适当的长度比例尺 μ_l,以 r_0 为半径作基圆,以 e 为半径作偏距圆与从动件导路切于 k 点。基圆与导路的交点 $B_0(C_0)$ 即为从动件的起始位置。

（2）选取横坐标角度比例尺 μ_φ，并取纵坐标长度比例尺 $\mu_s=\mu_l$，绘制从动件的位移线图 $s-\varphi$，将推程运动角和回程运动角分别进行若干等分（图3-8b中各为4等分）。

（3）在基圆上，自 OC_0 开始，沿 ω 的反方向取推程运动角 $\Phi=180°$、远休止角 $\Phi_s=30°$、回程运动角 $\Phi'=90°$、近休止角 $\Phi'_s=60°$，并将推程运动角和回程运动角分别进行与图3-8b相对应的等分，得点 C_1、C_2、C_3 和 C_6、C_7、C_8 诸点。

（4）过 C_1、C_2、C_3…作偏距圆的一系列切线，它们便是反转后从动件导路的一系列位置。

（5）沿以上各切线自基圆开始量取从动件相应的位移量，即取线段 $C_1B_1=11'$、$C_2B_2=22'$、$C_3B_3=33'$…，得反转后尖顶的一系列位置 B_1、B_2、B_3…。

（6）将点 B_0、B_1、B_2…连接成光滑曲线（B_4 和 B_5 之间以及 B_9 和 B_0 之间均为以 O 为中心的圆弧），便得到所求的凸轮轮廓曲线。

若偏距 $e=0$，则成为对心尖顶直动从动件盘形凸轮机构。这时，从动件在反转运动中，其导路为过中心 O 的径向射线，其设计方法与上述相同。

2. 滚子直动从动件盘形凸轮

若将图3-8中的尖顶改为滚子，如图3-9所示，则其凸轮轮廓可按下述方法绘制：首先，把滚子中心看作尖顶从动件的尖顶。按上面讲述的方法求出一条轮廓曲线 η；再以 η 上各点为中心，以滚子半径为半径作一系列圆；最后作这些圆的包络线 η'，它便是使用滚子从动件时凸轮的实际轮廓，而 η 称为此凸轮的理论轮廓。由作图过程可知，滚子从动件凸轮的基圆半径和压力角 α 均应当在理论轮廓上度量。

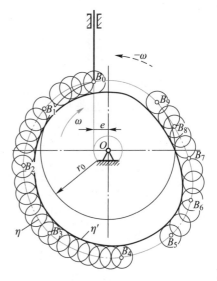

图3-9　滚子直动从动件盘形凸轮

必须指出，滚子半径的大小对凸轮实际轮廓有很大影响。如图3-10所示，设理论轮廓外凸部分的最小曲率半径用 ρ_{min} 表示，滚子半径用 r_T 表示，则相应位置实际轮廓的曲率半径 $\rho'=\rho_{min}-r_T$。

当 $\rho_{min}>r_T$ 时，如图3-10a所示，这时 $\rho'>0$，实际轮廓为一平滑曲线。

当 $\rho_{min}=r_T$ 时，如图3-10b所示，这时 $\rho'=0$，在凸轮实际轮廓上产生了尖点，这种尖点极易磨损，磨损后就会改变原定的运动规律。

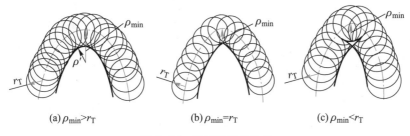

（a）$\rho_{min}>r_T$　　　　　　（b）$\rho_{min}=r_T$　　　　　　（c）$\rho_{min}<r_T$

图3-10　滚子半径的选择

当 $\rho_{\min} < r_T$ 时,如图 3-10c 所示,这时 $\rho' < 0$,实际轮廓曲线发生自交,交点以上的轮廓曲线在实际加工时将被切去,使这一部分对应的运动规律无法实现。为了使凸轮轮廓在任何位置既不变尖又不自交,滚子半径必须小于理论轮廓外凸部分的最小曲率半径 $\rho_{\min}$(理论轮廓的内凹部分对滚子半径的选择没有影响)。如果 $\rho_{\min}$ 过小,按上述条件选择的滚子半径太小而不能满足安装和强度要求时,就应当把凸轮基圆半径加大,重新设计凸轮轮廓。

3. 平底直动从动件盘形凸轮

当从动件的端部是平底时,凸轮实际轮廓曲线的求法与上述相仿。如图 3-11 所示,首先取平底与导路的交点 B_0 作为对心直动从动件的尖顶,按照尖顶从动件凸轮轮廓的绘制方法,求出尖顶反转后的一系列位置 B_1、B_2、$B_3 \cdots$;其次,过这些点画出一系列平底;最后,作这些平底的包络线,便得到凸轮的实际轮廓曲线。由于平底与实际轮廓曲线相切的点是变化的,为了保证在所有位置平底都能与轮廓曲线相切,平底左、右两侧的宽度必须分别大于导路至左、右最远切点的距离 m 和 l。此外,还必须指出,基圆太小会使平底从动件运动失真。

图 3-12 所示为位移线图相同、基圆大小不同求出的两条实际轮廓。显然,与 r_0' 对应的实际轮廓 η' 不能与过点 2' 的平底相切,导致运动失真;若基圆半径增大至 r_0'',则与之对应的实际轮廓 η'' 便可以与各个位置的平底相切。

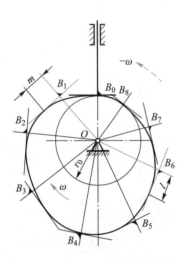

图 3-11　平底直动从动件盘形凸轮

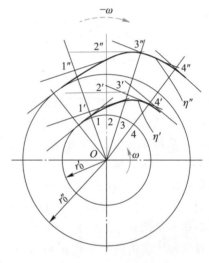

图 3-12　运动失真

二、摆动从动件盘形凸轮轮廓的绘制

已知从动件的角位移线图(图 3-13b),凸轮与摆动从动件的中心距 l_{OA},摆动从动件的长度 l_{AB},凸轮的基圆半径 r_0,凸轮以等角速度 ω 逆时针方向回转,要求绘出此凸轮的轮廓。

用“反转法”求凸轮轮廓。令整个凸轮机构以角速度 $-\omega$ 绕 O 点回转,结果凸轮不动而摆动从动件一方面随机架以等角速度 $-\omega$ 绕 O 点回转,另一方面又绕 A 点摆动。因此,尖顶摆动从动件盘形凸轮轮廓曲线可按以下步骤绘制:

(1)选取适当的长度比例尺 μ_l,根据 l_{OA} 定出 O 点与 A_0 点的位置,以 O 点为圆心、r_0 为半径作基圆,再以 A_0 点为中心、l_{AB} 为半径作圆弧交基圆于 B_0 点,该点即为从动件尖顶的起始位置。ψ_0 称为从动件的初位角。

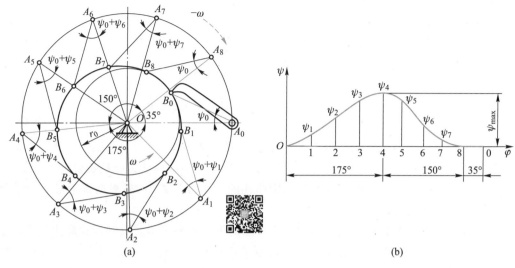

(a)　　　　　　　　　(b)

图 3-13　尖顶摆动从动件盘形凸轮

（2）选取纵、横坐标角度比例尺 $\mu_\psi = \mu_\varphi$，绘制从动件的角位移线图 ψ-φ、将推程运动角和回程运动角分别进行若干等分（图 3-13b 中各为 4 等分）。

（3）以 O 点为圆心、OA_0 为半径画圆，并沿 $-\omega$ 的方向取角 175°、150°、35°，分别进行与图 3-13b 相对应的等分，得点 A_1、A_2、A_3…，这些点即为反转后从动件回转轴心的一系列位置。

（4）由图 3-13b 求出从动件摆角 ψ 在不同位置的数值。据此画出摆动从动件相对于机架的一系列位置 A_1B_1、A_2B_2、A_3B_3…，即 $\angle OA_1B_1 = \psi_0 + \psi_1$、$\angle OA_2B_2 = \psi_0 + \psi_2$、$\angle OA_3B_3 = \psi_0 + \psi_3$…。

（5）以点 A_1、A_2、A_3…为圆心、l_{AB} 为半径作圆弧截 A_1B_1 于 B_1 点，截 A_2B_2 于 B_2 点，截 A_3B_3 于 B_3 点…。最后将点 B_0、B_1、B_2、B_3…连成光滑曲线，便得到尖顶摆动从动件盘形凸轮的轮廓。

同上所述，如果采用滚子从动件，则上述凸轮轮廓即为理论轮廓，只要在理论轮廓上选一系列点作滚子圆，最后作它们的包络线，便可求出相应的实际轮廓。若是平底从动件，则由点 A_0、A_1、A_2…作基圆的切线，得从动件平底的起始位置，然后自起始位置按从动件摆角 ψ 在不同位置时的数值，分别画出一系列平底，最后作这些平底的包络线，即得凸轮实际轮廓。

按照结构需要选取基圆半径并按上述方法绘制的凸轮轮廓，必须校核推程压力角。以尖顶摆动从动件盘形凸轮为例（图 3-14），在凸轮推程轮廓比较陡峭的区段取若干点 B_1、B_2、…，作出过这些点的轮廓法线和从动件尖顶的运动

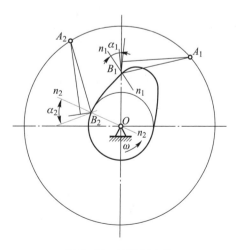

图 3-14　检验压力角

方向线,求出它们之间所夹的锐角 α_1、$\alpha_2\cdots$,看其中最大值 $\alpha_{\max}$ 是否超过许用压力角 $[\alpha]$。如果超过,就应修改设计。通常可用加大基圆半径的方法使 $\alpha_{\max}$ 减小。

滚子从动件凸轮只需校核理论轮廓的压力角。平底从动件凸轮机构的压力角很小(例如图 3-11 中的平底从动件凸轮机构压力角恒等于零),且为不变量,故可不必校核。

§3-5　解析法设计凸轮轮廓

图解法可以简便地设计出凸轮轮廓,但由于作图误差较大,所以只适用于对从动件运动规律要求不太严格的地方。对于精度要求高的凸轮,必须用解析法进行精确设计。

用解析法设计凸轮首先是建立凸轮轮廓曲线的数学方程式,然后根据方程准确地计算出凸轮轮廓曲线上各点的坐标值。

凸轮轮廓曲线通常用以凸轮回转中心为极点的极坐标来表示。其理论轮廓曲线上各点的极坐标记为 (ρ,θ);实际轮廓曲线上各对应点的极坐标记为 $(\rho_{\mathrm{T}},\theta_{\mathrm{T}})$。下面介绍几种凸轮轮廓的解析法设计。

一、滚子直动从动件盘形凸轮

设已知偏距 e、基圆半径 r_0、滚子半径 r_{T}、从动件运动规律 $s=s(\varphi)$,凸轮以等角速度 ω 沿顺时针方向回转。根据"反转法"原理,可画出相对初始位置反转 φ 角的机构位置,如图 3-15 所示。此时,从动件滚子中心 B 所在位置也就是凸轮理论轮廓上的一点,其极坐标为

$$\rho = \sqrt{(s+s_0)^2+e^2} \qquad (3-2)$$

$$\theta = \varphi + \beta - \beta_0 \qquad (3-3)$$

其中 $$s_0 = \sqrt{r_0^2-e^2} \qquad (3-4)$$

$$\tan\beta_0 = \frac{e}{s_0} \qquad (3-5)$$

$$\tan\beta = \frac{e}{s_0+s} \qquad (3-6)$$

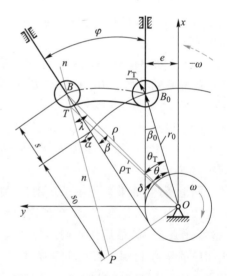

图 3-15　滚子直动从动件盘形凸轮轮廓

由于凸轮实际轮廓曲线是理论轮廓曲线的等距曲线,所以两轮廓曲线对应点具有公共的曲率中心和法线。在图 3-15 中,过 B 点作理论轮廓的法线交滚子于 T 点,T 点就是实际轮廓上的对应点。由图知

$$\lambda = \alpha + \beta \qquad (3-7)$$

式中:α 为压力角,其计算公式见式(3-1)。

实际轮廓上对应点 T 的极坐标为

$$\rho_{\mathrm{T}} = \sqrt{\rho^2 + r_{\mathrm{T}}^2 - 2\rho r_{\mathrm{T}}\cos\lambda} \qquad (3-8)$$

$$\theta_T = \theta + \delta \qquad (3-9)$$

其中
$$\delta = \arctan \frac{r_T \sin \lambda}{\rho - r_T \cos \lambda} \qquad (3-10)$$

对上述凸轮理论轮廓和凸轮实际轮廓的极坐标方程作简单转换,即可获得相应的直角坐标方程。基于图 3-15 所示坐标系 Oxy,凸轮理论轮廓上一点的直角坐标为

$$\left.\begin{array}{l} x = \rho\cos\ (\theta + \beta_0) = \rho\cos\ (\beta + \varphi) = \rho\cos\beta\cos\varphi - \rho\sin\beta\sin\varphi \\ y = \rho\sin\ (\theta + \beta_0) = \rho\sin\ (\beta + \varphi) = \rho\cos\beta\sin\varphi + \rho\sin\beta\cos\varphi \end{array}\right\}$$

因 $\rho\cos\beta = s + s_0$,$\rho\sin\beta = e$,代入上式即得凸轮理论轮廓的直角坐标方程:

$$\left.\begin{array}{l} x = (s + s_0)\cos\varphi - e\sin\varphi \\ y = (s + s_0)\sin\varphi + e\cos\varphi \end{array}\right\} \qquad (3-11)$$

同理,由式(3-8)和式(3-9)可得凸轮实际轮廓的直角坐标方程:

$$\left.\begin{array}{l} x' = \rho_T\cos\ (\theta_T + \beta_0) \\ y' = \rho_T\sin\ (\theta_T + \beta_0) \end{array}\right\} \qquad (3-12)$$

二、平底直动从动件盘形凸轮

图 3-16 所示为一平底直动从动件盘形凸轮机构。设已知基圆半径 r_0、从动件运动规律 $s = s(\varphi)$,凸轮以等角速度 ω 沿顺时针方向回转。根据"反转法"原理,当机构相对初始位置反转 φ 角时,从动件的平底与凸轮轮廓在 T 点相切。过 T 点作公法线,求得凸轮与从动件的相对瞬心 P,由式(1-5)得

$$l_{OP} = \frac{v}{\omega} = \frac{\mathrm{d}s}{\mathrm{d}\varphi}$$

由 $\triangle OTP$ 可求出凸轮实际轮廓上 T 点的极坐标值为

$$\rho_T = \sqrt{\left(\frac{\mathrm{d}s}{\mathrm{d}\varphi}\right)^2 + (r_0 + s)^2}$$
$$(3-13)$$

$$\theta_T = \varphi + \beta \qquad (3-14)$$

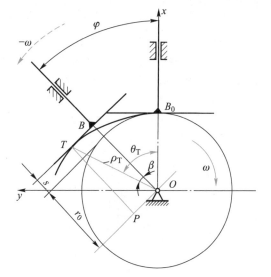

图 3-16 平底直动从动件盘形凸轮

其中
$$\tan\beta = \frac{\dfrac{\mathrm{d}s}{\mathrm{d}\varphi}}{r_0 + s} \qquad (3-15)$$

凸轮实际轮廓上 T 点的直角坐标为

$$
\left.
\begin{aligned}
x' &= \rho_{\text{T}}\cos\theta_{\text{T}} = \rho_{\text{T}}\cos(\beta+\varphi) = \rho_{\text{T}}\cos\beta\cos\varphi - \rho_{\text{T}}\sin\beta\sin\varphi \\
y' &= \rho_{\text{T}}\sin\theta_{\text{T}} = \rho_{\text{T}}\sin(\beta+\varphi) = \rho_{\text{T}}\cos\beta\sin\varphi + \rho_{\text{T}}\sin\beta\cos\varphi
\end{aligned}
\right\}
$$

因 $\rho_{\text{T}}\cos\beta = s+r_0$，$\rho_{\text{T}}\sin\beta = \dfrac{\mathrm{d}s}{\mathrm{d}\varphi}$，代入上式得凸轮实际轮廓的直角坐标方程：

$$
\left.
\begin{aligned}
x' &= (s+r_0)\cos\varphi - \frac{\mathrm{d}s}{\mathrm{d}\varphi}\sin\varphi \\
y' &= (s+r_0)\sin\varphi + \frac{\mathrm{d}s}{\mathrm{d}\varphi}\cos\varphi
\end{aligned}
\right\} \tag{3-16}
$$

　　当前,计算机辅助设计已广泛应用于解析法设计凸轮轮廓。计算机辅助设计不仅能迅速得到凸轮轮廓上各点的坐标值,而且可以在屏幕上画出凸轮轮廓,以便随时修改设计参数,得到最佳设计方案。为了简化设计,对于凸轮机构的不同类型(对心、偏置、直动、摆动、尖顶、滚子、平底)以及从动件的各种常用运动规律,都可以编制成子程序以备调用。输入不同的数据,计算机就会输出相应的轮廓坐标、图形和最大压力角值。

　习题

　　3-1　题 3-1 图所示为一偏置直动从动件盘形凸轮机构,凸轮为圆心位于 G 的偏心圆盘,转向见图。已知:$R=30$ mm,$l_{OG}=10$ mm,偏距 $e=15$ mm。(1)选择比例尺,绘制 OG 垂直于从动件移动方向时的机构位置图;(2)画出凸轮的基圆,标出基圆半径 r_0;(3)标出凸轮的推程运动角 Φ 和回程运动角 Φ';(4)标出从动件推程开始时的压力角 α_{b} 和推程结束时的压力角 α_{e}。

　　3-2　题 3-2 图所示为一滚子接触摆动从动件盘形凸轮机构,凸轮 1 为圆心位于 G 的偏心圆盘,转向如图。已知:$R=25$ mm,$l_{OG}=10$ mm,$l_{OA}=50$ mm,$l_{AB}=40$ mm,滚子半径 $r_{\text{T}}=5$ mm。(1)选择比例尺,绘制 $\angle AOG=30°$ 时的机构位置图;(2)画出凸轮的基圆,标出基圆半径 r_0;(3)标出凸轮的推程运动角 Φ 和回程运动角 Φ';(4)标出图示位置从动件 2 的压力角 α。

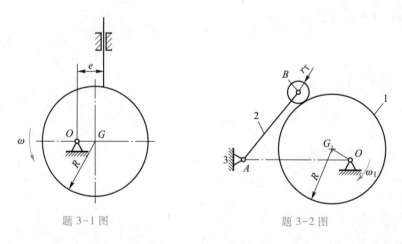

题 3-1 图　　　　　　　　　题 3-2 图

　　3-3　已知直动从动件升程 $h=30$ mm,$\Phi=150°$,$\Phi_{\text{s}}=30°$,$\Phi'=120°$,$\Phi'_{\text{s}}=60°$,从动件在推程和回程均作简谐运动,试运用作图法或公式绘出其运动线图 $s\text{-}t$、$v\text{-}t$ 和 $a\text{-}t$。

3-4　题 3-4 图所示为盘形凸轮机构直动从动件的速度线图。(1) 示意画出从动件的加速度线图;(2) 判断哪些位置有冲击存在,是柔性冲击还是刚性冲击?(3) 在图上的 F 位置时,从动件有无惯性力作用? 有无冲击存在?

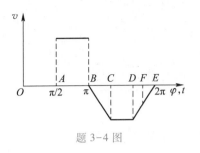

题 3-4 图

3-5　在题 3-5 图 a 所示对心尖顶直动从动件凸轮机构中,凸轮为偏心圆盘,O 为凸轮几何中心,O_1 为凸轮转动中心,直线 $AC \perp BD$,$O_1O = OA/2$,圆盘半径 $R = 60$ mm。(1) 求凸轮基圆半径 r_0,从动件升程 h,从动件尖顶与凸轮轮廓接触于 C 点时的压力角 α_C、接触于 D 点时的压力角 α_D 和从动件位移 h_D;(2) 若将图 a 中的从动件由尖顶改为滚子(图 b),滚子半径 $r_T = 10$ mm,试求凸轮机构的上述参数 r_0、h、α_C 和 α_D、h_D,并分析比较由尖顶改为滚子时上述参数的变化情况。

3-6　设计题 3-6 图所示偏置直动滚子从动件盘形凸轮。已知凸轮以等角速度顺时针方向回转,偏距 $e = 10$ mm,凸轮基圆半径 $r_0 = 60$ mm,滚子半径 $r_T = 10$ mm,从动件的升程及运动规律与题 3-3 相同,试用图解法绘出凸轮的轮廓并校核推程压力角。

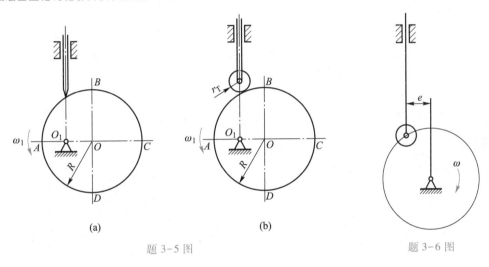

(a)　　　　　　(b)

题 3-5 图　　　　　　题 3-6 图

3-7　已知条件同题 3-6,试用解析法通过计算机辅助设计求出凸轮理论轮廓和实际轮廓上各点的坐标值(每隔 2°计算一点),推程 α_{max} 的数值,并打印凸轮轮廓。

3-8　在题 3-8 图所示自动车床控制刀架移动的滚子摆动从动件凸轮机构中,已知 $l_{OA} = 60$ mm,$l_{AB} = 36$ mm,$r_0 = 35$ mm,$r_T = 8$ mm。从动件的运动规律如下:当凸轮以等角速度 ω 沿逆时针方向回转 150°时,从动件以简谐运动向上摆 15°;当凸轮自 150°转到 180°时,从动件停止不动;当凸轮自 180°转到 300°时,从动件以简谐运动摆回原处,当凸轮自 300°转到 360°时,从动件又停止不动。试绘制凸轮的轮廓。

3-9　设计一平底直动从动件盘形凸轮机构。已知凸轮以等角速度 ω 沿逆时针方向回转,凸轮的基圆半径 $r_0 = 40$ mm,从动件升程 $h = 10$ mm,$\Phi = 120°$,$\Phi_s = 30°$,$\Phi' = 120°$,$\Phi'_s = 90°$,从动件在推程和回程均作简谐运动。试绘出凸轮的轮廓。

3-10　已知条件同题 3-9,试用解析法通过计算机辅助设计求出凸轮实际轮廓上各点的坐标值(每隔 2°计算一点),并打印凸轮轮廓。

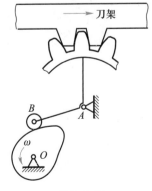

题 3-8 图

第 4 章

齿轮机构

§4-1 齿轮机构的特点和类型

齿轮机构是应用最广的传动机构之一。其主要优点是：① 使用的圆周速度和功率范围广；② 效率较高；③ 传动比稳定；④ 寿命长；⑤ 工作可靠性高；⑥ 可实现平行轴、任意角相交轴和任意角交错轴之间的传动。缺点是：① 要求较高的制造和安装精度，成本较高；② 不适宜于远距离两轴之间的传动。

按照两轴的相对位置和齿向,齿轮机构可分类(图 4-1)如下:

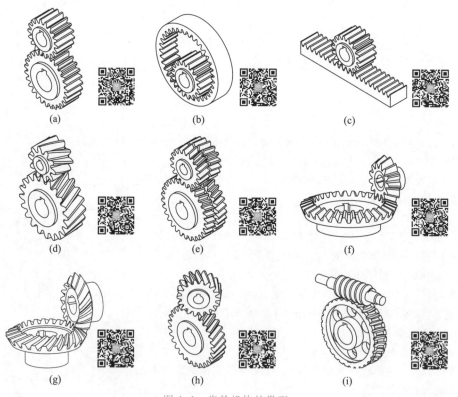

(a) (b) (c)

(d) (e) (f)

(g) (h) (i)

图 4-1 齿轮机构的类型

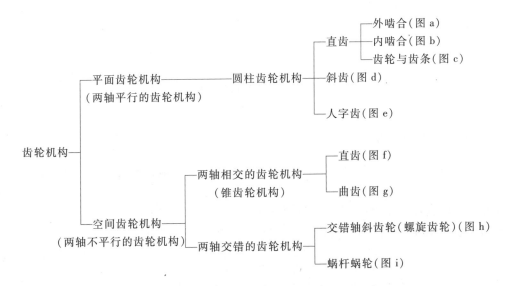

§4-2 齿廓实现定角速比传动的条件

齿轮传动的基本要求之一是瞬时角速度之比必须保持不变,否则当主动轮以等角速度回转时,从动轮的角速度为变数,从而产生惯性力矩。这种惯性力矩不仅影响齿轮的寿命,而且还会引起机器的振动和噪声,影响其工作精度。为了阐明一对齿廓实现定角速比的条件,有必要先探讨角速比与齿廓间的一般规律。

图 4-2 表示平面齿轮机构中两相互啮合的主动齿廓 E_1 和从动齿廓 E_2 在 K 点接触。过 K 点作两齿廓的公法线 $n-n$,它与连心线 O_1O_2 的交点 C 称为节点。由图 1-23 和式(1-4)可知,C 点也就是齿轮 1、2 的相对速度瞬心,且

$$\frac{\omega_1}{\omega_2} = \frac{O_2C}{O_1C} \qquad (4-1)$$

上式表明,一对传动齿轮的连心线 O_1O_2 被齿廓接触点公法线分割为两段,该两线段长度与两轮瞬时角速度成反比。

可以推论,欲使两齿轮瞬时角速比恒定不变,必须使 C 点为连心线上的固定点。或者说,欲使齿轮保持定角速比,不论齿廓在任何位置接触,过接触点所作的齿廓公法线都必须与连心线交于一定点。

传动齿轮的齿廓曲线除要求满足定角速比之外,还必须考虑制造、安装和强度等要求。在机械中,常用的齿廓有渐开线齿廓、摆线齿廓和圆弧齿廓,其中以渐开线齿廓应用最广,故本章着重讨论渐开线齿轮。

当节点 C 的位置固定时,C 在两轮运动平面上的轨迹是两个相切的圆,称为节圆,以 r'_1、r'_2 表示两个节圆的半径。由于节点的相对速度等于零,所以一对齿轮传动时,它的一对节

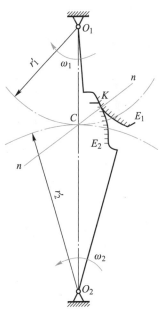

图 4-2 齿廓实现定角速比的条件

圆在作纯滚动。又由图4-2可知，一对外啮合齿轮的中心距恒等于两节圆半径之和，角速比恒等于两节圆半径的反比。

§4-3 渐开线齿廓

一、渐开线的形成和特性

当一直线在一圆周上作纯滚动时(图4-3)，此直线上任意一点的轨迹称为该圆的渐开线，这个圆称为渐开线的基圆，该直线称为发生线。

由渐开线形成过程可知，渐开线具有下列特性：

（1）当发生线从位置Ⅰ滚到位置Ⅱ时，因它与基圆之间为纯滚动，没有相对滑动，所以

$$BK = \overset{\frown}{AB}$$

（2）当发生线在位置Ⅱ沿基圆作纯滚动时，B点是它的速度瞬心，因此直线BK是渐开线上K点的法线，且线段BK为其曲率半径，B点为其曲率中心。又因发生线始终切于基圆，故渐开线上任意一点的法线必与基圆相切。

（3）渐开线齿廓上某点的法线（压力方向线），与齿廓上该点速度方向线所夹的锐角α_K，称为该点的压力角。以r_b表示基圆半径，由图可知

$$\cos \alpha_K = \frac{OB}{OK} = \frac{r_b}{r_K} \tag{4-2}$$

上式表示渐开线齿廓上各点压力角不等，向径r_K越大（即K点离轮心越远），其压力角越大。

（4）渐开线的形状取决于基圆的大小。大小相等的基圆其渐开线形状相同，大小不等的基圆其渐开线形状不同。如图4-4所示，取大小不等的两个基圆使其渐开线上压力角相等的点在K点相切。由图可见，基圆越大，它的渐开线在K点的曲率半径越大，即渐开线愈趋平直。当基圆半径趋于无穷大时，其渐开线将成为垂直于B_3K的直线，它就是渐开线齿条的齿廓。

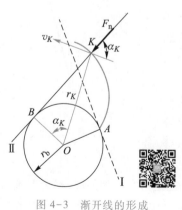

图4-3　渐开线的形成

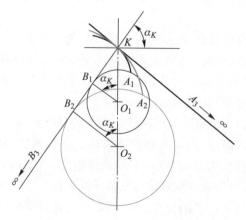

图4-4　基圆大小对渐开线的影响

（5）基圆之内无渐开线。

二、渐开线齿廓满足定角速比要求

设图4-5中渐开线齿廓 E_1 和 E_2 在任意点 K 接触，过 K 点作两齿廓的公法线 $n-n$ 与两轮连心线交于 C 点。根据渐开线的特性，$n-n$ 必同时与两基圆相切，或者说，过啮合点所作的齿廓公法线即两基圆的内公切线。齿轮传动时基圆位置不变，同一方向的内公切线只有一条，它与连心线交点的位置是不变的。即无论两齿廓在何处接触，过接触点所作齿廓公法线均通过连心线上同一点 C，故渐开线齿廓满足定角速比要求。

对于定角速比传动，角速比 ω_1/ω_2 也等于转速比 n_1/n_2。当轮1主动、轮2从动时，该比值又称传动比，用符号 i_{12} 表示。

在图4-5中，$\triangle O_1N_1C\backsim\triangle O_2N_2C$，故一对齿轮的传动比

$$i_{12}=\frac{n_1}{n_2}=\frac{\omega_1}{\omega_2}=\frac{r_2'}{r_1'}=\frac{r_{b2}}{r_{b1}} \qquad (4-3)$$

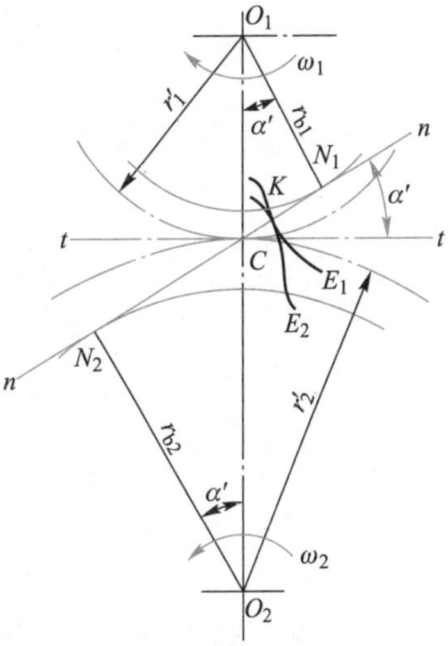

图 4-5　渐开线齿廓定角速比证明

上式表示渐开线齿轮的传动比等于两轮基圆半径的反比。

由图4-5还可以看出渐开线齿廓啮合的一些特点：

一对渐开线齿轮制成之后，其基圆半径是不会改变的，因而由式（4-3）可知，即使两轮的安装中心距稍有改变，其角速比仍保持原值不变。这种性质称为渐开线齿轮传动的可分性。实际上，制造安装误差或轴承磨损，常常导致中心距的微小改变，由于渐开线齿轮传动具有可分性，故仍能保持良好的传动性能。此外，根据渐开线齿轮传动的可分性还可以设计变位齿轮。因此，可分性是渐开线齿轮传动的一大优点。

齿轮传动时，其齿廓接触点的轨迹称为啮合线。对于渐开线齿轮，无论在哪一点接触，接触齿廓的公法线总是两基圆的内公切线 N_1N_2。因此直线 N_1N_2 就是渐开线齿廓的啮合线。

过节点 C 作两节圆的公切线 $t-t$，它与啮合线 N_1N_2 间的夹角称为啮合角。由图可见，渐开线齿轮传动中啮合角为常数。由图中几何关系可知，啮合角在数值上等于渐开线在节圆上的压力角 α'。啮合角不变表示齿廓间压力方向不变，若齿轮传递的力矩恒定，则轮齿之间、轴与轴承之间压力的大小和方向均不变，这也是渐开线齿轮传动的一大优点。

§4-4　齿轮各部分名称及渐开线标准齿轮的基本尺寸

图4-6为直齿圆柱齿轮的一部分。齿顶所确定的圆称为齿顶圆，其直径用 d_a 表示。相邻两齿之间的空间称为齿槽。齿槽底部所确定的圆称为齿根圆，其直径用 d_f 表示。

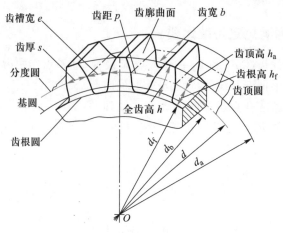

图 4-6　齿轮各部分名称

为了使齿轮能在两个方向传动,轮齿两侧齿廓是完全对称的。在任意直径 d_K 的圆周上,轮齿两侧齿廓之间的弧长称为该圆上的齿厚,用 s_K 表示;齿槽两侧齿廓之间的弧长称为该圆上的齿槽宽,用 e_K 表示;相邻两齿同侧齿廓之间的弧长称为该圆上的齿距,用 p_K 表示。设 z 为齿数,则根据齿距定义可得

$$\pi d_K = p_K z$$

故
$$d_K = \frac{p_K}{\pi} z \qquad (4-4)$$

由上式可知,在不同直径的圆周上,比值 $\dfrac{p_K}{\pi}$ 是不同的,而且其中还包含无理数 π;又由渐开线特性可知,在不同直径的圆周上,齿廓各点的压力角 α_K 也是不等的。为了便于设计、制造及互换,把齿轮某一圆周上的比值 $\dfrac{p_K}{\pi}$ 规定为标准值(整数或简单有理数),并使该圆上的压力角也为标准值。这个圆称为分度圆,其直径以 d 表示。分度圆上的压力角简称压力角,以 α 表示,我国规定的标准压力角为 20°。分度圆上的齿距 p 对 π 的比值称为模数,用 m 表示,单位 mm,即

$$m = \frac{p}{\pi} \qquad (4-5)$$

齿轮的主要几何尺寸都与模数成正比,m 越大,p 越大,轮齿也越大,轮齿抗弯能力也越强,所以模数 m 又是轮齿抗弯能力的重要标志。我国已规定了标准模数系列,见表 4-1。

表 4-1　标准模数系列(摘自 GB/T 1357—2008)

第 Ⅰ 系列	1　1.25　1.5　2　2.5　3　4　5　6　8　10　12　16　20　25　32　40　50
第 Ⅱ 系列	1.125　1.375　1.75　2.25　2.75　3.5　4.5　5.5　(6.5)　7　9　11　14　18　22　28　35　45

注:本表适用于渐开线直齿和斜齿圆柱齿轮,对斜齿轮是指法向模数。优先采用第 Ⅰ 系列模数,应避免采用第 Ⅱ 系列中的模数 6.5。

为了简便,分度圆上的齿距、齿厚及齿槽宽习惯上不加分度圆字样,而直接称为齿距、齿厚及齿槽宽。分度圆上各参数的符号都不带下标,例如用 s 表示齿厚,用 e 表示齿槽宽等。又由图 4-6 知

$$p = s + e = \pi m \tag{4-6}$$

故分度圆直径

$$d = \frac{p}{\pi} z = mz \tag{4-7}$$

在轮齿上,介于齿顶圆和分度圆之间的部分称为齿顶,其径向高度称为齿顶高,用 h_a 表示。介于齿根圆和分度圆之间的部分称为齿根,其径向高度称为齿根高,用 h_f 表示。齿顶圆与齿根圆之间轮齿的径向高度称为全齿高,用 h 表示。故

$$h = h_a + h_f \tag{4-8}$$

齿顶高和齿根高的标准值可用模数表示为

$$\left.\begin{array}{l} h_a = h_a^* m \\ h_f = (h_a^* + c^*) m \end{array}\right\} \tag{4-9}$$

式中:h_a^* 和 c^* 分别称为齿顶高系数和顶隙系数。其规定标准值见表 4-2。

表 4-2　渐开线圆柱齿轮的齿顶高系数和顶隙系数(摘自 GB/T 1356—2001)

	正常齿制	短齿制
h_a^*	1.0	0.8
c^*	0.25	0.3

顶隙 $c = c^* m$,它是指一对齿轮啮合时(图 4-8),一个齿轮的齿顶圆到另一个齿轮的齿根圆的径向距离。顶隙有利于润滑油的流动。由图 4-6 可以得出齿顶圆直径 d_a 和齿根圆直径 d_f 的计算式为

$$d_a = d + 2h_a \tag{4-10}$$

$$d_f = d - 2h_f \tag{4-11}$$

分度圆上齿厚与齿槽宽相等,且齿顶高和齿根高均为标准值的齿轮称为标准齿轮。因此,对于标准齿轮

$$s = e = \frac{p}{2} = \frac{\pi m}{2} \tag{4-12}$$

将式(4-2)用于分度圆可得基圆直径的计算式为

$$d_b = d\cos\alpha \tag{4-13}$$

§4-5　渐开线标准齿轮的啮合

一、正确啮合条件

齿轮传动时,每一对齿仅啮合一段时间便要分离,而由后一对齿接替。如图 4-7 所示,当前一对齿在啮合线上 K 点接触时,其后一对齿应在啮合线上另一点 K' 接触,这样前一对齿分离时,后一对齿才能不中断地接替传动。令 K_1 和 K_1' 表示轮 1 齿廓上的啮合点,K_2 和 K_2' 表示轮 2 齿廓上的啮合点。为了保证前、后两对齿有可能同时在啮合线上接触,轮 1 相邻两齿同侧齿廓沿法线的距离 K_1K_1' 应与轮 2 相邻两齿同侧齿廓沿法线的距离 K_2K_2' 相等,即

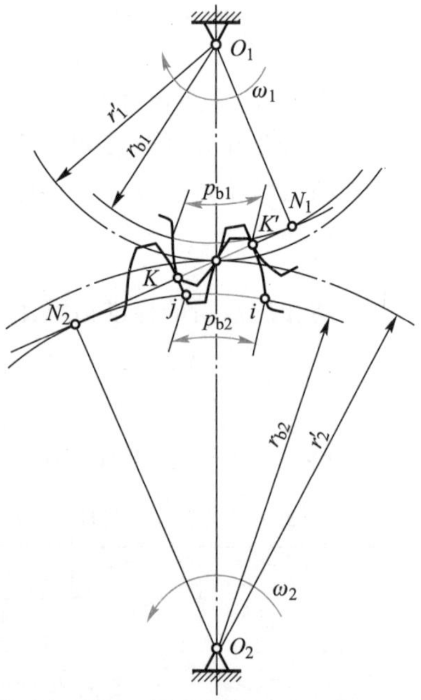

$$K_1K_1' = K_2K_2'$$

设 m_1、m_2,α_1、α_2,p_{b1}、p_{b2} 分别为两轮的模数、压力角和基圆齿距,根据渐开线性质,由轮 2 可得

$$K_2K_2' = N_2K' - N_2K = \widehat{N_2 i} - \widehat{N_2 j} = \widehat{j i} = p_{b2} = \frac{\pi d_{b2}}{z_2}$$

$$= \frac{\pi d_2}{z_2} \frac{d_{b2}}{d_2} = p_2 \cos \alpha_2 = \pi m_2 \cos \alpha_2$$

同理,由轮 1 可得

$$K_1K_1' = p_1 \cos \alpha_1 = \pi m_1 \cos \alpha_1$$

代入前式得正确啮合条件

$$m_1 \cos \alpha_1 = m_2 \cos \alpha_2$$

由于模数和压力角已经标准化,事实上难以拼凑满足上述关系,所以必须使

$$m_1 = m_2 = m \qquad\qquad (4-14)$$

$$\alpha_1 = \alpha_2 = \alpha \qquad\qquad (4-15)$$

上式表明,渐开线齿轮的正确啮合条件是两轮的模数和压力角必须分别相等。

这样,一对齿轮的传动比可表示为

$$i_{12} = \frac{\omega_1}{\omega_2} = \frac{d_2'}{d_1'} = \frac{d_{b2}}{d_{b1}} = \frac{d_2}{d_1} = \frac{z_2}{z_1} \qquad\qquad (4-16)$$

图 4-7　渐开线齿轮正确啮合

二、标准中心距

一对齿轮传动时,一轮节圆上的齿槽宽与另一轮节圆上的齿厚之差称为齿侧间隙。齿

轮加工时,刀具轮齿与工件轮齿之间是没有齿侧间隙的。在齿轮传动中,为了消除反向传动空程和减小撞击,也要求齿侧间隙等于零。因此,在机械设计中,正确安装的齿轮都按照无齿侧间隙的理想情况计算其名义尺寸[①]。

由前所述已知,标准齿轮分度圆的齿厚与齿槽宽相等,又知正确啮合的一对渐开线齿轮的模数相等,故 $s_1 = e_1 = s_2 = e_2 = \pi m/2$。若安装时令分度圆与节圆重合(即两分度圆相切,如图 4-8 所示),则 $e'_1 - s'_2 = e_1 - s_2 = 0$,即齿侧间隙为零。一对标准齿轮分度圆相切时的中心距称为标准中心距,以 a 表示,即

$$a = r'_1 + r'_2 = r_1 + r_2 = \frac{m}{2}(z_1 + z_2) \tag{4-17}$$

因两分度圆相切,故顶隙

$$c = c^* m = h_f - h_a \tag{4-18}$$

应当指出,分度圆和压力角是单个齿轮所具有的,而节圆和啮合角是两个齿轮相互啮合时才出现的。标准齿轮传动只有在分度圆与节圆重合时,压力角与啮合角才相等。

三、重合度

设图 4-9 中轮 1 为主动,轮 2 为从动,转动方向如图所示。一对齿廓开始啮合时,应是

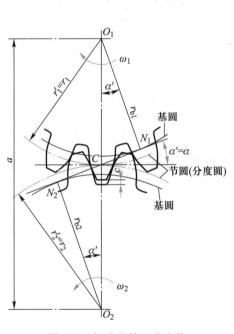

图 4-8　标准齿轮正确安装

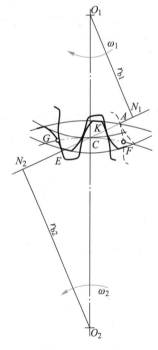

图 4-9　重合度

---

①　实际上,考虑轮齿热膨胀、润滑和安装的需要,规定了不同用途的传动齿轮应有的微小齿侧间隙,其值由制造公差加以控制。

主动轮的齿根部分与从动轮的齿顶接触,所以开始啮合点是从动轮的齿顶圆与啮合线 N_1N_2 的交点 A。当两轮继续转动时,啮合点的位置沿啮合线 N_1N_2 向下移动,轮 2 齿廓上的接触点由齿顶向齿根移动,而轮 1 齿廓上的接触点则由齿根向齿顶移动。终止啮合点是主动轮的齿顶圆与啮合线 N_1N_2 的交点 E。线段 AE 为啮合点的实际轨迹,称为实际啮合线段。

当两轮齿顶圆加大时,点 A 和 E 趋近于 N_1 和 N_2,但基圆之内无渐开线,故线段 N_1N_2 为理论上可能的最大啮合线段,称为理论啮合线段。

满足正确啮合条件的一对齿轮有可能在啮合线上两点同时啮合。但是,如果实际啮合线段 AE 小于两啮合点间的距离 EK,则两点不会同时啮合,连续传动也不能实现。也就是说,满足正确啮合条件只是连续传动的必要条件,而不是充分条件。为了保证连续传动还必须研究齿轮传动的重合度。

一对齿从开始啮合到终止啮合,分度圆上任一点所经过的弧线距离称为啮合弧,图 4-9 中圆弧 $\overset{\frown}{FG}$ 就是啮合弧。如图所示,如果啮合弧 $\overset{\frown}{FG}$ 大于齿距 p,当前一对齿正要在终止啮合点 E 分离时,后一对齿已经在啮合线上 K 点啮合,故能保证连续正确传动。如果啮合弧等于齿距,则当前一对齿在啮合线上正要分离时,后一对齿在啮合线上正要进入啮合,处于传动连续和不连续的边界状态。如果啮合弧小于齿距,则当前一对齿在啮合线上的 E 点终止啮合时,后一对齿还未进入啮合。若轮 1 继续回转,则轮 1 前一个齿的齿顶尖角将沿轮 2 渐开线齿廓滑过,这时接触点不在啮合线上,不能保证定角速比。由此可知,当考虑制造误差影响时,为了保证渐开线齿轮连续以定角速比传动,啮合弧必须大于齿距。

啮合弧与齿距之比称为重合度,用 ε 表示,因此齿轮连续传动的条件是

$$\varepsilon = \frac{\text{啮合弧}}{\text{齿距}} = \frac{\overset{\frown}{FG}}{p} > 1 \qquad\qquad (4-19)$$

重合度越大,表示同时啮合的齿的对数越多。重合度的详细计算公式可参阅有关机械设计手册。对于标准齿轮传动,其重合度都大于 1,故可不必验算。

§4-6　渐开线齿轮的切齿原理

切齿方法按其原理可分为成形法和展成法两类。

一、成形法

成形法是用渐开线齿形的成形刀具直接切出齿形。常用刀具有盘形铣刀(图 4-10a)和指状铣刀(图 4-10b)两种。加工时,铣刀绕本身轴线旋转,同时轮坯沿齿轮轴线方向直线移动。铣出一个齿槽以后,将轮坯转过 $2\pi/z$,再铣第二个齿槽。其余依此类推。

这种切齿方法简单,不需要专用机床,但生产率低,精度差,仅适用于单件生产、精度要求不高的齿轮加工以及不完全齿轮的加工。

二、展成法

展成法是利用一对齿轮(或齿轮与齿条)互相啮合时,其共轭齿廓互为包络线的原理来

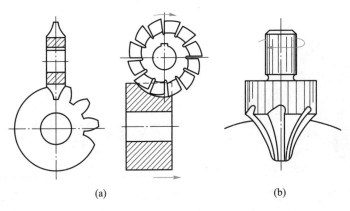

(a)　　　　　　　　　(b)

图 4-10　成形法切齿

切齿的。如果把其中一个齿轮(或齿条)做成刀具,就可以切出与它共轭的渐开线齿廓。用展成法切齿的常用刀具如下:

1. 齿轮插刀

齿轮插刀的形状如图 4-11a 所示。刀具顶部比正常齿高出 $c^* m$,以便切出顶隙部分。插齿时,插刀沿轮坯轴线方向作往复切削运动,同时强迫插刀与轮坯模仿一对齿轮传动那样以一定的角速比转动(图 4-11b),直至全部齿槽切削完毕。

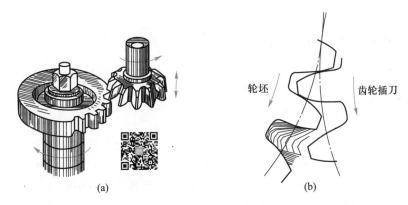

轮坯　　　　　　　齿轮插刀

(a)　　　　　　　　　(b)

图 4-11　齿轮插刀切齿

因插齿刀的齿廓是渐开线,所以插制出的齿轮齿廓也是渐开线。根据正确啮合条件,被切齿轮的模数和压力角必定与插刀的模数和压力角相等,故用同一把插刀切出的齿轮都能正确啮合。

2. 齿条插刀

用齿条插刀切齿是模仿齿轮与齿条的啮合过程,把刀具做成齿条状,如图 4-12 所示。图 4-13 表示齿条插刀齿廓在水平面上的投影,其顶部比传动用的齿条高出 $c^* m$(圆角部分),以便切出传动时的顶隙部分。齿条的齿廓为一直线,由图可见,不论在中线(齿厚与齿槽宽相等的直线)上还是在与中线平行的其他任一直线上,它们都具有相同的齿距 $p(\pi m)$、相同的模数 m 和相同的压力角 $\alpha(20°)$。对于齿条刀具,α 也称为齿形角或刀具角。

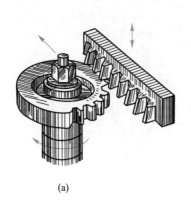

(a)

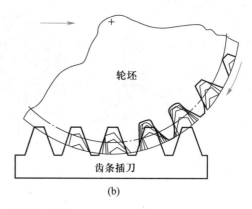

轮坯

齿条插刀

(b)

图 4-12　齿条插刀切齿

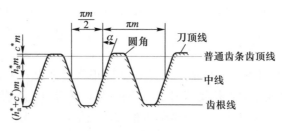

图 4-13　齿条插刀的齿廓

在切制标准齿轮时,轮坯径向进给直至刀具中线与轮坯分度圆相切并保持纯滚动。这样切成的齿轮,分度圆齿厚与分度圆齿槽宽相等,即 $s=e=\dfrac{\pi m}{2}$,且模数和压力角与刀具的模数和压力角分别相等。

3. 齿轮滚刀

以上两种刀具都只能间断地切削,生产率较低。目前广泛采用的齿轮滚刀能连续切削,生产率较高。图 4-14a、b 分别表示滚刀及其加工齿轮的情况。滚刀形状类似螺旋,它的齿廓在水平工作台面上的投影为一齿条。滚刀转动时,该投影齿条沿中线方向移动,这样便按展成原理切出轮坯的渐开线齿廓。滚刀除旋转外,还沿轮坯轴向逐渐移动,以便切出整个齿宽。滚切直齿轮时,为了使刀齿螺旋线方向与被切齿轮方向一致,安装滚刀时需使其轴线与轮坯端面间的夹角 λ 等于滚刀的螺旋升角。

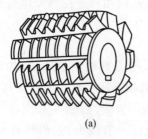

(a)

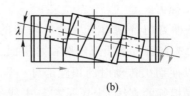

(b)

图 4-14　滚刀切齿

§4-7 根切、最少齿数及变位齿轮

一、根切和最少齿数

在模数和传动比已经给定的情况下,小齿轮的齿数 z_1 越少,大齿轮齿数 z_2 以及齿数和 (z_1+z_2) 也越少,齿轮机构的中心距、尺寸和质量也减小。因此,设计时希望把小齿轮的齿数 z_1 取得尽可能少。但是对于渐开线标准齿轮,其最少齿数是有限制的。以齿条刀具切削标准齿轮为例,若不考虑齿顶线与刀顶线间非渐开线圆角部分(这部分刀刃主要用于切出顶隙,它不能展成渐开线),则其相互关系如图 4-15a 所示。图中 N_1 为啮合线的极限点。若刀具齿顶线超过 N_1 点(图中虚线齿条所示),则由基圆之内无渐开线的性质可知,超过 N_1 点的刀刃不仅不能展成渐开线齿廓,而且会将根部已加工出的渐开线切去一部分(如图中虚线齿廓),这种现象称为根切。根切使齿根削弱,根切严重时还会减小重合度,所以应当避免。

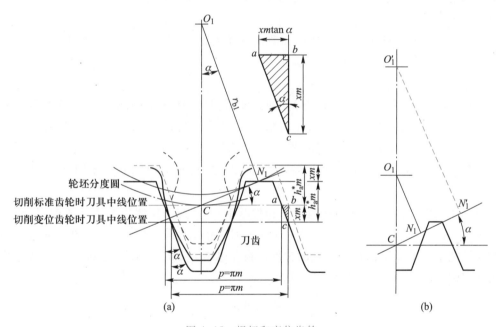

图 4-15 根切和变位齿轮

标准齿轮是否发生根切取决于其齿数的多少。如图 4-15b 所示,线段 CO_1 表示某被切齿轮的分度圆半径,其 N_1 点在齿顶线下方,故该齿轮必发生根切。当齿数增加时,分度圆半径增大,轮坯中心上移至 O_1' 处,极限点也相应地沿啮合线上移至齿顶线上方的 N_1' 处,从而避免根切;反之,齿数越少,分度圆半径越小,轮坯中心越低,极限点越往下移,根切越严重。标准齿轮欲避免根切,其齿数必须大于或等于不根切的最少齿数 z_{min}。根据计算,对于 $\alpha = 20°$ 和 $h_a^* = 1$ 的正常齿制标准渐开线齿轮,当用齿条刀具加工时,其最少齿数 $z_{min} = 17$;若允许略有根切,正常齿制标准齿轮的实际最少齿数可取 14。

二、变位齿轮及其齿厚的确定

标准齿轮存在下列主要缺点:① 标准齿轮的齿数必须大于或等于最少齿数 $z_{\min}$,否则会产生根切。② 标准齿轮不适用于实际中心距 a' 不等于标准中心距 a 的场合。当 $a'>a$ 时,采用标准齿轮虽仍可保持定角速比,但会出现过大的齿侧间隙,重合度也减小;当 $a'<a$ 时,因较大的齿厚不能嵌入较小的齿槽宽,致使标准齿轮无法安装。③ 一对互相啮合的标准齿轮,小齿轮齿根厚度小于大齿轮齿根厚度,抗弯能力有明显差别。为了弥补上述不足,在机械中出现了变位齿轮。它可以制成齿数少于 $z_{\min}$ 而无根切的齿轮,可以实现非标准中心距的无侧隙传动,可以使大、小齿轮的抗弯能力比较接近。

图 4-15a 中虚线表示用齿条插刀或滚刀切制齿数小于最少齿数的标准齿轮而发生根切的情况。这时刀具的中线与齿轮的分度圆相切,刀具的齿顶线超出了极限点 N_1。如果将刀具自轮坯中心向外移出一段距离 xm,使其齿顶线正好通过极限点 N_1,如图中实线所示,则切出的齿轮可以避免根切。这时,与齿轮分度圆相切并作纯滚动的已经不是刀具的中线,而是与之平行的另一条直线(通称分度线)。用这种改变刀具相对位置的方法切制的齿轮称为变位齿轮。

以切削标准齿轮时的位置为基准,刀具的移动距离 xm 称为变位量,x 称为变位系数,并规定刀具远离轮坯中心时 x 为正值,称正变位;反之,刀具趋近轮坯中心时 x 为负值,称负变位。

刀具变位后,总有一条分度线与齿轮的分度圆相切并保持纯滚动。因齿条刀具上任一条分度线的齿距 p、模数 m 和刀具角 α 均相等,故变位切制的齿轮,其齿距、模数和压力角均与标准齿轮一样,都等于刀具的齿距、模数、压力角。也就是说,齿轮变位前后,其齿距、模数和压力角均不变化。由 $d=mz$ 和 $d_b=d\cos\alpha$ 可以推知,变位齿轮的分度圆和基圆也保持不变。

刀具变位后,因其分度线上的齿槽宽和齿厚不等,故与分度线作纯滚动的被切齿轮,其分度圆上的齿厚和齿槽宽也不等。图 4-15a 中刀具作正变位,其分度线上的齿槽宽比中线上的齿槽宽增大了 $2ab$,故被切齿轮的分度圆齿厚也增大 $2ab$;与此相应,被切齿轮分度圆上的齿槽宽则减小了 $2ab$。由图 4-15a 可知

$$ab = xm\tan\alpha \qquad\qquad (4-20)$$

因此,变位齿轮分度圆齿厚和齿槽宽的计算式分别为

$$s = \frac{\pi m}{2} + 2xm\tan\alpha \qquad\qquad (4-21)$$

$$e = \frac{\pi m}{2} - 2xm\tan\alpha \qquad\qquad (4-22)$$

以上二式对正变位和负变位都适用。负变位时,x 以负值代入。

由上述可知,正变位不仅可制出齿数小于 $z_{\min}$ 且无根切的齿轮,而且还能增大齿厚,提高轮齿的抗弯强度。

三、变位齿轮传动的类型

变位齿轮传动可分为等移距变位齿轮传动和不等移距变位齿轮传动两类。

1. 等移距变位齿轮传动

这种传动中,两轮变位系数绝对值相等,但小齿轮为正变位,大齿轮为负变位。即 $x_1 > 0$, $x_2 < 0$,且 $x_1 = -x_2$。由于小齿轮取正变位,故可减少小齿轮的齿数和增大小齿轮根部的齿厚,从而提高传动质量。为了使两轮都不产生根切,两轮齿数之和必须大于或等于最小齿数的两倍,即 $z_1 + z_2 \geq 2z_{\min}$。

由式(4-21)和式(4-22)可知,这种传动中,小齿轮分度圆齿厚的增量正好等于大齿轮齿槽宽的增量,故两轮分度圆相切(即分度圆与节圆重合),仍可实现无侧隙啮合。因此,等移距变位齿轮传动的中心距仍为标准中心距 a,其啮合角也与标准齿轮传动相同,$\alpha' = \alpha = 20°$。但刀具变位后,被切齿轮的齿顶高和齿根高已不同于标准齿轮,所以等移距变位又称高度变位。

正常齿等移距变位齿轮传动的几何尺寸计算参看表4-3。

表 4-3　正常齿等移距变位齿轮传动的几何尺寸计算

序号	名称	符号	计算公式及参数选择
1	齿数	z_1, z_2	$z_1 + z_2 \geq 34$
2	变位系数	x_1, x_2	$x_1 = -x_2 \neq 0$, $x_1 \geq \dfrac{17 - z_1}{17}$, $x_2 \geq \dfrac{17 - z_2}{17}$
3	中心距	a'	$a' = a = \dfrac{m}{2}(z_1 + z_2)$
4	啮合角	α'	$\alpha' = \alpha = 20°$
5	节圆直径	d_1', d_2'	$d_1' = d_1 = mz_1$, $d_2' = d_2 = mz_2$
6	齿顶圆直径	d_{a1}, d_{a2}	$d_{a1} = d_1 + m(2 + 2x_1)$, $d_{a2} = d_2 + m(2 + 2x_2)$
7	齿根圆直径	d_{f1}, d_{f2}	$d_{f1} = d_1 - m(2.5 - 2x_1)$, $d_{f2} = d_2 - m(2.5 - 2x_2)$

2. 不等移距变位齿轮传动

除标准齿轮传动($x_1 = x_2 = 0$)和等移距变位齿轮传动($x_1 = -x_2$)之外,其余变位齿轮传动均称为不等移距变位齿轮传动。其变位系数可在不根切的条件下自由选择。这种传动中,$x_1 \neq -x_2$,故由式(4-21)和式(4-22)可知,小齿轮分度圆齿厚与大齿轮分度圆齿槽宽必定不相等。若小齿轮齿厚小于大齿轮齿槽宽,则二分度圆相切时,必然出现过大的齿侧间隙,只有缩小中心距($a' < a$),使二轮趋近,才能消除过大间隙,实现正常传动。反之,若小齿轮齿厚大于大齿轮齿槽宽,则二分度圆相切时将无法安装,只有拉开中心距($a' > a$),使二轮远离,才能安装。综上所述可知,采用不同变位系数可调整二轮分度圆齿厚,实现任意非标准中心距传动,故常用于变速箱滑移齿轮设计等场合。

不等移距变位齿轮传动的中心距不等于标准中心距。中心距增减时,二轮的分度圆相离或相交,但不相切。显然,这种传动中分度圆与节圆不重合,啮合角不等于分度圆压力角,即 $\alpha' \neq 20°$。由于啮合角发生了变化,所以不等移距变位又称角变位。角变位除用于凑配中心距之外,还常用于增大啮合角,加强齿根,从而提高接触强度和弯曲强度。角变位传动的几何尺寸计算很复杂,其有关公式见机械设计手册。

§4-8　平行轴斜齿轮机构

平行轴齿轮传动相当于一对节圆柱的纯滚动,所以平行轴斜齿轮机构又称斜齿圆柱齿轮机构,简称斜齿轮机构。

一、斜齿轮啮合的共轭齿廓曲面

图 4-16 表示互相啮合的一对渐开线斜齿轮齿廓曲面。平面 S 为轴线平行的两基圆柱的内公切面,面上有一条与母线 N_1N_1、N_2N_2 成 β_b 角的斜直线 KK。当平面 S 分别在基圆柱 1 和 2 上纯滚动时,直线 KK 的轨迹即为齿轮 1 和 2 的齿廓曲面。这样形成的两个齿廓曲面一定能沿直线 KK 接触。在其他接触位置,其接触线也都是平行于斜直线 KK 的直线,而且接触线始终在两基圆柱的内公切面(啮合面)上。因齿高有一定限制,故如图 4-17b 所示,在两齿廓啮合过程中,齿廓接触线的长度由零逐渐增长,从某一位置以后,又逐渐缩短,直至脱离接触。它说明斜齿轮的齿廓是逐渐进入接触又逐渐脱离接触的,故工作平稳。而一对直齿轮的齿廓进入和脱离接触都是沿齿宽突然发生的(图 4-17a),噪声较大,不适于高速传动。

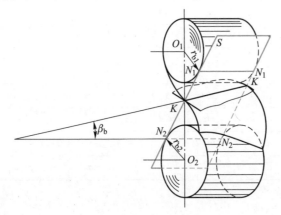

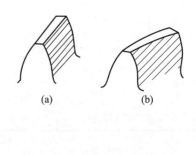

图 4-16　斜齿轮的齿廓曲面　　　　　　　　图 4-17　齿廓接触线的比较

由斜齿轮齿廓曲面的形成可见,其端面(垂直于轴线的截面)的齿廓曲线为渐开线。从端面看,一对渐开线斜齿轮传动就相当于一对渐开线直齿轮传动,所以它也满足定角速比的要求。

一对外啮合斜齿轮的正确啮合,除两轮的模数和压力角必须相等外,两轮分度圆柱螺旋角(以下简称螺旋角)β 也必须大小相等、方向相反,即一个为左旋,另一个为右旋。

二、斜齿轮各部分名称和几何尺寸计算

斜齿轮的几何参数有端面和法面(垂直于某个轮齿分度圆柱螺旋线的切线方向)之分。图 4-18 为斜齿条的分度面截面图。由图可见,法向齿距 p_n 和端面齿距 p_t 之间的关系为

$$p_n = p_t \cos \beta \qquad (4-23)$$

因 $p = \pi m$，故法向模数 m_n 和端面模数 m_t 之间的关系为

$$m_n = m_t \cos \beta \qquad (4-24)$$

用铣刀切制斜齿轮时，铣刀的齿形应等于齿轮的法向齿形；在计算强度时，也需要研究最小截面——法向齿形，因此国家标准规定斜齿轮的法向参数（m_n、α_n、法向齿顶高系数和法向顶隙系数）取为标准值，而端面参数为非标准值。

一对斜齿轮传动在端面上相当于一对直齿轮传动，故可将直齿轮的几何尺寸计算公式用于斜齿轮的端面。渐开线标准斜齿轮的几何尺寸可按表4-4进行计算。

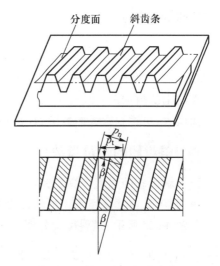

图 4-18 端面齿距与法向齿距

表 4-4 渐开线正常齿外啮合标准斜齿圆柱齿轮的几何尺寸计算

序号	名称	符号	计算公式及参数选择
1	端面模数	m_t	$m_t = \dfrac{m_n}{\cos \beta}$，$m_n$ 为标准值
2	螺旋角	β	一般取 $\beta = 8° \sim 20°$
3	分度圆直径	d_1, d_2	$d_1 = m_t z_1 = \dfrac{m_n z_1}{\cos \beta}, d_2 = m_t z_2 = \dfrac{m_n z_2}{\cos \beta}$
4	齿顶高	h_a	$h_a = m_n$
5	齿根高	h_f	$h_f = 1.25 m_n$
6	全齿高	h	$h = h_a + h_f = 2.25 m_n$
7	顶隙	c	$c = h_f - h_a = 0.25 m_n$
8	齿顶圆直径	d_{a1}, d_{a2}	$d_{a1} = d_1 + 2h_a, d_{a2} = d_2 + 2h_a$
9	齿根圆直径	d_{f1}, d_{f2}	$d_{f1} = d_1 - 2h_f, d_{f2} = d_2 - 2h_f$
10	中心距	a	$a = \dfrac{d_1 + d_2}{2} = \dfrac{m_t}{2}(z_1 + z_2) = \dfrac{m_n(z_1 + z_2)}{2\cos \beta}$

三、斜齿轮传动的重合度

图4-19a表示斜齿轮与斜齿条在前端面的啮合情况。齿廓在 A 点开始啮合，在 E 点终止啮合，FG 是端面内齿条分度线上一点啮合始末所走的距离，即端面啮合弧。显然，齿条的工作齿廓只在 FG 区间处于啮合状态，FG 区间之外均不可能啮合。作从动齿条分度面的俯视图，如图4-19b所示。当轮齿到达虚线所示位置时，其前端面虽已开始脱离啮合，但轮齿后端面仍处在啮合区内，整个轮齿尚未终止啮合。只有当轮齿后端面走出啮合区，该齿才终止啮合。由此可见，斜齿轮传动的啮合弧 FH 比端面齿廓完全相同的直齿轮长 GH，故斜齿

轮传动的重合度为

$$\varepsilon = \frac{\text{啮合弧}}{\text{端面齿距}} = \frac{FH}{p_t} = \frac{FG + GH}{p_t} = \varepsilon_t + \frac{b\tan\beta}{p_t} \qquad (4-25)$$

式中：ε_t 为端面重合度，即与斜齿轮端面齿廓相同的直齿轮传动的重合度；$b\tan\beta/p_t$ 为轮齿倾斜而产生的附加重合度。由式(4-25)可见，斜齿轮传动的重合度随齿宽 b 和螺旋角 β 的增大而增大，可达到很大的数值，这是斜齿轮传动平稳、承载能力较强的主要原因之一。

四、斜齿轮的当量齿数

由于斜齿轮的强度计算是针对法面进行的，所以需要知道斜齿轮的法向齿形。但法向齿形较为复杂，通常采用下述近似方法进行分析。

如图 4-20 所示，过斜齿轮分度圆柱上齿廓的任一点 C 作轮齿螺旋线的法面 nn，该法面与分度圆柱的交线为一椭圆。其长半轴 $a = \dfrac{d}{2\cos\beta}$，短半轴 $b = \dfrac{d}{2}$。由高等数学可知，椭圆在 C 点的曲率半径 $\rho = \dfrac{a^2}{b} = \dfrac{d}{2\cos^2\beta}$。以 ρ 为分度圆半径，以斜齿轮法向模数 m_n 为模数，取标准压力角 α_n 作一直齿圆柱齿轮，其齿形即可认为近似于斜齿轮的法向齿形。该直齿圆柱齿轮称为斜齿圆柱齿轮的当量齿轮，其齿数称为当量齿数，用 z_v 表示，故

$$z_v = \frac{2\rho}{m_n} = \frac{d}{m_n\cos^2\beta} = \frac{m_n z}{m_n\cos^3\beta} = \frac{z}{\cos^3\beta} \qquad (4-26)$$

式中，z 为斜齿轮的实际齿数。

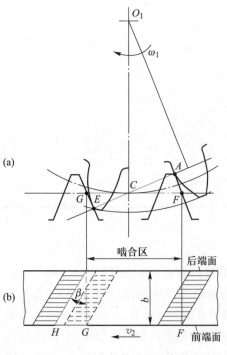

图 4-19　斜齿轮传动的重合度

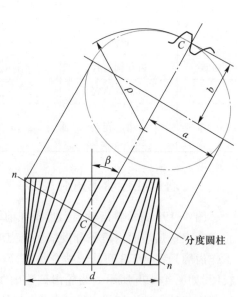

图 4-20　斜齿轮的当量齿轮

正常齿标准斜齿轮不发生根切的最少齿数 $z_{\min}$ 可由其当量直齿轮的最少齿数 $z_{v\min}(z_{v\min} = 17)$ 计算出来,即

$$z_{\min} = z_{v\min}\cos^3\beta \tag{4-27}$$

五、斜齿轮的优、缺点

与直齿轮相比,斜齿轮具有以下优点:

(1) 齿廓接触线是斜线,一对齿是逐渐进入啮合和逐渐脱离啮合的,故运转平稳,噪声小。

(2) 重合度大,并随齿宽和螺旋角的增大而增大,故承载能力强,适于高速传动。

(3) 斜齿轮不发生根切的最少齿数小于直齿轮。

斜齿轮的主要缺点是斜齿齿面间的法向力 F 会产生轴向分力 F_a(图 4-21a),需要安装能承受较大轴向力的轴承,从而使结构复杂化。为了克服这一缺点,可以采用人字齿轮(图4-21b)。人字齿轮可看作螺旋角大小相等、方向相反的两个斜齿轮合并而成,因左右对称而使两轴向力的作用互相抵消。人字齿轮的缺点是制造较困难,成本较高。

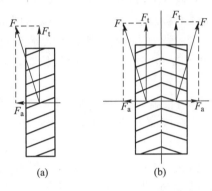

图 4-21 斜齿上的轴向作用力

由上述可知,螺旋角 β 的大小对斜齿轮的传动性能影响很大。若 β 太小,则斜齿轮的优点不能充分体现;若 β 太大,则会产生很大的轴向力。设计时一般取 $\beta = 8° \sim 20°$。

§4-9 锥齿轮机构

一、锥齿轮概述

锥齿轮用于相交两轴之间的传动。和圆柱齿轮传动相似,一对锥齿轮的运动相当于一对节圆锥的纯滚动。除了节圆锥之外,锥齿轮还有分度圆锥、齿顶圆锥、齿根圆锥和基圆锥。图 4-22 表示一对正确安装的标准锥齿轮,其节圆锥与分度圆锥重合。设 δ_1 和 δ_2 分别为小齿轮和大齿轮的分度圆锥角,Σ 为两轴线的交角,$\Sigma = \delta_1 + \delta_2$。因

$$r_1 = OC\sin\delta_1, \quad r_2 = OC\sin\delta_2$$

故传动比

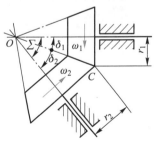

图 4-22 锥齿轮传动

$$i_{12} = \frac{\omega_1}{\omega_2} = \frac{z_2}{z_1} = \frac{r_2}{r_1} = \frac{\sin\delta_2}{\sin\delta_1} \tag{4-28}$$

二、背锥和当量齿数

锥齿轮转动时,其上任一点与锥顶 O 的距离保持不变,所以该点与另一锥齿轮的相对运动轨迹为一球面曲线。直齿锥齿轮的理论齿廓曲线为球面渐开线。因球面不能展开成平面,设计计算和制造都很困难,故采用下述近似方法加以研究。

图 4-23 的上部为一对互相啮合的直齿锥齿轮在其轴平面上的投影。$\triangle OCA$ 和 $\triangle OCB$ 分别为两轮的分度圆锥。线段 OC 称为外锥距。过大端上 C 点作 OC 的垂线与两轮的轴线分别交于 O_1 和 O_2 点。分别以 OO_1 和 OO_2 为轴线,以 O_1C 和 O_2C 为母线作两个圆锥 O_1CA 和 O_2CB,该两圆锥称为背锥。背锥与球面相切于大端分度圆 CA 和 CB,并与分度圆锥直角相截。若在背锥上过 C、A 和 B 点沿背锥母线方向取齿顶高和齿根高,则由图可见,背锥面上的齿高部分与球面上的齿高部分非常接近,可以认为一对直齿锥齿轮的啮合近似于背锥面上的齿廓啮合。因圆锥面可展开成平面,故最终可以把球面渐开线简化成平面曲线来进行研究。

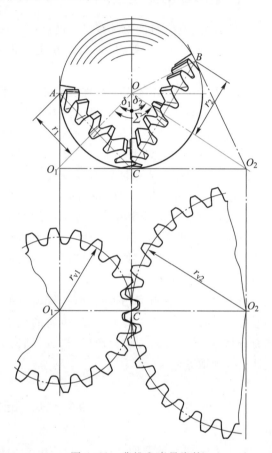

图 4-23　背锥和当量齿轮

如图 4-23 下部所示,将背锥 O_1CA 和 O_2CB 展开为两个平面扇形。以 O_1C 和 O_2C 为分度圆半径,以锥齿轮大端模数为模数,并取标准压力角,按照圆柱齿轮的作图法画出两扇形齿轮的齿廓,该齿廓即为锥齿轮大端的近似齿廓,两扇形齿轮的齿数即为两锥齿轮的真实齿数。今将两扇形齿轮补足为完整的圆柱齿轮,则它们的齿数分别增加到 z_{v1} 和 z_{v2}。由图可见

$$r_{v1} = \frac{r_1}{\cos \delta_1} = \frac{mz_1}{2\cos \delta_1}$$

而

$$r_{v1} = \frac{mz_{v1}}{2}$$

故

$$\left. \begin{array}{l} z_{v1} = \dfrac{z_1}{\cos \delta_1} \\[2mm] z_{v2} = \dfrac{z_2}{\cos \delta_2} \end{array} \right\}$$

$$(4 - 29)$$

齿数 z_{v1} 和 z_{v2} 称为锥齿轮的当量齿数,上述圆柱齿轮称为锥齿轮的当量齿轮。

借助背锥和当量齿数就可以把圆柱齿轮的原理近似地用到锥齿轮上。例如直齿锥齿轮的最少齿数 $z_{\min}$,与当量圆柱齿轮的最少齿数 $z_{v\min}$ 之间的关系为

$$z_{\min} = z_{v\min} \cos \delta$$

由上式可见,直齿锥齿轮的最少齿数比当量直齿圆柱齿轮的少。例如当 $\delta = 45°$,$\alpha = 20°$,$h_a^* = 1.0$ 时,$z_{v\min} = 17$,而 $z_{\min} = 17\cos 45° \approx 12$。

直齿锥齿轮的正确啮合条件可从当量圆柱齿轮得到,即两轮大端模数必须相等,压力角必须相等。除此以外,两轮的外锥距还必须相等。

三、直齿锥齿轮几何尺寸计算

通常直齿锥齿轮的齿高由大端到小端逐渐收缩,称为收缩齿锥齿轮。这类齿轮按顶隙不同又可分为不等顶隙收缩齿(图4-24a)和等顶隙收缩齿(图4-24b)两种。不等顶隙锥齿轮的齿顶圆锥、齿根圆锥和分度圆锥具有同一锥顶,所以它的顶隙也由大端到小端逐渐缩小。这种齿轮的缺点是小端轮齿强度较差且润滑不良。等顶隙锥齿轮的齿根圆锥和分度圆锥共锥顶,但齿顶圆锥(其母线与另一轮的齿根圆锥母线平行)并不与分度圆锥共锥顶。这种齿轮能增加小端顶隙,改善润滑状况;同时还可降低小端齿高,提高小端轮齿的弯曲强度,故常采用等顶隙锥齿轮传动。

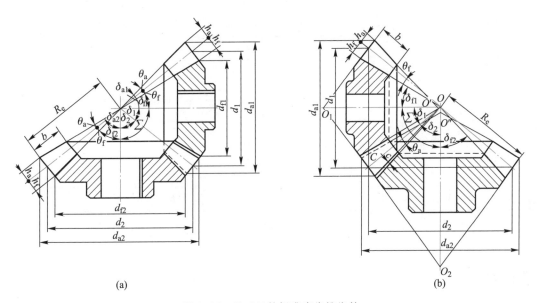

图 4-24 $\Sigma = 90°$ 的标准直齿锥齿轮

圆锥有大端和小端。大端尺寸较大,计算和测量的相对误差较小,且便于确定齿轮机构外廓尺寸,所以直齿锥齿轮的几何尺寸计算以大端为标准。齿宽 b 不宜太大,齿宽过大则小端的齿很小,不仅对提高强度作用不大,而且还会增加加工难度。齿宽的常用范围是 $b = (0.25 \sim 0.3)R_e$。

当轴交角 $\Sigma = 90°$ 时,一对标准直齿锥齿轮各部分名称和几何尺寸计算公式见表4-5。由表可知,等顶隙齿与不等顶隙齿几何尺寸的主要区别在齿顶角 θ_a。等顶隙齿 $\theta_a = \theta_f$,不等

顶隙齿 $\theta_a = \arctan \dfrac{h_a}{R_e}$，其余计算公式相同。

表 4-5 $\Sigma = 90°$ 标准直齿锥齿轮的几何尺寸计算

序号	名称	符号	计算公式及参数选择
1	大端模数	m_e	按 GB/T 12368—1990 取标准值
2	传动比	i_{12}	$i_{12} = \dfrac{z_2}{z_1} = \tan\delta_2$，单级 $i < 7$
3	分度圆锥角	δ_1,δ_2	$\delta_2 = \arctan\dfrac{z_2}{z_1}$，$\delta_1 = 90° - \delta_2$
4	分度圆直径	d_1,d_2	$d_1 = m_e z_1$，$d_2 = m_e z_2$
5	齿顶高	h_a	$h_a = m_e$
6	齿根高	h_f	$h_f = 1.2 m_e$
7	全齿高	h	$h = 2.2 m_e$
8	顶隙	c	$c = 0.2 m_e$
9	齿顶圆直径	d_{a1},d_{a2}	$d_{a1} = d_1 + 2m_e\cos\delta_1$，$d_{a2} = d_2 + 2m_e\cos\delta_2$
10	齿根圆直径	d_{f1},d_{f2}	$d_{f1} = d_1 - 2.4m_e\cos\delta_1$，$d_{f2} = d_2 - 2.4\cos\delta_2$
11	外锥距	R_e	$R_e = \sqrt{r_1^2 + r_2^2} = \dfrac{m_e}{2}\sqrt{z_1^2 + z_2^2}$
12	齿宽	b	$b \leqslant \dfrac{R_e}{3}$，$b \leqslant 10 m_e$
13	齿顶角	θ_a	$\theta_a = \arctan\dfrac{h_a}{R_e}$（不等顶隙齿）；$\theta_a = \theta_f$（等顶隙齿）
14	齿根角	θ_f	$\theta_f = \arctan\dfrac{h_f}{R_e}$
15	根锥角	δ_{f1},δ_{f2}	$\delta_{f1} = \delta_1 - \theta_f$，$\delta_{f2} = \delta_2 - \theta_f$
16	顶锥角	δ_{a1},δ_{a2}	$\delta_{a1} = \delta_1 + \theta_a$，$\delta_{a2} = \delta_2 + \theta_a$

◀▶ 习题

4-1 已知一对外啮合正常齿制标准直齿圆柱齿轮，$m = 3$ mm，$z_1 = 19$，$z_2 = 41$，试计算这对齿轮的分度圆直径、齿顶高、齿根高、顶隙、中心距、齿顶圆直径、齿根圆直径、基圆直径、齿距、齿厚和齿槽宽。

4-2 已知一对外啮合标准直齿圆柱齿轮的标准中心距 $a = 160$ mm，齿数 $z_1 = 20$、$z_2 = 60$，求模数和分度圆直径。

4-3 已知一正常齿制标准直齿圆柱齿轮的齿数 $z = 25$，齿顶圆直径 $d_a = 135$ mm，求该轮的模数。

4-4 已知一正常齿制标准直齿圆柱齿轮，$\alpha = 20°$，$m = 5$ mm，$z = 40$，试分别求出分度圆、基圆、齿顶圆上渐开线齿廓的曲率半径和压力角。

4-5 试比较正常齿制渐开线标准直齿圆柱齿轮的基圆和齿根圆，在什么条件下基圆大于齿根圆？在什么条件下基圆小于齿根圆?

4-6 已知一对内啮合正常齿制标准直齿圆柱齿轮,$m = 4$ mm,$z_1 = 20$,$z_2 = 60$,试参照图 4-1b 计算该对齿轮的中心距和内齿轮的分度圆直径、齿顶圆直径和齿根圆直径。

4-7 根据图 4-15b 证明:正常齿制标准渐开线直齿圆柱齿轮用齿条刀具加工时,不发生根切的最少齿数 $z_{min} \approx 17$。试用同样方法求短齿制标准渐开线直齿圆柱齿轮用齿条刀具加工时的最少齿数。

4-8 如题 4-8 图所示,用卡尺跨三个齿测量渐开线直齿圆柱齿轮的公法线长度。试证明:只要保证卡脚与渐开线相切,无论切于何处,测量结果均相同,其值为 $W_3 = 2p_b + s_b$(注:p_b 和 s_b 分别表示基圆齿距和基圆齿厚)。

4-9 试根据渐开线特性说明一对模数相等、压力角相等但齿数不等的渐开线标准直齿圆柱齿轮,其分度圆齿厚、齿顶圆齿厚和齿根圆齿厚是否相等,哪一个较大?

4-10 试与标准齿轮相比较,说明正变位直齿圆柱齿轮的下列参数:m、α、α'、d、d'、s、s_f、h_f、d_f、d_b,哪些不变? 哪些起了变化? 变大还是变小?

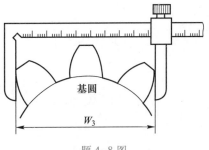

题 4-8 图

4-11 已知一对正常齿制渐开线标准斜齿圆柱齿轮,$a = 250$ mm,$z_1 = 23$,$z_2 = 98$,$m_n = 4$ mm,试计算其螺旋角、端面模数、分度圆直径、齿顶圆直径和齿根圆直径。

4-12 试设计一对外啮合圆柱齿轮,已知 $z_1 = 21$,$z_2 = 32$,$m_n = 2$ mm,实际中心距为 55 mm,问:(1)该对齿轮能否采用标准直齿圆柱齿轮传动?(2)若采用标准斜齿圆柱齿轮传动来满足中心距要求,其分度圆螺旋角 β,分度圆直径 d_1、d_2 和节圆直径 d_1'、d_2' 各为多少?

4-13 已知一对等顶隙收缩齿渐开线标准直齿锥齿轮,$\Sigma = 90°$,$z_1 = 17$,$z_2 = 43$,$m_e = 3$ mm,试求分度圆锥角、分度圆直径、齿顶圆直径、齿根圆直径、外锥距、齿顶角、齿根角、顶锥角、根锥角。

4-14 试述一对直齿圆柱齿轮、一对斜齿圆柱齿轮、一对直齿锥齿轮的正确啮合条件。

第 5 章

轮系

§5-1　轮系的类型

由一对齿轮组成的机构是齿轮传动的最简单形式。但是在机械中,为了获得很大的传动比,或者为了将输入轴的一种转速变换为输出轴的多种转速等原因,常采用一系列互相啮合的齿轮将输入轴和输出轴连接起来。这种由一系列齿轮组成的传动系统称为轮系。

轮系可分为两种类型:定轴轮系和周转轮系。

如图 5-1 所示,传动时每个齿轮的几何轴线位置都是固定的,这种轮系称为定轴轮系。

如图 5-2 所示,齿轮 2 的几何轴线 O_2 的位置不固定,当 H 杆转动时,O_2 绕齿轮 1 的几何轴线 O_1 转动。这种至少有一齿轮的几何轴线绕另一齿轮的几何轴线转动的轮系,称为周转轮系。

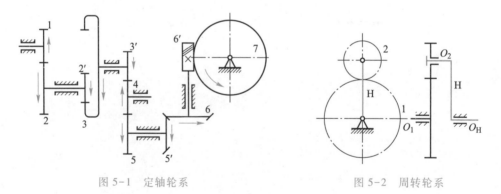

图 5-1　定轴轮系　　　　　　　　图 5-2　周转轮系

§5-2　定轴轮系及其传动比

在轮系中,输入轴与输出轴的角速度(或转速)之比称为轮系的传动比,用 i_{ab} 表示,下标 a、b 为输入轴和输出轴的代号,即 $i_{ab}=\dfrac{\omega_a}{\omega_b}=\dfrac{n_a}{n_b}$。计算轮系传动比不仅要确定它的数值,而且要确定两轴的相对转动方向,这样才能完整表达输入轴与输出轴间的运动关系。定轴轮系各轮的相对转向可以通过逐对齿轮标注箭头的方法来确定。典型齿轮机构的箭头标注规则如图5-3所示(在经过轴线的截面图中,箭头方向表示齿轮可见侧的圆周速度方向)。一对平行轴外啮合齿轮(图a),其两轮转向相反,用方向相反的箭头表示。一对平行轴内啮合齿轮(图b),其两轮转向相同,用方向相同的箭头表示。一对锥齿轮传动时,其啮合点具有相同速度,故表示转向的箭头或同时指向啮合点(图c),或同时背离啮合点。蜗轮的转向不仅与蜗杆的转向有关,而且与其螺旋线方向有关。具体判断时,可把蜗杆看作螺杆、蜗轮看作螺母来考察其相对运动。例如图d中的右旋蜗杆按图示方向转动时,可借助右手判断如下:拇指伸直,其余四指握拳,令四指弯曲方向与蜗杆转动方向一致,则拇指的指向(向左)即是螺杆相对螺母前进的方向。按照相对运动原理,螺母相对螺杆的运动方向应与此相反,故蜗轮上的啮合点应向右运动,从而使蜗轮逆时针转动。同理,对于左旋蜗杆,则应借助左手按上述方法分析判断。按照上述规则,可以依次画出图5-1所示定轴轮系所有齿轮的转动方向。

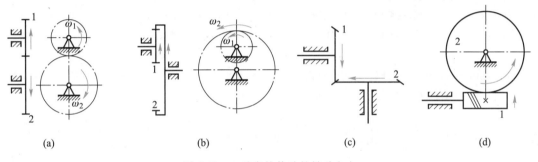

图5-3　一对齿轮传动的转动方向

定轴轮系传动比数值的计算,以图5-1所示轮系为例说明如下。令z_1、z_2、$z_{2'}$…表示各轮的齿数,n_1、n_2、$n_{2'}$…表示各轮的转速。因同一轴上的齿轮转速相同,故$n_2 = n_{2'}$、$n_3 = n_{3'}$、$n_5 = n_{5'}$、$n_6 = n_{6'}$。设与轮1固连的轴为输入轴,与轮7固连的轴为输出轴。由前章所述可知,一对互相啮合的定轴齿轮的转速比等于其齿数的反比,故各对啮合齿轮的传动比数值为

$$i_{12} = \frac{n_1}{n_2} = \frac{z_2}{z_1}, \qquad i_{23} = \frac{n_2}{n_3} = \frac{n_{2'}}{n_3} = \frac{z_3}{z_{2'}},$$

$$i_{34} = \frac{n_3}{n_4} = \frac{n_{3'}}{n_4} = \frac{z_4}{z_{3'}}, \qquad i_{45} = \frac{n_4}{n_5} = \frac{z_5}{z_4},$$

$$i_{56} = \frac{n_5}{n_6} = \frac{n_{5'}}{n_6} = \frac{z_6}{z_{5'}}, \qquad i_{67} = \frac{n_6}{n_7} = \frac{n_{6'}}{n_7} = \frac{z_7}{z_{6'}}$$

则输入轴与输出轴的传动比的数值为

$$i_{17} = \frac{n_1}{n_7} = \frac{n_1}{n_2} \frac{n_2}{n_3} \frac{n_3}{n_4} \frac{n_4}{n_5} \frac{n_5}{n_6} \frac{n_6}{n_7} = i_{12} i_{23} i_{34} i_{45} i_{56} i_{67} = \frac{z_2 z_3 z_4 z_5 z_6 z_7}{z_1 z_{2'} z_{3'} z_4 z_5 z_{6'}}$$

上式表明,定轴轮系传动比的数值等于组成该轮系的各对啮合齿轮传动比的连乘积,也

等于各对啮合齿轮中所有从动轮齿数的乘积与所有主动轮齿数的乘积之比。

以上结论可推广到一般情况。设轮 1 为起始主动轮,轮 K 为最末从动轮,则定轴轮系始、末两轮传动比数值计算的一般公式为

$$i_{1K} = \frac{n_1}{n_K} = \frac{\text{轮 1 至轮 } K \text{ 间所有从动轮齿数的乘积}}{\text{轮 1 至轮 } K \text{ 间所有主动轮齿数的乘积}} = \frac{z_2 z_3 z_4 \cdots z_K}{z_1 z_{2'} z_{3'} \cdots z_{(K-1)'}} \quad (5-1)$$

上式所求为传动比数值的大小,通常以绝对值表示。两轮相对转动方向则由图中箭头表示。

当起始主动轮 1 和最末从动轮 K 的轴线平行时,两轮转向的同异可用传动比的正负表达。两轮转向相同(n_1 和 n_K 同号)时,传动比为"+";两轮转向相反(n_1 和 n_K 异号)时,传动比为"−"。因此,平行两轴间的定轴轮系传动比计算公式为

$$i_{1K} = \frac{n_1}{n_K} = (\pm) \frac{z_2 z_3 z_4 \cdots z_K}{z_1 z_{2'} z_{3'} \cdots z_{(K-1)'}} \quad (5-1a)$$

两轮转向的异同一般采用前述画箭头的方法确定。

例 5-1　图 5-1 所示轮系中,已知各轮齿数 $z_1 = 18$、$z_2 = 36$、$z_{2'} = 20$、$z_3 = 80$、$z_{3'} = 20$、$z_4 = 18$、$z_5 = 30$、$z_{5'} = 15$、$z_6 = 30$、$z_{6'} = 2$(右旋)、$z_7 = 60$,$n_1 = 1\ 440$ r/min,其转向如图所示。求传动比 i_{17}、i_{15}、i_{25} 及蜗轮的转速和转向。

解:按图 5-3 所示规则,从轮 2 开始,顺次标出各对啮合齿轮的转动方向。由图 5-1 可见,1、7 两轮的轴线不平行,1、5 两轮转向相反,2、5 两轮转向相同,故由式(5-1)得

$$i_{17} = \frac{n_1}{n_7} = \frac{z_2 z_3 z_4 z_5 z_6 z_7}{z_1 z_{2'} z_{3'} z_4 z_{5'} z_{6'}} = \frac{36 \times 80 \times 18 \times 30 \times 30 \times 60}{18 \times 20 \times 20 \times 18 \times 15 \times 2} = 720 (\uparrow, \frown)$$

$$i_{15} = (-) \frac{z_2 z_3 z_4 z_5}{z_1 z_{2'} z_{3'} z_4} = (-) \frac{36 \times 80 \times 18 \times 30}{18 \times 20 \times 20 \times 18} = -12$$

$$i_{25} = (+) \frac{z_3 z_4 z_5}{z_{2'} z_{3'} z_4} = (+) \frac{80 \times 18 \times 30}{20 \times 20 \times 18} = +6$$

$$n_7 = \frac{n_1}{i_{17}} = \frac{1\ 440}{720} = 2 \text{ r/min}$$

1、7 两轮轴线不平行,由画箭头判断 n_7 为逆时针方向。

在图 5-1 所示轮系中,齿轮 4 同时和两个齿轮啮合,它既是前一级的从动轮,又是后一级的主动轮。显然,齿数 z_4 在式(5-1)的分子和分母上各出现一次,故不影响传动比的大小。这种不影响传动比数值大小,只起改变转向作用的齿轮称为惰轮或过桥齿轮。

对于所有齿轮轴线都平行的定轴轮系,也可不标注箭头,直接按轮系中外啮合的次数来确定传动比的正负。当外啮合次数为奇数时,始、末两轮反向,传动比为"−";当外啮合次数为偶数时,始、末两轮同向,传动比为"+"。其传动比也可用公式表示为

$$i_{1K} = \frac{n_1}{n_K} = (-1)^m \frac{z_2 z_3 z_4 \cdots z_K}{z_1 z_{2'} z_{3'} \cdots z_{(K-1)'}} \quad (5-1b)$$

式中,m 为全平行轴定轴轮系齿轮 1 至齿轮 K 之间的外啮合次数。

在图 5-1 所示轮系中,轮 1 与轮 5 之间全部轴线都平行,在 1、5 两轮之间共有三次外啮合(1-2、3'-4、4-5),故 i_{15} 为"−",轮 5 与轮 1 转向相反。

§5-3 周转轮系及其传动比

一、周转轮系的组成

在图 5-4 所示的轮系中，齿轮 1 和 3 以及构件 H 各绕固定的几何轴线 O_1、O_3（与 O_1 重合）及 O_H（也与 O_1 重合）转动，齿轮 2 空套在构件 H 的小轴上。当构件 H 转动时，齿轮 2 一方面绕自己的几何轴线 O_2 转动（自转），同时又随构件 H 绕固定的几何轴线 O_H 转动（公转）。从前述轮系的定义可知，这是一个周转轮系。在周转轮系中，轴线位置变动的齿轮，即既作自转又作公转的齿轮，称为行星轮；支持行星轮作自转和公转的构件称为行星架或转臂；轴线位置固定的齿轮则称为中心轮或太阳轮。基本周转轮系由行星轮、支持它的行星架和与行星轮相啮合的两个（有时只有一个）中心轮构成。行星架与中心轮的几何轴线必须重合，否则便不能运动。

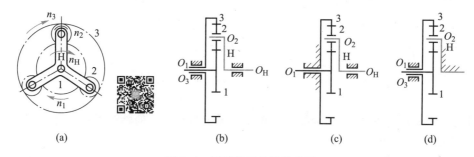

图 5-4 周转轮系及转化轮系

为了使转动时的惯性力平衡以及减轻齿轮上的载荷，常采用几个完全相同的行星轮（图5-4a）均匀分布在中心轮的周围。由于行星轮的个数对研究周转轮系的运动没有任何影响，所以在机构简图中只需画出一个，如图 5-4b 所示。

图 5-4b 所示的周转轮系，它的两个中心轮都能转动。该机构的活动构件 $n=4$，$P_L=4$，$P_H=2$，机构的自由度 $F=3\times4-2\times4-2=2$，需要两个原动件。这种周转轮系称为差动轮系。

图 5-4c 所示的周转轮系只有一个中心轮能转动，该机构的活动构件 $n=3$，$P_L=3$，$P_H=2$，机构的自由度 $F=3\times3-2\times3-2=1$，只需一个原动件。这种周转轮系称为行星轮系。

二、周转轮系传动比的计算

周转轮系中行星轮的运动不是绕固定轴线的简单转动，所以其传动比不能直接用求解定轴轮系传动比的方法来计算。但是，如果能使行星架变为固定不动，并保持周转轮系中各个构件之间的相对运动不变，则周转轮系就转化成为一个假想的定轴轮系，便可由式（5-1）列出该假想定轴轮系传动比的计算公式，从而求出周转轮系的传动比。

在图 5-4b 所示的周转轮系中，设 n_H 为行星架 H 的转速。根据相对运动原理，当给整个周转轮系加上一个绕轴线 O_H 的大小为 n_H、方向与 n_H 相反的公共转速（$-n_H$）后，行星架便静止不动，所有齿轮几何轴线的位置全都固定，原来的周转轮系便成了定轴轮系（图5-4d）。这一假想的定轴轮系称为原来周转轮系的转化轮系。现将各构件转化前后的转速列于表 5-1。

表 5-1　各构件转化前后的转速

构件	原来的转速	转化轮系中的转速
1	n_1	$n_1^H = n_1 - n_H$
2	n_2	$n_2^H = n_2 - n_H$
3	n_3	$n_3^H = n_3 - n_H$
H	n_H	$n_H^H = n_H - n_H = 0$

转化轮系中各构件的转速 n_1^H、n_2^H、n_3^H 及 n_H^H 的右上方都带有角标 "H"，表示这些转速是各构件对行星架 H 的相对转速。

既然周转轮系的转化轮系是一个定轴轮系，就可以引用求解定轴轮系传动比的方法求出任意两个齿轮的传动比。

根据传动比定义，转化轮系中齿轮 1 与齿轮 3 的传动比 i_{13}^H 为

$$i_{13}^H = \frac{n_1^H}{n_3^H} = \frac{n_1 - n_H}{n_3 - n_H} \tag{5-2a}$$

应注意区分 i_{13} 和 i_{13}^H，前者是两轮真实的传动比，而后者是假想的转化轮系中两轮的传动比。

转化轮系是定轴轮系，且其起始主动轮 1 与最末从动轮 3 的轴线平行，故由定轴轮系传动比计算式 (5-1a) 可得

$$i_{13}^H = (\pm) \frac{z_2 z_3}{z_1 z_2} \tag{5-2b}$$

合并式 (a)、(b) 可得

$$i_{13}^H = \frac{n_1^H}{n_3^H} = \frac{n_1 - n_H}{n_3 - n_H} = (\pm) \frac{z_2 z_3}{z_1 z_2}$$

现将以上分析推广到一般情况。设 n_G 和 n_K 为周转轮系中任意两个齿轮 G 和 K 的转速，n_H 为行星架 H 的转速，则有

$$i_{GK}^H = \frac{n_G^H}{n_K^H} = \frac{n_G - n_H}{n_K - n_H} = (\pm) \frac{\text{转化轮系从 G 至 K 所有从动轮齿数的乘积}}{\text{转化轮系从 G 至 K 所有主动轮齿数的乘积}} \tag{5-2}$$

在用式 (5-2) 时，视 G 为起始主动轮，K 为最末从动轮，中间各轮的主从地位应按这一假定去判断。转化轮系中齿轮 G 和 K 的转向，用画箭头的方法判定。转向相同时，i_{GK}^H 为 "+"；转向相反时，i_{GK}^H 为 "−"。在利用式 (5-2) 求解未知转速或齿数时，必须先确定 i_{GK}^H 的 "+" 或 "−"。

应当强调，只有两轴平行时，两轴转速才能代数相加，因此式 (5-2) 只适用于齿轮 G、K 和行星架 H 的轴线平行的场合。

上述运用相对运动原理，将周转轮系转化成假想的定轴轮系，然后计算其传动比的方法，称为相对速度法或反转法。

例 5-2　在图 5-5 所示的行星轮系中，已知各轮齿数 $z_1 = 27$、$z_2 = 17$、$z_3 = 61$，齿轮 1 的转速 $n_1 =$

6 000 r/min，求传动比 i_{1H} 和行星架 H 的转速 n_H。

解：将行星架视为固定，画出轮系中各轮的转向，如图5-5中虚线箭头(虚线箭头不是齿轮真实转向，只表示假想的转化轮系中的齿轮转向)所示，由式(5-2)得

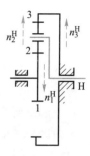

$$i_{13}^H = \frac{n_1^H}{n_3^H} = \frac{n_1 - n_H}{n_3 - n_H} = (-)\frac{z_2 z_3}{z_1 z_2}$$

图中1、3两轮虚线箭头反向，故取"−"。由此得

$$\frac{n_1 - n_H}{0 - n_H} = (-)\frac{61}{27}$$

解得

$$i_{1H} = \frac{n_1}{n_H} = 1 + \frac{61}{27} \approx 3.26$$

图 5-5 行星轮系

$$n_H = \frac{n_1}{i_{1H}} = \frac{6\ 000}{3.26} \approx 1\ 840\ \text{r/min}$$

i_{1H} 为正，n_H 转向与 n_1 相同。

利用式(5-2)还可计算出行星齿轮2的转速 n_2

$$i_{12}^H = \frac{n_1^H}{n_2^H} = \frac{n_1 - n_H}{n_2 - n_H} = (-)\frac{z_2}{z_1}$$

代入已知数值

$$\frac{6\ 000 - 1\ 840}{n_2 - 1\ 840} = (-)\frac{17}{27}$$

解得

$$n_2 \approx -4\ 767\ \text{r/min}$$

负号表示 n_2 的转向与 n_1 相反。

例5-3 在图5-6所示锥齿轮组成的差动轮系中，已知 $z_1 = 60$、$z_2 = 40$、$z_{2'} = z_3 = 20$，若 n_1 和 n_3 均为120 r/min，但转向相反(如图中实线箭头所示)，求 n_H 的大小和方向。

解：将 H 固定，画出转化轮系各轮的转向，如虚线箭头所示。由式(5-2)得

$$i_{13}^H = \frac{n_1^H}{n_3^H} = \frac{n_1 - n_H}{n_3 - n_H} = (+)\frac{z_2 z_3}{z_1 z_{2'}}$$

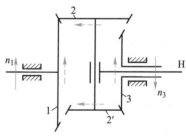

图 5-6 差动轮系

上式中的"+"号是由轮1和轮3虚线箭头同向而确定的，与实线箭头无关。设实线箭头朝上为正，则 $n_1 = 120$ r/min，$n_3 = -120$ r/min，代入上式得

$$\frac{120 - n_H}{-120 - n_H} = (+)\frac{40}{60}$$

解得

$$n_H = 600\ \text{r/min}$$

n_H 的转向与 n_1 相同，箭头朝上。

注意，本例中行星齿轮2-2'的轴线和齿轮1(或齿轮3)及行星架H的轴线不平行，所以不能用式(5-2)来计算 n_2。

图5-6中标注了两种箭头。实线箭头表示齿轮的真实转向，对应于 n_1、n_3……；虚线箭头表示虚拟的转化轮系中的齿轮转向，对应于 n_1^H、n_2^H、n_3^H。运用式(5-2)时，i_{13}^H 的正负取决于 n_1^H 和 n_3^H，即取决于虚线箭头。而代入 n_1、n_3 数值时又必须根据实线箭头判定其正负。

§5-4　复合轮系及其传动比

在机械中,常用到由几个基本周转轮系或定轴轮系和周转轮系组合而成的复合轮系。由于整个复合轮系不可能转化成一个定轴轮系,所以不能只用一个公式来求解。计算复合轮系传动比时,首先必须将各个基本周转轮系和定轴轮系区分开来,然后分别列出方程式,最后联立解出所要求的传动比。

正确区分各个轮系的关键在于找出各个基本周转轮系。找基本周转轮系的一般方法是:先找出行星轮,即找出那些几何轴线绕另一齿轮的几何轴线转动的齿轮;支持行星轮运动的构件就是行星架;几何轴线与行星架的回转轴线相重合,且直接与行星轮相啮合的定轴齿轮就是中心轮。这组行星轮、行星架、中心轮便构成一个基本周转轮系。区分出各个基本周转轮系以后,剩下的就是定轴轮系。

例 5-4　在图 5-7 所示的电动卷扬机减速器中,已知各轮齿数 $z_1 = 24$、$z_2 = 52$、$z_{2'} = 21$、$z_3 = 78$、$z_{3'} = 18$、$z_4 = 30$、$z_5 = 78$,求 i_{1H}。

解:在该轮系中,双联齿轮 2-2′ 的几何轴线是绕着齿轮 1 和 3 的轴线转动的,所以是行星轮;支持它运动的构件(卷筒 H)就是行星架;和行星轮相啮合的齿轮 1 和 3 是两个中心轮。这两个中心轮都能转动,所以齿轮 1、2-2′、3 和行星架 H 组成一个差动轮系。剩下的齿轮 3′、4、5 是一个定轴轮系。二者合在一起便构成一个复合轮系。其中齿轮 5 和卷筒 H 是同一构件。

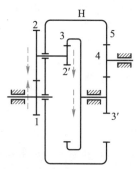

图 5-7　电动卷扬机减速器

在差动轮系中

$$i_{13}^{H} = \frac{n_1^H}{n_3^H} = \frac{n_1 - n_H}{n_3 - n_H} = (-)\frac{52 \times 78}{24 \times 21} \tag{a}$$

在定轴轮系中

$$i_{35} = \frac{n_3}{n_5} = (-)\frac{z_5}{z_{3'}} = (-)\frac{78}{18} = -\frac{13}{3} \tag{b}$$

由式(b)得

$$n_3 = -\frac{13}{3}n_5 = -\frac{13}{3}n_H$$

代入式(a)

$$\frac{n_1 - n_H}{-\frac{13}{3}n_H - n_H} = -\frac{169}{21}$$

得

$$i_{1H} = 43.9$$

本书例题和习题仅介绍包含一个基本周转轮系的复合轮系,更复杂的、由几个基本周转轮系串联或并联而成的复合轮系,其求解方法请参看有关机械原理教材。

§5-5　轮系的应用

轮系广泛应用于各种机械中,它的主要功用如下。

一、相距较远的两轴之间的传动

主动轴和从动轴间的距离较远时,如果仅用一对齿轮来传动,如图 5-8 中双点画线所示,齿轮的尺寸就很大,既占空间又费材料,而且制造、安装都不方便。若改用轮系来传动,如图中点画线所示,便无上述缺点。

二、实现变速传动

主动轴转速不变时,利用轮系可使从动轴获得多种工作转速。汽车、机床、起重设备等都需要这种变速传动。

图 5-9 所示为汽车的变速箱。图中轴 Ⅰ 为动力输入轴,轴 Ⅱ 为输出轴,4、6 为滑移齿轮,A、B 为牙嵌式离合器。该变速箱可使输出轴得到四种转速。

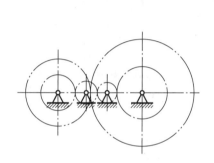

图 5-8　相距较远的两轴传动

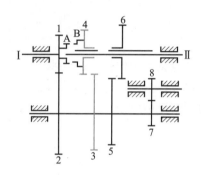

图 5-9　汽车变速箱

第一挡　齿轮 5、6 相啮合而齿轮 3、4 和离合器 A、B 均脱离。

第二挡　齿轮 3、4 相啮合而齿轮 5、6 和离合器 A、B 均脱离。

第三挡　离合器 A、B 相嵌合而齿轮 5、6 和 3、4 均脱离。

倒退挡　齿轮 6、8 相啮合而齿轮 3、4 和 5、6 以及离合器 A、B 均脱离。此时,由于惰轮 8 的作用,输出轴 Ⅱ 反转。

三、获得大传动比

当两轴之间需要很大的传动比时,固然可以用多级齿轮组成的定轴轮系来实现,但轴和齿轮的增加会导致结构复杂。若采用行星轮系,则只需很少几个齿轮,就可获得很大的传动比。例如图 5-10 所示的行星轮系,当 $z_1 = 100$、$z_2 = 101$、$z_{2'} = 100$、$z_3 = 99$ 时,其传动比 i_{H1} 可达 10 000。其计算如下:

由式(5-2)得

$$i_{13}^H = \frac{n_1^H}{n_3^H} = \frac{n_1 - n_H}{n_3 - n_H} = (+)\frac{z_2 z_3}{z_1 z_{2'}}$$

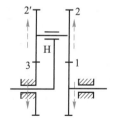

图 5-10　大传动比行星轮系

代入已知数值　　$\dfrac{n_1 - n_H}{0 - n_H} = (+)\dfrac{101 \times 99}{100 \times 100}$

解得
$$i_{1H} = \frac{1}{10\ 000}$$

或
$$i_{H1} = 10\ 000$$

应当指出,这种类型的行星齿轮传动,传动比越大,机械效率越低,故不宜用于传递大功率,只适用于作辅助装置的减速机构。如将它用作增速传动,甚至可能发生自锁。

四、合成运动和分解运动

合成运动是将两个输入运动合为一个输出运动(例 5-3);分解运动是将一个输入运动分为两个输出运动。合成运动和分解运动都可用差动轮系实现。

最简单的用作合成运动的轮系如图 5-11 所示,其中 $z_1 = z_3$。由式(5-2)得

$$i_{13}^{H} = \frac{n_1^{H}}{n_3^{H}} = \frac{n_1 - n_H}{n_3 - n_H} = (-)\frac{z_3}{z_1} = -1$$

解得
$$2n_H = n_1 + n_3$$

这种轮系可用作加(减)法机构。当齿轮 1 及齿轮 3 的轴分别输入被加数和加数的相应转角时,行星架 H 转角之两倍就是它们的和。这种合成作用在机床、计算机构和补偿装置中得到广泛的应用。

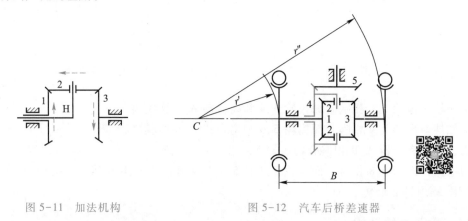

图 5-11 加法机构   图 5-12 汽车后桥差速器

图 5-12 所示汽车后桥差速器可作为差动轮系分解运动的实例。当汽车拐弯时,它能将发动机传给齿轮 5 的运动,以不同转速分别传递给左、右两车轮。

当汽车在平坦道路上直线行驶时,左、右两车轮滚过的距离相等,所以转速也相同。这时齿轮 1、2、3 和 4 如同一个固连的整体,一起转动。当汽车向左拐弯时,为使车轮和地面间不发生滑动以减少轮胎磨损,就要求右轮比左轮转得快些。这时齿轮 1 和齿轮 3 之间便发生相对转动,齿轮 2 除随齿轮 4 绕后车轮轴线公转外,还绕自己的轴线自转,由齿轮 1、2、3 和 4(即行星架 H)组成的差动轮系便发挥作用。这个差动轮系和图 5-11 所示的机构完全相同,故有

$$2n_4 = n_1 + n_3 \tag{a}$$

又由图 5-12 可见,当车身绕瞬时回转中心 C 转动时,左、右两轮走过的弧长与它们至 C 点的距离成正比,即

$$\frac{n_1}{n_3} = \frac{r'}{r''} = \frac{r'}{r'+B} \tag{b}$$

当发动机传递的转速 n_4、轮距 B 和转弯半径 r' 为已知时,即可由以上二式算出左、右两轮的转速 n_1 和 n_3。

差动轮系可分解运动的特性,在汽车、飞机等动力传动中得到广泛应用。

§5-6 几种特殊的行星传动简介

除前面几节介绍的一般行星轮系之外,工程上还常使用下面几种特殊行星传动。

一、渐开线少齿差行星传动

渐开线少齿差行星传动的基本原理如图 5-13 所示。通常,中心轮 1 固定,行星架 H 为输入轴,V 为输出轴。轴 V 与行星轮 2 用等角速比机构 3 相连接,所以轴 V 的转速就是行星轮 2 的绝对转速。

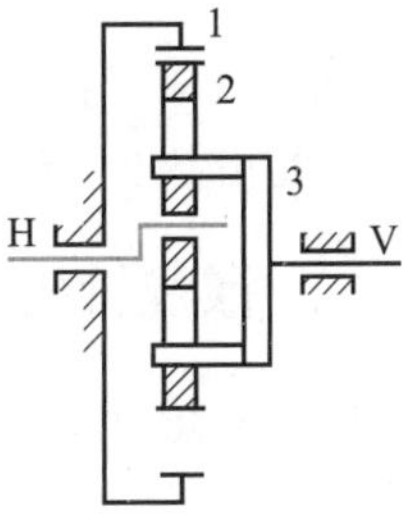

这种传动的传动比可用式(5-2)求出:

$$i_{21}^{H} = \frac{n_2^{H}}{n_1^{H}} = \frac{n_2 - n_H}{n_1 - n_H} = (+)\frac{z_1}{z_2}$$

图 5-13 少齿差行星传动

从而

$$\frac{n_2 - n_H}{0 - n_H} = \frac{z_1}{z_2}$$

解得

$$i_{2H} = 1 - \frac{z_1}{z_2} = \frac{z_2 - z_1}{z_2} = -\frac{z_1 - z_2}{z_2}$$

故

$$i_{HV} = i_{H2} = \frac{1}{i_{2H}} = -\frac{z_2}{z_1 - z_2}$$

由上式可知,两轮齿数差越少,传动比越大。通常齿数差为 $1 \sim 4$。当齿数差 $z_1 - z_2 = 1$ 时,称为一齿差行星传动。这时传动比具有最大值:

$$i_{HV} = -z_2$$

少齿差行星传动通常采用销孔输出机构作为等角速比机构,如图 5-14 所示。它的结构和原理是这样的:在行星轮 2 的腹板上,沿半径为 ρ 的圆周开有 J 个均布圆孔,圆孔的半径为 r_w。在输出轴 V 的圆盘 3 上,沿半径为 ρ 的圆周又均布有 J 个圆柱销,圆柱销上再套以外半径为 r_P 的销套。将这些带套的圆柱销分别插入行星轮 2 的圆孔中,使行星轮和输出轴连接起来。设计时取 $r_w - r_P = A$,A 为轮 1 与轮 2 的中心距(图 5-13),也等于行星轮轴线与输出轴轴线间的距离。因此,这种传动仍保证输入轴与输出轴的轴线重合。在四边形 $O_2 O_V O_P O_w$ 中,$O_2 O_V = A = O_w O_P$,$O_2 O_w = \rho = O_V O_P$,所以在任意位置,$O_2 O_V O_P O_w$ 总保持为一平行四边形。由于 $O_V O_P$ 总平行于 $O_2 O_w$,所以输出轴 V 的转速始终与行星轮的绝对转速相同。

由于中心距 A 很小,故采用偏心轴作行星架。为了平衡和提高承载能力,通常用两个完全相同的行星轮对称安装。渐开线少齿差行星减速器的优点是传动比大、结构紧凑、体积

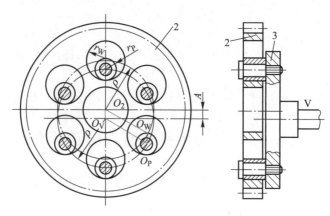

图 5-14　等角速比机构

小、重量轻、加工容易,故在起重运输、仪表、轻化、食品等工业部门广泛采用;它的缺点是同时啮合的齿数少、承载能力较差,而且为了避免干涉,必须进行复杂的变位计算。

二、摆线针轮行星传动

摆线针轮行星传动的工作原理和结构与渐开线少齿差行星传动基本相同。如图 5-15 所示,它也由行星架 H、两个行星轮 2 和内齿轮 1 组成。行星轮的运动也依靠等角速比的销孔输出机构传到输出轴上。摆线针轮传动的齿数差总是等于 1,所以其传动比为

$$i_{HV} = \frac{n_H}{n_V} = -\frac{z_2}{z_1 - z_2} = -z_2$$

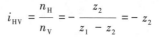

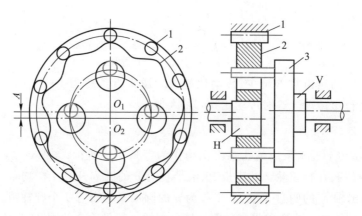

图 5-15　摆线针轮行星减速器示意图

摆线针轮行星传动与渐开线少齿差行星传动的不同处在于齿廓曲线各异。在渐开线少齿差行星传动中,内齿轮 1 和行星轮 2 都是渐开线齿廓;而摆线针轮行星传动中,轮 1 的内齿是带套筒的圆柱销形针齿,行星轮 2 的齿廓曲线则是短幅外摆线的等距曲线。

摆线针轮行星传动除具有传动比大、结构紧凑、体积小、重量轻及效率高的优点外,还因同时承担载荷的齿数多,以及齿廓之间为滚动摩擦,所以传动平稳、承载能力强、轮齿磨损小、使用寿命长,广泛地应用于军工、矿山、冶金、化工及造船等工业的机械设备上。它的缺

点是加工工艺较复杂,精度要求较高,必须用专用机床和刀具加工摆线齿轮。

三、谐波齿轮传动

谐波传动的主要组成部分如图 5-16 所示,H 为波发生器,它相当于行星架;1 为刚轮,它相当于中心轮;2 为柔轮,可产生较大的弹性变形,它相当于行星轮。行星架 H 的外缘尺寸大于柔轮内孔直径,所以将它装入柔轮内孔后柔轮即变成椭圆形。椭圆长轴处的轮齿与刚轮相啮合,而椭圆短轴处的轮齿与之脱开,其他各点则处于啮合和脱离的过渡状态。一般刚轮固定不动,当主动件波发生器 H 回转时,柔轮与刚轮的啮合区也就跟着发生转动。由于柔轮比刚轮少 $(z_1 - z_2)$ 个齿,所以当波发生器转一周时,柔轮相对刚轮沿相反方向转过 $(z_1 - z_2)$ 个齿的角度,即反转 $\dfrac{z_1 - z_2}{z_2}$ 周,因此得传动比为

$$i_{H2} = \frac{n_H}{n_2} = -\frac{1}{(z_1 - z_2)/z_2} = -\frac{z_2}{z_1 - z_2}$$

该式和渐开线少齿差行星传动的传动比公式完全相同。

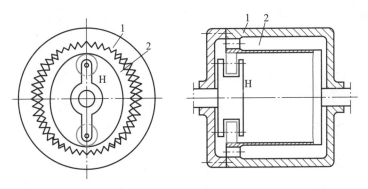

图 5-16　双波谐波齿轮传动的示意图

按照波发生器上装的滚轮数不同,可以有双波传动(图 5-16)和三波传动(图 5-17)等,而最常用的是双波传动。谐波传动的齿数差应等于波数或波数的整倍数。

为了加工方便,谐波齿轮的齿形多采用渐开线齿廓。

谐波传动装置除传动比大、体积小、重量轻和效率高外,还因柔轮与波发生器、输出轴共轴线,不需要等角速比机构,结构更为简单;同时啮合的齿数很多,承载能力强,传动平稳;齿侧间隙小,适宜于反向传动。谐波传动的缺点是柔轮周期性变形,容易发热,需用抗疲劳强度很高的材料,且加工、热处理要求都很高,否则极易损坏。

目前,谐波传动已应用于船舶、机器人、机床、仪表和军事装备等各个方面。

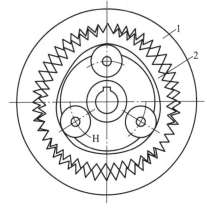

图 5-17　三波谐波传动

习题

5-1   在题 5-1 图所示双级蜗轮传动中,已知右旋蜗杆 1 的转向如图所示,试判断蜗轮 2 和蜗轮 3 的转向,用箭头表示。

5-2   在题 5-2 图所示轮系中,已知 $z_1 = 15, z_2 = 25, z_{2'} = 15, z_3 = 30, z_{3'} = 15, z_4 = 30, z_{4'} = 2$(右旋),$z_5 = 60$,$z_{5'} = 20(m = 4 \text{ mm})$,若 $n_1 = 500 \text{ r/min}$,求齿条 6 线速度 v 的大小和方向。

答:$v = 10.5 \text{ mm/s}$,向右。

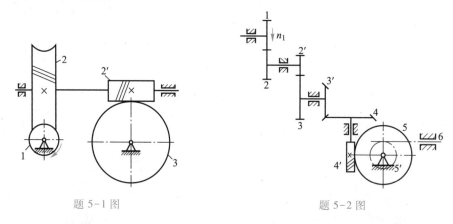

题 5-1 图   题 5-2 图

5-3   在题 5-3 图所示钟表传动示意图中,E 为擒纵轮,N 为发条盘,S、M、H 分别为秒针、分针、时针。设 $z_1 = 72, z_2 = 12, z_3 = 64, z_4 = 8, z_5 = 60, z_6 = 8, z_7 = 60, z_8 = 6, z_9 = 8, z_{10} = 24, z_{11} = 6, z_{12} = 24$,求秒针与分针的传动比 i_{SM} 和分针与时针的传动比 i_{MH}。

5-4   在题 5-4 图所示行星减速装置中,已知 $z_1 = z_2 = 17, z_3 = 51$。当手柄转过 $90°$时,转盘 H 转过多少角度?

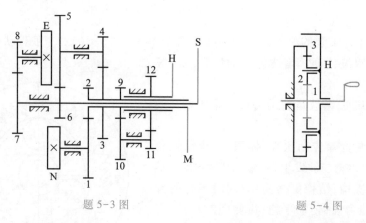

题 5-3 图   题 5-4 图

5-5   在题 5-5 图所示手动葫芦中,S 为手动链轮,H 为起重链轮。已知 $z_1 = 12, z_2 = 28, z_{2'} = 14, z_3 = 54$,求传动比 i_{SH}。

5-6   在题 5-6 图所示液压回转台的传动机构中,已知 $z_2 = 15$,液压马达 M 的转速 $n_M = 12 \text{ r/min}$,回转台 H 的转速 $n_H = -1.5 \text{ r/min}$,求齿轮 1 的齿数(提示:$n_M = n_2 - n_H$)。

答:$z_1 = 120$。

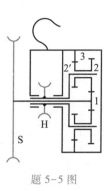

题 5-5 图

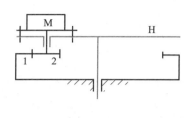

题 5-6 图

5-7　在题 5-7 图所示马铃薯挖掘机的机构中,齿轮 4 固定不动,挖叉 A 固连在最外边的齿轮 3 上。挖薯时,十字架 1 回转而挖叉却始终保持一定的方向。问各轮齿数应满足什么条件?

答: $z_4 = z_3$,与 z_2 无关。

5-8　在题 5-8 图所示锥齿轮组成的行星轮系中,已知各轮的齿数 $z_1 = 20$、$z_2 = 30$、$z_{2'} = 50$、$z_3 = 80$,$n_1 = 50 \ \text{r/min}$,求 n_H 的大小和方向。

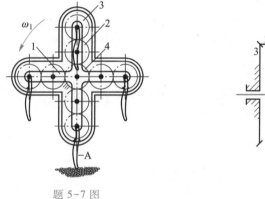

题 5-7 图　　　　　　　　　题 5-8 图

5-9　在题 5-9 图所示差动轮系中,已知各轮的齿数 $z_1 = 30$、$z_2 = 25$、$z_{2'} = 20$、$z_3 = 75$,齿轮 1 的转速为 $200 \ \text{r/min}$(箭头向上),齿轮 3 的转速为 $50 \ \text{r/min}$(箭头向下),求行星架转速 n_H 的大小和方向。

5-10　在题 5-10 图所示轮系中,已知 $z_1 = 1$(右旋蜗杆),$z_2 = 40$,$z_{2'} = 20$,$z_3 = 25$,$z_4 = 20$,$z_{4'} = 20$,$z_5 = 30$,$z_6 = 80$,$n_1 = 1 \ 000 \ \text{r/min}$(方向如图)。试求 n_H 的大小和方向。

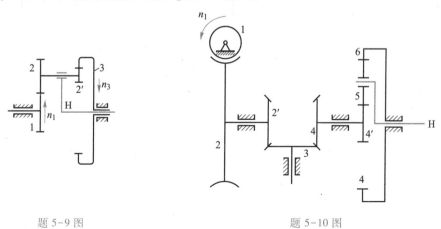

题 5-9 图　　　　　　　　　题 5-10 图

5-11　在题 5-11 图所示机构中,已知 $z_1 = 17, z_2 = 20, z_3 = 85,$ $z_4 = 18, z_5 = 24, z_6 = 21, z_7 = 63$,齿轮 1、4 的转向相同。求:(1) 当 $n_1 = 10\ 001$ r/min、$n_4 = 10\ 000$ r/min 时,$n_P = ?$(2) 当 $n_1 = n_4$ 时,$n_P = ?$(3) 当 $n_1 = 10\ 000$ r/min、$n_4 = 10\ 001$ r/min 时,$n_P = ?$

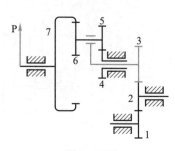

题 5-11 图

5-12　图 5-5 所示直齿圆柱齿轮组成的单排内外啮合行星轮系中,已知两中心轮的齿数 $z_1 = 19$、$z_3 = 53$,若全部齿轮都采用标准齿轮,求行星轮齿数 z_2。

5-13　图 5-10 所示大传动比行星轮系中的两对齿轮,能否全部采用直齿标准齿轮传动?试提出两对齿轮传动的选择方案。

5-14　在图 5-12 所示汽车后桥差速器中,已知 $z_4 = 60$、$z_5 = 15$、$z_1 = z_3$,轮距 $B = 1\ 200$ mm,传动轴输入转速 $n_5 = 250$ r/min,当车身左转弯内半径 $r' = 2\ 400$ mm 时,左、右二轮的转速各为多少?

5-15　在题 5-15 图所示自行车里程表机构中,C 为车轮轴。已知 $z_1 = 17, z_3 = 23, z_4 = 19, z_{4'} = 20, z_5 = 24$,设轮胎受压变形后使 28 in(英寸)的车轮有效直径约为 0.7 m。当车行 1 km 时,表上的指针要刚好回转一周,求齿轮 2 的齿数。

答:$z_2 = 68$。

5-16　题 5-16 图所示为一小型起重机构。一般工作情况下,单头蜗杆 5 不转,动力由电动机 M 输入,带动卷筒 N 转动。当电动机发生故障或需慢速吊重时,电动机停转并刹住,用蜗杆传动。已知 $z_1 = 53, z_{1'} = 44, z_2 = 48, z_{2'} = 53, z_3 = 58, z_{3'} = 44, z_4 = 87$,求一般工作情况下的传动比 i_{H4} 和慢速吊重时的传动比 i_{54}。

答:$i_{H4} \approx 220, i_{54} \approx 86$。

5-17　在题 5-17 图所示大传动比减速器中,已知蜗杆 1 和 5 的线数 $z_1 = 1$、$z_5 = 1$,且均为右旋。其余各轮齿数 $z_{1'} = 101, z_2 = 99, z_{2'} = z_4, z_{4'} = 100, z_{5'} = 100$,求传动比 i_{1H}。

答:$i_{1H} = 1\ 980\ 000$。

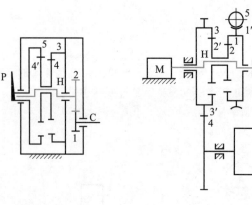

题 5-15 图

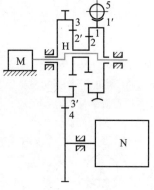

题 5-16 图

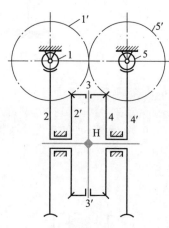

题 5-17 图

第 6 章

间歇运动机构

主动件连续运动(连续转动或连续往复运动)时,从动件作周期性时动时停运动的机构称为间歇运动机构。间歇运动机构广泛应用于电子机械、轻工机械等设备中实现转位、步进、计数等功能。间歇运动机构的类型很多,本章主要介绍较常用的棘轮机构、槽轮机构、不完全齿轮机构和凸轮间歇运动机构。

§6-1 棘 轮 机 构

一、棘轮机构的工作原理

在图 6-1 所示棘轮机构中,棘轮 2 固连在轴 4 上,其轮齿分布在轮的外缘(也可分布于内缘或端面),原动件 1 空套在轴 4 上。当原动件 1 沿逆时针方向摆动时,与它相连的驱动棘爪 3 便借助弹簧或自重的作用插入棘轮的齿槽内,使棘轮随着转过一定的角度,这时止回棘爪 5 在棘轮的齿背上滑过。当原动件 1 沿顺时针方向摆动时,驱动棘爪 3 便在棘轮齿背上滑过,而止回棘爪 5 则在簧片 6 的作用下插入棘轮的齿槽,阻止棘轮沿顺时针方向转动,故棘轮静止不动。当原动件 1 连续往复摆动时,棘轮作单向的间歇转动。

改变原动件 1 的结构形状,可以得到如图 6-2 所示的双动式棘轮机构。原动件 1 的往复摆动均能使棘轮 2 沿同一方向转动。驱动棘爪 3 可以制成直的(图 6-2a)或带钩的(图 6-2b)。

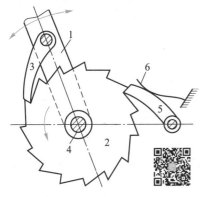

图 6-1 棘轮机构

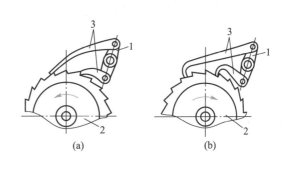

(a)　　　　　(b)

图 6-2 双动式棘轮机构

当棘轮轮齿制成方形时,成为可变向棘轮机构,如图 6-3a 所示。其特点是当棘爪 1 在实线位置时,棘轮 2 将沿逆时针方向作间歇运动;当棘爪 1 翻转到虚线位置时,棘轮将沿顺时针方向作间歇运动。图 6-3b 所示为另一种可变向棘轮机构,当棘爪 1 在图示位置时,棘轮 2 将沿逆时针方向作间歇运动。若将棘爪提起并绕自身轴线转 180°后再插入棘轮齿中,则可实现沿顺时针方向的间歇运动。若将棘爪提起并绕自身轴线转 90°后放下,架在壳体顶部的平台上,使棘轮与棘爪脱开,则当棘爪往复摆动时,棘轮静止不动。这种棘轮机构常应用在牛头刨床工作台的进给装置中。

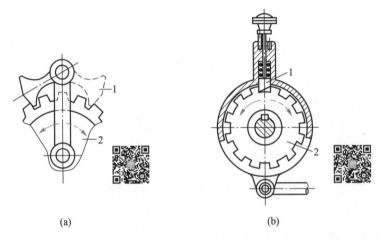

(a)　　　　　　　　　　　　　(b)

图 6-3　可变向棘轮机构

上述棘轮机构中,棘轮的转角都是相邻齿所夹中心角的倍数,也就是说,棘轮的转角是有级性改变的。如果要实现无级性改变,就需要采用无棘齿的棘轮(图 6-4)。这种机构是通过棘爪 1 与棘轮 2 之间的摩擦力来传递运动的(件 3 为制动棘爪),故又称为摩擦式棘轮机构。这种机构传动较平稳,噪声小,但其接触表面间容易发生滑动,故运动准确性差。

棘轮机构除了常用于实现间歇运动外,还能实现超越运动。图 6-5 所示为自行车后轮轴上的棘轮机构。当脚蹬踏板时,经链轮 1 和链条 2 带动内圈具有棘轮的链轮 3 顺时针转动,再

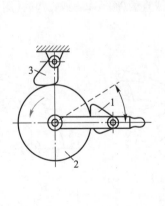

图 6-4　摩擦式棘轮机构

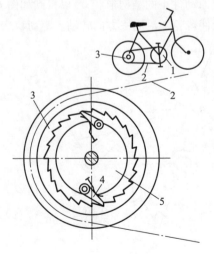

图 6-5　超越式棘轮机构

通过棘爪4的作用,使后轮5顺时针转动,从而驱使自行车前进。自行车前进时,如果令踏板不动,后轮5便会超越链轮3而转动,让棘爪4在棘轮齿背上滑过,从而实现不蹬踏板的自由滑行。

二、棘爪工作条件

如图6-6所示,为了使棘爪受力最小,应使棘轮齿顶 A 和棘爪转动中心 O_2 的连线垂直于棘轮半径 O_1A,即 $\angle O_1AO_2 = 90°$。轮齿对棘爪作用的力有:正压力 F_n 和摩擦力 F_f。当棘齿偏斜角为 φ 时,力 F_n 有使棘爪逆时针转动落向齿根的倾向;而摩擦力 F_f 阻止棘爪落向齿根。为了保证棘轮正常工作,使棘爪啮紧齿根,必须使力 F_n 对 O_2 的力矩大于 F_f 对 O_2 的力矩,即

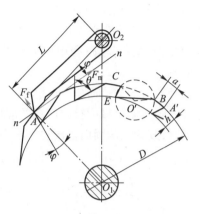

$$F_n L \sin\varphi > F_f L \cos\varphi$$

因 $F_f = fF_n$ 和 $f = \tan\rho$,代入上式得

$$\tan\varphi > \tan\rho$$

故
$$\varphi > \rho \qquad\qquad (6-1)$$

图6-6 棘爪受力分析

式中,ρ 为棘齿与棘爪之间的摩擦角。当摩擦系数 $f = 0.2$ 时,$\rho \approx 11°30'$。为可靠起见,通常取 $\varphi = 20°$(一般机械设计手册中介绍的棘轮机构尺寸,均能满足 $\varphi > \rho$ 的要求,可不必验算)。

三、棘轮、棘爪的几何尺寸计算及棘轮齿形的画法

当选定齿数 z 和按照强度要求确定模数 m 之后,棘轮和棘爪的主要几何尺寸可按以下经验公式计算:

顶圆直径 $D = mz$
齿高 $h = 0.75m$
齿顶厚 $a = m$
齿槽夹角 $\theta = 60°$ 或 $55°$
棘爪长度 $L = 2\pi m$

其他结构尺寸可参看有关机械设计手册。

由以上公式算出棘轮的主要尺寸后,可按下述方法画出齿形:如图6-6所示,根据 D 和 h 先画出齿顶圆和齿根圆;按照齿数等分齿顶圆,得 A'、C 等点,并由任一等分点 A' 作弦 $A'B = a = m$;再由点 B 到第二等分点 C 作弦 BC;然后自 B、C 点作角度 $\angle O'BC = \angle O'CB = 90° - \theta$ 得 O' 点;以 O' 为圆心、$O'B$ 为半径画圆交齿根圆于 E 点,连 C、E 点得轮齿工作面,连 B、E 点得全部齿形。

§6-2 槽 轮 机 构

一、槽轮机构的工作原理

槽轮机构又称为马尔他机构。如图6-7所示,它是由具有径向槽的槽轮2、带有圆销A

的拨盘 1 和机架组成的。拨盘 1 作匀速转动时,驱使槽轮 2 作时转时停的间歇运动。拨盘 1 上的圆销 A 尚未进入槽轮 2 的径向槽时,由于槽轮 2 的内凹锁止弧 β 被拨盘 1 的外凸圆弧 α 卡住,故槽轮 2 静止不动。图中所示位置是当圆销 A 开始进入槽轮 2 的径向槽时的情况。这时锁止弧被松开,因此槽轮 2 受圆销 A 驱使沿逆时针方向转动。当圆销 A 开始脱出槽轮的径向槽时,槽轮的另一内凹锁止弧又被拨盘 1 的外凸圆弧卡住,致使槽轮 2 又静止不动,直到圆销 A 再进入槽轮 2 的另一径向槽时,两者又重复上述的运动循环。为了防止槽轮在工作过程中位置发生偏移,除上述锁止弧之外,也可以采用其他专门的定位装置。

槽轮机构构造简单,机械效率高,并且运动平稳,因此在自动机床转位机构、电影放映机卷片机等自动机械中得到广泛的应用。图 6-8 所示为电影放映机卷片机构,当槽轮 2 间歇运动时,胶片上的画面依次在方框中停留,通过视觉暂留而获得连续的场景。

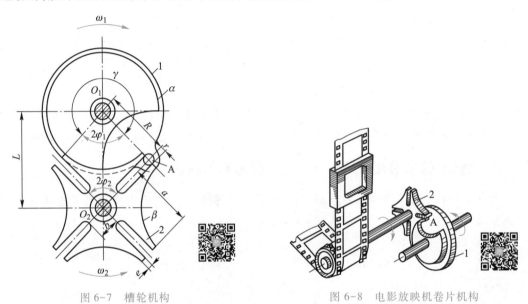

图 6-7 槽轮机构   图 6-8 电影放映机卷片机构

二、槽轮机构的主要参数

槽轮机构的主要参数是槽数 z 和拨盘圆销数 K。

如图 6-7 所示,为了使槽轮 2 在开始和终止转动时的瞬时角速度为零,以避免圆销与槽发生撞击,圆销进入或脱出径向槽的瞬时,槽的中心线 O_2A 应与 O_1A 垂直。设 z 为均匀分布的径向槽数目,则槽轮 2 转过 $2\varphi_2 = 2\pi/z$ 弧度时,拨盘 1 的转角 $2\varphi_1$ 将为

$$2\varphi_1 = \pi - 2\varphi_2 = \pi - 2\pi/z \qquad (6-2)$$

在一个运动循环内,槽轮 2 的运动时间 t_m 对拨盘 1 的运动时间 t 之比值 τ 称为运动特性系数。当拨盘 1 等速转动时,这个时间之比可用转角之比来表示。对于只有一个圆销的槽轮机构,t_m 和 t 分别对应于拨盘 1 转过的角度 $2\varphi_1$ 和 2π,因此其运动特性系数 τ 为

$$\tau = \frac{t_m}{t} = \frac{2\varphi_1}{2\pi} = \frac{\pi - \dfrac{2\pi}{z}}{2\pi} = \frac{1}{2} - \frac{1}{z} = \frac{z-2}{2z} \qquad (6-3)$$

为保证槽轮运动,其运动特性系数 τ 应大于零。由式(6-3)可知,运动特性系数大于零时,径向槽的数目应等于或大于 3。但槽数 $z=3$ 的槽轮机构,由于槽轮的角速度变化很大,圆销进入或脱出径向槽的瞬间,槽轮的角加速度也很大,会引起较大的振动和冲击,所以很少应用。又由式(6-3)可知,这种槽轮机构的运动特性系数 τ 总是小于 0.5,即槽轮的运动时间总小于静止时间 t_s。

如果拨盘 1 上装有数个圆销,则可以得到 $\tau>0.5$ 的槽轮机构。设均匀分布的圆销数为 K,则一个循环中,槽轮 2 的运动时间为只有一个圆销时的 K 倍,即

$$\tau = \frac{K(z-2)}{2z} \qquad (6-4)$$

运动特性系数 τ 还应当小于 1($\tau=1$ 表示槽轮 2 与拨盘 1 一样作连续转动,不能实现间歇运动),故由式(6-4)得

$$K < \frac{2z}{z-2} \qquad (6-5)$$

由上式可知,当 $z=3$ 时,圆销数可为 1~5;当 $z=4$ 或 5 时,圆销数可为 1~3;而当 $z\geq6$ 时,圆销数可为 1 或 2。

槽数 $z>9$ 的槽轮机构比较少见,因为当中心距一定时,z 越大槽轮的尺寸也越大,转动时的惯性力矩也增大。另由式(6-3)可知,当 $z>9$ 时,槽数虽增加,τ 的变化却不大,起不到明显的作用,故 z 常取为 4~8。

§6-3 不完全齿轮机构

图 6-9 所示为不完全齿轮机构。这种机构的主动轮 1 为只有一个齿或几个齿的不完全齿轮,从动轮 2 由正常齿和带锁止弧的厚齿彼此相间地组成。当主动轮 1 的有齿部分作用时,从动轮 2 就转动;当主动轮 1 的无齿圆弧部分作用时,从动轮停止不动。因而当主动轮连续转动时,从动轮获得时转时停的间歇运动。不难看出,每当主动轮 1 连续转过一圈时,图 6-9a、b 所示机构的从动轮分别间歇地转过 1/8 圈和 1/4 圈。为了防止从动轮在停歇期间游动,两轮轮缘上各装有锁止弧。

当主动轮匀速转动时,这种机构的从动轮在运动期间也保持匀速转动,但是当从动轮由停歇而突然到达某一转速以及由某一转速突然停止时,都会像等速运动规律的凸轮机构那样产生刚性冲击。因此,它不宜用于主动轮转速很高的场合。

不完全齿轮机构常应用于计数器、电影放映机和某些具有特殊运动要求的专用机械中。图 6-10 所示的机构,主动轴 I 上装有两个不完全齿轮 A 和 B,当主动轴 I 连续回转时,从动轴 II 能周期性地输出正转→停歇→反转运动。为了防止从动轮在停歇期间游动,应在从动轴上加设阻尼装置或定位装置。

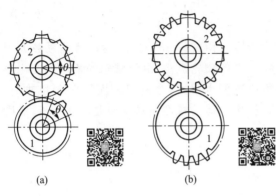

图 6-9　不完全齿轮机构

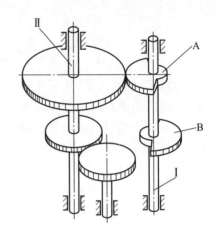

图 6-10　不完全齿轮机构的应用

§6-4　凸轮间歇运动机构

凸轮间歇运动机构通常有如下两种形式。

（1）图 6-11 所示的圆柱形凸轮间歇运动机构。凸轮 1 呈圆柱形,滚子 3 均匀地分布在转盘 2 的端面,滚子中心与转盘中心的距离等于 R_2。当凸轮转过角度 δ_t 时,转盘以某种运动规律转过的角度 $\delta_{2max}=2\pi/z$（式中 z 为滚子数目）；当凸轮继续转过其余角度（$2\pi-\delta_t$）时,转盘静止不动。当凸轮继续转动时,第二个圆销与凸轮槽相作用,进入第二个运动循环。这样,当凸轮连续转动时,转盘实现单向间歇转动。这种机构相当于是一个摆杆长度等于 R_2、只有推程和远休止角的摆动从动件圆柱凸轮机构。

（2）图 6-12 所示的蜗杆形凸轮间歇运动机构。凸轮形状如同圆弧面蜗杆一样,滚子均匀地分布在转盘的圆柱面上,犹如蜗轮的齿。这种凸轮间歇运动机构可以通过调整凸轮与转盘的中心距来消除滚子与凸轮接触面间的间隙以补偿磨损。

凸轮间歇运动机构的优点是运转可靠、传动平稳、定位精度高,适用于高速传动,转盘可以实现任何运动规律,还可以用改变凸轮推程运动角来得到所需的转盘转动与停歇时间的比值。

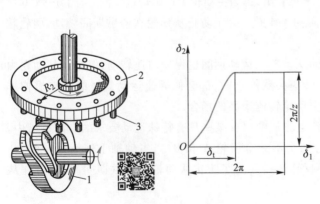

图 6-11　圆柱形凸轮间歇运动机构

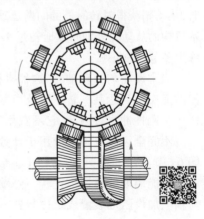

图 6-12　蜗杆形凸轮间歇运动机构

习 题

6-1 已知一棘轮机构,棘轮模数 $m = 5$ mm,齿数 $z = 12$,试确定机构的几何尺寸并画出棘轮的齿形。

6-2 已知槽轮的槽数 $z = 6$,拨盘的圆销数 $K = 1$,转速 $n_1 = 60$ r/min,求槽轮的运动时间 t_m 和静止时间 t_s。

6-3 在转塔车床上六角刀架转位用的槽轮机构中,已知槽数 $z = 6$,槽轮静止时间 $t_s = 5/6$ s,运动时间 $t_m = 2t_s$,求槽轮机构的运动特性系数 τ 及所需的圆销数 K。

6-4 设计一槽轮机构,要求槽轮的运动时间等于静止时间,试选择槽轮的槽数和拨盘的圆销数。

6-5 本章介绍的四种间歇运动机构:棘轮机构、槽轮机构、不完全齿轮机构和凸轮间歇运动机构,在运动平稳性、加工难易和制造成本方面各具有哪些优、缺点? 各适用于什么场合?

第 7 章

机械运转速度波动的调节

§7-1　机械运转速度波动调节的目的和方法

机械是在外力(驱动力和阻力)作用下运转的。驱动力所作的功是机械的输入功,阻力所作的功是机械的输出功。输入功与输出功之差形成机械动能的增减。如果输入功在每段时间都等于输出功,则机械的主轴保持匀速转动。但是实际工况下驱动力和阻力常会变化,所以机械在某段工作时间内输入功并不等于输出功。当输入功大于输出功时,出现盈功。盈功转化为动能,促使机械动能增加。反之,当输入功小于输出功时,出现亏功。亏功需动能补偿,导致机械动能减小。机械动能的增减形成机械运转速度的波动。这种波动会使运动副中产生附加的作用力,降低机械效率和工作可靠性;会引起机械振动,影响零件的强度和寿命;还会降低机械的精度和工艺性能,使产品质量下降。因此,对机械运转速度的波动必须进行调节,使上述不良影响限制在容许范围之内。

机械运转速度的波动分如下两类。

一、周期性速度波动

当机械动能作周期性变化时,机械主轴的角速度也作周期性的变化,如图 7-1 中虚线所示。机械的这种有规律的、周期性的速度变化称为周期性速度波动。由图可见,主轴的角速度 ω 在经过一个运动周期 T 之后又回到初始状态,其动能没有增减。也就是说,在一个整周期中,驱动力所作的输入功与阻力所作的输出功是相等的,这是周期性速度波动的重要特征。但是,在周期中的某段时间内,输入功与输出功却是不相等的,因而出现速度的波动。运动周期 T 通常对应于机械主轴回转一转(如冲床)、两转(如四冲程内燃机)或数转(如轧钢机)的时间。

调节周期性速度波动的常用方法是在机械中加上一个转动惯量很大的回转件——飞轮。盈功使飞轮的动能增加,亏功使飞轮的动能减小。若飞轮在一个运动周期开始时的角速度为 ω_0,之后另一时刻的角速度为 ω,则飞轮动能的变化 $\Delta E = \dfrac{1}{2}J(\omega^2 - \omega_0^2)$。显然,动能变化数值相同时,飞轮的转动惯量 J 越大,角速度 ω 的波动越小。例如,图 7-1 中虚线所示为没有安装飞轮时主轴的速度波动,实线所示为安装飞轮后的速度波动。此外,由于飞轮能利用储蓄的动能克服短时过载,故在确定原动机额定功率时只需考虑它的平均功率,而不必考虑高峰负荷所需的瞬时最大功率。由此可知,安装飞轮不仅可避免机械运转速度发生过大的波动,而且可以选择功率较小的原动机。

二、非周期性速度波动

如果输入功在很长一段时间内总是大于输出功,则机械运转速度将不断升高,直至超越机械强度所容许的极限转速而导致机械损坏;反之,若输入功总是小于输出功,则机械运转速度将不断下降,直至停车。汽轮发电机组在供汽量不变而用电量突然增减时就会出现这种情况。这种速度波动是随机的、不规则的,没有一定的周期,因此称为非周期性速度波动。这种速度波动不能依靠飞轮进行调节,只能采用特殊的装置使输入功与输出功趋于平衡,以达到新的稳定运转。这种特殊装置称为调速器。

图 7-2 所示为机械式离心调速器的工作原理。原动机 2 的输入功与供汽量的大小成正比。当负荷突然减小时,原动机 2 和工作机 1 的主轴转速升高,由锥齿轮驱动的调速器主轴的转速也随之升高,重球因离心力增大而飞向上方,带动圆筒 N 上升并通过套环和连杆将节流阀关小;反之,若负荷突然增加,原动机及调速器主轴转速下降,重球下落,节流阀开大,促使供汽量增加。机械式离心调速器就是用这种方法使输入功和负荷所消耗的功(包括摩擦损失)自动趋于平衡,从而保持速度稳定。

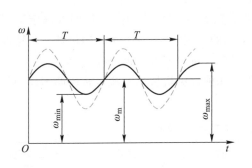

图 7-1 周期性速度波动

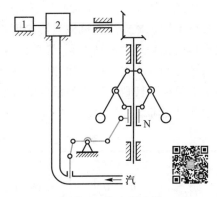

图 7-2 离心调速器

机械式离心调速器结构简单,成本低廉,但体积庞大,灵敏度低。近代机器多采用电子调速装置。

本章对调速器不作进一步论述,下面各节主要讨论飞轮设计的有关问题。

§7-2 飞轮设计的近似方法

一、机械运转的平均速度和不均匀系数

如图 7-1 所示,若已知机械主轴角速度随时间变化的规律 $\omega = f(t)$,一个周期角速度的实际平均值 ω_m 可由下式求出:

$$\omega_m = \frac{1}{T} \int_0^T \omega \mathrm{d}t \qquad (7-1)$$

这个实际平均值称为机器的"额定转速"。

ω 的变化规律很复杂,为简化工程计算,通常都以算术平均值代替实际平均值,即

$$\omega_m = \frac{\omega_{max} + \omega_{min}}{2} \qquad (7-2)$$

式中,ω_{max} 和 ω_{min} 分别为最大角速度和最小角速度。

机械运转速度波动的相对值用机械运转速度不均匀系数 δ 表示,即

$$\delta = \frac{\omega_{max} - \omega_{min}}{\omega_m} \qquad (7-3)$$

若已知 ω_m 和 δ,则由式(7-2)、式(7-3)可得

$$\omega_{max} = \omega_m \left(1 + \frac{\delta}{2} \right) \qquad (7-4)$$

$$\omega_{min} = \omega_m \left(1 - \frac{\delta}{2} \right) \qquad (7-5)$$

由以上两式可知,δ 越小,主轴越接近匀速转动。

各种不同机械许用的机械运转速度不均匀系数 δ,是根据它们的工作要求确定的。例如发电机的主轴速度波动太大,势必影响输出电压的稳定,所以这类机械的机械运转速度不均匀系数应当取小些;反之,如冲床、破碎机等机械,速度波动稍大也不影响其工艺性能,这类机械的机械运转速度不均匀系数便可取大些。几种常见机械的机械运转速度不均匀系数可按表 7-1 选取。

表 7-1　机械运转速度不均匀系数 δ 的取值范围

机械名称	破碎机	冲床和剪床	压缩机和水泵	减速器	交流发电机
δ	0.1~0.2	0.05~0.15	0.03~0.05	0.015~0.02	0.002~0.003

二、飞轮设计的基本原理

飞轮设计的基本问题是:已知作用在主轴上的驱动力矩和阻力矩的变化规律,要求在机械运转速度不均匀系数 δ 的容许范围内,确定安装在主轴上的飞轮的转动惯量。

在一般机械中,其他构件所具有的动能与飞轮相比,其值甚小,因此近似设计中可以认为飞轮的动能就是整个机械的动能。当主轴处于最大角速度 ω_{max} 时,飞轮具有动能最大值 E_{max};反之,当主轴处于最小角速度 ω_{min} 时,飞轮具有动能最小值 E_{min}。E_{max} 与 E_{min} 之差即为一个周期内动能的最大变化量,它是由最大盈亏功 W_{max} 转化而来的,即

$$W_{max} = E_{max} - E_{min} = \frac{1}{2} J (\omega_{max}^2 - \omega_{min}^2) = J \omega_m^2 \delta$$

由此得到安装在主轴上的飞轮转动惯量

$$J = \frac{W_{max}}{\omega_m^2 \delta} \tag{7-6}$$

式中，W_{max}用绝对值表示。

由式(7-6)可知：

（1）当 W_{max} 与 ω_m 一定时，飞轮转动惯量 J 与机械运转速度不均匀系数 δ 之间的关系为一等边双曲线，如图7-3所示。当 δ 很小时，略微减小 δ 的数值就会使飞轮转动惯量激增。因此，过分追求机械运转速度均匀将会使飞轮笨重，增加成本。

（2）当 J 与 ω_m 一定时，W_{max} 与 δ 成正比，即最大盈亏功越大，机械运转速度越不均匀。

（3）J 与 ω_m 的平方成反比，即主轴的平均转速越高，所需安装在主轴上的飞轮转动惯量越小。

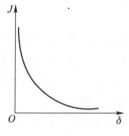

图7-3 J-δ 变化曲线

飞轮也可以安装在与主轴保持固定速比的其他轴上，但必须保证该轴上安装的飞轮与主轴上安装的飞轮具有相等的动能，即

$$\frac{1}{2}J'\omega_m'^2 = \frac{1}{2}J\omega_m^2$$

或

$$J' = J\left(\frac{\omega_m}{\omega_m'}\right)^2 \tag{7-7}$$

式中：ω_m' 为任选飞轮轴的平均角速度；J' 为安装在该轴上的飞轮转动惯量。

由上述可知，欲减小飞轮转动惯量，可以选取高于主轴转速的轴安装飞轮。鉴于主轴具有良好的刚性，所以多数机器的飞轮仍安装在主轴上。

三、最大盈亏功 W_{max} 的确定

计算飞轮转动惯量必须首先确定最大盈亏功。若给出作用在主轴上的驱动力矩 M' 和阻力矩 M'' 的变化规律，W_{max} 便可确定如下：

图7-4a 所示为某机组稳定运转一个周期中，作用在主轴上的驱动力矩 M' 和阻力矩 M''

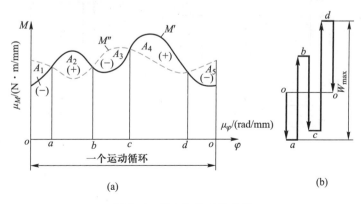

(a)

(b)

图7-4 最大盈亏功的确定

随主轴转角变化的曲线。μ_M 为力矩比例尺,实际力矩值可用纵坐标高度乘以 μ_M 得到,即 $M = y\mu_M$,μ_φ 为转角比例尺,实际转角等于横坐标长度乘以 μ_φ,即 $\varphi = x\mu_\varphi$。M'-φ 曲线与横坐标轴所包围的面积表示驱动力矩所作的功(输入功),M''-φ 曲线与横坐标轴所包围的面积表示阻力矩所作的功(输出功)。在 oa 区间,输入功与输出功之差为

$$W_{oa} = \int_o^a (M' - M'')\,\mathrm{d}\varphi = \int_o^a \mu_M(y' - y'')\,\mathrm{d}x\mu_\varphi = \mu_M\mu_\varphi[A_1]$$

式中:$[A_1]$ 为 oa 区间 M'-φ 与 M''-φ 曲线之间的面积,mm^2;W_{oa} 为 oa 区间的盈亏功,以绝对值表示。由图可见,oa 区间阻力矩大于驱动力矩,出现亏功,机器动能减小,故标注负号;而 ab 区间驱动力矩大于阻力矩,出现盈功,机器动能增加,故标注正号。同理,bc、do 区间为负,cd 区间为正。

如前所述,盈亏功等于机器动能的增减量。设 E_o 为主轴角位置 φ_o 时机器的动能,则主轴角位置处于 φ_a、φ_b、φ_c…时,对应的机器动能分别为

$$E_a = E_o - W_{oa} = E_o - \mu_M\mu_\varphi[A_1]$$

$$E_b = E_a + W_{ab} = E_a + \mu_M\mu_\varphi[A_2]$$

$$\vdots \quad \vdots \quad \vdots \quad \vdots \quad \vdots$$

$$E_o = E_d - W_{do} = E_d - \mu_M\mu_\varphi[A_5]$$

以上动能变化也可用能量指示图表示。如图 7-4b 所示,从 o 点出发,顺次作向量 **oa**、**ab**、**bc**、**cd**、**do** 表示盈亏功 W_{oa}、W_{ab}、W_{bc}、W_{cd} 和 W_{do}(盈功为正,箭头朝上;亏功为负,箭头朝下)。由于机器经历一个周期回到初始状态,其动能增减为零,所以该向量图的首尾应当封闭。由图可知,d 点具有最大动能,对应于 $\omega_{\max}$;a 点具有最小动能,对应于 $\omega_{\min}$,a、d 二位置动能之差即是最大盈亏功 $W_{\max}$。

例 7-1　某机组作用在主轴上的阻力矩变化曲线 M''-φ 如图 7-5a 所示。已知主轴上的驱动力矩 M' 为常数,主轴平均角速度 $\omega_m = 25$ rad/s,机械运转速度不均匀系数 $\delta = 0.02$。(1)求驱动力矩 M';(2)求最大盈亏功 $W_{\max}$;(3)求安装在主轴上飞轮的转动惯量 J;(4)若将飞轮安装在转速为主轴 3 倍的辅助轴上,求飞轮转动惯量 J'。

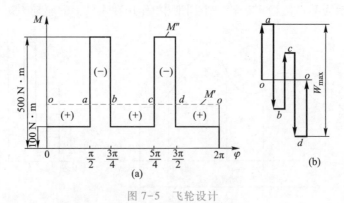

图 7-5　飞轮设计

解:(1)求 M'

给定 M' 为常数,故 M'-φ 为一水平直线。在一个运动循环中驱动力所作的功为 $2\pi M'$,它应当等于一

个运动循环中阻力矩所作的功,即

$$2\pi M' = \left(100 \times 2\pi + 400 \times \frac{\pi}{4} \times 2\right) \text{ N} \cdot \text{m}$$

解上式得 $M' = 200$ N·m,由此可作出 $M'-\varphi$ 水平直线。

(2) 求 W_{max}

将 $M'-\varphi$ 与 $M''-\varphi$ 曲线的交点分别标注 o、a、b、c、d,将各区间 $M'-\varphi$ 与 $M''-\varphi$ 所围面积区分为盈功和亏功,并标注"+"号或"−"号。然后根据各区间盈亏功的数值大小按比例作能量指示图(图 7-5b)如下:首先自 o 向上作向量 $\boldsymbol{oa}$ 表示 oa 区间的盈功,$W_{oa} = 100 \times \frac{\pi}{2}$ N·m;其次,向下作向量 $\boldsymbol{ab}$ 表示 ab 区间的亏功,$W_{ab} = 300 \times \frac{\pi}{4}$ N·m。依此类推,直到画完最后一个封闭向量 $\boldsymbol{do}$。由图可知,ad 区间出现最大盈亏功,其绝对值为

$$W_{max} = \left| -W_{ab} + W_{bc} - W_{cd} \right| = \left| -300 \times \frac{\pi}{4} + 100 \times \frac{\pi}{2} - 300 \times \frac{\pi}{4} \right| \text{ N} \cdot \text{m}$$

$$= 314.16 \text{ N} \cdot \text{m}$$

(3) 求安装在主轴上的飞轮转动惯量 J

$$J = \frac{W_{max}}{\omega_m^2 \delta} = \frac{314.16}{25^2 \times 0.02} \text{ kg} \cdot \text{m}^2 = 25.13 \text{ kg} \cdot \text{m}^2$$

(4) 求安装在辅助轴上的飞轮转动惯量 J'

今 $\omega' = 3\omega_m$,故

$$J' = J\left(\frac{\omega_m}{\omega'}\right)^2 = 25.13 \times \frac{1}{9} \text{ kg} \cdot \text{m}^2 = 2.79 \text{ kg} \cdot \text{m}^2$$

§7-3　飞轮主要尺寸的确定

求出飞轮转动惯量 J 之后,还要确定它的直径、宽度、轮缘厚度等有关尺寸。

图 7-6 所示为带有轮辐的飞轮。这种飞轮的轮毂和轮辐的质量很小,回转半径也较小,近似计算时可以将它们的转动惯量略去,认为飞轮质量 m 集中于轮缘。设轮缘的平均直径为 D_m,则

$$J = m\left(\frac{D_m}{2}\right)^2 = \frac{mD_m^2}{4} \tag{7-8}$$

按照机器的结构和空间位置选定轮缘的平均直径 D_m 之后,由式(7-8)便可求出飞轮的质量 m(kg)。设取轮缘为矩形断面,它的体积、厚度、宽度分别为 $V(\text{m}^3)$、$H(\text{m})$、$B(\text{m})$,材料的密度为 $\rho(\text{kg/m}^3)$,则

$$m = V\rho = \pi D_m HB\rho \tag{7-9}$$

选定飞轮的材料与比值 H/B 之后,轮缘的截面尺寸便可以求出。

对于外径为 D 的实心圆盘式飞轮,由理论力学知

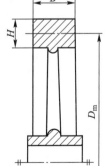

图 7-6　带轮辐的
飞轮结构图

$$J = \frac{1}{2}m\left(\frac{D}{2}\right)^2 = \frac{mD^2}{8} \tag{7-10}$$

选定圆盘直径 D，便可求出飞轮的质量 m，再从

$$m = V\rho = \frac{\pi D^2}{4}B\rho \tag{7-11}$$

选定材料之后便可得出飞轮的宽度 B。

　　飞轮的转速越高，其轮缘材料产生的离心力越大。当轮缘材料所受离心力超过其强度极限时，轮缘便会爆裂。为了安全，在选择平均直径 D_m 和外缘直径 D 时，应使飞轮外缘的圆周速度不大于以下安全数值：

　　　　对铸铁飞轮　　　$v_{max} < 36$ m/s；

　　　　对铸钢飞轮　　　$v_{max} < 50$ m/s。

　　应当说明，飞轮不一定是外加的专门构件。实际机械中往往用增大带轮（或齿轮）的尺寸和质量的方法，使它们兼起飞轮的作用。这种带轮（或齿轮）也就是机器中的飞轮。还应指出，本章所介绍的飞轮设计方法，没有考虑除飞轮外其他构件动能的变化，因而是近似的。机械运转速度不均匀系数 δ 容许有一个变化范围，所以这种近似设计可以满足一般使用要求。

习题

　　7-1　题 7-1 图所示为作用在多缸发动机曲轴上的驱动力矩 M' 和阻力矩 M'' 的变化曲线，其驱动力矩曲线与阻力矩曲线围成的面积顺次为 +580 mm²、−320 mm²、+390 mm²、−520 mm²、+190 mm²、−390 mm²、+260 mm² 及 −190 mm²，该图的比例尺 $\mu_M = 100$ N·m/mm，$\mu_\varphi = 0.01$ rad/mm，设曲柄平均转速为 120 r/mim，其瞬时角速度不超过其平均角速度的 ±3%，求装在该曲柄轴上的飞轮的转动惯量。

　　答：$J = 76$ kg·m²。

　　7-2　在电动机驱动的剪床中，已知作用在剪床主轴上的阻力矩 M'' 的变化规律如题 7-2 图所示。设驱动力矩 M' 等于常数，剪床主轴转速为 60 r/min，机械运转速度不均匀系数 $\delta = 0.15$。求：(1) 驱动力矩 M' 的数值；(2) 安装在主轴上的飞轮的转动惯量。

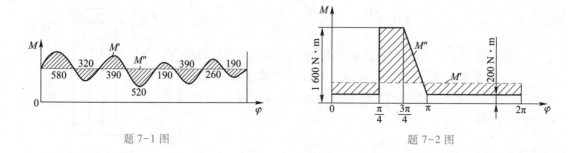

题 7-1 图　　　　　　　　　　　　　题 7-2 图

　　7-3　为什么本章介绍的飞轮设计方法称为近似方法？试说明哪些因素影响飞轮设计的精确性。

　　7-4　已知某轧钢机的原动机功率等于常数，$P' = 2\ 600$ HP（马力），钢材通过轧辊时消耗的功率为常数，$P'' = 4\ 000$ HP，钢材通过轧辊的时间 $t'' = 5$ s，主轴平均转速 $n = 80$ r/min，机械运转速度不均匀系数

$\delta = 0.1$，求：（1）安装在主轴上的飞轮的转动惯量；（2）飞轮的最大转速和最小转速；（3）此轧钢机的运转周期。

7-5 设某机组由发动机供给的驱动力矩 $M' = \dfrac{1\ 000}{\omega}$ N·m（即驱动力矩与瞬时角速度成反比），阻力矩 M'' 的变化如题 7-5 图所示，$t_1 = 0.1$ s，$t_2 = 0.9$ s，若忽略其他构件的转动惯量，求在 $\omega_{max} = 134$ rad/s、$\omega_{min} = 116$ rad/s 状态下飞轮的转动惯量。

答：$J = 0.40$ kg·m²。

7-6 何谓周期性速度波动？何谓非周期性速度波动？它们各用何种装置进行调节？经过调节之后主轴能否获得匀速转动？

7-7 某机组主轴上作用的驱动力矩 M' 为常数，它的一个运动循环中阻力矩 M'' 的变化如题 7-7 图所示。今给定 $\omega_m = 25$ rad/s，$\delta = 0.04$，采用平均直径 $D_m = 0.5$ m 的带轮辐的飞轮，试确定飞轮的转动惯量和质量。

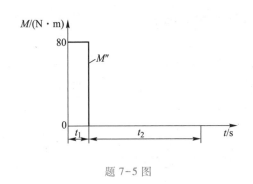

题 7-5 图

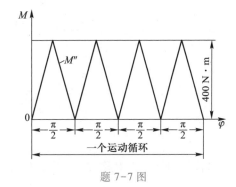

题 7-7 图

第 8 章

回转件的平衡

§8-1 回转件平衡的目的

机械中有许多构件是绕固定轴线回转的,这类作回转运动的构件称为回转件(或称转子)。每个回转件都可看作是由若干质量组成的。从理论力学可知,一偏离回转中心距离为 r 的质量 m,当以角速度 ω 转动时,所产生的离心力 F 为

$$F = mr\omega^2 \tag{8-1}$$

如果回转件的结构不对称、制造不准确或材质不均匀,整个回转件在转动时便产生离心力系的不平衡,离心力系的合力(主向量)和合力偶矩(主矩)不等于零。它们的方向随着回转件的转动而发生周期性的变化,不仅在轴承中引起附加的动压力,而且使整个机械产生振动。这种机械振动会引起机械工作精度和可靠性降低、零件材料的疲劳损坏以及令人厌倦的噪声,甚至周围的设备和厂房建筑也会受到影响和破坏。此外,附加的动压力还会缩短轴承寿命,降低机械效率。近代高速重型和精密机械的发展,使上述问题显得更加突出。因此,调整回转件的质量分布,使回转件工作时离心力达到平衡,以消除附加动压力,尽可能减轻有害的机械振动,这就是回转件平衡的目的。

在机械工业中,如精密机床主轴、电动机转子、发动机曲轴、一般汽轮机转子和各种回转式泵的叶轮等都需要进行平衡。

本章讨论的对象限于刚性回转件,即用于一般机械中的回转件。至于高速大型汽轮机和发电机转子等,它们回转时的变形影响不容忽视,特称为挠性回转件,其平衡原理和方法请参阅其他有关专著。

§8-2 回转件的平衡计算

对于绕固定轴线转动的回转件,若已知组成该回转件的各质量的大小和位置,可用力学方法分析回转件达到平衡的条件,并求出所需平衡质量的大小和位置。现根据组成回转件各质量的不同分布,分两种情况进行分析。

一、质量分布在同一回转面内

对于轴向尺寸很小的回转件,如叶轮、飞轮、砂轮等,可近似地认为其质量分布在同一回转面内。因此,当该回转件匀速转动时,这些质量产生的离心力构成同一平面内汇交于回转中心的力系。如果该力系不平衡,则它们的合力 $\sum F_i$ 不等于零。由力学汇交力系平衡条件可知,只要在同一回转面内加一质量(或在相反方向减一质量),使它产生的离心力与原有质量所产生的离心力之向量和等于零,这个力系就成为平衡力系,此回转件就达到平衡。即平衡条件为

$$\boldsymbol{F} = \boldsymbol{F}_{\text{b}} + \sum \boldsymbol{F}_i = 0$$

式中,$\boldsymbol{F}$、$\boldsymbol{F}_{\text{b}}$ 和 $\sum \boldsymbol{F}_i$ 分别表示总离心力、平衡质量的离心力和原有质量离心力的合力。上式可写成

$$m\boldsymbol{e}\omega^2 = m_{\text{b}}\boldsymbol{r}_{\text{b}}\omega^2 + \sum m_i \boldsymbol{r}_i \omega^2 = 0$$

消去公因子 ω^2,可得

$$m\boldsymbol{e} = m_{\text{b}}\boldsymbol{r}_{\text{b}} + \sum m_i \boldsymbol{r}_i = 0 \tag{8-2}$$

式中,m、e 为回转件的总质量和总质心向径,m_{b}、r_{b} 为平衡质量及其质心的向径,m_i、r_i 为原有各质量及其质心的向径。

式(8-2)中质量与向径的乘积称为质径积,它表示各个质量所产生的离心力的相对大小和方向。

式(8-2)表明,回转件平衡后,$e=0$,即总质心与回转轴线重合,此时回转件质量对回转轴线的静力矩 $mge=0$。该回转件可以在任何位置保持静止,而不会自行转动,因此将这种平衡称为静平衡(工业上也称单面平衡)。由上述可知,静平衡的条件是:分布于该回转件上各个质量的离心力(或质径积)的向量和等于零,即回转件的质心与回转轴线重合。

式(8-2)既可用图解法进行求解,也可将式中各质径积向量向垂直的两个坐标轴投影,通过解析法求解。关于图解法,现举例说明如下:如图 8-1a 所示,已知同一回转面内的不平衡质量 m_1、m_2、m_3 及其向径 r_1、r_2、r_3,求应加的平衡质量 m_{b} 及其向径 r_{b}。

由式(8-2)得

$$m_{\text{b}}\boldsymbol{r}_{\text{b}} + m_1\boldsymbol{r}_1 + m_2\boldsymbol{r}_2 + m_3\boldsymbol{r}_3 = 0$$

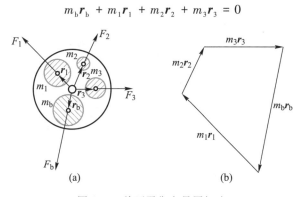

图 8-1　单面平衡向量图解法

式中只有 $m_b r_b$ 为未知,故可用向量多边形求解。如图 8-1b 所示,选定适当比例尺,依次作已知向量 $m_1 r_1$、$m_2 r_2$、$m_3 r_3$,最后将 $m_3 r_3$ 的矢端与 $m_1 r_1$ 的尾部相连。这个封闭向量即表示 $m_b r_b$。根据回转件结构特点选定 r_b 的大小,所需的平衡质量即随之确定。平衡质量的安装方向即向量图上 $m_b r_b$ 所指的方向。通常尽可能将 r_b 的值选大些,以便使 m_b 小些。

由于实际结构的限制,有时在所需平衡的回转面上不能安装平衡质量,如图 8-2a 所示的单缸曲轴便属于这类情况。此时可以另选两个回转平面分别安装平衡质量来使回转件达到平衡。如图 8-2b 所示,在原平衡平面两侧选定任意两个回转平面 T' 和 T'',它们与原平衡平面的距离分别为 l' 和 l''。设在 T' 和 T'' 面内分别装上平衡质量 m_b' 和 m_b'',其质心的向径分别为 r_b' 和 r_b'',且 m_b' 和 m_b'' 都处于经过 m_b 的质心且包含回转轴线的平面内,则 m_b'、m_b'' 和 m_b 在回转时产生的离心力 F_b'、F_b'' 和 F_b 成为三个互相平行的力。欲使 F_b' 和 F_b'' 完全取代 F_b,则必须满足平行力分解的关系式,即

$$F_b' + F_b'' = F_b$$

$$F_b' l' = F_b'' l''$$

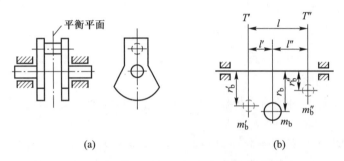

(a)   (b)

图 8-2   质径积分解到两个平面

解以上两式,并以 $l = l' + l''$ 代入,可得

$$F_b' = \frac{l''}{l} F_b$$

$$F_b'' = \frac{l'}{l} F_b$$

去掉等式两边的公因子 ω^2,即得

$$\left. \begin{array}{l} m_b' r_b' = \dfrac{l''}{l} m_b r_b \\[3mm] m_b'' r_b'' = \dfrac{l'}{l} m_b r_b \end{array} \right\} \tag{8 - 3}$$

若取 $r_b' = r_b'' = r_b$,则上式简化成

$$\left. \begin{array}{l} m_b' = \dfrac{l''}{l} m_b \\[3mm] m_b'' = \dfrac{l'}{l} m_b \end{array} \right\} \tag{8 - 4}$$

由式(8-3)、式(8-4)可知,任一质径积都可用任选的两个回转平面 T' 和 T'' 内的两个质径积来代替。若向径不变,任一质量都可用任选的两个回转平面内的两个质量来代替。

二、质量分布不在同一回转面内

轴向尺寸较大的回转件,如多缸发动机曲轴、电动机转子、汽轮机转子和机床主轴等,其质量的分布不能再近似地认为是位于同一回转面内,而应看作分布于垂直于轴线的许多互相平行的回转面内。这类回转件转动时所产生的离心力系不再是平面汇交力系,而是空间力系。因此单靠在某一回转面内加一平衡质量的静平衡方法并不能消除这类回转件转动时的不平衡。例如在图 8-3 所示的转子中,设不平衡质量 m_1、m_2 分布于相距 l 的两个回转面内,且 $m_1 = m_2$,$r_1 = -r_2$。该回转件的质心虽落在回转轴上,而且 $m_1 r_1 + m_2 r_2 = 0$,满足静平衡条件;但因 m_1 和 m_2 不在同一回转面内,当回转件转动时,在包含 m_1、m_2 和回转轴的平面内存在一个由离心力 F_1 和 F_2 组成的力偶,该力偶的方向随回转件的转动而周期性变化,故回转件仍处于动不平衡状态。因此,对轴向尺寸较大的转子,必须使各质量产生的离心力的合力和合力偶都等于零,才能达到平衡。

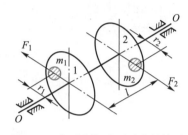

图 8-3　静平衡但动不平衡的转子

如图 8-4a 所示,设回转件的不平衡质量分布在 1、2、3 三个回转面内,依次以 m_1、m_2、m_3 表示,其向径各为 r_1、r_2、r_3。按式(8-4)所述,若向径不变,某平面内的质量 m_i 可由任选的两个平行平面 T' 和 T'' 内的另两个质量 m_i' 和 m_i'' 代替,且 m_i' 和 m_i'' 处于回转轴线和 m_i 的质

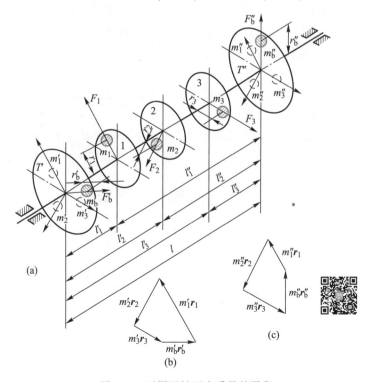

(a)

(b)

(c)

图 8-4　不同回转面内质量的平衡

心组成的平面内。现将平面 1、2、3 内的质量 m_1、m_2、m_3 分别用任选的两个回转面 T' 和 T'' 内的质量 m_1'、m_2'、m_3' 和 m_1''、m_2''、m_3'' 来代替。由式(8-4)得

$$m_1' = \frac{l_1''}{l}m_1 , \qquad m_1'' = \frac{l_1'}{l}m_1$$

$$m_2' = \frac{l_2''}{l}m_2 , \qquad m_2'' = \frac{l_2'}{l}m_2$$

$$m_3' = \frac{l_3''}{l}m_3 , \qquad m_3'' = \frac{l_3'}{l}m_3$$

因此,上述回转件的不平衡质量可以认为完全集中在 T' 和 T'' 两个回转面内。对于回转面 T',其平衡方程为

$$m_b' \boldsymbol{r}_b' + m_1' \boldsymbol{r}_1 + m_2' \boldsymbol{r}_2 + m_3' \boldsymbol{r}_3 = 0$$

作向量图如图 8-4b 所示。由此求出质径积 $m_b' \boldsymbol{r}_b'$,选定 $\boldsymbol{r}_b'$ 后即可确定 m_b'。同理,对于回转面 T'',其平衡方程为

$$m_b'' \boldsymbol{r}_b'' + m_1'' \boldsymbol{r}_1 + m_2'' \boldsymbol{r}_2 + m_3'' \boldsymbol{r}_3 = 0$$

作向量图如图 8-4c 所示。由此求出质径积 $m_b'' \boldsymbol{r}_b''$,选定 $\boldsymbol{r}_b''$ 后即可确定 m_b''。

　　由以上分析可以推知,不平衡质量分布的回转面数目可以是任意个。只要按照式(8-4)将各质量向所选的回转面 T' 和 T'' 内分解,总可在 T' 和 T'' 求出相应的平衡质量 m_b' 和 m_b''。因此可得结论如下:质量分布不在同一回转面内的回转件,只要分别在任选的两个回转面(即平衡平面或校正平面)内各加上适当的平衡质量就能达到完全平衡。这种类型的平衡称为动平衡(工业上称双面平衡)。所以动平衡的条件是:回转件上各个质量的离心力的向量和等于零,而且离心力所引起的力偶矩的向量和也等于零。

　　显然,动平衡包含了静平衡的条件,故经动平衡的回转件一定也是静平衡的。但是必须注意,静平衡的回转件却不一定是动平衡的,图 8-3 所示回转件即属此例。对于质量分布在同一回转面内的回转件,因离心力在轴面内不存在力臂,故这类回转件静平衡后也满足了动平衡条件。磨床砂轮和煤气泵叶轮等回转件,可看作质量基本分布在同一回转面内,所以经静平衡后不必再作动平衡即可使用。也可以说,第一类回转件属于第二类回转件的特例。

.§8-3　回转件的平衡试验

　　结构上不对称于回转轴线的回转件,可以根据质量分布情况计算出所需的平衡质量,使它满足平衡条件。这样,它就和对称于回转轴线的回转件一样在理论上达到完全平衡。可是,由于制造和装配误差以及材质不均匀等原因,实际上往往仍达不到预期的平衡,因此在生产过程中还需用试验的方法加以平衡。根据质量分布的特点,平衡试验法也分为如下两种。

一、静平衡试验法

　　由前所述可知,静不平衡的回转件,其质心偏离回转轴。利用静平衡架,找出不平衡质

径积的大小和方向,并由此确定平衡质量的大小和位置,使质心移到回转轴线上而达到平衡。这种方法称为静平衡试验法。

对于圆盘形回转件,设圆盘直径为 D,其宽度为 b,当 $D/b>5$ 时,这类回转件通常经静平衡试验校正后,可不必进行动平衡。

图 8-5 所示为导轨式静平衡架。架上两根互相平行的钢制刀口形(也可做成圆柱形或棱柱形)导轨被安装在同一水平面内。试验时将回转件的轴放在导轨上。若回转件质心不在包含回转轴线的铅垂面内,则由于重力对回转轴线的静力矩作用,回转件将在导轨上发生滚动。待到滚动停止时,质心 S 即处在最低位置,由此便可确定质心的偏移方向。然后用橡皮泥在质心相反方向加一适当的平衡质量,并逐步调整其大小或径向位置,直到该回转件在任意位置都能保持静止。这时所加的平衡质量与其向径的乘积即为该回转件达到静平衡需加的质径积。根据该回转件的结构情况,也可在质心偏移方向去掉同等大小的质径积来实现静平衡。

导轨式静平衡架简单、可靠,其精度也能满足一般生产需要,缺点是它不能用于平衡两端轴径不等的回转件。

图 8-6 所示为圆盘式静平衡架,待平衡回转件的轴放置在分别由两个圆盘组成的支承上,圆盘可绕其几何轴线转动,故回转件也可以自由转动。它的试验程序与上述相同。这类平衡架一端的支承高度可调,以便平衡两端轴颈不等的回转件。因圆盘中心的滚动轴承容易弄脏,致使摩擦阻力矩增大,故其精度略低于导轨式平衡架。

图 8-5 导轨式静平衡架   图 8-6 圆盘式静平衡架

二、动平衡试验法

由动平衡原理可知,轴向尺寸较大的回转件,必须分别在任意两个校正平面内各加一个适当的质量,才能使回转件达到平衡。令回转件在动平衡试验机上运转,然后在两个选定的平面上分别找出所需平衡质径积的大小和方位,从而使回转件达到动平衡的方法称为动平衡试验法。

$D/b<5$ 的回转件或有特殊要求的重要回转件,一般都要进行动平衡。

动平衡试验机的支承是浮动的。当待平衡回转件在试验机上回转时,两端的浮动支承便产生机械振动。传感器把机械振动变换为电信号,即可在仪表上读出两校正平面应加质径积的大小和相位。动平衡机的具体构造和操作方法可参看有关文献和产品说明书。

应当说明,任何转子,即使经过平衡试验也不可能达到完全平衡。实际应用中,过高的平衡要求既无必要又徒增成本,因此对不同工作条件的转子需要规定不同的许用不平衡量。

转子的许用不平衡量可用质径积 $[mr]$ 或偏心距 $[e]$(单位为 μm)来表示。考虑到角速度 ω 是影响转子平衡效应的重要参数,工程上常用 $e\omega$ 值表示平衡精度。国际标准化组织制定了用 G 表示的相应等级标准。$G = \dfrac{[e]\omega}{1\,000}$(mm/s)。如汽车发动机曲轴的平衡精度为 $G40$,电动机转子的平衡精度为 $G6.3$,精密磨床主轴的平衡精度为 $G0.4$。G 值愈小,平衡精度愈高。已知转子的最高工作转速 ω,便可由 G 值求出许用偏心距 $[e]$。

习题

8-1　某汽轮机转子质量为 1 t,由于材质不匀及叶片安装误差致使质心偏离回转轴线 0.5 mm,当该转子以 5 000 r/min 的转速转动时,其离心力有多大?离心力是它本身重力的几倍?

8-2　待平衡转子在静平衡架上滚动至停止时,其质心理论上应处于最低位置。但实际上由于存在滚动摩擦阻力,质心不会到达最低位置,因而导致试验误差。试问用什么方法进行静平衡试验可以消除该项误差?

8-3　如前章所述,主轴作周期性速度波动时会使机座产生振动,而本章说明回转体不平衡时也会使机座产生振动。试比较这两种振动产生的原因,并说明能否在理论上和实践上消除这两种振动。

8-4　如题 8-4 图所示盘形回转件,经静平衡试验得知,其不平衡质径积 $mr = 1.5$ kg·m,方向沿 $\overrightarrow{OA}$。由于结构限制,不允许在与 $\overrightarrow{OA}$ 相反的 $\overrightarrow{OB}$ 线上加平衡质量,只允许在 $\overrightarrow{OC}$ 和 $\overrightarrow{OD}$ 方向各加一个质径积来进行平衡。求 $m_c r_c$ 和 $m_b r_D$ 的数值。

8-5　在题 8-5 图所示盘形回转件上有 4 个偏置质量,已知 $m_1 = 10$ kg, $m_2 = 14$ kg, $m_3 = 16$ kg, $m_4 = 10$ kg, $r_1 = 50$ mm, $r_2 = 100$ mm, $r_3 = 75$ mm, $r_4 = 50$ mm,设所有不平衡质量分布在同一回转面内,问应在什么方位、加多大的平衡质径积才能达到平衡?

8-6　题 8-6 图所示盘形转子的圆盘直径 $D = 400$ mm,圆盘质量 $m = 10$ kg。已知圆盘上存在不平衡质量 $m_1 = 2$ kg, $m_2 = 4$ kg,两支承距离 $l = 120$ mm,圆盘至右支承的距离 $l_1 = 80$ mm,转速 $n = 3\,000$ r/min。试问:(1)该转子的质心偏移多少?(2)作用在左、右支承上的动反力各有多大?

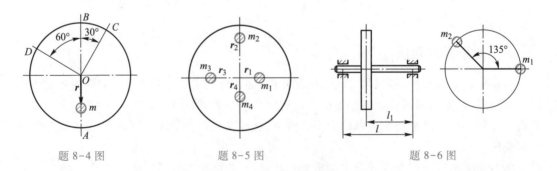

题 8-4 图　　　　　　　题 8-5 图　　　　　　　题 8-6 图

8-7　有一薄转盘质量为 m,经静平衡试验测定其质心偏距为 r,方向如题 8-7 图所示垂直向下。由于该回转面不允许安装平衡质量,只能在平面 Ⅰ、Ⅱ 上校正。已知 $m = 10$ kg, $r = 5$ mm, $a = 20$ mm, $b = 40$ mm,求在 Ⅰ、Ⅱ 平面上应加的质径积的大小和方向。

8-8 高速水泵凸轮轴由三个相互错开120°的偏心轮组成。每一偏心轮的质量为0.4 kg,其偏心距为12.7 mm。设在校正平面 A 和 B 中各装一个平衡质量 m_A 和 m_B 使之平衡,其回转半径为10 mm,其他尺寸如题8-8图所示。试用向量图解法求 m_A 和 m_B 的大小和位置,并用解析法校核。

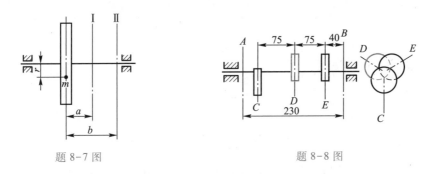

题 8-7 图   题 8-8 图

8-9 题8-9图所示转鼓存在空间分布的不平衡质量。已知 $m_1 = 10$ kg, $m_2 = 15$ kg, $m_3 = 20$ kg, $m_4 = 10$ kg,各不平衡质量的质心至回转轴线的距离 $r_1 = 50$ mm, $r_2 = 40$ mm, $r_3 = 60$ mm, $r_4 = 50$ mm,轴向距离 $l_{12} = l_{23} = l_{34}$,相位夹角 $\alpha_{12} = \alpha_{23} = \alpha_{34} = 90°$。设向径 $r_I = r_{II} = 100$ mm,试求在校正平面 I 和 II 内需加的平衡质量 m_I 和 m_{II} 及其相位。

答: $m_I = 4.123$ kg, $\alpha_I = 255.96°$; $m_{II} = 8.544$ kg, $\alpha_{II} = 20.56°$。

8-10 题8-10图所示回转件上存在空间分布的两个不平衡质量。已知 $m_A = 500$ g, $m_B = 1\ 000$ g, $r_A = r_B = 10$ mm,转速 $n = 3\ 000$ r/min。(1)求左、右支承反力的大小和方向;(2)若在 A 面加一平衡质径积 $m_j r_j$ 进行静平衡,求 $m_j r_j$ 的大小和方向;(3)求静平衡之后左、右支承反力的大小和方向;(4)问静平衡后支承反力是增大还是减小?

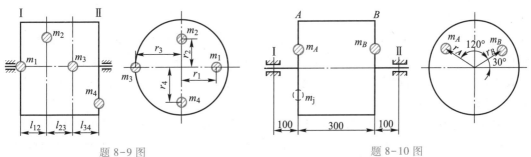

题 8-9 图   题 8-10 图

第 9 章

机械零件设计概论

前面几章着重讲了常用机构和机器动力学的基本知识。以后各章主要是从工作原理、承载能力、构造和维护等方面论述通用机械零件的设计问题。其中包括合理确定零件的形状和尺寸,如何适当选择零件的材料,以及如何使零件具有良好的工艺性等。本章将扼要阐明机械零件设计计算的共同性问题。

§9-1　机械零件设计概述

如绪论所述,机械设计应满足的要求是:在满足预期功能的前提下,性能好、效率高、成本低,在预定使用期限内安全可靠,操作方便、维修简单和造型美观等。

设计机械零件时,也必须认真考虑上述要求。概括地说,所设计的机械零件既要工作可靠,又要成本低廉。

机械零件由于某种原因不能正常工作时,称为失效。若发生解体(如断裂)或失去原有的几何形态(如产生塑性变形),称为破坏。破坏固属失效,而失效却未必破坏。在不发生失效的条件下,零件所能安全工作的限度,称为工作能力。通常此限度是对载荷而言,所以习惯上又称为承载能力。

零件的失效可能由于:断裂或塑性变形;过大的弹性变形;工作表面的过度磨损或损伤;发生强烈的振动;连接的松弛;摩擦传动的打滑等。例如,轴的失效可能由于疲劳断裂;也可能由于过大的弹性变形(即刚度不足),致使轴颈在轴承中倾斜,若轴上装有齿轮则轮齿受载便不均匀,以致影响正常工作。在前一种情况下,轴的承载能力取决于轴的疲劳强度;而在后一种情况下则取决于轴的刚度。显然,两者中的较小值决定了轴的承载能力。又如,轴承的润滑、密封不良时,轴瓦或轴颈就可能由于过度磨损而失效。此外,当周期性干扰力的频率与轴的自振频率相等或接近时,就会发生共振,导致振幅急剧增大,这种现象称为失去振动稳定性。共振可能在短期内使零件损坏,所以对于重要的、特别是高速运转的轴,还应验算其振动稳定性。

机械零件虽然有多种可能的失效形式,但归纳起来最主要的为强度、刚度、耐磨性、稳定性和温度的影响等几个方面的问题。对于各种不同的失效形式,相应地有各种工作能力判定条件。例如:当强度为主要问题时,按强度条件判定,即应力≤许用应力;当刚度为主要问题时,按刚度条件判定,即变形量≤许用变形量;等等。这种为防止失效而制订的判定条件,通常称为工作能力计算准则。运用上述准则进行设计时也称为设计计算准则。

设计计算准则有强度计算准则、刚度计算准则、耐磨性计算准则、振动稳定性计算准则和可靠性计算准则等。

其中,振动稳定性是指零件在周期性外力强迫振动情况下不产生共振从而不会造成破坏的能力,要求其固有频率 f 远离受迫振动频率 f_p,即

$$f_p < 0.85f \quad 或 \quad f_p > 1.15f$$

可靠性计算准则是指机械产品在规定条件下和规定时间内完成规定功能的概率,用可靠度 R 来表示。R 是产品完成规定功能的百分比,设计时要求零件可靠度大于等于许用可靠度,即

$$R \geqslant [R]$$

设计机械零件时,常根据一个或几个可能发生的主要失效形式,运用相应的判定条件,确定零件的形状和主要尺寸。

机械零件的设计常按下列步骤进行:① 拟订零件的计算简图;② 确定作用在零件上的载荷;③ 选择合适的材料;④ 根据零件可能出现的失效形式,选用相应的判定条件,确定零件的形状和主要尺寸(应当注意,零件尺寸的计算值一般并不是最终采用的数值,设计者还要根据制造零件的工艺要求和标准、规格加以圆整);⑤ 绘制工作图并标注必要的技术条件。

以上所述为设计计算。在实际工作中,也常采用相反的方式——校核计算。这时先参照实物(或图样)和经验数据,初步拟订零件的结构和尺寸,然后再用有关的判定条件进行验算。

还应注意,在一般机器中,只有一部分关键零件是通过计算确定其形状和尺寸的,而其余的零件则仅根据工艺要求和结构要求进行设计。

§9-2 机械零件的强度

在理想的平稳工作条件下作用在零件上的载荷称为名义载荷。然而在机器运转时,零件还会受到各种附加载荷,通常用引入载荷系数 K(有时只考虑工作情况的影响,则用工作情况系数 K_A)的办法来估计这些因素的影响。载荷系数与名义载荷的乘积,称为计算载荷。按照名义载荷用力学公式求得的应力,称为名义应力;按照计算载荷求得的应力,称为计算应力。

当机械零件按强度条件判定时,可采用许用应力法或安全系数法。许用应力法是比较危险截面处的计算应力(σ、τ)[①]是否小于零件材料的许用应力($[\sigma]$、$[\tau]$),即

$$\left.\begin{aligned} \sigma \leqslant [\sigma],而[\sigma] = \frac{\sigma_{lim}}{S} \\ \tau \leqslant [\tau],而[\tau] = \frac{\tau_{lim}}{S} \end{aligned}\right\} \tag{9-1}$$

① 现行的金属材料室温拉伸试验方法的国家标准为 GB/T 228.1—2010,其中力学性能符号自 GB/T 228—2002 起变动较大,如应力统一用符号"R"表示。由于目前原有的金属材料力学性能数据多是采用旧国家标准进行测定和标注的,为了叙述方便,本书仍使用原有金属材料力学性能符号。

式中：σ_{lim}、τ_{lim} 分别为极限正应力和极限切应力；S 为安全系数。

安全系数法是比较危险截面处的安全系数 S 是否大于等于许用安全系数 $[S]$，即

$$\left.\begin{aligned} S = \frac{\sigma_{lim}}{\sigma} &\geqslant [S] \\ S = \frac{\tau_{lim}}{\tau} &\geqslant [S] \end{aligned}\right\} \qquad (9-2)$$

材料的极限应力一般都是在简单应力状态下用试验方法测出的。对于在简单应力状态下工作的零件，可直接按式(9-1)和式(9-2)进行计算；对于在复杂应力状态下工作的零件，则应根据材料力学中所述的强度理论确定其强度条件。许用应力取决于应力的种类、零件材料的极限应力和安全系数等。

为了简便，在以下的论述中只提正应力 σ，研究切应力 τ 时，将 σ 更换为 τ 即可。

一、应力的种类

按照随时间变化的情况，应力可分为静应力和变应力。

不随时间变化的应力，称为静应力(图 9-1a)，纯粹的静应力是没有的，但如果变化缓慢，就可看作是静应力，如拧紧螺母所引起的应力。

随时间变化的应力，称为变应力。具有周期性的变应力称为循环变应力，图 9-1b 所示为一般的非对称循环变应力，图中 T 为应力循环周期。从图 9-1b 可知

平均应力
$$\left.\begin{aligned} \sigma_m &= \frac{\sigma_{max} + \sigma_{min}}{2} \\ \sigma_a &= \frac{\sigma_{max} - \sigma_{min}}{2} \end{aligned}\right\} \qquad (9-3)$$
应力幅

应力循环中的最小应力与最大应力之比，可用来表示变应力中应力变化的情况，通常称为变应力的循环特性，用 r 表示，即 $r = \dfrac{\sigma_{min}}{\sigma_{max}}$。循环特性为 r 的应力表示为 σ_r。

当 $\sigma_{max} = -\sigma_{min}$ 时，循环特性 $r = -1$，称为对称循环变应力(图 9-1c)，用符号 σ_{-1} 表示，其 $\sigma_a = \sigma_{max} = -\sigma_{min}$，$\sigma_m = 0$。当 $\sigma_{max} \neq 0$、$\sigma_{min} = 0$ 时，循环特性 $r = 0$，称为脉动循环变应力(图 9-1d)，用符号 σ_0 表示，其 $\sigma_a = \sigma_m = \dfrac{1}{2}\sigma_{max}$。当 $\sigma_{max} = \sigma_{min}$ 时，循环特性 $r = +1$，即为静应力，用符号 σ_{+1} 表示。

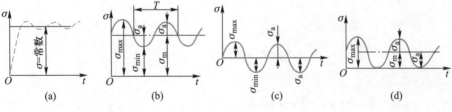

图 9-1　应力的种类

二、静应力下的许用应力

静应力下,零件材料有两种损坏形式:断裂或塑性变形。对于塑性材料,可按不发生塑性变形的条件进行计算。这时应取材料的屈服极限 σ_s 作为极限应力,故许用应力为

$$[\sigma] = \frac{\sigma_s}{S} \qquad (9-4)$$

对于用脆性材料制成的零件,应取强度极限 σ_B 作为极限应力,故许用应力为

$$[\sigma] = \frac{\sigma_B}{S} \qquad (9-5)$$

对于组织均匀的脆性材料,如淬火后低温回火的高强度钢,还应考虑应力集中的影响。灰铸铁虽属脆性材料,但由于本身有夹渣、气孔及石墨存在,其内部组织的不均匀性已远大于外部应力集中的影响,故计算时不考虑应力集中。

§9-5 中的表 9-1 列举了一些常用钢铁材料的牌号及其极限应力。

三、变应力下的许用应力

在变应力条件下,零件的损坏形式是疲劳断裂。疲劳断裂具有以下特征:① 疲劳断裂的最大应力远比静应力下材料的强度极限低;② 不管是脆性材料还是塑性材料,其疲劳断口均表现为无明显塑性变形的脆性突然断裂;③ 疲劳断裂是损伤的积累,它的初期现象是在零件表面或表层形成微裂纹,这种微裂纹随着应力循环次数的增加而逐渐扩展,直至余下的未裂开的截面积不足以承受外载荷时,零件就突然断裂。在零件的断口上可以清晰地看到这种情况。图 9-2 所示为轴的弯曲疲劳断裂的断口,微裂纹常起始于应力最大的断口周边。在断口上明显地有两个区域:一个是在变应力重复作用下裂纹两边相互摩擦形成的表面光滑区;一个是最终发生脆性断裂的粗粒状区。

疲劳断裂不同于一般静力断裂,它是损伤到一定程度即裂纹扩展到一定程度后才发生的突然断裂。所以疲劳断裂与应力循环次数(即使用期限或寿命)密切相关。例如,压力锅在使用时可认为受到近似脉动循环应力,故使用一定年限(约 8 年)后即应报废,以免突然爆裂伤人。

1. 疲劳曲线

由材料力学可知,表示疲劳极限应力 σ 与应力循环次数 N 之间的关系曲线称为疲劳曲线。如图 9-3 所示,横坐标为应力循环次数 N,纵坐标为断裂时的循环应力 σ,从图中可以看出,应力越小,试件能经受的循环次数就越多。

从大多数黑色金属材料的疲劳试验可知,当循环次数 N 超过某一数值 N_0 以后,材料疲劳极限应力基本保持不变(图 9-3)。N_0 称为应力循环基数,对于钢通常取 $N_0 \approx 10^7 \sim 25 \times 10^7$。对应于 N_0 的应力 σ_{rN_0}(简写为 σ_r)称为材料的疲劳极限。以此值为依据进行设计计算,称为无限寿命设计(不是使用寿命真的无限长)。

疲劳曲线的左半部($N < N_0$),可近似地用下列方程式表示:

$$\sigma_{rN}^m N = \sigma_r^m N_0 = C \qquad (9-6)$$

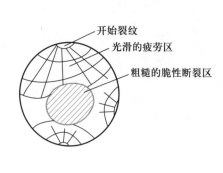

图 9-2　疲劳断裂的裂口

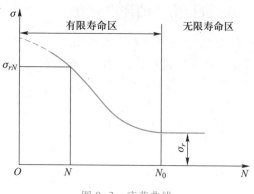

图 9-3　疲劳曲线

式中：σ_{rN} 为对应于循环次数 N 的疲劳极限；C 为常数；m 为随应力状态而不同的幂指数，例如对受弯的钢制零件，$m=9$。

从式(9-6)可求得对应于循环次数 N 的弯曲疲劳极限

$$\sigma_{rN} = \sigma_r \sqrt[m]{\frac{N_0}{N}} = k_N \sigma_r \qquad (9-7)$$

式中：k_N 为寿命系数，$k_N = \sqrt[m]{\dfrac{N_0}{N}}$，当 $N \geqslant N_0$ 时，取 $k_N = 1$。

2. 影响机械零件疲劳强度的主要因素

在变应力条件下，影响机械零件疲劳强度的因素很多，有应力集中、零件尺寸、表面状态、环境介质、加载顺序和频率等，其中以前三种最为重要。

（1）应力集中的影响

由于结构要求，实际零件一般都有截面形状的突然变化处（如孔、圆角、键槽、缺口等），零件受载时，它们都会引起应力集中。常用有效应力集中系数 k_σ 来表示疲劳强度的真正降低程度。有效应力集中系数定义为：材料、尺寸和受载情况都相同的一个无应力集中试样与一个有应力集中试样的疲劳极限的比值，即

$$k_\sigma = \sigma_r / (\sigma_r)_k \qquad (9-8)$$

式中，σ_r 和 $(\sigma_r)_k$ 分别为无应力集中试样和有应力集中试样的疲劳极限。

如果同一截面上同时有几个应力集中源，应采用其中最大有效应力集中系数进行计算。

（2）零件尺寸的影响

当其他条件相同时，零件尺寸越大，则其疲劳强度越低。其原因是零件尺寸大时，材料晶粒粗，出现缺陷的概率大，机械加工后表面冷作硬化层相对较薄，疲劳裂纹容易形成。

截面绝对尺寸对疲劳极限的影响，可用绝对尺寸系数 ε_σ 表示。绝对尺寸系数定义为：直径为 d 的试样的疲劳极限 $(\sigma_r)_d$ 与直径 $d_0 = 6 \sim 10$ mm 的试样的疲劳极限 $(\sigma_r)_{d_0}$ 的比值，即

$$\varepsilon_\sigma = (\sigma_r)_d / (\sigma_r)_{d_0} \qquad (9-9)$$

（3）表面状态的影响

零件的表面状态包括表面粗糙度和表面处理的情况。零件表面光滑或经过各种强化处理（如喷丸、表面热处理或表面化学处理等），可以提高零件的疲劳强度。表面状态对疲劳极限的影响可用表面状态系数 β 表示。表面状态系数定义为：试样在某种表面状态下的疲劳极限 $(\sigma_r)_\beta$ 与精抛光试样（未经强化处理）的疲劳极限 $(\sigma_r)_{\beta_0}$ 的比值，即

$$\beta = (\sigma_r)_\beta / (\sigma_r)_{\beta_0} \qquad (9-10)$$

3. 疲劳强度计算时的许用应力

在变应力下确定许用应力，应取材料的疲劳极限作为极限应力，同时还应考虑零件的切口和沟槽等截面突变、绝对尺寸和表面状态等影响。

当应力是对称循环变化时，许用应力为

$$[\sigma_{-1}] = \frac{\varepsilon_\sigma \beta \sigma_{-1}}{k_\sigma S} \qquad (9-11)$$

当应力是脉动循环变化时，许用应力为

$$[\sigma_0] = \frac{\varepsilon_\sigma \beta \sigma_0}{k_\sigma S} \qquad (9-12)$$

式中：S 为安全系数；σ_0 为材料的脉动循环疲劳极限；k_σ、ε_σ 及 β 分别为有效应力集中系数、绝对尺寸系数及表面状态系数，其数值可在材料力学或有关设计手册中查得。

以上所述为"无限寿命"下零件的许用应力。若零件在整个使用期限内，其循环总次数 N 小于循环基数 N_0，可根据式（9-7）求得对应于 N 的疲劳极限 σ_{rN}。代入式（9-11）或式（9-12）后，可求得"有限寿命"下零件的许用应力。由于 σ_{rN} 大于 σ_r，故采用 σ_{rN} 可得到较大的许用应力，从而可减小零件的体积和质量。

四、安全系数

安全系数定得正确与否对零件尺寸有很大影响。如果安全系数定得过大，将使结构笨重；如果定得过小，又可能不够安全。

在各个不同的机械制造部门，通过长期生产实践，都制订有适合本部门的安全系数（或许用应力）的表格。这类表格虽然适应范围较窄，但具有简单、具体及可靠等优点。本书中主要采用查表法选取安全系数（或许用应力）。

当没有专门的表格时，可参考下述原则选择安全系数：

（1）静应力下，塑性材料以屈服极限为极限应力。由于塑性材料可以缓和过大的局部应力，故可取安全系数 $S=1.2\sim1.5$；对于塑性较差的材料 $\left(\text{如} \dfrac{\sigma_S}{\sigma_B}>0.6\right)$ 或铸钢件，可取 $S=1.5\sim2.5$。

（2）静应力下，脆性材料以强度极限为极限应力，这时应取较大的安全系数。例如，对

于高强度钢或铸铁件可取 $S = 3 \sim 4$。

（3）变应力下，以疲劳极限作为极限应力，可取 $S = 1.3 \sim 1.7$；若材料不够均匀、计算不够精确，可取 $S = 1.7 \sim 2.5$。

安全系数也可用部分系数法来确定，即用几个系数的连乘积来表示总的安全系数：$S = S_1 S_2 S_3$。式中：S_1 考虑载荷及应力计算的准确性；S_2 考虑材料力学性能的均匀性；S_3 考虑零件的重要性。关于各项系数的具体数值可参阅有关资料。

例 9-1　一小型转臂吊车如图 9-4 所示，横梁采用工字钢，电动葫芦（图中未示出）与横梁上的小车相连。小车移动和横梁转动用人力操纵。小车、电动葫芦的自重及起重量总计为 $W = 20$ kN。试分析：（1）拉杆、横梁及支承 B 的作用力；（2）拉杆、横梁可能出现的主要失效形式及其判定条件。

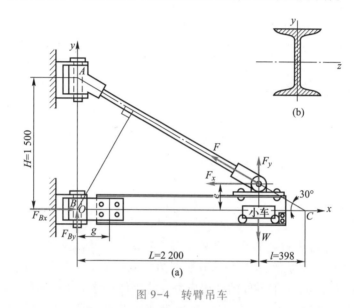

图 9-4　转臂吊车

解：（1）如图 9-4a 所示，已知尺寸 L、l、H 后，即可进行受力分析。取横梁为示力体，若略去横梁自重，其上作用有力 W、力 F 及支承 B 的约束反力 F_{Bx}、F_{By}，这些力处于同一平面内。

由 $\sum M_B = 0$ 得

$$F = \frac{WL}{H\cos 30°} = \frac{20 \times 2.2}{1.5 \times 0.866} \text{ kN} = 33.87 \text{ kN（拉力）}$$

拉力 F 可分解为

$$F_x = F\cos 30° = 33.87\cos 30° \text{ kN} = 29.33 \text{ kN}$$

$$F_y = F\sin 30° = 33.87\sin 30° \text{ kN} = 16.94 \text{ kN}$$

由 $\sum M_C = 0$ 得

$$F_{By} = \frac{Wl}{L + l} = \frac{20 \times 0.398}{2.2 + 0.398} \text{ kN} = 3.06 \text{ kN}$$

由 $\sum M_A = 0$ 得

$$F_{Bx} = \frac{WL}{H} = \frac{20 \times 2.2}{1.5} \text{ kN} = 29.33 \text{ kN}$$

顺便指出，后两个方程改写成 $\sum F_x = 0$ 和 $\sum F_y = 0$，同样可以求解。

小型起重设备一般工作不频繁，满载起重次数不多，故本题可按承受静载荷考虑，以最大起重量（包括小车、电动葫芦自重）作为计算载荷。

（2）拉杆、横梁材料均选用 Q235。失效形式分析及判定条件列表如下：

项目	载荷	可能出现的主要失效形式	判定条件
拉杆	拉力 F	强度不足，出现塑性变形或断裂	$\sigma \leqslant [\sigma]$ σ、$[\sigma]$ 为拉应力、许用拉应力
横梁 （即压杆）	主要有：移动载荷 W 及压力 F_x	当移动载荷 W 位于横梁中部时： 弯曲变形量（挠度 y）过大，即刚度不足，可能引起小车在横梁上行走困难。	$y \leqslant [y]$ y、$[y]$ 为变形量、许用变形量
		强度不足，弯曲应力与由 F_x 引起的压应力的合应力过大，可能出现塑性变形或断裂。	$\sigma \leqslant [\sigma]$ σ、$[\sigma]$ 为应力、许用应力
		压杆长细比较大时，可能出现侧弯。即抗侧弯刚度不足，属于压杆稳定性问题。本题中，在 xOz 平面内，工字梁抗侧弯刚度最小，在此平面内引起侧弯的载荷只有 F_x	$S = \dfrac{F_{cr}}{F_x} \geqslant S_{min}$ F_{cr} 为细长压杆的临界载荷，S_{min} 为最小安全系数

例 9-2　一轴如图 9-5 所示。已知 $F_r = F = 110$ kN，轴的材料为 Q275，$\sigma_B = 550$ MPa，$\sigma_{-1} = 240$ MPa，规定的最小安全系数 $S_{min} = 1.5$。试校核 A—A 截面的疲劳强度。

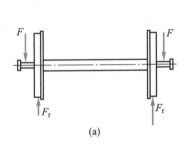

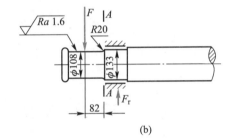

(a)　　　　　　　　　　　　　　(b)

图 9-5　轴

解：轴转动时，载荷 F 的大小、方向不变，因此轴内弯曲应力是对称循环变应力，循环特性 $r = -1$。

（1）计算 A—A 截面的弯曲应力

弯矩　　　　　　　　　　　$M_A = 110 \times 10^3 \times 82$ N·mm $= 9.02 \times 10^6$ N·mm

截面系数　　　　　　　　$W = \dfrac{\pi d^3}{32} = \dfrac{\pi \times 108^3}{32}$ mm^3 $= 124 \times 10^3$ mm^3

弯曲应力　　　　　　　　$\sigma_b = \dfrac{M_A}{W} = \dfrac{9.02 \times 10^6}{124 \times 10^3}$ MPa $= 72.7$ MPa

（2）求各项系数（可由材料力学教材或机械设计手册中查取）

由 $\sigma_B = 550$ MPa，$\dfrac{D}{d} = \dfrac{133}{108} = 1.23$，$\dfrac{r}{d} = \dfrac{20}{108} = 0.185$ 查得

弯曲时有效应力集中系数　　　　　　　　$k_\sigma = 1.34$

尺寸系数　　　　　　　　　　　　　　　$\varepsilon_\sigma = 0.68$

按表面粗糙度 Ra 值为 1.6 μm 及 $\sigma_B = 550$ MPa，查得

表面状态系数 $\qquad\qquad\qquad\qquad\beta = 0.95$

（3）疲劳强度校核

弯曲时安全系数 $\qquad S_\sigma = \dfrac{\sigma_{-1}}{\dfrac{k_\sigma}{\varepsilon_\sigma \beta}\sigma_{\max}} = \dfrac{240}{\dfrac{1.34}{0.68 \times 0.95} \times 72.7} = 1.59 > S_{\min}$

安全。用另一种形式的判定条件 $\sigma \leqslant [\sigma_{-1}]$，可得同样结论。

例 9-3　一对齿轮作单向传动时，轮齿的弯曲应力可看成哪类循环变应力？若主动轮的转速 $n =$ 200 r/min，每天工作 8 h，问一年内（以 250 天计）该齿轮应力循环总数是多少？

解：（1）如图 9-6a 所示，正在啮合的轮齿，在法向力 F_n 作用下 A 点产生弯曲应力 σ_b。在啮合过程中，轮齿 A 点的弯曲应力由零变化到某一最大值，然后又回到零。齿轮旋转一周，这个齿啮合一次。齿轮不断地转动，A 点的应力就不断地重复上述过程。作为定性显示，应力随时间 t 变化的曲线见图 9-6b。由于 $\sigma_{b\min} = 0$、$\sigma_{b\max} =$ 常值，故循环特性 $r = \dfrac{\sigma_{b\min}}{\sigma_{b\max}} = 0$。所以一对齿轮作单向传动时，轮齿弯曲应力可看成脉动循环变应力。

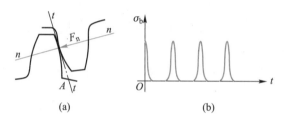

图 9-6　单侧受载时轮齿弯曲应力的循环特性

（2）一年内齿轮的应力循环总次数

$$N = 250 \times 8 \times 60 \times 200 = 2.4 \times 10^7$$

§9-3　机械零件的接触强度

通常，零件受载时是在较大的体积内产生应力，这种应力状态下的零件强度称为整体强度（见 §9-2）。若两个零件在受载前是点接触或线接触，受载后，由于变形其接触处为一小面积，通常此面积甚小而表层产生的局部应力却很大，这种应力称为接触应力。这时零件强度称为接触强度。如齿轮、滚动轴承等机械零件，都是通过很小的接触面积传递载荷的，因此它们的承载能力不仅取决于整体强度，还取决于表面的接触强度。

机械零件的接触应力通常是随时间作周期性变化的，在载荷重复作用下，首先在表层内约 20 μm 处产生初始疲劳裂纹，然后裂纹逐渐扩展（若有润滑油，则润滑油会被挤进裂纹中产生高压，使裂纹加快扩展），终于使表层金属呈小片状剥落下来而在零件表面形成一些小坑（图 9-7）。这种现象称为疲劳点蚀。发生疲劳点蚀后，减小了接触面积，损坏了零件的光滑表面，因而也降低了承载能力，并引起振动和噪声。疲劳点蚀常是齿轮、滚动轴承等零件的主要失效形式。

由弹性力学的分析可知，当两个轴线平行的圆柱相互接触并受压时（图 9-8），其接触面积为一狭长矩形，最大接触应力发生在接触区中线上，其值为

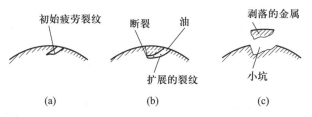

图 9-7 疲劳点蚀

$$\sigma_{\mathrm{H}} = \sqrt{\frac{F_{\mathrm{n}}}{\pi b}\frac{\dfrac{1}{\rho_1} \pm \dfrac{1}{\rho_2}}{\dfrac{1-\mu_1^2}{E_1} + \dfrac{1-\mu_2^2}{E_2}}} \qquad\qquad (9-13)$$

令 $\dfrac{1}{\rho_1} \pm \dfrac{1}{\rho_2} = \dfrac{1}{\rho}$ 及 $\dfrac{1}{E_1} + \dfrac{1}{E_2} = 2\dfrac{1}{E}$，对于钢或铸铁取泊松比 $\mu_1 = \mu_2 = \mu = 0.3$，则上式可化简为

$$\sigma_{\mathrm{H}} = \sqrt{\frac{1}{2\pi(1-\mu^2)}\frac{F_{\mathrm{n}}E}{b\rho}} = 0.418\sqrt{\frac{F_{\mathrm{n}}E}{b\rho}} \qquad\qquad (9-14)$$

式(9-13)、式(9-14)称为赫兹(H. Hertz)公式。式中：σ_{H} 为最大接触应力或赫兹应力；b 为接触长度；F_{n} 为作用在圆柱上的载荷；ρ 为综合曲率半径，$\rho = \dfrac{\rho_1\rho_2}{\rho_2 \pm \rho_1}$，正号用于外接触 (图 9-8a)，负号用于内接触(图 9-8b)；E 为综合弹性模量，$E = \dfrac{2E_1E_2}{E_1+E_2}$，$E_1$、$E_2$ 分别为两圆柱材料的弹性模量。

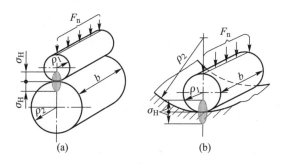

图 9-8 两圆柱的接触应力

接触疲劳强度的判定条件为

$$\sigma_{\mathrm{H}} \leqslant [\sigma_{\mathrm{H}}]，而 [\sigma_{\mathrm{H}}] = \frac{\sigma_{\mathrm{H\,lim}}}{S_{\mathrm{H}}} \qquad\qquad (9-15)$$

式中，$\sigma_{\mathrm{H\,lim}}$ 为由实验测得的材料的接触疲劳极限，对于钢，其经验公式为

$$\sigma_{\mathrm{H\,lim}} = 2.76\mathrm{HBW} - 70 \text{ MPa}$$

当两零件的硬度不同时，常以较软零件的接触疲劳极限为准。由图 9-8 可看出，作用在两

圆柱上的接触应力具有大小相等、方向相反且左右对称及稍离接触区中线即迅速降低等特点。由于接触应力是局部性的应力,且应力的增长与载荷 F_n 并不成直线关系,而要缓慢得多[见式(9-13)或式(9-14)],故安全系数 S_H 可取得等于或稍大于 1。

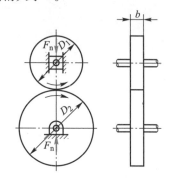

图 9-9 摩擦轮传动

例 9-4 图 9-9 所示的摩擦轮传动,由两个相互压紧的钢制摩擦轮组成。已知 $D_1 = 100$ mm,$D_2 = 140$ mm,$b = 50$ mm,小轮主动,主动轴传递功率 $P = 5$ kW、转速 $n_1 = 500$ r/min,传动较平稳,载荷系数 $K = 1.25$,摩擦系数 $f = 0.15$。试求:(1) 所需的法向压紧力 F_n;(2) 两轮接触处最大接触应力;(3) 若摩擦轮材料的硬度为 300 HBW,表面接触强度是否足够。

解:(1) 求法向压紧力 F_n

传动在接触处的最大摩擦力为 fF_n,拖动从动轮所需的圆周力为 F,考虑附加载荷的影响和保证摩擦传动的可靠性,计算圆周力为 KF。为了防止打滑,应使 $fF_n \geq KF$。

小轮转矩
$$T_1 = 9.55 \times 10^6 \frac{P}{n_1} = 9.55 \times 10^6 \times \frac{5}{500} \text{ N} \cdot \text{mm} = 95\ 500 \text{ N} \cdot \text{mm}$$

圆周力
$$F = \frac{2T_1}{D_1} = \frac{2 \times 95\ 500}{100} \text{ N} = 1\ 910 \text{ N}$$

法向压紧力
$$F_n = \frac{KF}{f} = \frac{1.25 \times 1\ 910}{0.15} \text{ N} = 15\ 917 \text{ N}$$

(2) 计算接触应力

接触应力的最大值按式(9-14)计算

$$\sigma_H = 0.418 \sqrt{\frac{F_n E}{b \rho}}$$

本题中 $F_n = 15\ 917$ N,钢的弹性模量 $E = 2.06 \times 10^5$ MPa,$b = 50$ mm,综合曲率半径 $\rho = \frac{\rho_1 \rho_2}{\rho_2 + \rho_1} = \frac{50 \times 70}{70 + 50}$ mm $= 29.17$ mm,故

$$\sigma_H = 0.418 \sqrt{\frac{15\ 917 \times 2.06 \times 10^5}{50 \times 29.17}} \text{ MPa} = 626.74 \text{ MPa}$$

(3) 验算表面接触强度

如前述,对于钢可取接触疲劳极限

$$\sigma_{H\,lim} = 2.76 \text{HBW} - 70 \text{ MPa} = (2.76 \times 300 - 70) \text{ MPa} = 758 \text{ MPa}$$

安全系数 $S_H = 1.1$,则

$$[\sigma_H] = \frac{\sigma_{H\,lim}}{S_H} = \frac{758}{1.1} \text{ MPa} = 689 \text{ MPa}$$

$\sigma_H < [\sigma_H]$,合宜。

§9-4 机械零件的耐磨性

运动副中,摩擦表面物质不断损失的现象称为磨损。磨损会逐渐改变零件尺寸和摩擦

表面状态。零件抗磨损的能力称为耐磨性。除非运动副摩擦表面为一层润滑剂所隔开而不直接接触,否则磨损总是难以避免的。但是只要磨损速度稳定、缓慢,零件就能保持一定寿命。所以,在预定使用期限内,零件的磨损量不超过允许值时,就认为是正常磨损。

出现剧烈磨损时,运动副的间隙增大,能使机械的精度丧失,效率下降,振动、冲击和噪声增大。这时应立即停车检修、更换零件。

据统计,约有80%的损坏零件是因磨损而报废的。可见研究零件耐磨性具有重要意义。

磨损现象是相当复杂的,有物理、化学和机械等方面原因。下面对机械中磨损的主要类型作一简略介绍。

1. 磨粒磨损

硬质颗粒或摩擦表面上硬的凸峰,在摩擦过程中引起的材料脱落现象称为磨粒磨损。硬质颗粒可能是零件本身磨损造成的金属微粒,也可能是外来的尘土杂质等。摩擦面间的硬粒,能使表面材料脱落而留下沟纹。

2. 黏着磨损(胶合)

加工后的零件表面总有一定的粗糙度。摩擦表面受载时,实际上只有部分峰顶接触,接触处压强很高,能使材料产生塑性流动。若接触处发生黏着,滑动时会使接触表面材料由一个表面转移到另一个表面,这种现象称为黏着磨损(胶合)。所谓材料转移,是指接触表面擦伤和撕脱,严重时摩擦表面能相互咬死。

3. 疲劳磨损(点蚀)

在滚动或兼有滑动和滚动的高副中,如凸轮、齿轮等,受载时材料表层有很大的接触应力,当载荷重复作用时,常会出现表层金属呈小片状剥落,而在零件表面形成小坑,这种现象称为疲劳磨损或点蚀(见§9-3)。

4. 腐蚀磨损

在摩擦过程中,与周围介质发生化学反应或电化学反应的磨损,称为腐蚀磨损。

实用耐磨计算是限制运动副的压强 p,即

$$p \leqslant [p] \tag{9-16}$$

式中,$[p]$是由实验或同类机器使用经验确定的许用压强。

相对运动速度较高时,还应考虑运动副单位时间接触面积的发热量 fpv。在摩擦系数一定的情况下,可将 pv 值与许用 $[pv]$ 值进行比较,即

$$pv \leqslant [pv] \tag{9-17}$$

§9-5 机械制造常用材料及其选择

机械制造中最常用的材料是钢和铸铁,其次是有色金属合金。非金属材料如塑料、橡胶等,在机械制造中也具有独特的使用价值。

一、金属材料

1. 铸铁

铸铁和钢都是铁碳合金,它们的区别主要在于含碳量的不同。含碳质量分数小于2%

的铁碳合金称为钢,含碳质量分数大于2%的称为铸铁。铸铁具有适当的易熔性、良好的液态流动性,因而可铸成形状复杂的零件。此外,它的减振性、耐磨性、切削性(指灰铸铁)均较好且成本低廉,因此在机械制造中应用甚广。常用的铸铁有灰铸铁、球墨铸铁、可锻铸铁、合金铸铁等。其中灰铸铁和球墨铸铁是脆性材料,不能机械辗压和锻造。在上述铸铁中,以灰铸铁应用最广,球墨铸铁次之。

2. 钢

与铸铁相比,钢具有较高的强度、韧性和塑性,并可用热处理方法改善其力学性能和加工性能。钢制零件毛坯可用锻造、冲压、焊接或铸造等方法取得,因此其应用极为广泛。

按照用途,钢可分为结构钢、工具钢和特殊钢。结构钢用于制造各种机械零件和工程结构的构件;工具钢主要用于制造各种刃具、模具和量具;特殊钢(如不锈钢、耐热钢、耐酸钢等)用于制造在特殊环境下工作的零件。按照化学成分,钢又可分为碳钢和合金钢。碳钢的性质主要取决于含碳量,含碳量越高则钢的强度越高,但塑性越低。为了改善钢的性能,特意加入了一些合金元素的钢称为合金钢。

(1)碳素结构钢　这类钢的含碳质量分数一般不超过0.7%。含碳质量分数低于0.25%的低碳钢,它的强度极限和屈服极限较低,塑性很高,且具有良好的焊接性,适于冲压、焊接,常用来制作螺钉、螺母、垫圈、轴、气门导杆和焊接构件等。含碳质量分数为0.1%~0.2%的低碳钢还用以制造渗碳的零件,如齿轮、活塞销、链轮等。通过渗碳淬火可使零件表面硬而耐磨,心部韧而耐冲击。如果要求有更高强度和耐冲击性能,可采用低碳合金钢。含碳质量分数为0.25%~0.6%的中碳钢,它的综合力学性能较好,既有较高的强度,又有一定的塑性和韧性,常用作受力较大的螺栓、螺母、键、齿轮和轴等零件。含碳质量分数大于0.6%的高碳钢,具有较高的强度和弹性,多用来制作普通的板弹簧、螺旋弹簧或钢丝绳等。

(2)合金结构钢　钢中添加合金元素的作用在于改善钢的性能。例如:镍能提高强度而不降低钢的韧性;铬能提高硬度、高温强度、耐蚀性和提高高碳钢的耐磨性;锰能提高耐磨性、强度和韧性;钼的作用类似于锰,其影响更大些;钒能提高韧性及强度;硅可提高弹性极限和耐磨性,但会降低韧性。合金元素对钢的影响是很复杂的,特别是当为了改善钢的性能需要同时加入几种合金元素时。应当注意,合金钢的优良性能不仅取决于化学成分,而且在更大程度上取决于适当的热处理。

(3)铸钢　铸钢的液态流动性比铸铁差,所以用普通砂型铸造时,壁厚常不小于10 mm。铸钢件的收缩率比铸铁件大,故铸钢件的圆角和不同壁厚的过渡部分均应比铸铁件大些。

选择钢材时,应在满足使用要求的条件下,尽量采用价格较低、供应充分的碳钢,必须采用合金钢时也应优先选用我国资源丰富的硅、锰、硼、钒类合金钢。例如,我国新发布的齿轮减速器规范中,已采用35SiMn和ZG35SiMn等代替原用的35Cr、40CrNi等材料。

常用钢铁材料的牌号及力学性能见表9-1。

3. 铜合金

铜合金有青铜和黄铜之分。黄铜是铜和锌的合金,并含有少量的锰、铝、镍等,它具有很好的塑性及流动性,故可进行辗压和铸造。青铜可分为含锡青铜和不含锡青铜两类,它们的减摩性和耐蚀性均较好,也可辗压和铸造。此外,还有轴承合金(或称巴氏合金),主要用于制作滑动轴承的轴承衬。

表 9-1 常用钢铁材料的牌号及力学性能

材料		力学性能			试件尺寸/mm
类别	牌号	强度极限 σ_B/MPa	屈服极限 σ_S/MPa	伸长率 δ/%	
碳素结构钢（GB/T 700—2006）	Q215	335～410	215	31	$d \leq 16$
	Q235	375～460	235	26	
	Q275	490～610	275	20	
优质碳素结构钢（GB/T 699—2015）	20	410	245	25	$d \leq 25$
	35	510	305	20	
	45	590	335	16	
合金结构钢（GB/T 3077—2015）	35SiMn	885	735	15	$d \leq 25$
	40Cr	980	785	9	$d \leq 25$
	20CrMnTi	1 080	850	10	$d \leq 15$
	65Mn	980	785	8	$d \leq 80$
铸钢（GB/T 11352—2009）	ZG270-500	500	270	18	$d \leq 100$
	ZG310-570	570	310	15	
	ZG340-640	640	340	10	
灰铸铁（GB/T 9439—2010）	HT150	150	—	—	壁厚 10～20
	HT200	200	—	—	
	HT250	250	—	—	
球墨铸铁（GB/T 1348—2009）	QT400-15	400	250	15	壁厚 30～200
	QT500-7	500	320	7	
	QT600-3	600	370	3	

二、非金属材料

1. 橡胶

橡胶富有弹性，能吸收较多的冲击能量，常用作联轴器或减振器的弹性元件、带传动的胶带等。硬橡胶可用于制造用水润滑的轴承衬。

2. 塑料

塑料的密度小，易于制成形状复杂的零件，而且各种不同塑料具有不同的特点，如耐蚀性、绝热性、绝缘性、减摩性、摩擦系数大等，所以近年来在机械制造中的应用日益广泛。以木屑等为填充物，用热固性树脂压结而成的塑料称为结合塑料，可用来制作仪表支架、手柄等受力不大的零件。以布、薄木板等层状填充物为基体，用热固性树脂压结而成的塑料称为层压塑料，可用来制作无声齿轮、轴承衬和摩擦片等。

此外，在机械制造中也常用到其他非金属材料，如皮革、木材、纸板、棉、丝等。

设计机械零件时，选择合适的材料是一项复杂的技术经济问题。设计者应根据零件的用途、工作条件和材料的物理、化学、力学和工艺性能以及经济因素等进行全面考虑。这就要求设计者在材料和工艺等方面具有广泛的知识和实践经验。前面所述，仅是一些概略的说明。

各种材料的化学成分和力学性能可在有关的国家标准、行业标准和机械设计手册中查得。

表9-2列举了一些常用材料的相对价格,供设计时参考。

表9-2 常用材料的相对价格

材料	种类、规格	相对价格
热轧圆钢	普通碳钢 Q235($\phi33\sim\phi42$)	1
	优质碳钢($\phi29\sim\phi50$)	1.5~1.8
	合金结构钢($\phi29\sim\phi50$)	1.7~2.5
	滚动轴承钢($\phi29\sim\phi50$)	3
	合金工具钢($\phi29\sim\phi50$)	3~20
	4Cr9Si2 耐热钢($\phi29\sim\phi50$)	5
铸件	灰铸铁铸件	0.85
	碳钢铸件	1.7
	铜合金、铝合金铸件	8~10

为了材料供应和生产管理上的方便,应尽量缩减材料的品种。通常,各企业都对所用材料的品种、牌号加以限制,并制订有适用于本地区、本企业的材料目录,供设计时选用。

§9-6 极限与配合、表面粗糙度和优先数系

一、极限与配合

机器是由零件装配而成的。大规模生产要求零件具有互换性,以便在装配时不需要选择和附加加工,就能达到预期的技术要求。

为了实现零件的互换性,必须保证零件的尺寸、几何形状和相对位置以及表面粗糙度的一致性。就零件尺寸而言,不可能做到绝对精确,但必须使尺寸介于两个允许的极限尺寸之间,这两个极限尺寸之差称为公差。因此互换性要求建立标准化的极限与配合制度。我国的极限与配合(GB/T 1800.1—2009 等)采用国际公差制,它既能适应于我国生产发展的需要,也有利于国际间的技术交流与经济协作。

现以孔和轴为例,简要地介绍相配圆柱表面的极限与配合。

如图9-10所示,设计给定的尺寸称为公称尺寸。零线代表公称尺寸的位置。由代表上、下极限偏差的两条直线所限定的区域称为公差带。同一公称尺寸的孔与轴的结合称为配合。根据公差带的相对位置,配合分为间隙配合、过渡配合和过盈配合三大类。间隙配合的孔比轴大(图9-10a),用于动连接,如轴颈与滑动轴承孔。过盈配合的孔比轴小(图9-10c),用于静连接,如火车车轮与轴。过渡配合可能具有间隙,也可能具有过盈(图9-10b),用于要求具有良好同轴性而又便于装拆的静连接,如齿轮与轴。

国家标准规定,孔与轴的公差带位置各有28个,分别用大写和小写拉丁字母表示。还规定了20个公差等级(即尺寸精度等级),用阿拉伯数字表示。例如,H7 表示孔的公差带为 H,后继数字表示 7 级公差等级;又如 f8 表示轴的公差带为 f,8 级公差等级。

机械制造中最常用的公差等级是 4~11 级。4 级、5 级用于特别精密的零件。6~8 级用

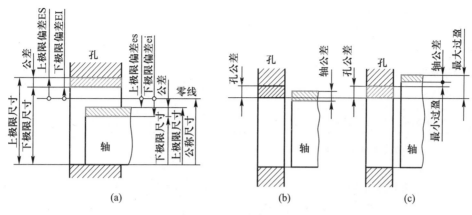

图 9-10 配合的种类

于重要的零件,它们是现代生产中采用的主要精度等级。8 级、9 级用于工作速度中等及具有中等精度要求的零件。10~11 级用于低精度零件,允许直接采用棒材、管材或精密锻件而不需要再作切削加工。

配合制有基孔制和基轴制两种。基孔制的孔是基准孔,其下极限偏差为零,代号为 H,而各种配合特性是靠改变轴的公差带来实现的(图 9-11)。基轴制的轴是基准轴,其上极限偏差为零,代号为 h,而各种配合特性是靠改变孔的公差带来实现的。为了减少加工孔用的刀具(如铰刀、拉刀)品种,工程中广泛采用基孔制。但有时仍需采用基轴制,例如光轴与具有不同配合特性的零件相配合时、滚动轴承外径与轴承孔配合时。表 9-3 为减速器主要零件的荐用配合。

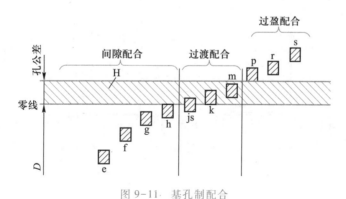

图 9-11 基孔制配合

表 9-3 减速器主要零件的荐用配合

配合零件		荐用配合	装拆方法
一般齿轮、蜗轮、带轮、联轴器与轴	一般情况	$\dfrac{H7}{r6}$	用压力机装拆
	较少装拆	$\dfrac{H7}{n6}$	用压力机装拆
	小锥齿轮及经常装拆	$\dfrac{H7}{m6}$、$\dfrac{H7}{k6}$	手锤装拆

续表

配合零件		荐用配合	装拆方法
滚动轴承内圈与轴	轻负荷 （$P \leqslant 0.07C$）	j6、k6	用温差法或压力机装拆
	正常负荷 $0.07C < P \leqslant 0.15C$	k5、m5 m6、n6	
滚动轴承外圈与箱体轴承座孔		H7	用木锤或徒手装拆
轴承盖与箱体轴承座孔		$\dfrac{H7}{d11}$、$\dfrac{H7}{h8}$、$\dfrac{H7}{f9}$	徒手装拆
轴承套杯与箱体轴承座孔		$\dfrac{H7}{js6}$、$\dfrac{H7}{h6}$	
套筒、挡油盘与轴		$\dfrac{H7}{h6}$、$\dfrac{D11}{k6}$	徒手装拆

图 9-12 为一齿轮减速器配合标注示例。因滚动轴承为标准件，外圈与孔只需标注孔的配合，如 $\phi 80\mathrm{H}7$；内圈与轴只需标注轴的配合，如 $\phi 40\mathrm{k}6$。

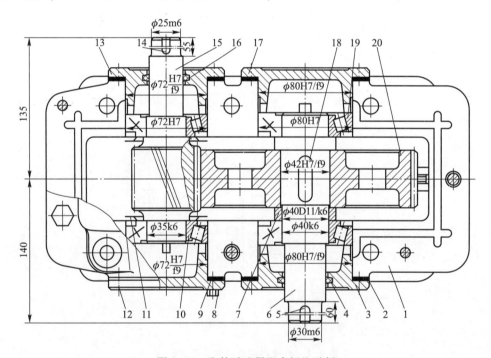

图 9-12　齿轮减速器配合标注示例

设计时，可根据表 9-3 选定配合并标注在装配图上（图 9-12）。绘制零件图时，可依选定的配合和该处的公称尺寸，查设计手册得到允许的尺寸偏差。

二、表面粗糙度

表面粗糙度是指零件表面的微观几何形状误差。它主要是加工后在零件表面留下的微细且凸凹不平的刀痕。

　　表面粗糙度的评定参数之一是轮廓算术平均偏差 Ra，它是指在取样长度 l 内，被测轮廓上各点至轮廓中线偏距绝对值的算术平均值（图 9–13），即

$$Ra = \frac{1}{l} \int_0^l |Z|\, \mathrm{d}X$$

近似为

$$Ra = \frac{1}{n} \sum_{i=1}^{n} |Z_i|$$

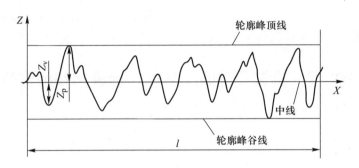

Z_{p}—轮廓峰高；Z_{v}—轮廓谷深

图 9–13　表征表面粗糙度的一些参数

　　表 9–4 列出了供优先选用的表面粗糙度 Ra 值与其对应的加工方法。

表 9–4　用不同加工方法得到的 Ra 值

加工方法	表面粗糙度 Ra 值/μm													
	0.012	0.025	0.05	0.10	0.20	0.40	0.80	1.60	3.20	6.30	12.5	25	50	100
刨								精 ← →			粗 ← →			
钻孔								←					→	
铰孔				←			→							
镗孔						精 ←	→			粗 ←		→		
滚、铣						精 ←	→	粗 ←	→					
车						精 ←	→			粗 ←		→		
磨				精 ←		→	粗 ←		→					
研磨		精 ←		→	粗 ←		→							

三、优先数系

优先数系是用来使型号、直径、转速、承载量和功率等量值得到合理的分级。这样可便于组织生产和降低成本。

GB/T 321—2005 规定的优先数系有四种基本系列,即:R5 系列,公比为 $\sqrt[5]{10} \approx 1.6$;R10 系列,公比为 $\sqrt[10]{10} \approx 1.25$;R20 系列,公比为 $\sqrt[20]{10} \approx 1.12$;R40 系列,公比为 $\sqrt[40]{10} \approx 1.06$。例如,R10 系列的数值为 1、1.25、1.6、2、2.5、3.15、4、5、6.3、8、10。其他系列的数值详见相关设计手册。优先数系中任何一个数值称为优先数。对于大于 10 的优先数,可将以上数值乘以 10、100 或 1 000 等。优先数和优先数系是一种科学的数值制度,在确定量值的分级时,必须最大限度地采用上述优先数及优先数系。

§9-7 机械零件的工艺性、标准化和经济性

一、工艺性

设计机械零件时,不仅应使它满足使用要求,即具备所要求的工作能力,同时还应当满足生产要求,否则就可能制造不出来,或虽能制造但费工费料,很不经济。

在具体生产条件下,如所设计的机械零件便于加工,费用又很低,则这样的零件就称为具有良好的工艺性。有关工艺性的基本要求是:

(1)毛坯选择合理 机械制造中毛坯制备的方法有:直接利用型材、铸造、锻造、冲压和焊接等。毛坯的选择与具体的生产技术条件有关,一般取决于生产批量、材料性能和加工可能性等。

(2)结构简单、合理 设计零件的结构形状时,最好采用最简单的表面(如平面、圆柱面、螺旋面)及其组合,同时还应当尽量使加工表面最少和加工面积最小。

(3)规定适当的制造精度及表面粗糙度 零件的加工费用随着精度的提高而增加,尤其在精度较高的情况下,这种增加极为显著。因此,在没有充分根据时,不应当追求高的精度。同理,零件的表面粗糙度也应当根据配合表面的实际需要,作出适当的规定。

欲设计出工艺性良好的零件,设计者就必须与工艺技术人员相结合并善于向他们学习。此外,在机械制造基础课程和有关手册中也都提供了一些有关工艺性的基本知识,可供参考。

二、标准化

标准化是指以制定标准和贯彻标准为主要内容的全部活动过程。标准化的研究领域十分宽广,就工业产品标准化而言,它是指对产品的品种、规格、质量、检验或安全、卫生要求等制定标准并加以实施。

产品标准化本身包括三个方面的含义:

(1)产品品种规格的系列化 将同一类产品的主要参数、形式、尺寸、基本结构等依次分档,制成系列化产品,以较少的品种规格满足用户的广泛需要。

(2)零部件的通用化 将同一类或不同类型产品中用途、结构相近的零部件(如螺栓、

轴承座、联轴器和减速器等),经过统一后实现通用,可互换。

(3)产品质量标准化 产品质量是一切企业的"生命线",要保证产品质量合格和稳定就必须做好设计、加工工艺、装配检验,甚至包装储运等环节的标准化。只有这样,才能在激烈的市场竞争中立于不败之地。

对产品实行标准化具有重大的意义:在制造上可以实行专业化大量生产,既可提高产品质量又能降低成本;在设计方面可减少设计工作量;在管理维修方面,可减少库存和便于更换损坏的零件。

按照标准的层次,我国的标准分为国家标准、行业标准、地方标准和企业标准四级。按照标准实施的强制程度,国家标准又分为强制性(GB)标准和推荐性(GB/T)标准两种。例如:《国际单位制及其应用》(GB 3100—1993)是强制性标准,必须执行;而《滚动轴承分类》(GB/T 271—2017)为推荐性标准,鼓励企业自愿采用。

为了增强在国际市场的竞争力,我国鼓励积极采用国际标准和国外先进标准。近年发布的我国国家标准,许多都采用了相应的国际标准。设计人员必须熟悉现行的有关标准。一般机械设计手册或机械工程手册(以后简称手册)中都收录摘编了常用的标准和资料,以供查阅。

三、经济性

批量生产的产品,要考虑其价格是否有竞争力,若达不到预定的控制价格,应重新设计,在选材、结构设计、优化加工工艺等方面挖掘潜力。

习题

教学用的机械零件设计手册或课程设计指导书都扼要收集了本课程常用的标准、数据、资料和参考图例,供读者学习和设计时参考与选用。读者平时应注意浏览并逐步熟悉其内容,以便使用时能迅速而准确地查取。题 9-1 至题 9-6 旨在引导读者使用先修课程知识和熟悉手册。

9-1 机械零件中常见的失效形式有哪些? 失效是否意味破坏?

9-2 通过热处理可改变毛坯或零件的内部组织,从而改善它的力学性能。钢的常用热处理方法有退火、正火、淬火、调质、表面淬火和渗碳淬火等。试选择其中三种加以解释并简述其应用。

9-3 写出下列材料的名称,并按小尺寸试件查出该材料的抗拉强度 σ_B(MPa)、屈服极限 σ_s(MPa)、伸长率 δ(%):Q235,45,40 MnB,ZG270-500,HT200,QT500-7,ZCuSn10P1,ZAlSi12。

9-4 试确定下列结构尺寸:(1)普通螺纹退刀槽的宽度 b,沟槽直径 d_3,过渡圆角半径 r 及尾部倒角 C(题 9-4a 图);(2)扳手空间所需的最小中心距 A_1 和螺栓轴线与箱壁的最小距离 T(题 9-4b 图)。

(注:可查机械零件设计手册或课程设计指导书。)

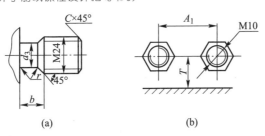

(a)　　　　　(b)

题 9-4 图

9-5　一钢制圆轴 $d = 30$ mm，用平键与轮毂相连，试选择键的断面尺寸 $b \times h$，确定键槽的尺寸并绘制此平键连接的横截面图。（参见第 10 章。）

9-6　一对齿轮作单向传动，试问：(1) 轮齿弯曲应力可看成哪类循环变应力？(2) 设两轮齿数 $z_1 = 19$、$z_2 = 80$，小齿轮主动，转速 $n_1 = 200$ r/min，预定使用期限为 500 h，在使用期限终了时，大齿轮轮齿弯曲应力循环总次数 N 是多少？(3) 设大齿轮材料疲劳极限为 σ_{-1}，循环基数 $N_0 = 10^7$，那么对应于循环总次数 N 的疲劳极限能提高到 σ_{-1} 的多少倍？

9-7　第 5 章图 5-1 所示的轮系中，惰轮 4 的轮齿弯曲应力可以看成哪类循环变应力？为什么？

9-8　齿轮传动中，齿面接触应力可以看成哪类循环变应力？为什么？

9-9　基孔制优先配合为 $\dfrac{H11}{c11}$、$\dfrac{H11}{h11}$、$\dfrac{H9}{d9}$、$\dfrac{H9}{h9}$、$\dfrac{H8}{f7}$、$\dfrac{H8}{h7}$、$\dfrac{H7}{g6}$、$\dfrac{H7}{h6}$、$\dfrac{H7}{k6}$、$\dfrac{H7}{n6}$、$\dfrac{H7}{p6}$、$\dfrac{H7}{s6}$、$\dfrac{H7}{u6}$，试以公称尺寸为 50 mm 绘制其公差带图。

9-10　题图 9-10 所示为一传动轴系的组合结构设计，试标注图中各轴段直径 d、d_1、d_2、d_3、d_4、d_5、d_6、d_7 的配合（如 d_3H7/r6）。

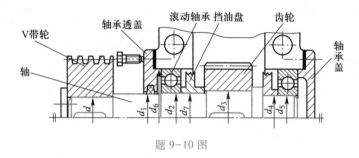

题 9-10 图

9-11　机械零件设计大致有哪几个步骤？

9-12　什么是静应力？什么是变应力？循环变应力的循环特征有哪几类？

9-13　零件的静应力是由静载荷作用产生的，那么变应力是否一定是由变载荷作用产生的？为什么？试举例说明。

9-14　计算零件变载荷下许用应力 $[\sigma]$ 时为什么要考虑变应力的循环特性 r 及有效应力集中系数 k_σ、绝对尺寸系数 ε_σ 以及表面状态系数 β？

9-15　机械零件做耐磨性计算时除了校核比压力 p 外，还需校核 pv 值，试问 pv 值间接反映了什么？

第 10 章

连接

机械制造中,连接是指被连接件与连接件的组合。就机械零件而言,被连接件有轴与轴上零件(如齿轮、飞轮)、轮圈与轮心、箱体与箱盖、焊接零件中的钢板与型钢等。连接件又称紧固件,如螺栓、螺母、销、铆钉等。有些连接则没有专门的紧固件,如靠被连接件本身变形组成的过盈连接、利用分子结合力组成的焊接和黏接等。

连接分为可拆连接和不可拆连接。允许多次装拆而无损于使用性能的连接称为可拆连接,如螺纹连接、键连接和销连接。若不损坏组成零件就不能拆开的连接则称为不可拆连接,如焊接、黏接和铆接。

铆接工艺噪声大,劳动条件恶劣,目前除桥梁和飞机制造业之外,已很少应用;焊接和黏接涉及面广,已有专著论述,本章均不作介绍。本章只讨论可拆连接。

§10-1 螺纹参数

将一倾斜角为 ψ 的直线绕在圆柱上便形成一条螺旋线(图 10-1a)。取一平面图形(图 10-1b),使它沿着螺旋线运动,运动时保持此图形平面通过圆柱的轴线,就得到螺纹。按照平面图形的形状,螺纹分为三角形螺纹、梯形螺纹和锯齿形螺纹等。按照螺旋线的旋向,螺纹分为左旋螺纹和右旋螺纹。机械制造中一般采用右旋螺纹,有特殊要求时才采用左旋螺纹。按照螺旋线的数目,螺纹还分为单线螺纹和等距排列的多线螺纹(图 10-2)。为了制造方便,螺纹的线数一般不超过 4。

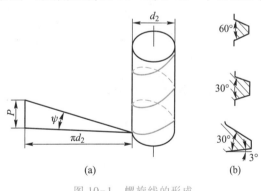

图 10-1　螺旋线的形成

螺纹有内、外螺纹之分,两者旋合组成螺旋副或称螺纹副(图 10-3)。用于连接的螺纹称为连接螺纹;用于传动的螺纹称为传动螺纹,相应的传动称为螺旋传动。由于螺旋传动也是利用螺纹零件工作的,其受力情况和几何关系与螺纹连接相似,所以也列入本章论述。

按照母体形状,螺纹分为圆柱螺纹和圆锥螺纹。现以圆柱螺纹为例,说明螺纹的主要几何参数(图 10-3):

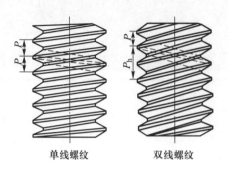

图 10-2　不同线数的右旋螺纹　　　图 10-3　圆柱螺纹的主要几何参数

（1）大径 d [①]　与外螺纹牙顶（或内螺纹牙底）相重合的假想圆柱的直径。

（2）小径 d_1　与外螺纹牙底（或内螺纹牙顶）相重合的假想圆柱的直径。

（3）中径 d_2　也是一个假想圆柱的直径，该圆柱的母线上牙型沟槽和凸起宽度相等。

（4）螺距 P　相邻两牙在中径线上对应两点间的轴向距离。

（5）导程 P_h　同一条螺旋线上的相邻两牙在中径线上对应两点间的轴向距离。设螺旋线数为 n，则 $P_h = nP$。

（6）螺纹升角 ψ　在中径 d_2 圆柱上，螺旋线的切线与垂直于螺纹轴线的平面的夹角（图 10-1）。

$$\tan \psi = \frac{nP}{\pi d_2} \tag{10-1}$$

（7）牙型角 α　轴向截面内螺纹牙型相邻两侧边的夹角称为牙型角。牙型侧边与螺纹轴线的垂线间的夹角称为牙侧角 β。对于对称牙型，$\beta = \dfrac{\alpha}{2}$（图 10-3）。

§10-2　螺旋副的受力分析、效率和自锁

一、矩形螺纹[②]（$\beta = 0°$）

螺旋副在力矩和轴向载荷作用下的相对运动，可看成作用在中径的水平力推动滑块（重物）沿螺纹运动，如图 10-4a 所示。将矩形螺纹沿中径展开可得一斜面（图 10-4b），图中 ψ 为螺纹升角，F_a 为轴向载荷（其最小值为滑块的重力），F 为作用于中径处的水平推力，F_n 为法向反力；fF_n 为摩擦力；f 为摩擦系数，ρ 为摩擦角，$f = \tan \rho$。

当滑块沿斜面等速上升时，F_a 为阻力，F 为驱动力。因摩擦力向下，故总反力 F_R 与 F_a 的夹角为 $\psi + \rho$。由力的平衡条件可知，F_R、F 和 F_a 三力组成封闭的力多边形（图 10-4b），由图可得

---

① 外螺纹各直径用小写字母 d、d_1、d_2 表示；内螺纹各直径用大写字母 D、D_1、D_2 表示（本章有些插图未标注内螺纹直径）。

② 矩形螺纹同轴性差，且难以精确切制，已很少用，但用来作力的分析则较为简便。

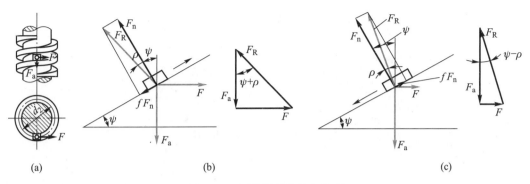

图 10-4 矩形螺纹的受力分析

$$F = F_a \tan(\psi + \rho) \tag{10-2a}$$

作用在螺旋副上的相应驱动力矩为

$$T = F\frac{d_2}{2} = F_a\frac{d_2}{2}\tan(\psi + \rho) \tag{10-2b}$$

当滑块沿斜面等速下滑时,轴向载荷 F_a 变为驱动力,而 F 变为阻力,它也是维持滑块等速运动所需的平衡力(图 10-4c)。由力多边形可得

$$F = F_a \tan(\psi - \rho) \tag{10-3a}$$

作用在螺旋副上的相应力矩为

$$T = F_a\frac{d_2}{2}\tan(\psi - \rho) \tag{10-3b}$$

式(10-3a)求出的 F 值可为正,也可为负。当斜面倾角 ψ 大于摩擦角 ρ 时,滑块在重力作用下有向下加速运动的趋势。这时由式(10-3a)求出的平衡力 F 为正,方向如图 10-4c 所示。它阻止滑块加速以便保持等速下滑,故 F 是阻力。当斜面倾角 ψ 小于摩擦角 ρ 时,滑块不能在重力作用下自行下滑,即处于自锁状态,这时由式(10-3a)求出的平衡力 F 为负值,其方向与运动方向成锐角,在这种情况下 F 就成为驱动力了。它说明在自锁条件下,必须施加反向驱动力 F 才能使滑块等速下滑。

二、非矩形螺纹

非矩形螺纹是指牙侧角 $\beta \neq 0°$ 的三角形螺纹、梯形螺纹和锯齿形螺纹。

对比图 10-5a 和图 10-5b 可知,若略去螺纹升角的影响,在轴向载荷 F_a 的作用下,非矩形螺纹的法向压力 $F_n = F_a/\cos\beta$,大于矩形螺纹的法向压力 $F_n = F_a$。若把法向压力的增加看作摩擦系数的增加,则非矩形螺纹的摩擦阻力可写为

$$\frac{F_a}{\cos\beta}f = \frac{f}{\cos\beta}F_a = f'F_a$$

式中,f' 为当量摩擦系数,即

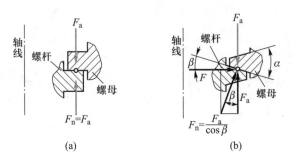

图 10-5   矩形螺纹与非矩形螺纹的法向力

$$f' = \frac{f}{\cos \beta} = \tan \rho' \qquad (10-4)$$

式中 $:\rho'$ 为当量摩擦角 $;\beta$ 为牙侧角。因此，将图 10-4 的 f 改为 f'、ρ 改为 ρ'，就可像矩形螺纹那样对非矩形螺纹进行力的分析。

当滑块沿非矩形螺纹等速上升时，可得水平推力

$$F = F_a \tan(\psi + \rho') \qquad (10-5a)$$

相应的驱动力矩为

$$T = F\frac{d_2}{2} = F_a\frac{d_2}{2}\tan(\psi + \rho') \qquad (10-5b)$$

当滑块沿非矩形螺纹等速下滑时，可得

$$F = F_a \tan(\psi - \rho') \qquad (10-6a)$$

相应的力矩为

$$T = F_a\frac{d_2}{2}\tan(\psi - \rho') \qquad (10-6b)$$

与矩形螺纹分析相同，若螺纹升角 ψ 小于当量摩擦角 ρ'，则螺旋具有自锁特性，如不施加驱动力矩，无论轴向驱动力 F_a 多大，都不能使螺旋副相对运动。考虑到极限情况，非矩形螺纹的自锁条件可表示为

$$\psi \leqslant \rho' \qquad (10-7)$$

为了防止螺母在轴向力作用下自动松开，用于连接的紧固螺纹必须满足自锁条件。

以上分析适用于各种螺旋传动和螺纹连接。归纳起来就是：当轴向载荷为阻力，阻止螺旋副相对运动（例如车床丝杠走刀时，切削力阻止刀架轴向移动；螺纹连接拧紧螺母时，材料变形的反弹力阻止螺母轴向移动；螺旋千斤顶举升重物时，重力阻止螺杆上升）时，相当于滑块沿斜面等速上升，应使用式（10-2b）或式（10-5b）。当轴向载荷为驱动力，与螺旋副相对运动方向一致（例如旋松螺母时，材料变形的反弹力与螺母移动方向一致；用螺旋千斤顶降落重物时，重力与下降方向一致）时，相当于滑块沿斜面等速下滑，应使用式（10-3b）或式（10-6b）。

螺旋副的效率是有效功与输入功之比。若按螺旋转动一圈计算,输入功为 $2\pi T$,此时升举滑块(重物)所作的有效功为 $F_a P_h$,故螺旋副的效率为

$$\eta = \frac{F_a P_h}{2\pi T} = \frac{\tan \psi}{\tan(\psi + \rho')} \quad (10-8)$$

由上式可知,当量摩擦角 $\rho'(\rho' = \arctan f')$ 一定时,效率只是螺纹升角 ψ 的函数。由此可绘出效率曲线(图 10-6)。取 $\frac{d\eta}{d\psi} = 0$,可得当 $\psi = 45° - \frac{\rho'}{2}$ 时效率最高。

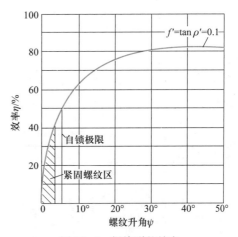

图 10-6 螺旋副的效率

由于过大的螺纹升角制造困难,且效率增高也不显著,所以一般 ψ 角不大于 25°。

§10-3 机械制造常用螺纹

三角形螺纹主要有普通螺纹和管螺纹。前者多用于紧固连接,后者用于各种管道的紧密连接。

我国国家标准中,把牙型角 $\alpha = 60°$ 的三角形米制螺纹称为普通螺纹,以大径 d 为公称直径。同一公称直径可以有多种螺距的螺纹,其中螺距最大的称为粗牙螺纹,其余都称为细牙螺纹(图 10-7a)。粗牙螺纹应用最广。公称直径相同时,细牙螺纹的螺纹升角小、小径大,因而自锁性能好、强度高,但不耐磨、易滑扣,它适用于薄壁零件、受动载荷的连接和微调相对位置的机构。普通螺纹的基本尺寸见表 10-1 及表 10-2。

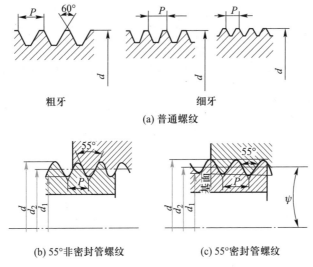

图 10-7 三角形螺纹

管连接螺纹一般有四种,除了用普通细牙螺纹外,还有三种:55°非密封管螺纹(圆柱管壁,$\alpha=55°$,见图 10-7b)、55°密封管螺纹(圆锥管壁、$\alpha=55°$,见图 10-7c)和 60°圆锥管螺纹。管螺纹的公称直径是管子的公称通径。圆柱管螺纹广泛应用于水、煤气、润滑管路系统中。圆锥管螺纹不用填料即能保证紧密性而且旋合迅速,适用于密封要求较高的管路连接。

表 10-1　直径与螺距、粗牙普通螺纹基本尺寸(摘自 GB/T 196—2003)　　　mm

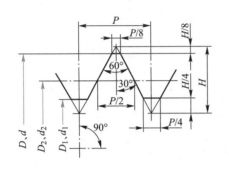

$H = 0.866P$

$d_2 = d - 0.6495P$

$d_1 = d - 1.0825P$

D、d——内、外螺纹大径;

D_2、d_2——内、外螺纹中径;

D_1、d_1——内、外螺纹小径;

P——螺距。

标记示例:M24(粗牙普通螺纹,直径 24,螺距 3)

M24×1.5(细牙普通螺纹,直径 24,螺距 1.5)

公称直径(大径)	粗牙			细牙
	螺距 P	中径 D_2、d_2	小径 D_1、d_1	螺距 P
3	0.5	2.675	2.459	0.35
4	0.7	3.545	3.242	0.5
5	0.8	4.480	4.134	0.5
6	1	5.350	4.918	0.75
8	1.25	7.188	6.647	1,0.75
10	1.5	9.026	8.376	1.25,1,0.75
12	1.75	10.863	10.106	1.5,1.25,1
14	2	12.701	11.835	1.5,1.25,1
16	2	14.701	13.835	1.5,1
18	2.5	16.376	15.294	
20	2.5	18.376	17.294	
22	2.5	20.376	19.294	
24	3	22.051	20.752	2,1.5,1
27	3	25.051	23.752	
30	3.5	27.727	26.211	3,2,1.5,1

表 10-2 细牙普通螺纹的基本尺寸 mm

螺距 P	中径 D_2、d_2	小径 D_1、d_1	螺距 P	中径 D_2、d_2	小径 D_1、d_1	螺距 P	中径 D_2、d_2	小径 D_1、d_1
0.35	$d-1+0.773$	$d-1+0.621$	1	$d-1+0.350$	$d-2+0.918$	2	$d-2+0.701$	$d-3+0.835$
0.5	$d-1+0.675$	$d-1+0.459$	1.25	$d-1+0.188$	$d-2+0.647$	3	$d-2+0.052$	$d-4+0.752$
0.75	$d-1+0.513$	$d-1+0.188$	1.5	$d-1+0.026$	$d-2+0.376$			

梯形螺纹和锯齿形螺纹用于传动。为了减少摩擦和提高效率,这两种螺纹的牙侧角都比三角形螺纹的小得多(图 10-8),而且有较大的间隙以便贮存润滑油。梯形螺纹的牙侧角 β = 15°,比矩形螺纹容易切削。当采用剖分螺母时还可以消除因磨损而产生的间隙,因此应用较广,其基本尺寸见表 10-3。锯齿形螺纹工作面牙侧角 β = 3°,效率比梯形螺纹高,但只适用于承受单方向的轴向载荷。

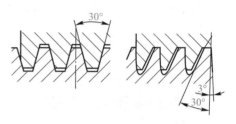

(a) 梯形螺纹　　(b) 锯齿形螺纹

图 10-8 梯形螺纹和锯齿形螺纹

表 10-3 梯形螺纹的基本尺寸(摘自 GB/T 5796.3—2005) mm

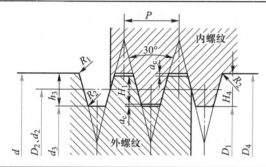

标记示例:
Tr48×8(梯形螺纹,直径 48,螺距 8)

螺距 P	螺纹牙高 $h_3 = H_4$	牙顶间隙 a_c	公称直径 d		中径 D_2、d_2	内螺纹小径 D_1
			第 1 系列	第 2 系列		
4	2.25	0.25	16、20	18	$d-2$	$d-4$
5	2.75	0.25	24、28	22、26	$d-2.5$	$d-5$
6	3.5	0.5	32、36	30、34	$d-3$	$d-6$
8	4.5	0.5	24、28、48、52	22、26、46、50	$d-4$	$d-8$
10	5.5	0.5	32、36、40、70、80	30、34、38、42、65、75	$d-5$	$d-10$
12	6.5	0.5	44、48、52、90、100	46、50、85、95、100	$d-6$	$d-12$

例 10-1 试计算粗牙普通螺纹 M10 的螺纹升角,并说明静载荷下螺纹能否自锁(已知摩擦系数 f = 0.10)。

解:(1) 计算螺纹升角

由表 10-1 查得 M10 的螺距 P = 1.5 mm,中径 d_2 = 9.026 mm,并算得

$$\psi = \arctan \frac{P}{\pi d_2} = \arctan \frac{1.5}{9.026\pi} = 3.03°$$

（2）判断自锁性能

普通螺纹的牙侧角 $\beta = \dfrac{\alpha}{2} = 30°$，摩擦系数 $f = 0.10$，相应的当量摩擦角为

$$\rho' = \arctan \frac{f}{\cos \beta} = \arctan \frac{0.1}{\cos 30°} = 6.59°$$

$\psi < \rho'$，能自锁。

事实上，单线普通螺纹的螺纹升角一般为 $1.5° \sim 3.5°$，远小于当量摩擦角，因此在静载荷下都能保证自锁（见图 10-6 的紧固螺纹区）。

§10-4   螺纹连接的基本类型及螺纹紧固件

一、螺纹连接的基本类型

螺纹连接有以下四种基本类型：

1. 螺栓连接

螺栓连接的结构特点是被连接件的孔中不切制螺纹（图 10-9），装拆方便。图 10-9a 所示为普通螺栓连接，螺栓与孔之间有间隙。这是因为通常规定所取孔径要比螺栓公称直径大 10% 左右造成的（更详细的孔径取用值可从有关手册中查得）。这种连接的优点是加工简便，对孔的尺寸精度和表面粗糙度没有太高的要求，一般用钻头粗加工即可，所以应用最广。图 10-9b 为铰制孔用螺栓连接，其螺杆外径与螺栓孔的内径具有同一公称尺寸，并常采用过渡配合而得到一种几乎是无间隙的配合。它适用于承受垂直于螺栓轴线的横向载荷。值得注意的是：被连接件的孔径经粗加工后，尚需用铰刀作最后精加工，才能使孔壁表面粗糙度和孔径公差达到配合的要求。

2. 螺钉连接

螺钉直接旋入被连接件的螺纹孔中，省去了螺母（图 10-10a），因此结构上比较简单。

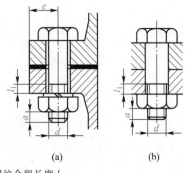

(a)   (b)

螺纹余留长度 l_1

　静载荷　$l_1 \geqslant (0.3 \sim 0.5)d$；

　变载荷　$l_1 \geqslant 0.75d$；

　冲击载荷或弯曲载荷　$l_1 \geqslant d$；

　铰制孔用螺栓　$l_1 \approx 0$；

螺纹伸出长度 $a = (0.2 \sim 0.3)d$；

螺栓轴线到边缘的距离　$e = d + (3 \sim 6)\,\text{mm}$

图 10-9　螺栓连接

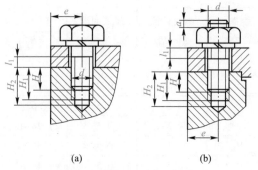

(a)   (b)

座端拧入深度 H，当螺孔材料为：

　钢或青铜　$H \approx d$；

　铸铁　$H = (1.25 \sim 1.5)d$；

　铝合金　$H = (1.5 \sim 2.5)d$；

螺纹孔深度　$H_1 = H + (2 \sim 2.5)P$；

钻孔深度　$H_2 = H_1 + (0.5 \sim 1)d$；

l_1、a、e 值同图 10-9

图 10-10　螺钉连接和双头螺柱连接

但这种连接不宜经常装拆,以免被连接件的螺纹被磨损而使连接失效。

3. 双头螺柱连接

双头螺柱多用于较厚的被连接件或为了结构紧凑而采用盲孔的连接(图10-10b)。双头螺柱连接允许多次装拆而不损坏被连接件的螺纹。

4. 紧定螺钉连接

紧定螺钉连接(图10-11)常用来固定两零件的相对位置,并可传递不大的力或转矩。

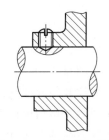

图 10-11 紧定螺钉连接

二、螺纹紧固件

螺纹紧固件的种类很多,大都已标准化,这里只能摘要介绍。它是一种商品性零件,经合理选择其规格、型号后,可直接到五金商店购买。

1. 螺栓

螺栓的头部形状很多,最常用的有六角头和小六角头两种(图10-12)。冷镦工艺生产的小六角头螺栓具有材料利用率高、生产率高、力学性能高和成本低等优点,但由于头部尺寸较小,不宜用于装拆频繁、被连接件强度低和易锈蚀的地方。

螺栓也应用于螺钉连接中(图10-10a)[①]。

2. 双头螺柱

双头螺柱(图10-13)旋入被连接件螺纹孔的一端称为座端,另一端为螺母端,其公称长度为 L。

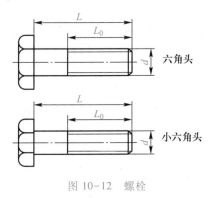

六角头

小六角头

图 10-12 螺栓

L_1—座端长度;L_0—螺母端长度

图 10-13 双头螺柱

3. 螺钉、紧定螺钉

螺钉、紧定螺钉的头部有内六角头、十字槽头等多种形式,以适应不同的拧紧程度。紧定螺钉末端要顶住被连接件之一的表面或相应的凹坑(图10-11),其末端具有平端、锥端、圆尖端等各种形状。

4. 螺母

螺母的形状有六角形、圆形(图10-14)等。六角形螺母依厚度不同分为标准型和薄形两种,薄螺母用于尺寸受到限

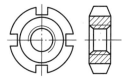

图 10-14 圆螺母

---

① 螺钉连接的特点是不用螺母,因此螺栓也可以不用螺母而作螺钉使用。

制的地方。圆螺母常用于轴上零件的轴向固定。

5. 垫圈

垫圈的作用是增加被连接件的支承面积以减小接触处的挤压应力(尤其当被连接件材料强度较差时)和避免拧紧螺母时擦伤被连接件的表面。常用的平垫圈呈环状,有防松作用的垫圈见§10-5。

螺纹紧固件按制造精度分为 A、B、C 三级(不一定每个类别都备齐 A、B、C 三级,详见有关手册),A 级精度最高。A 级螺栓、螺母、垫圈组合可用于重要的、要求装备精度高的、受冲击或变载荷的连接;B 级用于较大尺寸的紧固件;C 级用于一般螺栓连接。

§10-5   螺纹连接的预紧和防松

除个别情况外,螺纹连接在装配时都必须拧紧,这时螺纹连接受到预紧力的作用。对于重要的螺纹连接,应控制其预紧力,因为预紧力的大小对螺纹连接的可靠性、强度和密封性均有很大的影响。

一、拧紧力矩

螺纹连接的拧紧力矩 T 等于克服螺纹副相对转动的阻力矩 T_1 和螺母支承面上的摩擦阻力矩 T_2(图 10-15)之和,即

$$T = T_1 + T_2 = \frac{F_a d_2}{2}\tan(\psi + \rho') + f_c F_a r_f \qquad (10-9)$$

式中: F_a 为轴向力,对于不承受轴向工作载荷的螺纹, F_a 即预紧力; d_2 为螺纹中径; f_c 为螺母与被连接件支承面之间的摩擦系数,无润滑时可取 $f_c = 0.15$; r_f 为支承面摩擦半径, $r_f \approx \frac{d_w + d_0}{4}$,其中 d_w 为螺母支承面的外径, d_0 为螺栓孔直径(图 10-15)。

对于 M10～M68 的粗牙螺纹,若取 $f' = \tan\rho' = 0.15$ 及 $f_c = 0.15$,则式(10-9)可简化为

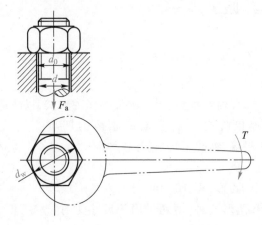

图 10-15   支承面摩擦阻力矩

$$T \approx 0.2F_a d \quad \text{N} \cdot \text{mm} \tag{10-10}$$

式中：d 为螺纹公称直径，mm；F_a 为预紧力，N。

F_a 值是由螺纹连接的要求来决定的（见 §10-6），为了充分发挥螺栓的工作能力和保证预紧可靠，螺栓的预紧应力一般可达材料屈服极限的 50%～70%。

小直径的螺栓装配时应施加小的拧紧力矩，否则就容易将螺栓杆拉断。对重要的有强度要求的螺栓连接，如无控制拧紧力矩的措施，不宜采用小于 M12 的螺栓。

通常螺纹连接拧紧的程度是凭工人经验来决定的。为了能保证质量，重要的螺纹连接应按计算值控制拧紧力矩，用测力矩扳手（图 10-16a）或定力矩扳手（图 10-16b）来获得所要求的拧紧力矩。对于一些更为重要的或大型的螺栓连接，可用控制螺栓在拧紧前后发生的伸长变形量来达到更精确的预紧力控制。

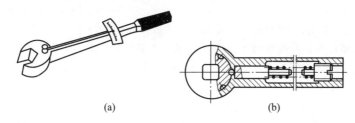

(a)　　　　　　　　　　(b)

图 10-16　测力矩扳手和定力矩扳手

二、螺纹连接的防松

如例 10-1 所述，连接用的三角形螺纹都具有自锁性，在静载荷和工作温度变化不大时不会自动松脱。但是在冲击、振动和变载的作用下，预紧力可能在某一瞬间消失，连接仍有可能松脱。高温的螺纹连接，由于温度变形差异等原因，也可能发生松脱现象，因此设计时必须考虑防松。

螺纹连接防松的根本问题在于防止螺纹副的相对转动。防松的方法很多，今将常用的几种列于表 10-4 中。

表 10-4　常用的防松方法

利用附加摩擦力防松	弹簧垫圈	对顶螺母	尼龙圈锁紧螺母
	弹簧垫圈材料为弹簧钢，装配后垫圈被压平，其反弹力能使螺纹间保持压紧力和摩擦力	利用两螺母的对顶作用使螺栓始终受到附加的拉力和附加的摩擦力。结构简单，可用于低速、重载场合	螺母中嵌有尼龙圈，拧上后尼龙圈内孔被胀大，箍紧螺栓

续表

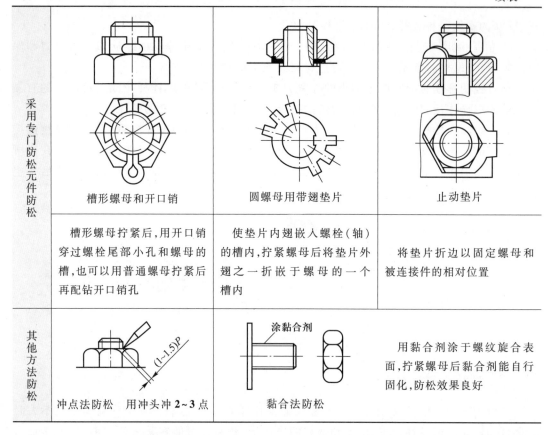

采用专门防松元件防松	槽形螺母和开口销	圆螺母用带翅垫片	止动垫片
	槽形螺母拧紧后,用开口销穿过螺栓尾部小孔和螺母的槽,也可以用普通螺母拧紧后再配钻开口销孔	使垫片内翅嵌入螺栓(轴)的槽内,拧紧螺母后将垫片外翅之一折嵌于螺母的一个槽内	将垫片折边以固定螺母和被连接件的相对位置
其他方法防松	冲点法防松　用冲头冲 **2~3** 点	黏合法防松	用黏合剂涂于螺纹旋合表面,拧紧螺母后黏合剂能自行固化,防松效果良好

例 10-2　已知 M12 螺栓用碳素结构钢制成,其屈服极限为 240 MPa,螺纹间的摩擦系数 $f=0.10$,螺母与支承面间的摩擦系数 $f_\mathrm{c}=0.15$,螺母支承面外径 $d_\mathrm{w}=16.6$ mm,螺栓孔直径 $d_0=13$ mm,欲使螺母拧紧后螺杆的拉应力达到材料屈服极限的 50%,求应施加的拧紧力矩,并验算其能否自锁。

解:(1)求当量摩擦系数及当量摩擦角

$$f' = \frac{f}{\cos\beta} = \frac{0.10}{\cos 30°} = 0.115$$

$$\rho' = \arctan f' = 6.59°$$

(2)求螺纹升角 ψ

由表 10-1 查 M12 螺纹的 $P=1.75$ mm,$d_2=10.863$ mm,$d_1=10.106$ mm

$$\psi = \arctan\frac{1.75}{10.863\pi} = 2.94°$$

$\psi<\rho'$,故具有自锁性。

(3)求螺杆总拉力(预紧力)F_a

$$F_\mathrm{a} = \frac{\pi d_1^2}{4} \times \frac{\sigma_\mathrm{s}}{2} = \frac{10.106^2 \times 240\pi}{4 \times 2} \text{ N} = 9\,625.36 \text{ N}$$

(4)求拧紧力矩 T

依式(10-9),螺纹连接的拧紧力矩为

$$T = F_a \frac{d_2}{2}\tan(\psi + \rho') + f_c F_a r_f = \left[\frac{9\,625.36 \times 10.863}{2}\tan(2.94° + 6.59°) + \right.$$

$$\left. 0.15 \times 9\,625.36 \times \frac{16.6 + 13}{4} \right] \text{N} \cdot \text{mm} = 19.46 \text{ N} \cdot \text{m}$$

§10-6 螺栓连接的强度计算

螺栓的主要失效形式有：① 螺栓杆拉断；② 螺纹的压溃和剪断；③ 经常装拆时会因磨损而发生滑扣现象。螺栓与螺母的螺纹牙及其他各部分尺寸是根据等强度原则及使用经验规定的。采用标准件时，这些部分都不需要进行强度计算。所以，螺栓连接的计算主要是确定螺纹小径 d_1，然后按照标准选定螺纹公称直径（大径）d 及螺距 P 等。

一、松螺栓连接

松螺栓连接装配时不需要把螺母拧紧，在承受工作载荷前，除有关零件的自重（自重一般很小，强度计算时可略去）外，连接并不受力。图 10-17 所示吊钩尾部的连接是其应用实例。当承受轴向工作载荷 F_a(N) 时，其强度条件为

$$\sigma = \frac{F_a}{\pi d_1^2/4} \leqslant [\sigma] \qquad (10-11)$$

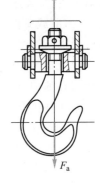

图 10-17 起重吊钩

式中：d_1 为螺纹小径，mm；$[\sigma]$ 为许用拉应力，MPa。

例 10-3 如图 10-17 所示，已知载荷 $F_a = 25$ kN，吊钩材料为 35 钢，许用拉应力 $[\sigma] = 60$ MPa[①]，试求吊钩尾部螺纹直径。

解：由式（10-11）得螺纹小径

$$d_1 = \sqrt{\frac{4F_a}{\pi[\sigma]}} = \sqrt{\frac{4 \times 25 \times 10^3}{60\pi}} \text{ mm} = 23.033 \text{ mm}$$

由表 10-1 查得，$d = 27$ mm 时，$d_1 = 23.752$ mm，比根据强度计算求得的 d_1 值略大，合宜。故吊钩尾部螺纹可采用 M27。

二、紧螺栓连接

紧螺栓连接装配时需要拧紧，在工作状态下可能还需要补充拧紧。设拧紧螺栓时螺杆承受的轴向拉力为 F_a（不承受轴向工作载荷的螺栓，F_a 即为预紧力）。这时螺栓危险截面（即螺纹小径 d_1 处）除受拉应力 $\sigma = \dfrac{F_a}{\pi d_1^2/4}$ 外，还受到螺纹力矩 T_1 所引起的扭切应力

$$\tau = \frac{T_1}{\pi d_1^3/16} = \frac{F_a \tan(\psi + \rho')d_2/2}{\pi d_1^3/16} = \frac{2d_2}{d_1}\tan(\psi + \rho')\frac{F_a}{\pi d_1^2/4}$$

---

① 吊钩是涉及人身安全的特种设备，其许用应力比一般机械低。

对于 M10~M68 的普通螺纹,取 d_2/d_1 和 ψ 的平均值,并取 $\tan \rho' = f' = 0.15$,得 $\tau \approx 0.5\sigma$。按第四强度理论(最大变形能理论),当量应力 σ_e 为

$$\sigma_e = \sqrt{\sigma^2 + 3\tau^2} = \sqrt{\sigma^2 + 3(0.5\sigma)^2} \approx 1.3\sigma$$

故螺栓螺纹部分的强度条件为

$$\frac{1.3F_a}{\pi d_1^2/4} \leq [\sigma] \qquad\qquad (10-12)$$

式中:$[\sigma]$ 为螺栓的许用应力,MPa,其值见 §10-7。

1. 受横向工作载荷的螺栓强度

如图 10-18 所示的螺栓连接,螺栓与孔之间留有间隙,承受垂直于螺栓轴线的横向工作载荷 F,它靠被连接件间产生的摩擦力保持被连接件无相对滑动。若接合面间的摩擦力不足,在横向载荷作用下发生相对滑动,则认为连接失效。此时虽有关连接的各组成件暂时仍完好无损,但被连接件已离开了原来规定的正确设计位置(移动量在孔隙范围内);此外,还会由于后续因素(如机器的起动和停车、正反转、加载和卸载或其他偶然因素)的影响,造成螺栓和孔的相对位置在孔隙范围内晃动,并引起冲击、噪声和磨损等更为严重的后果。为保证被连接件接合面间有足够的摩擦力阻止其发生相对滑动,其所需的螺栓轴向压紧力(即预紧力)应为

$$F_a = F_0 \geq \frac{CF}{mf} \qquad\qquad (10-13)$$

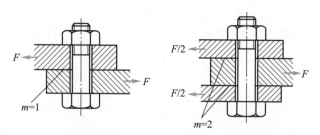

图 10-18   受横向载荷的螺栓连接

式中:F_0 为预紧力;C 为可靠性系数,通常取 $C = 1.1 \sim 1.3$;m 为接合面数目;f 为接合面摩擦系数,对于钢或铸铁被连接件可取 $f = 0.1 \sim 0.15$。求出 F_a 值后,可按式(10-12)计算螺栓强度。

从式(10-13)可以看出,当 $f = 0.15$、$C = 1.2$、$m = 1$ 时,$F_0 \geq 8F$。即预紧力应为横向工作载荷的 8 倍,所以螺栓连接靠摩擦力来承担横向载荷时,其尺寸是较大的。

为了避免上述缺点,可用键、套筒或销承担横向工作载荷,而螺栓仅起连接作用(图 10-19)。也可以采用螺杆与孔之间没有间隙的铰制孔用螺栓(图 10-20)来承受横向载荷。这些减载装置中的键、套筒、销和铰制孔用螺栓可按受剪切和受挤压进行强度核算。以图 10-20 为例,其强度条件如下:

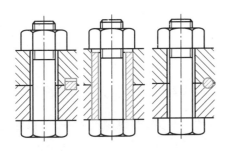

图 10-19　减载装置

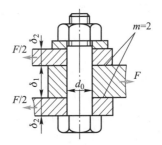

图 10-20　受横向载荷的铰制孔用螺栓

$$\tau = \frac{F}{m\dfrac{\pi d_0^2}{4}} \leq [\tau] \tag{10-14}$$

$$\sigma_\mathrm{p} = \frac{F}{d_0 \delta} \leq [\sigma_\mathrm{p}] \tag{10-15}$$

式中:δ 取 δ_1 和 $2\delta_2$ 两者之小值;许用应力$[\tau]$和许用挤压应力$[\sigma_\mathrm{p}]$见表 10-7。

2. 受轴向工作载荷的螺栓强度

在图 10-21 所示的缸体中,设流体压强为 p,螺栓数为 z[①],则缸体周围每个螺栓平均承受的轴向工作载荷 $F_\mathrm{E} = \dfrac{p\pi D^2/4}{z}$。

在受轴向工作载荷的螺栓连接中,螺栓实际承受的总拉伸载荷 F_a 并不等于预紧力 F_0 与 F_E 之和。现说明如下:

螺栓和被连接件受载前、后的情况见图 10-22。图 a 是连接还没有拧紧时的情况。螺栓连接拧紧后,螺栓受到拉力 F_0 而伸长了 δ_{b0};被连接件受到压缩力 F_0 而缩短了 δ_{c0},如图 b 所示。在连接承受轴向工作载荷 F_E 时,螺栓的伸长量增加 $\Delta\delta$ 而成为 $\delta_{b0}+\Delta\delta$,相应的拉力就是螺栓的总拉伸载荷 F_a,如图 c 所示。与此同时,被连接件则随着螺栓的伸长而弹回,其压缩量减少了 $\Delta\delta$ 而成为 $\delta_{c0}-\Delta\delta$,与此相应的压力就是残余预紧力 F_R(图 c)。

工作载荷 F_E 和残余预紧力 F_R 一起作用在

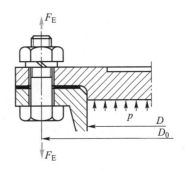

图 10-21　压力容器的螺栓连接

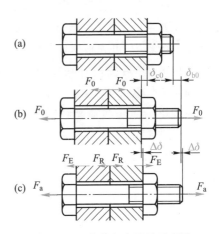

图 10-22　载荷与变形的示意图

———————————

① 为保证容器接合面密封可靠,允许的螺栓最大间距 $l\left(=\dfrac{\pi D_0}{z}\right)$ 为:$l \leq 7d$(当 $p \leq 1.6$ MPa 时),$l \leq 4.5d$(当 $p = 1.6 \sim 10$ MPa时),$l \leq (4 \sim 3)d$(当 $p = 10 \sim 30$ MPa 时),其中 d 为螺栓公称直径。确定螺栓数 z 时,应使其满足上述条件。

螺栓上(图 10-22c),所以螺栓的总拉伸载荷为

$$F_a = F_E + F_R \tag{10-16}$$

因残余预紧力 F_R <初预紧力 F_0,故 $F_a \neq F_0 + F_E$。

如图 10-23 所示,图 a 和图 b 分别表示 F_0 与 δ_{b0} 和 δ_{c0} 的关系。按照此载荷变形图也可得到上式。若零件中的应力没有超过比例极限,从图中可知,螺栓刚度 $k_b = \dfrac{F_0}{\delta_{b0}}$,被连接件刚度 $k_c = \dfrac{F_0}{\delta_{c0}}$。在连接未受工作载荷时,螺栓中的拉力和被连接件的压缩力都等于 F_0,所以把图 a 和图 b 合并可得图 c。

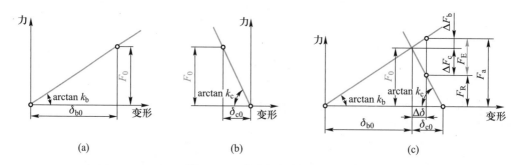

图 10-23　载荷与变形的关系

从图 10-23c 可知,承受工作载荷 F_E 后,螺栓的伸长量为 $\delta_{b0} + \Delta\delta$,相应的总拉伸载荷为 F_a;被连接件的压缩量为 $\delta_{c0} - \Delta\delta$,相应的残余预紧力为 F_R;而 $F_a = F_E + F_R$,此即式(10-16)。

紧螺栓连接应能保证被连接件的接合面不出现缝隙,因此残余预紧力 F_R 应大于零。当工作载荷 F_E 没有变化时,可取 $F_R = (0.2 \sim 0.6) F_E$;当 F_E 有变化时,$F_R = (0.6 \sim 1.0) F_E$。对于有紧密性要求的连接(如压力容器的螺栓连接),$F_R = (1.5 \sim 1.8) F_E$。

在一般计算中,可先根据连接的工作要求规定残余预紧力 F_R,其次由式(10-16)求出总拉伸载荷 F_a,然后按式(10-12)计算螺栓强度。

若轴向工作载荷 F_E 在 $0 \sim F_E$ 的范围内周期性变化,则螺栓所受总拉伸载荷应在 $F_0 \sim F_a$ 的范围内变化。受变载荷螺栓的粗略计算可按总拉伸载荷 F_a 进行,其强度条件仍为式(10-12),所不同的是许用应力应按表 10-7 和表 10-8 在变载荷项内查取。

从图 10-23 还可导出各力之间的关系以及螺栓刚度和被连接件刚度对这些力的影响。

$$\left. \begin{array}{l} F_a = F_0 + \Delta F_b = F_0 + k_b \Delta\delta \\ F_R = F_0 - \Delta F_c = F_0 - k_c \Delta\delta \end{array} \right\} \tag{10-17}$$

而 $F_E = \Delta F_b + \Delta F_c = k_b\Delta\delta + k_c\Delta\delta$,即 $\Delta\delta = \dfrac{F_E}{k_b + k_c}$,代入上式后得

$$F_a = F_0 + F_E \frac{k_b}{k_b + k_c} \tag{10-18}$$

$$F_{R} = F_{0} - F_{E}\left(1 - \frac{k_{b}}{k_{b} + k_{c}}\right) \tag{10-19}$$

式中，$\dfrac{k_{b}}{k_{b}+k_{c}}$ 称为螺栓连接的相对刚性系数。

螺栓连接的相对刚性系数的大小与螺栓及被连接件的材料、尺寸和结构有关，其值在 0~1 的范围内变化，一般可按表 10-5 选取。

表 10-5　螺栓连接的相对刚性系数

垫片类别	金属垫片或无垫片	皮革垫片	铜皮石棉垫片	橡胶垫片
$\dfrac{k_{b}}{k_{b}+k_{c}}$	0.2~0.3	0.7	0.8	0.9

§10-7　螺栓的材料和许用应力

螺栓的常用材料为低碳钢和中碳钢，重要和特殊用途的螺纹连接件可采用力学性能较高的合金钢。这些材料的力学性能分级见表 10-6。

表 10-6　螺栓、螺钉、螺柱和螺母的力学性能等级
（摘自 GB/T 3098.1—2010 和 GB/T 3098.2—2015）

	性能等级	4.6	4.8	5.6	5.8	6.8	8.8		9.8	10.9	12.9
							$d \leqslant 16\ mm$	$d > 16\ mm$	$d \leqslant 16\ mm$		
螺栓、螺钉、螺柱	公称强度极限 σ_{B}/MPa	400		500		600	800		900	1 000	1 200
	公称屈服极限 σ_{s}/MPa	240	320	300	400	480	640		720	900	1 080
	布氏硬度（HBW）	114	124	147	152	181	245	250	286	316	380
	推荐材料及热处理	碳钢或添加元素的碳钢					碳钢或添加元素的碳钢或合金钢，淬火并回火				合金钢，淬火并回火
相配螺母的性能等级		4 或 5		5		6	8		9	10	12

注：规定性能的螺纹连接件在图样中只标注力学性能等级，不应再标出材料。

表中螺栓、螺钉、螺柱的性能等级从 4.6 到 12.9 共有九级，等级代号由点隔开的两部分数字组成。点左边的一位或两位数字表示公称强度极限 σ_{B} 的 1/100，点右边的数字表示公称屈服极限 σ_{s} 与公称强度极限 σ_{B} 比值的 10 倍。

螺纹连接的许用应力及安全系数见表 10-7 和表 10-8。

表 10-7　螺纹连接的许用应力

螺纹连接受载情况			许用应力	
松螺栓连接			$[\sigma] = \sigma_s/S$	$S = 1.2 \sim 1.7$
紧螺栓连接	受轴向、横向载荷			控制预紧力时,$S = 1.2 \sim 1.5$ 不严格控制预紧力时,查表 10-8
	铰制孔用螺栓受横向载荷	静载荷	$[\tau] = \sigma_s/2.5$ $[\sigma_p] = \sigma_s/1.25$（被连接件为钢） $[\sigma_p] = \sigma_B/(2 \sim 2.5)$（被连接件为铸铁）	
		变载荷	$[\tau] = \sigma_s/(3.5 \sim 5)$ $[\sigma_p]$按静载荷的$[\sigma_p]$值降低 $20\% \sim 30\%$	

表 10-8　螺纹连接的安全系数 S（不能严格控制预紧力时）

材料	静载荷		变载荷	
	M6~M16	M16~M30	M6~M16	M16~M30
碳钢	$5 \sim 4$	$4 \sim 2.5$	$12.5 \sim 8.5$	8.5
合金钢	$5.7 \sim 5$	$5 \sim 3.4$	$10 \sim 6.8$	6.8

例 10-4　一钢制液压油缸,油缸壁厚 $\delta = 10$ mm,油压 $p = 1.6$ MPa,$D = 160$ mm,试计算其上盖的螺栓连接和螺栓分布圆直径 D_0（图 10-21）。

解:（1）确定螺栓工作载荷 F_E

暂取螺栓数 $z = 8$,则每个螺栓承受的平均轴向工作载荷 F_E 为

$$F_E = \frac{p\pi D^2/4}{z} = 1.6 \times \frac{\pi \times 160^2}{4 \times 8} \text{N} = 4.02 \text{ kN}$$

（2）确定螺栓总拉伸载荷 F_a

根据前面所述,对于压力容器取残余预紧力 $F_R = 1.8F_E$,则由式（10-16）可得

$$F_a = F_E + 1.8F_E = 2.8 \times 4.02 \text{ kN} = 11.26 \text{ kN}$$

（3）求螺栓直径

按表 10-6 选取螺栓材料性能等级为 4.8 级,$\sigma_s = 320$ MPa,装配时不要求严格控制预紧力,按表 10-8 暂取安全系数 $S = 4$,螺栓许用应力为

$$[\sigma] = \frac{\sigma_s}{S} = \frac{320}{4} \text{MPa} = 80 \text{ MPa}$$

由式（10-12）得螺纹的小径为

$$d_1 \geqslant \sqrt{\frac{4 \times 1.3F_a}{\pi[\sigma]}} = \sqrt{\frac{4 \times 1.3 \times 11.26 \times 10^3}{\pi \times 80}} \text{ mm} \doteq 15.26 \text{ mm}$$

查表 10-1,取 M18 螺栓（小径 $d_1 = 15.294$ mm）。按照表 10-8 可知,所取安全系数 $S = 4$ 是正确的。

（4）确定螺栓分布圆直径

螺栓置于凸缘中部。从图 10-21 和图 10-9 可以确定螺栓分布圆直径 D_0 为

$$D_0 = D + 2e + 2\delta = \{160 + 2 \times [18 + (3 \sim 6)] + 2 \times 10\} \text{ mm} = 222 \sim 228 \text{ mm}$$

取 $D_0 = 226$ mm。

螺栓间距 l 为

$$l = \frac{\pi D_0}{z} = \frac{\pi \times 226}{8} \text{ mm} = 88.74 \text{ mm}$$

由第 147 页的脚注可知,当 $p \leq 1.6$ MPa 时,$l \leq 7d = 7 \times 16$ mm $= 112$ mm,所以选取的 D_0 和 z 是合宜的。

在本例题中,求螺纹直径时要用到许用应力 $[\sigma]$,而 $[\sigma]$ 又与螺纹直径有关,所以常需采用试算法。这种方法在其他零件设计计算中还要经常用到。

§10-8 提高螺栓连接强度的措施

螺栓连接承受轴向变载荷时,其损坏形式多为螺栓杆部分的疲劳断裂,通常都发生在应力集中较严重之处,即螺栓头部、螺纹收尾部和螺母支承平面所在处的螺纹(图 10-24)。以下简要说明影响螺栓连接强度的因素和提高螺栓连接强度的措施。

一、降低螺栓总拉伸载荷 F_a 的变化幅度

螺栓所受的轴向工作载荷 F_E 在 $0 \sim F_E$ 的范围内变化时,则从式(10-18)得螺栓所受的总拉伸载荷 F_a 的变化范围为 $F_0 \sim \left(F_0 + F_E \dfrac{k_b}{k_b + k_c}\right)$,减小螺栓刚度 k_b 或增大被连接件刚度 k_c 都可以减小 F_a 的变化幅度。这对防止螺栓的疲劳损坏是十分有利的。

为了减小螺栓刚度,可减小螺栓光杆部分直径或采用空心螺杆(图 10-25a、b),有时也可增加螺栓的长度。

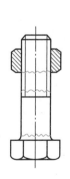

图 10-24 螺栓疲劳断裂的部位

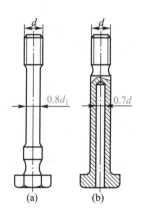

图 10-25 减小螺栓刚度的结构

被连接件本身的刚度是较大的,但被连接件的接合面因需要密封而采用软垫片时(图 10-26)将降低其刚度。若采用金属薄垫片或采用 O 形密封圈作为密封元件(图 10-27),则仍可保持被连接件原来的刚度值。

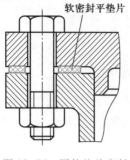

图 10-26   用软垫片密封

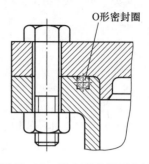

图 10-27   用 O 形密封圈密封

二、改善螺纹牙间的载荷分布

采用普通螺母时,轴向载荷在旋合螺纹各圈间的分布是不均匀的,如图 10-28a 所示,从螺母支承面算起,第一圈受载最大,以后各圈递减。理论分析和实验证明,旋合圈数越多,载荷分布不均的程度也越显著,到第 8~10 圈以后,螺纹几乎不受载荷。所以,采用圈数多的厚螺母,并不能提高连接强度。若采用图 10-28b 所示的悬置(受拉)螺母,则螺母锥形悬置段与螺栓杆均为拉伸变形,有助于减小螺母与螺栓杆的螺距变化差,从而使载荷分布比较均匀。图 10-28c 所示为环槽螺母,其作用和悬置螺母相似。

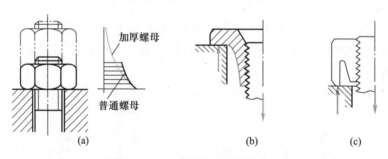

图 10-28   改善螺纹牙的载荷分布

三、减小应力集中

如图 10-29 所示,增大过渡处圆角(图 a)、切制卸载槽(图 b、c)都是使螺栓截面变化均匀、减小应力集中的有效方法。

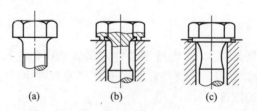

图 10-29   减小螺栓应力集中的方法

四、避免或减小附加应力

还应注意,由于设计、制造或安装上的疏忽,有可能使螺栓受到附加弯曲应力(图 10-30),这对螺栓疲劳强度的影响很大,应设法避免。例如,在铸件或锻件等未加工表面上安装螺栓时,常采用凸台或沉头座等结构,经切削加工后可获得平整的支承面(图 10-31)。

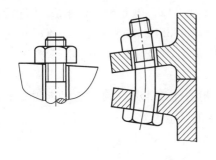

(a) 支承面不平   (b) 被连接件变形太大

图 10-30   引起附加应力的原因

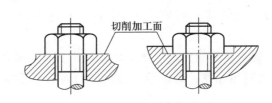

切削加工面

图 10-31   避免附加应力的方法(举例)

除上述方法外,在制造工艺上采取冷镦头部和辗压螺纹的螺栓,其疲劳强度比车制螺栓约高 30%,氰化、氮化等表面硬化处理也能提高疲劳强度。

§10-9   螺 旋 传 动

螺旋传动主要用来把回转运动变为直线运动。按使用要求的不同可分为三类:

(1) 传力螺旋   以传递动力为主,要求用较小的力矩转动螺杆(或螺母)而使螺母(或螺杆)产生轴向运动和较大的轴向力,这个轴向力可以用来做起重和加压等工作,例如图 10-32a 所示的起重器、图 10-32b 所示的压力机(加压或装拆用)等。

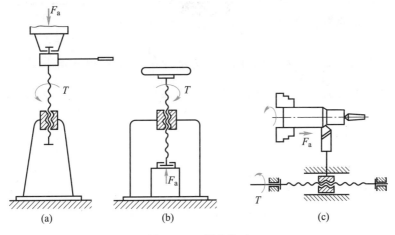

(a)   (b)   (c)

图 10-32   螺旋传动

（2）传导螺旋 以传递运动为主,并要求具有很高的运动精度,它常用作机床刀架或工作台的进给机构(图 10-32c)。

（3）调整螺旋 用于调整并固定零件或部件之间的相对位置(如图 13-4a、b 所示,用于调整带传动的初拉力)。调整螺旋不经常转动。

螺杆和螺母的材料除要求有足够的强度、耐磨性外,还要求两者配合时摩擦系数小。一般螺杆可选用 Q275、45 钢、50 钢等;重要螺杆可选用 T12、40Cr、65Mn 钢等,并进行热处理。常用的螺母材料有铸造锡青铜 ZCuSn10P1 和 ZCuSn5Pb5Zn5,重载、低速时可选用强度高的铸造铝青铜 ZCuAl10Fe3;在低速、轻载特别是不经常运转时,也可选用耐磨铸铁。

螺旋传动的失效主要是螺纹磨损,因此通常先由耐磨性条件,算出螺杆的直径和螺母高度,并参照标准确定螺旋各主要参数,而后对可能发生的其他失效——进行校核。

一、耐磨性计算

影响磨损的因素很多,目前还没有完善的计算方法,通常是限制螺纹接触处的压强 p。其校核公式为

$$p = \frac{F_a}{\pi d_2 hz} \leqslant [p] \quad \text{MPa} \tag{10-20}$$

式中: F_a 为轴向力,N; z 为参加接触的螺纹圈数; d_2 为螺纹中径, h 为螺纹工作高度,mm; $[p]$ 为许用压强,见表 10-9。

表 10-9 螺旋副的许用压强 $[p]$ MPa

配对材料		钢对铸铁	钢对青铜	淬火钢对青铜
许用压强	速度 $v < 12$ m/min	4～7	7～10	10～13
	低速,如人力驱动等	10～18	15～25	—

注:对于精密传动或要求使用寿命长时,可取表中值的 $\frac{1}{2} \sim \frac{1}{3}$。

为了设计方便,令 $\phi = \dfrac{H}{d_2}$, H 为螺母高度,又因 $z = \dfrac{H}{P}$, P 为螺距,梯形螺纹的工作高度 $h = 0.5P$,锯齿形螺纹的工作高度 $h = 0.75P$,将这些关系代入式(10-20)整理后,可得确定螺纹中径 d_2 的设计公式为

梯形螺纹 $$d_2 \geqslant 0.8 \sqrt{\frac{F_a}{\phi[p]}} \quad \text{mm} \tag{10-21}$$

锯齿形螺纹 $$d_2 \geqslant 0.65 \sqrt{\frac{F_a}{\phi[p]}} \quad \text{mm} \tag{10-22}$$

ϕ 值的取法:整体式螺母由于磨损后不能调整间隙,为使受力比较均匀,螺纹接触圈数不宜太多, ϕ 取为 1.2～2.5,剖分式螺母 ϕ 取为 2.5～3.5。但应注意,螺纹圈数 z 一般不宜

超过 10,因为螺纹各圈受力是不均匀的,第 10 圈以上的螺纹实际上起不到分担载荷的作用。

计算出中径 d_2 之后,应按标准选取相应的公称直径 d 及螺距 P。对有自锁要求的螺旋传动,还需验算所选螺纹参数能否满足自锁条件。

二、螺杆强度的校核

螺杆受有轴向力 F_a,因此在螺杆轴向产生压(或拉)应力;同时由于扭矩 T 使螺杆截面内产生扭切应力,T 按螺杆实际的受力情况确定。根据压(或拉)应力和扭切应力,按第四强度理论可求出危险截面的当量应力 σ_e,强度条件为

$$\sigma_e = \sqrt{\sigma^2 + 3\tau^2} = \sqrt{\left(\frac{4F_a}{\pi d_1^2}\right)^2 + 3\left(\frac{T}{\pi d_1^3/16}\right)^2} \leqslant [\sigma] \quad \text{MPa} \qquad (10-23)$$

式中:d_1 为螺纹小径;$[\sigma]$ 为螺杆材料的许用应力,对于碳钢可取为 $0.2 \sim 0.33\sigma_s$。

三、螺杆稳定性的校核

细长螺杆受到较大轴向压力时,可能丧失稳定性,其临界载荷与材料、螺杆长细比(或称柔度)$\lambda = \dfrac{\mu l}{i}$ 有关。

(1) 当 $\lambda \geqslant 100$ 时,临界载荷 F_c 由欧拉公式决定

$$F_c = \frac{\pi^2 EI}{(\mu l)^2} \quad \text{N} \qquad (10-24)$$

式中:E 为螺杆材料弹性模量,对于钢 $E = 2.06 \times 10^5$ MPa;I 为危险截面的惯性矩,对螺杆可按螺纹小径 d_1 计算,即 $I = \dfrac{\pi d_1^4}{64}$,$\text{mm}^4$;$l$ 为螺杆的最大工作长度,mm;μ 为长度系数,与螺杆端部结构有关,对于起重器可视为一端固定、一端自由,取 $\mu = 2$;对于压力机可视为一端固定、一端铰支,取 $\mu = 0.7$;对于传导螺杆可视为两端铰支,取 $\mu = 1$;i 为螺杆危险截面惯性半径,若螺杆危险截面面积 $A = \dfrac{\pi d_1^2}{4}$(mm^2),则 $i = \sqrt{\dfrac{I}{A}} = \dfrac{d_1}{4}$(mm)。

(2) 当 $40 < \lambda < 100$ 时,对于 $\sigma_B \geqslant 370$ MPa 的碳钢,取

$$F_c = (304 - 1.12\lambda) \frac{\pi d_1^2}{4} \quad \text{N} \qquad (10-25)$$

对于 $\sigma_B \geqslant 470$ MPa 的优质碳钢(如 35 钢、40 钢),取

$$F_c = (461 - 2.57\lambda) \frac{\pi d_1^2}{4} \quad \text{N} \qquad (10-26)$$

(3) 当 $\lambda \leqslant 40$ 时,不必进行稳定性校核。

稳定性校核应满足的条件为

$$F_a \leq \frac{F_c}{S} \tag{10 - 27}$$

式中,S 为稳定性校核安全系数,通常取 $S=2.5\sim4$。当不能满足上述条件时应增大螺纹小径。

四、螺纹牙强度的校核

防止沿螺母螺纹牙根部剪断的校核式为

$$\tau = \frac{F_a}{\pi Dbz} \leq [\tau] \quad \text{MPa} \tag{10 - 28}$$

式中,b 为螺纹牙根部的宽度,梯形螺纹 $b=0.65P$,锯齿形螺纹 $b=0.74P$。需校核螺杆螺纹牙的强度时,将式(10-28)中螺母的大径 D 换为螺杆的小径 d_1 即可。

对于铸铁螺母,取 $[\tau]=40$ MPa;对于青铜螺母,取 $[\tau]=30\sim40$ MPa。

§10-10　滚动螺旋简介

在螺旋和螺母之间设有封闭循环的滚道,滚道间充以钢珠,这样就使螺旋面的摩擦成为滚动摩擦,这种螺旋称为滚动螺旋或滚珠丝杠。滚动螺旋按滚道回路形式的不同,分为外循环和内循环两种(图 10-33)。钢珠在回路过程中,其返回通道离开螺旋表面的称为外循环,不离开的称为内循环。内循环螺母上开有侧孔,孔内装有反向器将相邻两螺纹滚道连通起来,钢珠越过螺纹顶部进入相邻滚道,形成一个循环回路。因此,一个循环回路里只有一圈钢珠和一个反向器。一个螺母常设置 2~4 个回路。外循环螺母为了缩短回路滚道的长度,也可在一个螺母中分为两个或三个回路。

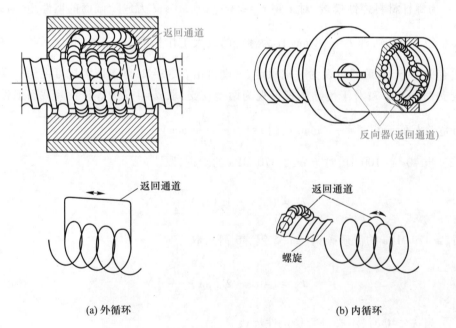

图 10-33　滚动螺旋

滚动螺旋的主要优点是:① 摩擦损失小,效率在 90% 以上;② 磨损很小,还可以用调整方法消除间隙并产生一定的预变形来增加刚度,因此其传动精度很高;③ 不具有自锁性,可以变直线运动为旋转运动,其效率也可达到 80% 以上。

滚动螺旋的缺点是:① 结构复杂,制造困难;② 有些机构中为防止逆转需另加自锁机构。

由于其明显的优点,滚动螺旋早已在汽车和拖拉机的转向机构中得到应用。目前在要求高效率和高精度之处多已广泛应用滚动螺旋,例如飞机机翼和起落架的控制、水闸的升降和数控机床等。

§10-11　键连接和花键连接

一、键连接的类型

键主要用来实现轴和轴上零件之间的周向固定以传递转矩。有些类型的键还可实现轴上零件的轴向固定或轴向移动。

键是标准件,分为平键、半圆键、楔键和切向键等,设计时应根据各类键的结构和应用特点进行选择。

1. 平键连接

平键的两侧面是工作面,上表面与轮毂槽底之间留有间隙(图 10-34)。这种键定心性较好,装拆方便。常用的平键有普通平键和导向平键两种。

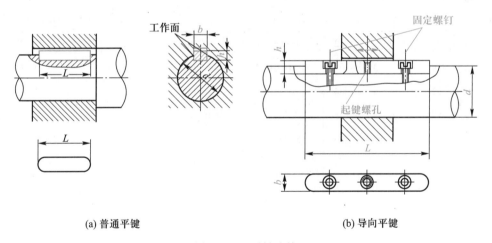

(a) 普通平键　　　　　　　　　　　(b) 导向平键

图 10-34　平键连接

普通平键的端部形状可制成圆头(A 型)、方头(B 型)或单圆头(C 型),如表 10-10 所示。圆头普通平键的轴槽用指形铣刀加工,键在槽中固定良好,但轴上键槽端部的应力集中较大。方头普通平键用盘形铣刀加工,轴的应力集中较小。单圆头普通平键常用于轴端。普通平键应用最广。

导向平键较长,需用螺钉固定在轴槽中,为了便于装拆,在键上制出起键螺孔(图 10-34b)。这种键能实现轴上零件的轴向移动,构成动连接。如变速箱的滑移齿轮即可采用导向平键。

表 10-10　普通平键和键槽的尺寸（摘自 GB/T 1095—2003、GB/T 1096—2003）　　mm

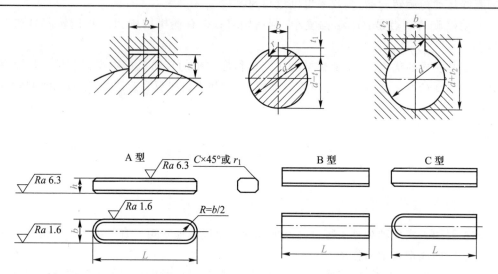

标记示例：

　　圆头普通平键（A 型），b = 16、h = 10、L = 100 的标记为：GB/T 1096 键 16×10×100

　　平头普通平键（B 型），b = 16、h = 10、L = 100 的标记为：GB/T 1096 键 B16×10×100

　　单圆头普通平键（C 型），b = 16、h = 10、L = 100 的标记为：GB/T 1096 键 C16×10×100

| 轴的直径 | 键的尺寸 | | | | 键槽 | | |
d	b	h	C 或 r	L	t_1	t_2	半径 r
自 6~8	2	2		6~20	1.2	1	
>8~10	3	3	0.16~0.25	6~36	1.8	1.4	0.08~0.16
>10~12	4	4		8~45	2.5	1.8	
>12~17	5	5		10~56	3.0	2.3	
>17~22	6	6	0.25~0.4	14~70	3.5	2.8	0.16~0.25
>22~30	8	7		18~90	4.0	3.3	
>30~38	10	8		22~110	5.0	3.3	
>38~44	12	8		28~140	5.0	3.3	
>44~50	14	9	0.4~0.6	36~160	5.5	3.8	0.25~0.4
>50~58	16	10		45~180	6.0	4.3	
>58~65	18	11		50~200	7.0	4.4	
>65~75	20	12	0.5~0.8	56~220	7.5	4.9	0.4~0.6
>75~85	22	14		63~250	9.0	5.4	

注：L 系列为 6,8,10,12,14,18,20,22,25,28,32,36,40,45,50,56,63,70,80,90,100,110,125,140,160,180,200,220,…。

2. 半圆键连接

半圆键也是以两侧面为工作面（图 10-35），它与平键一样具有定心较好的优点。半圆键能在轴槽中摆动以适应毂槽底面，装配方便。它的缺点是键槽对轴的削弱较大，只适用于轻载连接。

锥形轴端采用半圆键连接在工艺上较为方便（图 10-35b）。

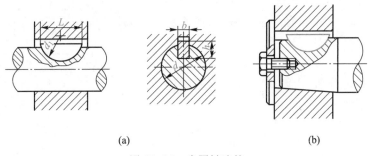

图 10-35 半圆键连接

3. 楔键连接和切向键连接

楔键的上、下面是工作面（图 10-36），键的上表面有 1：100 的斜度，轮毂键槽的底面也有 1：100 的斜度，把楔键打入轴和毂槽内时，其工作面上产生很大的预紧力 F_n。工作时，主要靠摩擦力 fF_n（f 为接触面间的摩擦系数）传递转矩 T，并能承受单方向的轴向力。

由于楔键打入时迫使轴和轮毂产生偏心 e（图 10-36a），因此楔键仅适用于定心精度要求不高、载荷平稳和低速的连接。

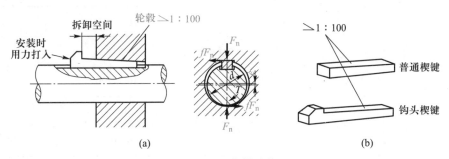

图 10-36 楔键连接

楔键分为普通楔键和钩头楔键两种（图 10-36b）。钩头楔键的钩头是为了拆键用的。

此外，在重型机械中常采用切向键连接。切向键由一对楔键组成（图 10-37a），装配时将两键楔紧。键的窄面是工作面，工作面上的压力沿轴的切线方向作用，能传递很大的转矩。当双向传递转矩时，需用两对切向键并分布成 120°~130°（图 10-37b）。

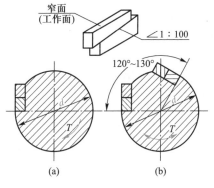

图 10-37 切向键连接

二、平键连接的强度校核

键的材料采用强度极限 σ_B 不小于 600 MPa 的碳钢,通常用 45 钢。键的截面尺寸应按轴径 d 从键的标准中查取;键的长度 L 可略小轮毂长度,从标准中查取(见表 10-10 注)。必要时应进行强度校核。

平键连接的主要失效形式是工作面的压溃和磨损(对于动连接)。除非有严重过载,一般不会出现键的剪断(如图 10-38 所示,沿 a—a 面剪断)。

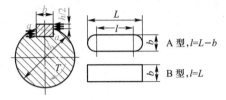

图 10-38　平键连接受力情况

设载荷为均匀分布,由图 10-38 可得平键连接的挤压强度条件

$$\sigma_p = \frac{4T}{dhl} \leqslant [\sigma_p] \tag{10-29}$$

对于导向平键连接(动连接),计算依据是磨损,应限制压强。即

$$p = \frac{4T}{dhl} \leqslant [p] \tag{10-30}$$

式中:T 为转矩,N·mm;d 为轴径,h 为键的高度,l 为键的工作长度,mm;$[\sigma_p]$ 为许用挤压应力,$[p]$ 为许用压强,MPa(表 10-11)。

表 10-11　连接件的许用挤压应力和许用压强　　　　　　　　　　MPa

许用值	轮毂材料	载荷性质		
		静载荷	轻微冲击	冲击
$[\sigma_p]$	钢	125~150	100~120	60~90
	铸铁	70~80	50~60	30~45
$[p]$	钢	50	40	30

注:在键连接的组成零件(轴、键、轮毂)中,轮毂材料较弱。

若强度不够,可采用两个键,相隔 180°布置(图 10-39)。考虑到载荷分布的不均匀性,在强度校核中可按 1.5 个键计算。

三、花键连接

轴和轮毂孔周向均布的多个键齿构成的连接称为花键连接。齿的侧面是工作面。由于是多齿传递载荷,所以花键连接比平键连接具有承载能力强、对轴的削弱程度小(齿浅、应力集中小)、定心好和导向性能好等优点。它适用于定心精度要求高、载荷大或经常滑移的连接。按齿形的不同,可分为矩形花键连接和渐开线花键连接。矩形花键连接应用广泛,它靠

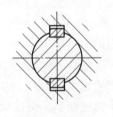

图 10-39　两个平键组成的连接

小径定心(图 10-40a),即轴和毂的小径需经磨削,形成配合面,使定心精度高。渐开线花键连接的齿廓为渐开线,它靠齿廓定心(图 10-40b),使各齿受力均匀,能承受较大的载荷。

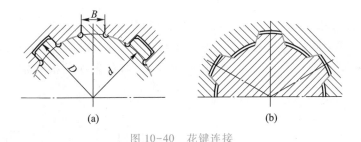

图 10-40　花键连接

花键连接可以做成静连接,也可以做成动连接,一般只验算挤压强度和耐磨性。以矩形花键为例,由国标可查得大径 D、小径 d、键宽 B(单位均为 mm)和齿数 z,设各齿压力的合力作用在平均半径 r_m 处,载荷不均匀系数 $K=0.7 \sim 0.8$,则连接所能传递的扭矩如下:

$$\left.\begin{array}{ll} \text{静连接} & T = K z h l' r_m [\sigma_p] \\ \text{动连接} & T = K z h l' r_m [p] \end{array}\right\} \tag{10-31}$$

式中:l' 为齿的接触长度,h 为齿面工作高度,mm;$[\sigma_p]$ 为许用挤压应力,$[p]$ 为许用压强,MPa。对于矩形花键,$h = \dfrac{D-d}{2} - 2C$,$r_m = \dfrac{D+d}{4}$,其中 C 为齿顶的倒圆半径。

花键连接的零件多用强度极限不低于 600 MPa 的钢料制造,多数需热处理,特别是在载荷下频繁移动的花键齿,应通过热处理获得足够的硬度以抗磨损。花键连接的许用挤压应力和许用压强可由表 10-12 查取。

表 10-12　花键连接的许用挤压应力 $[\sigma_p]$ 和许用压强 $[p]$　　　　MPa

连接工作方式	使用和制造情况	$[\sigma_p]$ 或 $[p]$	
		齿面未经热处理	齿面经过热处理
静连接 $[\sigma_p]$	不良 中等 良好	35~50 60~100 80~120	40~70 100~140 120~200
动连接 $[p]$ (不在载荷下移动)	不良 中等 良好	15~20 20~30 25~40	20~35 30~60 40~70
动连接 $[p]$ (在载荷下移动)	不良 中等 良好	— — —	3~10 5~15 10~20

注:使用和制造情况不良是指受变载、有双向冲击、振动频率高和振幅大、润滑不好(对动连接)、材料硬度不高和精度不高等。

§10-12　销　连　接

销的主要用途是固定零件之间的相互位置,并可传递不大的载荷。

销的基本形式为圆柱销和圆锥销(图 10-41a、b)。圆柱销经过多次装拆,其定位精度会降低。圆锥销有 1:50 的锥度,安装比圆柱销方便,多次装拆对定位精度的影响也较小。

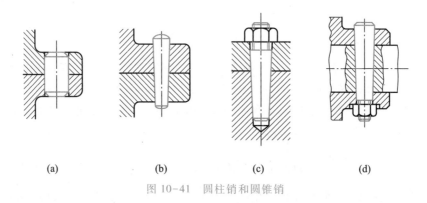

(a)　　　　(b)　　　　(c)　　　　(d)

图 10-41　圆柱销和圆锥销

销的常用材料为 35 钢、45 钢。

销还有许多特殊形式。图 10-41c 是大端具有外螺纹的圆锥销,便于拆卸,可用于盲孔;图 10-41d 是小端带外螺纹的圆锥销,可用螺母锁紧,适用于有冲击的场合。图 10-42a 是带槽的圆柱销,销上有三条压制的纵向沟槽;图 10-42b 是放大的俯视图,其细线表示打入销孔前的形状,实线表示打入后变形的结果,这使销与孔壁压紧,不易松脱,能承受振动和变载荷。使用这种销连接时,销孔不需要铰制,且可多次装拆。

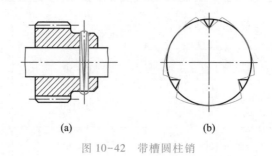

(a)　　　　　(b)

图 10-42　带槽圆柱销

习题

10-1　试证明具有自锁性的螺旋传动,其效率恒小于 50%。

10-2　试计算 M20、M20×1.5 螺纹的螺纹升角,并指出哪种螺纹的自锁性较好。

10-3　用 12 in(英寸)扳手拧紧 M8 螺栓。已知螺栓力学性能等级为 4.8 级,螺纹间摩擦系数 $f=0.1$,螺母与支承面间摩擦系数 $f_c=0.12$,手掌中心至螺栓轴线的距离 $l=240$ mm。试问当手掌施力 125 N 时,该螺栓所产生的拉应力为多少？螺栓会不会损坏？（由设计手册可查得 M8 螺母 $d_w = 11.5$ mm, $d_0 = 9$ mm）。

10-4　题 10-4 图所示升降机构承受载荷 $F_a = 100$ kN，采用梯形螺纹，$d = 70$ mm, $d_2 = 65$ mm, $P = 10$ mm，线数 $n = 4$。支承面采用推力球轴承，升降台的上下移动处采用导向滚轮，它们的摩擦阻力近似为零。试计算：（1）工作台稳定上升时的效率，已知螺旋副当量摩擦系数为 0.10；（2）稳定上升时加于螺杆上的力矩；（3）若工作台以 800 mm/min 的速度上升，试按稳定运转条件求螺杆所需的转速和功率；（4）欲使工作台在载荷 F_a 的作用下等速下降，是否需要制动装置？加于螺杆上的制动力矩应为多少？

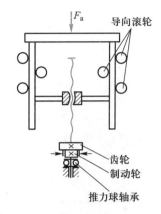

题 10-4 图

10-5　如题 10-5 图所示，用两个 M10 的螺钉固定一牵曳钩，若螺钉力学性能等级为 4.6 级，装配时控制预紧力，接合面摩擦系数 $f = 0.15$，求其允许的牵曳力。

10-6　在题 10-6 图所示某重要拉杆螺纹连接中，已知拉杆所受拉力 $F_a = 13$ kN，载荷稳定，拉杆材料为 Q275，试计算螺纹接头的螺纹。

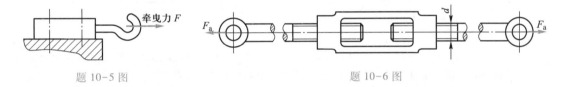

题 10-5 图　　　　　　　　　　　　题 10-6 图

10-7　在题 10-7 图所示夹紧螺栓中，已知螺栓数为 2，螺纹为 M20，螺栓力学性能等级为 4.8 级，轴径 $D = 50$ mm，杠杆长 $L = 400$ mm，轴与夹壳间的摩擦系数 $f = 0.15$，试求施加于杠杆端部的作用力 W 的允许值。

10-8　题 10-8 图所示凸缘联轴器，允许传递最大转矩 $T = 630$ N·m（静载荷），材料为 HT250。联轴器用 4 个 M12 铰制孔用螺栓连成一体，取螺栓力学性能等级为 8.8 级。（1）试查手册确定该螺栓的合适长度并写出其标记（已选定配用螺母为带尼龙圈的防松螺母，其厚度不超过 10.23 mm）；（2）校核其剪切和挤压强度（装入铰制孔用螺栓的装配图见第 17 章图 17-1a）。

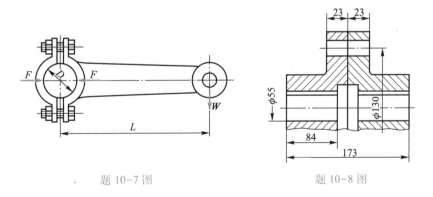

题 10-7 图　　　　　　　　　　题 10-8 图

10-9　题 10-8 的螺栓连接如果改用 6 个 M16 螺栓依靠其预紧后产生的摩擦力来传递转矩（装配图见图 17-1b），接合面摩擦系数 $f = 0.15$，安装时不要求严格控制预紧力，试选用合适的螺栓和螺母力学性能等级。

10-10　一钢制液压油缸(题 10-10 图),油压 $p = 3$ MPa,油缸内径 $D = 160$ mm。为保证气密性要求,螺柱间距 l 不得大于 $4.5d$(d 为螺柱大径),若取螺柱力学性能等级为 5.8 级,试计算此油缸的螺柱连接和螺柱分布圆直径 D_0。

10-11　一手动螺旋起重器(图 10-32a)的最大起重量 $F_a = 40$ kN,施加于手柄的力 $F = 250$ N,螺旋采用单头梯形螺纹,公称直径 $d = 52$ mm,螺纹间的摩擦系数 $f = 0.15$,支承面摩擦系数 $f_c \approx 0$。(1)确定此起重器的手柄长度 L,并说明计算所得的手柄长度是否合适;(2)计算螺母的高度 H。

10-12　试计算一起重器的螺杆和螺母的主要尺寸。已知重量 $F_a = 30$ kN,最大举起高度 $l = 550$ mm,螺杆用 45 钢,螺母用铝青铜 ZCuAl10Fe3。

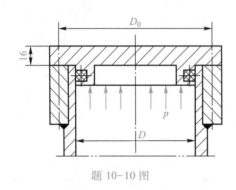

题 10-10 图

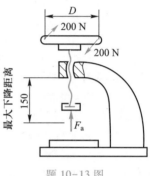

题 10-13 图

10-13　如题 10-13 图所示,一小型压力机的最大压力为 25 kN,螺旋副采用梯形螺纹,螺杆取 45 钢正火,$[\sigma] = 80$ MPa。螺母材料为 ZCuAl10Fe3。设压头支承面平均直径 $D_m =$ 螺纹中径 d_2,操作时螺旋副当量摩擦系数 $f' = 0.12$,压头支承面摩擦系数 $f_c = 0.10$。试求螺纹参数(要求自锁)和手轮直径。

10-14　试为题 10-8 中的联轴器选择平键并验算键连接的强度。

10-15　题 10-8 中的联轴器若改成矩形花键连接,轴和联轴器均用 45 钢。(1)试选择花键尺寸并验算该连接的强度;(2)和题 10-14 的计算结果作比较。(提示:为保证轴的强度,在选择花键尺寸时应使花键的小径接近 $\phi 55$ mm。)

第 11 章

齿轮传动

大多数齿轮传动不仅用来传递运动,而且还要传递动力。因此,齿轮传动除须运转平稳外,还必须具有足够的承载能力。有关齿轮机构的啮合原理、几何计算和切齿方法已在第 4 章论述。本章以上述知识为基础,着重论述标准齿轮传动的强度计算。

按照工作条件,齿轮传动可分为闭式传动和开式传动两种。闭式传动的齿轮封闭在刚性的箱体内,因而能保证良好的润滑和工作条件。重要的齿轮传动都采用闭式传动。开式传动的齿轮是外露的,不能保证良好的润滑,而且易落入灰尘、杂质,故齿面易磨损,只宜用于低速传动。

§11-1 轮齿的失效形式和设计计算准则

一、轮齿的失效形式

轮齿的失效形式主要有以下五种:

1. 轮齿折断

轮齿折断一般发生在齿根部分(图 11-1),因为轮齿受力时齿根弯曲应力最大,而且有应力集中。

轮齿因短时意外的严重过载而引起的突然折断,称为过载折断。用淬火钢或铸铁制成的齿轮,容易发生这种折断。

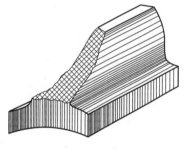

图 11-1 轮齿折断

在载荷的多次重复作用下,弯曲应力超过弯曲疲劳极限时,齿根部分将产生疲劳裂纹,裂纹的逐渐扩展最终将引起轮齿折断,这种折断称为疲劳折断。若轮齿单侧工作,根部弯曲应力一侧为拉伸,另一侧为压缩,轮齿脱离啮合时,弯曲应力为零,因此就任一侧而言,其应力都是按脉动循环变化的。若轮齿双侧工作,则弯曲应力可按对称循环变化作近似计算。

2. 齿面点蚀

轮齿工作时,其工作表面上任一点所产生的接触应力系由零(该点未进入啮合时)增加到一最大值(该点啮合时),即齿面接触应力是按脉动循环变化的。若齿面接触应力超出材料的接触疲劳极限,在载荷的多次重复作用下,齿面表层就会产生细微的疲劳裂纹,裂纹的蔓延扩展使金属微粒剥落下来而形成疲劳点蚀,使轮齿啮合情况恶化而报废。理论分析和实践均表明,疲劳点蚀首先出现在齿根表面靠近节线处(图 11-2)。这是因为在该处同时啮合的齿数较少,接触应力较大。且在该区域齿面相对运动速度低,难于形成油膜润滑,故所受的摩擦力较大。在摩擦力和接触应力作用下,容易产生点蚀现象。齿面抗点蚀能力主要与齿面硬度有关,齿面硬度越高,抗点蚀能力越强。

软齿面(齿面硬度≤350 HBW)的闭式齿轮传动常因齿面点蚀而失效。在开式传动中,由于齿面磨损较快,点蚀还来不及出现或扩展即被磨掉,所以一般看不到点蚀现象。

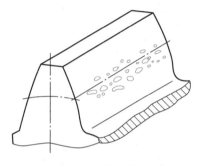

图 11-2　齿面点蚀　　　　　　　　图 11-3　齿面胶合

3. 齿面胶合

在高速、重载传动中,齿面间压力大、相对滑动速度高,因摩擦发热而使啮合区温度升高而引起润滑失效,致使两齿面金属直接接触并相互黏结,而随后的齿面相对运动,较软的齿面沿滑动方向被撕下而形成沟纹(图 11-3),这种现象称为齿面胶合。齿面胶合主要发生在齿顶、齿根等相对速度较大处。在低速、重载传动中,由于齿面间的润滑油膜不易形成,也易产生胶合破坏。

提高齿面硬度和减小表面粗糙度值能增强抗胶合能力,对于低速传动,采用黏度较大的润滑油;对于高速传动,采用含抗胶合添加剂的润滑油也很有效。

4. 齿面磨损

齿面磨损通常有磨粒磨损和跑合磨损两种。由于灰尘、硬屑粒等进入齿面间而引起的磨粒磨损,在开式传动中是难以避免的。齿面过度磨损(图 11-4)后,齿廓显著变形,常导致严重噪声和振动,最终使传动失效。采用闭式传动、减小齿面表面粗糙度值和保持良好的润滑,可以防止或减轻这种磨损。

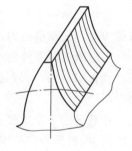

图 11-4　过度磨损

新的齿轮副,由于加工后表面具有一定的粗糙度,受载时实际上只有部分峰顶接触。接触处压强很高,因而在开始运转期间,磨损速度和磨损量都较大,磨损到一定程度后,摩擦面逐渐光洁,压强减小,磨损速度缓慢,这种磨损称为跑合。人们有意地使新齿轮副在轻载下进行跑合,可为随后的正常磨损创造有利条件。但应注意,跑合结束后,必须清洗和更换润滑油。

5. 齿面塑性变形

在重载下,较软的齿面上可能产生局部的塑性变形,使齿廓失去正确的齿形。这种损坏常在过载严重和起动频繁的传动中遇到。

二、齿轮设计计算准则

（1）对于闭式齿轮传动，必须计算轮齿弯曲疲劳强度和齿面接触疲劳强度，以免产生轮齿疲劳折断和齿面点蚀。对于高速重载齿轮传动，还必须计算其抗胶合能力。而对于一般的传动，只要选择恰当的润滑方式和润滑油的牌号和黏度，即可避免产生胶合和磨损。

（2）对于开式传动，只需计算轮齿的弯曲疲劳强度，以免轮齿疲劳折断。由于开式传动的轮齿齿面磨损速度大于齿面点蚀速度，故不用计算齿面接触强度。

对于齿面胶合和磨损，目前尚无成熟的计算方法，一般可将由弯曲强度计算出来的模数值加大 10%~15%，以补偿预期的磨损量。

§11-2　齿轮材料及热处理

常用的齿轮材料是各种牌号的优质碳钢、合金结构钢、铸钢和铸铁等，一般多采用锻件或轧制钢材。当齿轮较大（例如直径大于 400~600 mm）而轮坯不易锻造时，可采用铸钢；开式低速传动可采用灰铸铁；球墨铸铁有时可代替铸钢。表 11-1 列出了常用的齿轮材料及其热处理后的硬度等力学性能。

表 11-1　常用的齿轮材料及其力学性能

材料牌号	热处理方式	硬度	接触疲劳极限 $\sigma_{H\lim}$/MPa	弯曲疲劳极限 σ_{FE}/MPa
45	正火	156~217 HBW	350~400	280~340
	调质	197~286 HBW	550~620	410~480
	表面淬火	40~50 HRC	1 120~1 150	680~700
40Cr	调质	217~286 HBW	650~750	560~620
	表面淬火	48~55 HRC	1 150~1 210	700~740
40CrMnMo	调质	229~363 HBW	680~710	580~690
	表面淬火	45~50 HRC	1 130~1 150	690~700
35SiMn	调质	207~286 HBW	650~760	550~610
	表面淬火	45~50 HRC	1 130~1 150	690~700
40MnB	调质	241~286 HBW	680~760	580~610
	表面淬火	45~55 HRC	1 130~1 210	690~720
38SiMnMo	调质	241~286 HBW	680~760	580~610
	表面淬火	45~55 HRC	1 130~1 210	690~720
	氮碳共渗	57~63 HRC	880~950	790
38CrMoAlA	调质	255~321 HBW	710~790	600~640
	渗氮	>850 HV	1 000	720
20CrMnTi	渗氮	>850 HV	1 000	715
	渗碳淬火,回火	56~62 HRC	1 500	850
20Cr	渗碳淬火,回火	56~62 HRC	1 500	850

续表

材料牌号	热处理方式	硬度	接触疲劳极限 $\sigma_{H\lim}$/MPa	弯曲疲劳极限 σ_{FE}/MPa
ZG310-570	正火	163~197 HBW	280~330	210~250
ZG340-640	正火	179~207 HBW	310~340	240~270
ZG35SiMn	调质	241~269 HBW	590~640	500~520
	表面淬火	45~53 HRC	1 130~1 190	690~720
HT300	时效	187~255 HBW	330~390	100~150
QT500-7	正火	170~230 HBW	450~540	260~300
QT600-3	正火	190~270 HBW	490~580	280~310

注：$\sigma_{H\min}$、σ_{FE}值与材料硬度呈线性正相关。表中的 $\sigma_{H\lim}$、σ_{FE}数值，是根据 GB/T 3480—1997 提供的线图，依材料的硬度值查得，它适用于材质和热处理质量达到中等要求时。

齿轮常用的热处理方法有以下几种：

1. 表面淬火

表面淬火一般用于中碳钢和中碳合金钢，例如 45 钢、40Cr 等。表面淬火后轮齿变形不大，可不磨齿，齿面硬度可达 52~56 HRC。由于齿面接触强度高，耐磨性好，而齿心部未淬硬仍有较高的韧性，故能承受一定的冲击载荷。表面淬火的方法有高频淬火和火焰淬火等。

2. 渗碳淬火

渗碳钢为含碳质量分数为 0.15%~0.25% 的低碳钢和低碳合金钢，例如 20 钢、20Cr 等。渗碳淬火后齿面硬度可达 56~62 HRC，齿面接触强度高，耐磨性好，而齿心部仍保持有较高的韧性，常用于受冲击载荷的重要齿轮传动。通常渗碳淬火后要磨齿。

3. 调质

调质一般用于中碳钢和中碳合金钢，例如 45 钢、40Cr、35SiMn 等。调质处理后齿面硬度一般为 220~286 HBW。因硬度不高，故可在热处理以后精切齿形而不用磨齿，且在使用中易于跑合。

4. 正火

正火能消除内应力、细化晶粒、改善力学性能和切削性能。机械强度要求不高的齿轮可用中碳钢正火处理。大直径的齿轮可用铸钢正火处理。

5. 渗氮

渗氮是一种化学热处理。渗氮后不再进行其他热处理，齿面硬度可达 60~62 HRC。因氮化处理温度低，齿的变形小，因此适用于难以磨齿的场合，例如内齿轮。但由于氮化层很薄，且容易压碎，其承载能力不及渗碳淬火，也不适于受冲击载荷和会产生严重磨损的场合。常用的渗氮钢为 38CrMoAlA。

上述五种热处理中，调质和正火两种处理后的齿面硬度较低（≤350 HBW），为软齿面，其工艺过程较简单，但因齿面硬度较低，故其接触疲劳极限和弯曲疲劳极限较低；用其他三种方法处理后的齿面硬度较高，为硬齿面。硬齿面的接触疲劳极限和弯曲疲劳极限较高，故设计出来的传动尺寸较紧凑，但制造工艺过程较复杂。

当大、小齿轮都是软齿面时，考虑到小齿轮齿根较薄，弯曲强度较低，且受载次数较多，故在选择材料和热处理时,一般取小齿轮齿面硬度比大齿轮高 20~50 HBW,以使小齿轮的弯曲疲劳极限稍高于大齿轮,大、小齿轮轮齿的弯曲强度相近。硬齿面齿轮的承载能力较强,但需专门设备磨齿,常用于要求结构紧凑或生产批量大的齿轮。当大、小齿轮都是硬齿面时,小齿轮的硬度应略高,也可和大齿轮相等。

§11-3　齿轮传动的精度

制造和安装齿轮传动装置时,不可避免地会产生误差(如齿形误差、齿距误差、齿向误差、两轴线不平行等)。误差对传动带来以下三方面的影响:

(1)相啮合齿轮在一转范围内实际转角与理论转角不一致,即影响传递运动的准确性。

(2)瞬时传动比不能保持恒定不变,齿轮在一转范围内会出现多次重复的转速波动,特别在高速传动中将引起振动、冲击和噪声,即影响传动的平稳性。

(3)齿向误差能使轮齿上的载荷分布不均匀,当传递较大转矩时,易引起早期损坏,即影响载荷分布的均匀性。

国家标准 GB/T 10095.1—2008 对圆柱齿轮及齿轮副规定了 0~12 共 13 个精度等级,其中 0 级的精度最高,12 级的精度最低,常用的是 6~9 级精度。

按照误差的特性及它们对传动性能的主要影响,将齿轮的各项公差分成三个组,分别反映传递运动的准确性、传动的平稳性和载荷分布的均匀性。此外,考虑到齿轮制造误差以及工作时轮齿变形和受热膨胀,同时为了便于润滑,需要有一定的齿侧间隙,为此标准中还规定了 14 种齿厚偏差。表 11-2 列出了精度等级的荐用范围,供设计时参考。

表 11-2　齿轮传动精度等级的选择及应用

精度等级	圆周速度 $v/(m/s)$			应用
	直齿圆柱齿轮	斜齿圆柱齿轮	直齿锥齿轮	
6 级	≤15	≤30	≤12	高速重载的齿轮传动,如飞机、汽车和机床中的重要齿轮,分度机构的齿轮传动
7 级	≤10	≤15	≤8	高速中载或中速重载的齿轮传动,如标准系列减速器中的齿轮、汽车和机床中的齿轮
8 级	≤6	≤10	≤4	机械制造中对精度无特殊要求的齿轮
9 级	≤2	≤4	≤1.5	低速及对精度要求低的传动

§11-4　直齿圆柱齿轮传动的作用力及计算载荷

一、轮齿上的作用力

为了计算轮齿的强度、设计轴和轴承,有必要分析轮齿上的作用力。

设一对标准直齿圆柱齿轮按标准中心距安装,其齿廓在 C 点接触(图 11-5a),如果略去摩擦力,则轮齿间相互作用的总压力为法向力 F_n,其方向沿啮合线。如图 11-5b 所示,F_n 可分解为 F_t 和 F_r 两个分力:

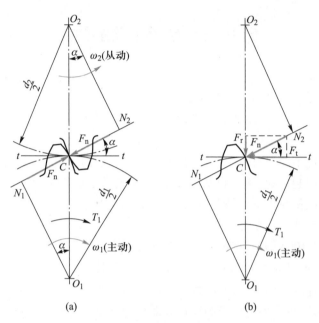

图 11-5　直齿圆柱齿轮传动的作用力

圆周力 $$F_t = \frac{2T_1}{d_1} \quad \text{N} \tag{11-1}$$

径向力 $$F_r = F_t \tan \alpha \quad \text{N} \tag{11-1a}$$

而法向力 $$F_n = \frac{F_t}{\cos \alpha} \quad \text{N} \tag{11-1b}$$

式中:T_1 为小齿轮上的转矩,$T_1 = 10^6 \dfrac{P}{\omega_1} = 9.55 \times 10^6 \dfrac{P}{n_1} (\text{N} \cdot \text{mm})$,$P$ 为所传递的功率(kW),ω_1 为小齿轮上的角速度,$\omega_1 = \dfrac{2\pi n_1}{60}$ rad/s,n_1 为小齿轮的转速(r/min);d_1 为小齿轮的分度圆直径,mm;α 为压力角。

圆周力 F_t 的方向在主动轮上与运动方向相反,在从动轮上与运动方向相同。径向力 F_r 的方向与齿轮回转方向无关,对两轮都是由作用点指向各自的轮心。

二、计算载荷

上述的法向力 F_n 为名义载荷。理论上,F_n 应沿齿宽均匀分布,但由于轴和轴承的变形、传动装置的制造和安装误差等原因,载荷沿齿宽的分布并不是均匀的,即出现载荷集中现象。如图 11-6a 所示,齿轮位置对轴承不对称时,由于轴的弯曲变形,齿轮将相互倾斜,这时轮齿左端载荷增大(图 11-6b)。轴和轴承的刚度越小、齿宽 b 越大,载荷集中越严重。此外,由于各种原动机和工作机的特性不同、齿轮制造误差以及轮齿变形等原因,还会引起附加动载荷。精度越低、圆周速度越高,附加动载荷就越大。因此,计算齿轮强度时,通常用计算载荷 KF_n 代替名义载荷 F_n,以考虑载荷集中和附加动载荷的影响。K 为载荷系数,其值可由表 11-3 查取。

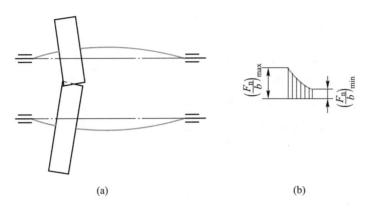

(a)　　　　　　　　　　(b)

图 11-6　轴的弯曲变形引起的齿向偏载

表 11-3　载荷系数 K

原动机	工作机械的载荷特性		
	均匀	中等冲击	大的冲击
电动机	1~1.2	1.2~1.6	1.6~1.8
多缸内燃机	1.2~1.6	1.6~1.8	1.9~2.1
单缸内燃机	1.6~1.8	1.8~2.0	2.2~2.4

注:斜齿、圆周速度低、精度高、齿宽系数小时取小值,直齿、圆周速度高、精度低、齿宽系数大时取大值。齿轮在两轴承之间对称布置时取小值,齿轮在两轴承之间不对称布置及悬臂布置时取大值。

§11-5　直齿圆柱齿轮传动的齿面接触强度计算

齿轮强度计算是根据齿轮可能出现的失效形式来进行的。在一般闭式齿轮传动中,轮齿的主要失效形式是齿面接触疲劳点蚀和轮齿弯曲疲劳折断,本章介绍 GB/T 3480—1997 规定的这两种强度计算方法(经适当简化)。

齿面疲劳点蚀与齿面接触应力的大小有关,而齿面最大接触应力可近似地用赫兹公式即式(9-13)进行计算,即

$$\sigma_H = \sqrt{\frac{F_n}{\pi b} \cdot \frac{\dfrac{1}{\rho_1} \pm \dfrac{1}{\rho_2}}{\dfrac{1-\mu_1^2}{E_1} + \dfrac{1-\mu_2^2}{E_2}}}$$

式中:下标 1 为小齿轮、下标 2 为大齿轮,正号用于外啮合,负号用于内啮合,各符号的意义见 §9-3。

实验表明,齿根部分靠近节线处最易发生点蚀,故常取节点处的接触应力为计算依据。对于标准齿轮传动,由图 11-5a 可知,节点处的齿廓曲率半径

$$\rho_1 = N_1 C = \frac{d_1}{2}\sin\alpha, \ \rho_2 = N_2 C = \frac{d_2}{2}\sin\alpha$$

令 $u = d_2/d_1 = z_2/z_1$,可得

$$\frac{1}{\rho_1} \pm \frac{1}{\rho_2} = \frac{\rho_2 \pm \rho_1}{\rho_1 \rho_2} = \frac{2(d_2 \pm d_1)}{d_1 d_2 \sin\alpha} = \frac{u \pm 1}{u}\frac{2}{d_1 \sin\alpha}$$

式中,$u(\geqslant 1)$ 称为齿数比。齿数比与传动比的关系为:当小齿轮 1 主动用作减速传动时,$u = i_{12}$;当大齿轮 2 主动用作增速传动时,$u = 1/i_{21}$。

在节点处,一般仅有一对齿啮合,即载荷由一对齿承担,故

$$\sigma_H = \sqrt{\frac{F_n \dfrac{2}{d_1 \sin\alpha}\dfrac{u \pm 1}{u}}{\pi b \left(\dfrac{1-\mu_1^2}{E_1} + \dfrac{1-\mu_2^2}{E_2}\right)}} = \sqrt{\frac{\dfrac{F_t}{\cos\alpha}\dfrac{2}{d_1 \sin\alpha}\dfrac{u \pm 1}{u}}{\pi b \left(\dfrac{1-\mu_1^2}{E_1} + \dfrac{1-\mu_2^2}{E_2}\right)}}$$

令 $Z_E = \sqrt{\dfrac{1}{\pi\left(\dfrac{1-\mu_1^2}{E_1} + \dfrac{1-\mu_2^2}{E_2}\right)}}$,称为弹性系数,$\sqrt{\text{MPa}}$,其数值与材料有关,可查表 11-4。

表 11-4　弹性系数 Z_E　　　　　　　　　　　$\sqrt{\text{MPa}}$

	灰铸铁	球墨铸铁	铸钢	锻钢	夹布胶木
锻钢	162.0	181.4	188.9	189.8	56.4
铸钢	161.4	180.5	188.0	—	—
球墨铸铁	156.6	173.9	—	—	—
灰铸铁	143.7	—	—	—	—

令 $Z_H = \sqrt{\dfrac{2}{\sin\alpha\cos\alpha}}$,称为区域系数,对于标准齿轮,$Z_H = 2.5$,因此可得

$$\sigma_H = 2.5 Z_E \sqrt{\frac{F_t}{bd_1}\frac{u \pm 1}{u}}$$

以 KF_t 取代 F_t,且 $F_t = \dfrac{2T_1}{d_1}$,得

$$\sigma_H = 2.5 Z_E \sqrt{\frac{2KT_1}{bd_1^2}\frac{u \pm 1}{u}} \leqslant [\sigma_H] \quad \text{MPa} \tag{11-2}$$

式中:b 为齿的宽度;T_1 的单位为 N·mm,b、d 的单位为 mm。

式(11-2)可用来验算齿面的接触强度。

令 $\phi_d = \dfrac{b}{d_1}$，代入式(11-2)，可得设计公式

$$d_1 \geqslant 2.32 \sqrt[3]{\dfrac{KT_1}{\phi_d} \dfrac{u \pm 1}{u} \left(\dfrac{Z_E}{[\sigma_H]}\right)^2} \quad \text{mm} \qquad (11-3)$$

式中，$[\sigma_H]$ 应取配对齿轮中的较小的许用接触应力。

$$[\sigma_H] = \dfrac{\sigma_{H\,lim}}{S_H} \quad \text{MPa}$$

式中：$\sigma_{H\,lim}$ 为试验齿轮失效概率为 1/100 时的接触疲劳强度极限，它与齿面硬度有关，见表 11-1；S_H 为安全系数，见表 11-5。

由式(11-3)所得即为满足齿面接触强度所需的最小 d_1 值。

表 11-5 最小安全系数 S_H、S_F 的参考值

使用要求	$S_{H\,min}$	$S_{F\,min}$
高可靠度(失效概率≤1/10 000)	1.5	2.0
较高可靠度(失效概率≤1/1 000)	1.25	1.6
一般可靠度(失效概率≤1/100)	1.0	1.25

注：对于一般工业用齿轮传动，可用一般可靠度。

§11-6 直齿圆柱齿轮传动的轮齿弯曲强度计算

计算弯曲强度时，仍假定全部载荷仅由一对轮齿承担。显然，当载荷作用于齿顶时，齿根所受的弯曲力矩最大。如§4-5所述，当轮齿在齿顶啮合时，相邻的一对轮齿也处于啮合状态（因重合度恒大于1），载荷理应由两对轮齿分担。但考虑到加工和安装的误差，对一般精度的齿轮按一对轮齿承担全部载荷计算较为安全。

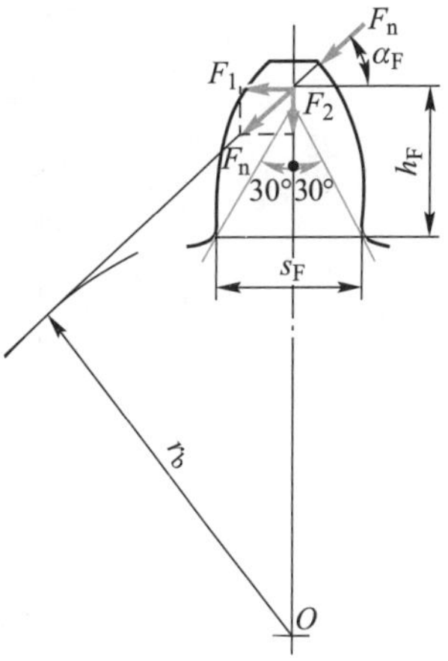

计算时将轮齿看作悬臂梁（图11-7）。其危险截面可用30°切线法确定，即作与轮齿对称中心线成30°夹角并与齿根圆角相切的斜线，而认为两切点连线是危险截面位置（轮齿折断的实际情况与此基本相符）。危险截面处齿厚为 s_F。

法向力 F_n 与轮齿对称中心线的垂线的夹角为 α_F，F_n 可分解为 $F_1 = F_n \cos \alpha_F$ 和 $F_2 = F_n \sin \alpha_F$ 两个分力，F_1 使齿根产生弯曲应力，F_2 则产生压缩应力。因后者较小，故通常略去不计。齿根危险截面的弯曲力矩为

$$M = KF_n h_F \cos \alpha_F$$

式中：K 为载荷系数；h_F 为弯曲力臂。

图 11-7 齿根危险截面

危险截面的弯曲截面系数 W 为

$$W = \frac{b s_F^2}{6}$$

故危险截面的弯曲应力为

$$\sigma_F = \frac{M}{W} = \frac{6KF_n h_F \cos \alpha_F}{b s_F^2} = \frac{6KF_t h_F \cos \alpha_F}{b s_F^2 \cos \alpha}$$

$$= \frac{KF_t}{bm} \frac{6 \dfrac{h_F}{m} \cos \alpha_F}{\left(\dfrac{s_F}{m}\right)^2 \cos \alpha}$$

令

$$Y_{Fa} = \frac{6 \dfrac{h_F}{m} \cos \alpha_F}{\left(\dfrac{s_F}{m}\right)^2 \cos \alpha} \qquad (11-4)$$

式中：Y_{Fa} 称为齿形系数。因 h_F 和 s_F 均与模数成正比，故 Y_{Fa} 只与齿形中的尺寸比例有关而与模数无关，见图 11-8。考虑在齿根部有应力集中，引入应力修正系数 Y_{Sa}，见图 11-9。由此可得轮齿弯曲强度的验算公式

$$\sigma_F = \frac{2KT_1 Y_{Fa} Y_{Sa}}{b d_1 m} = \frac{2KT_1 Y_{Fa} Y_{Sa}}{b m^2 z_1} \leqslant [\sigma_F] \quad \text{MPa} \qquad (11-5)$$

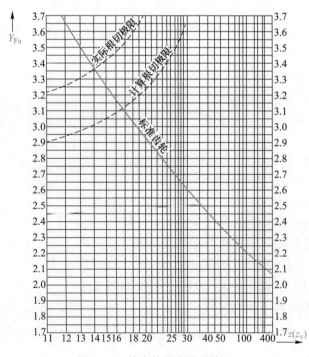

图 11-8   外齿轮的齿形系数 Y_{Fa}

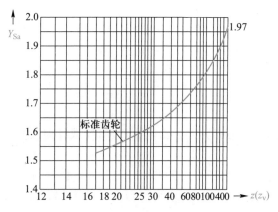

图 11-9 外齿轮的应力修正系数 Y_{Sa}

以 $b = \phi_d d_1$ 代入式(11-5)得

$$m \geqslant \sqrt[3]{\frac{2KT_1}{\phi_d z_1^2} \frac{Y_{Fa} Y_{Sa}}{[\sigma_F]}} \quad \text{mm} \tag{11-6}$$

式中,许用弯曲应力

$$[\sigma_F] = \frac{\sigma_{FE}}{S_F} \quad \text{MPa}$$

式中:σ_{FE} 为试验轮齿失效概率为 1/100 时的齿根弯曲疲劳极限,见表 11-1,若轮齿两面工作,应将表中的数值乘以 0.7;S_F 为安全系数,见表 11-5,因轮齿疲劳折断可能招致重大事故,所以 S_F 的取值较 S_H 大。

当预定的齿轮传动寿命 $N < N_0$ 时,由图 9-3 和式(9-7)可知轮齿的接触疲劳强度和弯曲疲劳强度极限均可提高 k_N 倍,因而可使齿轮传动尺寸较紧凑,这种设计称为有限寿命设计。k_N 的计算方法见参考文献[6]。

用式(11-5)验算弯曲强度时,应该对大、小齿轮分别进行验算;用公式(11-6)计算 m 时,应比较 $Y_{Fa1} Y_{Sa1}/[\sigma_{F1}]$ 与 $Y_{Fa2} Y_{Sa2}/[\sigma_{F2}]$,以大值代入公式求 m。注意:算得的 m 值是必需的最小值,还应按表 4-1 圆整为标准模数值才能制造出来。传递动力的齿轮,其模数不宜小于 1.5 mm。选定模数后,齿轮实际的分度圆直径应由 $d = mz$ 算出。对于开式传动,为考虑齿面磨损,可将算得的 m 值加大 10%~15%。

§11-7 圆柱齿轮材料和参数的选取与计算方法

一、材料及其力学性能

转矩不大时,可试选用碳素结构钢,若计算出的齿轮直径太大,则可选用合金结构钢。轮齿进行表面热处理可提高接触疲劳强度,因而使装置较紧凑,若表面热处理后硬化层较深,轮齿会变形,则要进行磨齿。表面渗氮齿形变化小,不用磨齿,但氮化层较薄。尺寸较大的齿轮可用铸钢,但生产批量小时可能锻造较经济。转矩小时,也可选用铸铁。要减小传动噪声,其中一个甚至两个可选用夹布塑料。

选定材料及其热处理方式后,轮齿的接触疲劳极限和弯曲疲劳极限可由表 11-1 查出,一般可取表中硬度的平均值和相应的疲劳极限进行强度计算。

二、主要参数

1. 齿数比 u

$u = z_2/z_1$ 由传动比而定,为避免大齿轮齿数过多,导致径向尺寸过大,一般应使 $u \leqslant 7$。

2. 齿数 z

标准齿轮的齿数应不小于 17,一般可取 $z_1 > 17$。齿数多,有利于增加传动的重合度,使传动平稳,但当分度圆直径一定时,增加齿数会使模数减小,有可能造成轮齿弯曲强度不够。

设计时,最好使 a 值为整数,因中心距 $a = m(z_1 + z_2)/2$,当模数 m 值确定后,调整 z_1、z_2 值可达此目的。调整 z_1、z_2 值后,应保证满足接触强度和弯曲强度,并使 u 值与所要求的传动比的误差不超过 $\pm(3 \sim 5)\%$。

3. 齿宽系数 ϕ_d 及齿宽 b

ϕ_d 取得大,可使齿轮径向尺寸减小,但将使其轴向尺寸增大,导致沿齿向载荷分布不均。ϕ_d 的取值可参考表11-6。

表 11-6　齿宽系数 ϕ_d

齿轮相对于轴承的位置	齿面硬度	
	软齿面	硬齿面
对称布置	$0.8 \sim 1.4$	$0.4 \sim 0.9$
非对称布置	$0.6 \sim 1.2$	$0.3 \sim 0.6$
悬臂布置	$0.3 \sim 0.4$	$0.2 \sim 0.3$

注:轴及其支座刚性较大时取大值,反之取小值。

齿宽可由 $b = \phi_\mathrm{d} d_1$ 算得,b 值应加以圆整,作为大齿轮的齿宽 b_2,而使小齿轮的齿宽 $b_1 = b_2 + (5 \sim 10)$ mm,以保证轮齿有足够的啮合宽度。

三、设计计算方法

对于闭式软齿面齿轮传动,齿面接触强度较弱,一般先按齿面接触强度进行设计计算,然后校核齿根弯曲疲劳强度,这样做可减少返工;对于闭式硬齿面齿轮传动,其齿根弯曲疲劳强度较低,故一般先按齿根弯曲强度进行设计计算,然后校核齿面接触强度。

对于开式齿轮传动,按齿根弯曲疲劳强度进行设计计算即可。

例 11-1　某两级直齿圆柱齿轮减速器用电动机驱动,单向运转,载荷有中等冲击。高速级传动比 $i_{12} = 3.7$,高速轴转速 $n_1 = 745$ r/min,传动功率 $P = 17$ kW,采用软齿面,试计算此高速级传动。

解:(1)选择材料及确定许用应力

小齿轮用 40MnB 调质,齿面硬度为 241 ~ 286 HBS,相应的疲劳强度取均值,$\sigma_{H\lim1} = 720$ MPa,$\sigma_{FE1} = 595$ MPa(表 11-1),大齿轮用 ZG35SiMn 调质,齿面硬度为 241 ~ 269 HBS,$\sigma_{H\lim2} = 615$ MPa,$\sigma_{FE2} = 510$ MPa(表 11-1)。由表 11-5,取 $S_H = 1.1$,$S_F = 1.25$,则

$$[\sigma_{H1}] = \frac{\sigma_{H\,lim1}}{S_H} = \frac{720}{1.1}\ \text{MPa} = 655\ \text{MPa}$$

$$[\sigma_{H2}] = \frac{615}{1.1}\ \text{MPa} = 559\ \text{MPa}$$

$$[\sigma_{F1}] = \frac{\sigma_{FE1}}{S_F} = \frac{595}{1.25}\ \text{MPa} = 476\ \text{MPa}$$

$$[\sigma_{F2}] = \frac{510}{1.25}\ \text{MPa} = 408\ \text{MPa}$$

（2）按齿面接触强度设计

设齿轮按 8 级精度制造。取载荷系数 $K = 1.5$（表 11-3），齿宽系数 $\phi_d = 0.8$（表 11-6），小齿轮上的转矩

$$T_1 = 9.55 \times 10^6 \times \frac{P}{n_1} = 9.55 \times 10^6 \times \frac{17}{745}\ \text{N}\cdot\text{mm} = 2.18 \times 10^5\ \text{N}\cdot\text{mm}$$

取 $Z_E = 188.9\ \sqrt{\text{MPa}}$（表 11-4），$u = i_{12} = 3.7$，则

$$d_1 \geqslant 2.32 \sqrt[3]{\frac{KT_1}{\phi_d}\frac{u+1}{u}\left(\frac{Z_E}{[\sigma_H]}\right)^2}$$

$$= 2.32 \sqrt[3]{\frac{1.5 \times 2.18 \times 10^5}{0.8}\frac{3.7+1}{3.7}\left(\frac{188.9}{559}\right)^2}\ \text{mm} = 90.47\ \text{mm}$$

齿数取 $z_1 = 32$，则 $z_2 = 3.7 \times 32 \approx 118$。故

实际传动比 $\qquad\qquad\qquad\qquad\qquad i_{12} = \dfrac{118}{32} = 3.69$

模数 $\qquad\qquad\qquad\qquad\qquad m = \dfrac{d_1}{z_1} = \dfrac{90.47}{32}\ \text{mm} = 2.83\ \text{mm}$

齿宽 $\qquad\qquad b = \phi_d d_1 = 0.8 \times 90.47\ \text{mm} = 72.38\ \text{mm}$，取 $b_2 = 75\ \text{mm}$，$b_1 = 80\ \text{mm}$

按表 4-1 取 $m = 3\ \text{mm}$，实际的 $d_1 = zm = 32 \times 3\ \text{mm} = 96\ \text{mm}$，$d_2 = 118 \times 3\ \text{mm} = 354\ \text{mm}$，则

中心距 $\qquad\qquad\qquad\qquad a = \dfrac{d_1+d_2}{2} = \dfrac{96+354}{2}\ \text{mm} = 225\ \text{mm}$

（3）验算轮齿弯曲强度

齿形系数 $Y_{Fa1} = 2.56$，$Y_{Fa2} = 2.13$（图 11-8），$Y_{Sa1} = 1.63$，$Y_{Sa2} = 1.81$（图 11-9），由式（11-5）

$$\sigma_{F1} = \frac{2KT_1 Y_{Fa1} Y_{Sa1}}{bm^2 z_1} = \frac{2 \times 1.5 \times 2.18 \times 10^5 \times 2.56 \times 1.63}{75 \times 3^2 \times 32}\ \text{MPa} = 126.34\ \text{MPa} \leqslant [\sigma_{F1}] = 476\ \text{MPa}$$

$$\sigma_{F2} = \sigma_{F1} \frac{Y_{Fa2} Y_{Sa2}}{Y_{Fa1} Y_{Sa1}} = 126.34 \times \frac{2.13 \times 1.81}{2.56 \times 1.63}\ \text{MPa} = 116.73\ \text{MPa} \leqslant [\sigma_{F2}] = 408\ \text{MPa}，安全。$$

（4）齿轮的圆周速度

$$v = \frac{\pi d_1 n_1}{60 \times 1\,000} = \frac{\pi \times 96 \times 745}{60\,000}\ \text{m/s} = 3.74\ \text{m/s}$$

对照表 11-2 可知选用 8 级精度是合宜的。

其他计算从略。

§11-8　斜齿圆柱齿轮传动

一、轮齿上的作用力

图 11-10 为斜齿轮轮齿受力情况,从图 a 可以看出,轮齿所受总法向力 F_n 处于与轮齿相垂直的法面上,它可分解为圆周力 F_t、径向力 F_r 和轴向力 F_a,其数值的计算公式可由图 b 导出:

$$
\left.
\begin{aligned}
\text{圆周力} \qquad F_t &= \frac{2T_1}{d_1} \\[2mm]
\text{径向力} \qquad F_r &= \frac{F_t \tan \alpha_n}{\cos \beta} \\[2mm]
\text{轴向力} \qquad F_a &= F_t \tan \beta
\end{aligned}
\right\} \qquad (11-7)
$$

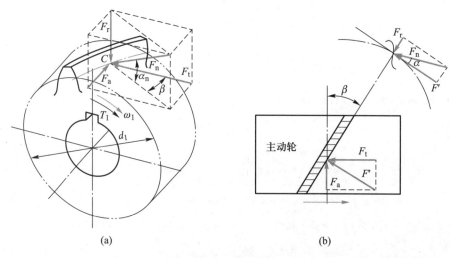

(a)　　　　　　　　　　(b)

图 11-10　斜齿圆柱齿轮传动的作用力

各分力的方向如下:圆周力 F_t 的方向在主动轮上与运动方向相反,在从动轮上与运动方向相同;径向力 F_r 的方向对两齿轮都是指向各自的轴心;轴向力 F_a 的方向决定于轮齿螺旋方向和齿轮回转方向。对于主动轮,可用左、右手法则判断:左螺旋用左手,右螺旋用右手,拇指伸直与轴线平行,其余四指沿回转方向握住轴线,则拇指的指向即为主动轮的轴向力方向,从动轮所受轴向力方向则与主动轮相反。例如,在图 11-11 的一对斜齿轮传动中,主动轮的轮齿左旋,故用左手,四指沿回转方向握拳,则左手拇指指向左,即为主动轮所受轴向力 F_{a1} 的方向。

轴向力的指向关系到轴承的设计计算,下面介绍另一确定轴向力指向的方法。仍以图 11-11 为例,为便于直观分析,设想

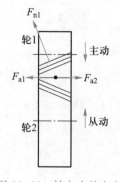

图 11-11　轴向力的方向

将从动轴绕主动轴转过 90°，使两齿轮的啮合区移到"桌面"（即主动轮在纸面下，从动轮在纸面上相啮合）。当主动轮转动时，其轮齿在啮合区受到从动轮齿的阻力 F_{n1}，F_{n1} 逆主动轮转动方向，且作用在轮齿的法面上，见图 11-11，F_{n1} 在齿轮轴线方向的分量的指向，即为主动轮所受轴向力 F_{a1} 的方向。

β 角为螺旋角，β 角取得大，则重合度增大，使传动平稳，但轴向力也增加，因而增加轴承的负载。一般取 $\beta = 8° \sim 20°$。

二、强度计算

斜齿圆柱齿轮传动的强度计算是按轮齿的法面进行分析的，其基本原理与直齿圆柱齿轮传动相似。但是斜齿圆柱齿轮传动的重合度较大，同时相啮合的轮齿较多，轮齿的接触线是倾斜的，而且在法面内斜齿轮的当量齿轮的分度圆半径也较大，因此斜齿轮的接触应力和弯曲应力均比直齿轮有所降低。关于斜齿轮强度问题的详细讨论，可参阅相关机械设计教材。下面直接写出经简化处理的斜齿轮强度计算公式。

一对钢制标准斜齿轮传动的齿面接触应力及强度条件为

$$\sigma_H = 3.54 Z_E Z_\beta \sqrt{\frac{KT_1}{bd_1^2} \frac{u \pm 1}{u}} \leqslant [\sigma_H] \quad \text{MPa} \qquad (11-8)$$

$$d_1 \geqslant 2.32 \sqrt[3]{\frac{KT_1}{\phi_d} \frac{u \pm 1}{u} \left(\frac{Z_E Z_\beta}{[\sigma_H]}\right)^2} \quad \text{mm} \qquad (11-9)$$

式中：Z_E 为材料的弹性系数，由表 11-4 查取；$Z_\beta = \sqrt{\cos \beta}$，称为螺旋角系数。

齿根弯曲疲劳强度条件为

$$\sigma_F = \frac{2KT_1}{bd_1 m_n} Y_{Fa} Y_{Sa} \leqslant [\sigma_F] \quad \text{MPa} \qquad (11-10)$$

$$m_n \geqslant \sqrt[3]{\frac{2KT_1}{\phi_d z_1^2} \frac{Y_{Fa} Y_{Sa}}{[\sigma_F]} \cos^2 \beta} \quad \text{mm} \qquad (11-11)$$

式中：Y_{Fa} 为齿形系数，由当量齿数 $z_v = \dfrac{z}{\cos^3 \beta}$ 查图 11-8 确定；Y_{Sa} 为应力修正系数，由 z_v 查图 11-9 确定。

例 11-2　某一斜齿圆柱齿轮减速器传递的功率 $P = 40$ kW，传动比 $i_{12} = 3.3$，主动轴转速 $n_1 = 1\,470$ r/min，用电动机驱动，长期工作，双向传动，载荷有中等冲击，要求结构紧凑，试计算此齿轮传动。

解：（1）选择材料及确定许用应力

因要求结构紧凑，故采用硬齿面的组合：小齿轮用 20CrMnTi 渗碳淬火，齿面硬度为 56～62 HRC，$\sigma_{H\,lim1} = 1\,500$ MPa，$\sigma_{FE1} = 850$ MPa；大齿轮用 20Cr 渗碳淬火，齿面硬度为 56～62 HRC，$\sigma_{H\,lim1} = 1\,500$ MPa，$\sigma_{FE1} = 850$ MPa（表 11-1）。

取 $S_F = 1.25$、$S_H = 1$（表 11-5），取 $Z_E = 189.8 \sqrt{\text{MPa}}$（表 11-4），则有

$$[\sigma_{F1}] = [\sigma_{F2}] = \frac{0.7 \sigma_{FE1}}{S_F} = \frac{0.7 \times 850}{1.25} \text{MPa} = 476 \text{ MPa}$$

$$[\sigma_{H1}] = [\sigma_{H2}] = \frac{\sigma_{H\,lim1}}{S_H} = \frac{1\,500}{1} \text{MPa} = 1\,500 \text{ MPa}$$

（2）按轮齿弯曲强度设计计算

齿轮按 8 级精度制造。取载荷系数 $K = 1.3$（表 11-3），齿宽系数 $\phi_d = 0.8$（表 11-6）。

小齿轮上的转矩 $T_1 = 9.55 \times 10^6 \dfrac{P}{n_1} = 9.55 \times 10^6 \times \dfrac{40}{1\,470} \text{ N} \cdot \text{mm} = 2.6 \times 10^5 \text{ N} \cdot \text{mm}$

初选螺旋角 $\beta = 15°$

齿数 取 $z_1 = 19$，则 $z_2 = 3.3 \times 19 \approx 63$，取 $z_2 = 63$。实际传动比为 $i_{12} = u = \dfrac{63}{19} = 3.32$。

齿形系数 $z_{v1} = \dfrac{19}{\cos^3 15°} = 21.08, \quad z_{v2} = \dfrac{63}{\cos^3 15°} = 69.9$。

查图 11-8 得 $Y_{Fa1} = 2.88, Y_{Fa2} = 2.27$。查图 11-9 得 $Y_{Sa1} = 1.57, Y_{Sa2} = 1.75$。

因 $\dfrac{Y_{Fa1} Y_{Sa1}}{[\sigma_{F1}]} = \dfrac{2.88 \times 1.57}{476} = 0.009\,5 > \dfrac{Y_{Fa2} Y_{Sa2}}{[\sigma_{F2}]} = \dfrac{2.27 \times 1.75}{476} = 0.008\,3$

故应对小齿轮进行弯曲强度计算。

法向模数 $m_n \geqslant \sqrt[3]{\dfrac{2KT_1}{\phi_d z_1^2} \dfrac{Y_{Fa1} Y_{Sa1}}{[\sigma_{F1}]} \cos^2 \beta} = \sqrt[3]{\dfrac{2 \times 1.3 \times 2.6 \times 10^5}{0.8 \times 19^2} \times 0.009\,5 \times \cos^2 15°} \text{ mm} = 2.75 \text{ mm}$

由表 4-1 取 $m_n = 3$ mm。

中心距 $a = \dfrac{m_n(z_1 + z_2)}{2\cos \beta} = \dfrac{3 \times (19 + 63)}{2\cos 15°} \text{ mm} = 127.34 \text{ mm}$

取 $a = 130$ mm。

确定螺旋角 $\beta = \arccos \dfrac{m_n(z_1 + z_2)}{2a} = \arccos \dfrac{3 \times (19 + 63)}{2 \times 130} = 18°53'16''$

齿轮分度圆直径 $d_1 = m_n z_1 / \cos \beta = 3 \times 19 / \cos 18°53'16'' \text{ mm} = 60.244 \text{ mm}$

齿宽 $b = \phi_d d_1 = 0.8 \times 60.244 \text{ mm} = 48.2 \text{ mm}$

取 $b_2 = 50 \text{ mm}, \quad b_1 = 55 \text{ mm}$。

（3）验算齿面接触强度

将各参数代入式（11-8）得

$$\sigma_H = 3.54 Z_E Z_\beta \sqrt{\dfrac{KT_1}{bd_1^2} \dfrac{u \pm 1}{u}} = 3.54 \times 189.8 \times \sqrt{\cos 18°53'16''} \sqrt{\dfrac{1.3 \times 2.6 \times 10^5}{50 \times 60.244^2} \times \dfrac{4.32}{3.32}} \text{ MPa}$$

$$= 1\,017 \text{ MPa} < [\sigma_{H1}] = 1\,500 \text{ MPa，安全。}$$

（4）齿轮的圆周速度

$$v = \dfrac{\pi d_1 n_1}{60 \times 1\,000} = \dfrac{\pi \times 60.244 \times 1\,470}{60\,000} \text{ m/s} = 4.64 \text{ m/s}$$

对照表 11-2，选 8 级制造精度是合宜的。

§11-9 直齿锥齿轮传动

一、轮齿上的作用力

图 11-12 表示直齿锥齿轮轮齿受力情况。法向力 F_n 可分解为三个分力

$$\left.\begin{aligned}\text{圆周力}\qquad F_{\text{t}} &= \frac{2T_1}{d_{\text{m1}}}\\[2mm]\text{径向力}\qquad F_{\text{r}} &= F_{\text{t}}\tan\alpha\cos\delta\\[2mm]\text{轴向力}\qquad F_{\text{a}} &= F_{\text{t}}\tan\alpha\sin\delta\end{aligned}\right\}\qquad(11-12)$$

式中,d_{m1}为小齿轮齿宽中点的分度圆直径,由图 11-13 中几何关系可得

$$d_{\text{m1}} = d_1 - b\sin\delta_1 \qquad (11-13)$$

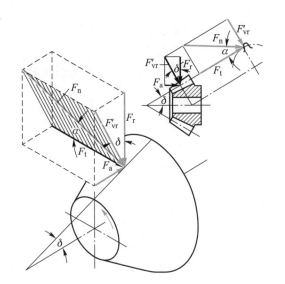

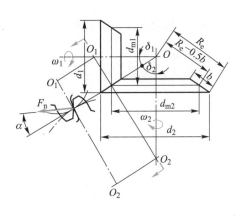

图 11-12 直齿锥齿轮传动的作用力   图 11-13 直齿锥齿轮的当量齿轮

圆周力 F_{t} 的方向在主动轮上与运动方向相反,在从动轮上与运动方向相同。径向力 F_{r} 的方向对两轮都是垂直指向齿轮轴线。轴向力 F_{a} 的方向对两轮都是由小端指向大端。当 $\delta_1+\delta_2 = 90°$时,

$$\sin\delta_1 = \cos\delta_2$$
$$\cos\delta_1 = \sin\delta_2$$

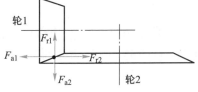

小齿轮上的径向力和轴向力在数值上分别等于大齿轮上的轴向力和径向力,但其方向相反(图 11-14)。

图 11-14 大、小锥齿轮的作用力

二、强度计算

1. 接触疲劳强度计算

可以近似认为,一对直齿锥齿轮传动和位于齿宽中点的一对当量圆柱齿轮传动(图 11-13)的强度相等。由此可得轴交角为 90°的一对钢制直齿锥齿轮的齿面接触强度验算公式为

$$\sigma_{\text{H}} = 2.5Z_{\text{E}}\sqrt{\frac{2KT_{\text{v1}}}{b_{\text{v}}d_{\text{v1}}^2}\frac{u_{\text{v}}+1}{u_{\text{v}}}} \leqslant [\sigma_{\text{H}}] \qquad (11-14)$$

式中:各参数的下标"v"表示当量齿轮的相关参数,将有关当量齿轮的几何关系式代入,并取 $b_{\text{v}} = 0.8b$ 作为有效宽度,可得接触强度校核公式为

$$\sigma_{\mathrm{H}} = 2.5Z_{\mathrm{E}}\sqrt{\frac{4KT_1}{0.85\phi_{\mathrm{R}}(1-0.5\phi_{\mathrm{R}})^2 d_1^3 u}} \leqslant [\sigma_{\mathrm{H}}] \quad \mathrm{MPa} \qquad (11-15)^{①}$$

接触强度的设计公式为

$$d_1 \geqslant 1.84\sqrt[3]{\frac{4KT_1}{0.85\phi_{\mathrm{R}}(1-0.5\phi_{\mathrm{R}})^2 u}\left(\frac{Z_{\mathrm{E}}}{[\sigma_{\mathrm{H}}]}\right)^2} \quad \mathrm{mm} \qquad (11-16)$$

式中:d_1 为小齿轮的分度圆直径;K 为载荷系数,查表 11-3 确定;ϕ_{R} 为齿宽系数,$\phi_{\mathrm{R}} = \dfrac{b}{R_{\mathrm{e}}}$,其中 b 为齿宽,R_{e} 为锥距(图 11-13),一般取 $\phi_{\mathrm{R}} = 0.25 \sim 0.3$;$u = \dfrac{z_2}{z_1}$,一般 $u \leqslant 5$;Z_{E} 为弹性系数,查表11-4确定。

  2. 齿根弯曲疲劳强度

$$\sigma_{\mathrm{F}} = \frac{4KT_1 Y_{\mathrm{Fa}} Y_{\mathrm{Sa}}}{0.85\phi_{\mathrm{R}}(1-0.5\phi_{\mathrm{R}})^2 z_1^2 m^3 \sqrt{1+u^2}} \leqslant [\sigma_{\mathrm{F}}] \quad \mathrm{MPa} \qquad (11-17)^{①}$$

$$m \geqslant \sqrt[3]{\frac{4KT_1}{0.85\phi_{\mathrm{R}}(1-0.5\phi_{\mathrm{R}})^2 z_1^2 \sqrt{1+u^2}} \frac{Y_{\mathrm{Fa}} Y_{\mathrm{Sa}}}{[\sigma_{\mathrm{F}}]}} \quad \mathrm{mm} \qquad (11-18)$$

式中: m 为大端模数,mm;Y_{Fa}、Y_{Sa} 分别见图 11-8、图 11-9,由当量齿数 $z_{\mathrm{v}} = \dfrac{z}{\cos\delta}$ 查得。计算 m 值时,应比较 $\dfrac{Y_{\mathrm{Fa1}} Y_{\mathrm{Sa1}}}{[\sigma_{\mathrm{F1}}]}$、$\dfrac{Y_{\mathrm{Fa2}} Y_{\mathrm{Sa2}}}{[\sigma_{\mathrm{F2}}]}$,取大值代入。

§11-10   齿轮的构造

  直径较小的钢质齿轮,当齿根圆直径与轴径接近时,可以将齿轮和轴做成一体,称为齿轮轴(图 11-15)。如果齿轮的直径比轴的直径大得多,则应把齿轮和轴分开制造。

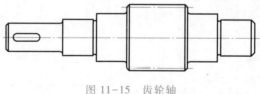

图 11-15　齿轮轴

  齿顶圆直径 $d_{\mathrm{a}} \leqslant 500$ mm 的齿轮可以是锻造或铸造的,通常采用图 11-16a 所示的腹板式结构。直径较小的齿轮也可做成实心的(图 11-16b)。

---

  ①　式(11-15)、式(11-17) 的推导过程可参看与本书配套使用的《机械设计基础学习指导书》的有关章节。

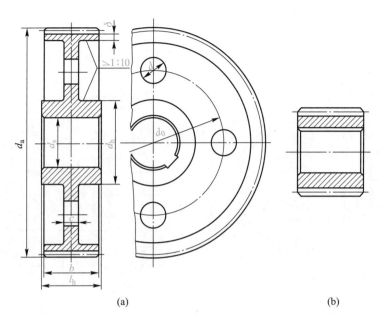

(a)   (b)

$d_h = 1.6 d_s$; $l_h = (1.2 \sim 1.5) d_s$, 并使 $l_h \geqslant b$;

$c = 0.3b$; $\delta = (2.5 \sim 4) m_n$, 但不小于 8 mm ;

d_0 和 d 按结构取定 , 当 d 较小时可不开孔

图 11–16 腹板式齿轮和实心式齿轮

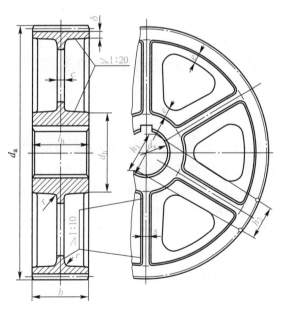

$d_h = 1.6 d_s$ (铸钢) , $d_h = 1.8 d_s$ (铸铁) ; $l_h = (1.2 \sim 1.5) d_s$, 并使 $l_h \geqslant b$;

$c = 0.2b$, 但不小于 10 mm ; $\delta = (2.5 \sim 4) m_n$, 但不小于 8 mm ;

$h_1 = 0.8 d_s$; $h_2 = 0.8 h_1$; $s = 0.15 h_1$, 但不小于 10 mm ;

$e = 0.8 \delta$

图 11–17 轮辐式齿轮

齿顶圆直径 $d_a \geqslant 400$ mm 的齿轮常用铸铁或铸钢制成,并常采用图 11-17 所示的轮辐式结构。

图 11-18a 为腹板式锻造锥齿轮,图 11-18b 为带加强肋的腹板式铸造锥齿轮。

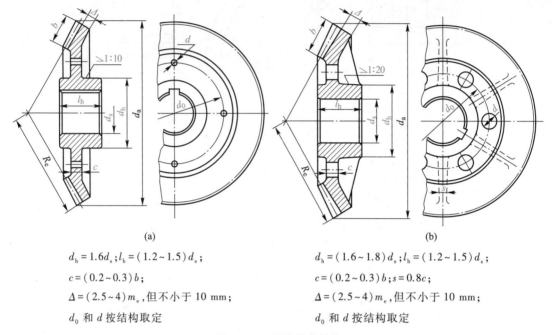

(a)　　　　　　　　　　　　　　　　　　(b)

$d_h = 1.6 d_s ; l_h = (1.2 \sim 1.5) d_s ;$　　　　　$d_h = (1.6 \sim 1.8) d_s ; l_h = (1.2 \sim 1.5) d_s ;$

$c = (0.2 \sim 0.3) b ;$　　　　　　　　　　$c = (0.2 \sim 0.3) b ; s = 0.8 c ;$

$\Delta = (2.5 \sim 4) m_e ,$ 但不小于 10 mm ;　　　$\Delta = (2.5 \sim 4) m_e ,$ 但不小于 10 mm ;

d_0 和 d 按结构取定　　　　　　　　　　d_0 和 d 按结构取定

图 11-18　锥齿轮的结构

§11-11　齿轮传动的润滑和效率

一、齿轮传动的润滑

开式齿轮传动通常采用人工定期加油润滑。可采用润滑油或润滑脂。

一般闭式齿轮传动的润滑方式根据齿轮的圆周速度 v 的大小而定。当 $v \leqslant 12$ m/s 时多采用油池润滑(图 11-19),大齿轮浸入油池一定的深度,齿轮运转时就把润滑油带到啮合区,同时也甩到箱壁上,借以散热。当 v 较大时,浸入深度约为一个齿高;当 v 较小,如 $v = 0.5 \sim 0.8$ m/s 时,浸入深度可达到齿轮半径的 1/6 。

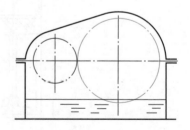

图 11-19　油池润滑

在多级齿轮传动中,当几个大齿轮直径不相等时,可以采用惰轮蘸油润滑(图 11-20)。

当 $v > 12$ m/s 时,不宜采用油池润滑,这是因为:① 圆周速度过高,齿轮上的油大多被甩出去而达不到啮合区;② 搅油过于激烈,使油的温升增加,并降低其润滑性能;③ 会搅起箱底沉淀的杂质,加速齿轮的磨损。故此时最好采用喷油润滑(图 11-21),用油泵将润滑油直接喷到啮合区。

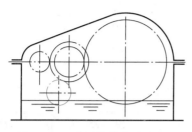
图 11-20　采用惰轮的油池润滑

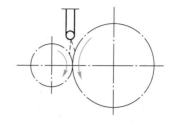
图 11-21　喷油润滑

1. 润滑油牌号的选择

润滑油牌号可根据齿面接触应力大小来选择,见表 11-7。

表 11-7　齿轮传动润滑油牌号选择

齿面接触应力 σ_H/MPa	润滑油牌号	
	闭式传动	开式传动
<500(轻负荷)	L-CKB(抗氧防锈工业齿轮油)	L-CKH
500~1100(中负荷)	L-CKC(中负荷工业齿轮油)	L-CKJ
>1100(重负荷)	L-CKD(重负荷工业齿轮油)	L-CKM

2. 润滑油黏度的选择

（1）闭式传动

根据闭式传动低速级齿轮分度圆线速度 v 和环境温度,可根据表 11-8 确定所选润滑油的黏度。

表 11-8　闭式齿轮传动润滑油黏度选择

平行轴及锥齿轮传动	环境温度/℃			
低速级齿轮分度圆线速度 v/(m/s)	-40~-10	-10~10	10~35	35~55
	润滑油黏度 ν_{40}/(mm^2/s)			
≤5	90~110	135~165	288~352	612~748
>5~15	90~110	90~110	198~242	414~506
>15~25	61.2~74.8	61.2~74.8	135~165	288~352
>25~80	28.8~35.2	41.4~50.6	61.2~74.8	90~110

注:对于锥齿轮传动,表中 v 是指锥齿轮齿宽中点的分度圆线速度。

（2）开式传动

开式齿轮传动的润滑油黏度可根据表 11-9 选定。

二、齿轮传动的效率

齿轮传动的功率损耗主要包括:① 啮合中的摩擦损耗;② 搅动润滑油的油阻损耗;③ 轴承中的摩擦损耗。计入上述损耗时,齿轮传动(采用滚动轴承)的平均效率见表 11-10。

表 11-9　开式齿轮传动的润滑油黏度选择　　　　　　mm²/s

给油方法		推荐黏度（100 ℃）		
		环境温度/℃		
		−15~17	5~38	22~48
油浴		150~220*	16~22	22~26
涂刷	热	193~257	193~257	386~536
	冷	22~26	32~41	193~257
手刷		150~220*	22~26	32~41

注：带 * 号为 40 ℃黏度。

表 11-10　齿轮传动的平均效率

传动装置	6 级或 7 级精度的闭式传动	8 级精度的闭式传动	开式传动
圆柱齿轮	0.98	0.97	0.95
锥齿轮	0.97	0.96	0.93

§11-12　圆弧齿轮传动简介

一、啮合原理概述

渐开线外啮合齿轮传动，大、小齿轮轮齿均为外凸型，齿面接触应力较大。为减轻齿面接触应力，提高传动功率，可将小齿轮齿廓作成外凸圆弧形，大齿轮作成内凹圆弧形，且凹齿的圆弧半径 ρ_2 稍大于凸齿的圆弧半径 ρ_1，两齿廓在一点 K 接触，故又称为圆弧点啮合齿轮，简称圆弧齿轮，如图 11-22 及图 11-23 所示。目前，圆弧点啮合齿轮已在重型机械等工业部门推广应用。

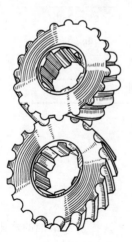

图 11-22　圆弧齿轮传动

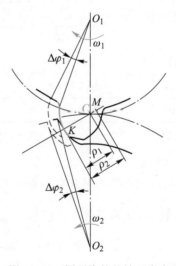

图 11-23　圆弧齿轮的端面齿廓

直齿圆弧点啮合齿轮不能保持连续传动,见图 11-23,当两齿廓在 K 点接触时,凸齿廓的圆弧中心在 C 点,凹齿廓的圆弧中心在 M 点,K、C 和 M 三点在一直线上。当小齿轮转过一个角度 $\Delta\varphi_1$,同时大齿轮以一定的传动比转过 $\Delta\varphi_2$ 之后(如图中虚线所示),两个端面齿廓之间就一定会出现间隙而脱离接触,即端面重合度小于 1。所以,圆弧齿轮必须设计成斜齿轮以增添轴向重合度,使传动的总重合度大于 1,才能保证圆弧齿轮连续传动。

二、圆弧齿轮传动的优、缺点

圆弧齿轮传动的优点是:① 齿面接触强度高。圆弧齿轮大、小轮的齿廓一凹一凸,在式 (9-13) 中,$\dfrac{1}{\rho_1} \pm \dfrac{1}{\rho_2}$ 应取负号,加之 ρ_1 与 ρ_2 相差不大,因此 $\dfrac{1}{\rho_1} - \dfrac{1}{\rho_2} = \dfrac{\rho_2 - \rho_1}{\rho_1 \rho_2}$ 之值很小,从而使接触应力 σ_H 值大大降低。试验表明,其接触强度为渐开线齿轮的 1.5~2.5 倍。圆弧齿轮理论上是点接触,实际上经跑合及承载时的弹性变形,齿面之间是一小块面积接触。② 齿廓形状对润滑有利,效率较高。③ 齿面容易跑合。④ 无根切,故齿数可较少,最少齿数主要受轴的强度和刚度限制。

圆弧齿轮传动的缺点是:① 对中心距及切齿深度的精度要求较高,这两者的误差会使圆弧齿轮传动的承载能力显著下降。② 噪声较大,故高速传动中其应用受到限制。③ 通常轮齿弯曲强度较低。④ 切削同一模数的凸圆弧齿廓和凹圆弧齿廓需要不同的滚刀。

由以上分析可知,圆弧齿轮主要适用于承载能力受齿面接触强度限制、中速条件下的重载或中载传动。

习题

11-1 有一直齿圆柱齿轮传动,原设计传递功率为 P,主动轴转速为 n_1。若其他条件不变,轮齿的工作应力也不变,当主动轴转速提高一倍,即 $n_1' = 2n_1$ 时,求该齿轮传动能传递的功率 P'。

11-2 有一直齿圆柱齿轮传动,允许传递功率 P,若通过热处理方法提高材料的力学性能,使大、小齿轮的许用接触应力 $[\sigma_{H2}]$、$[\sigma_{H1}]$ 各提高 30%,试问此传动在不改变工作条件及其他设计参数的情况下,抗疲劳点蚀允许传递的扭矩和允许传递的功率可提高百分之几?

11-3 单级闭式直齿圆柱齿轮传动中,小齿轮的材料为 45 钢调质处理,大齿轮的材料为 ZG310-570 正火,$P = 4$ kW,$n_1 = 720$ r/min,$m = 4$ mm,$z_1 = 25$,$z_2 = 73$,$b_1 = 84$ mm,$b_2 = 78$ mm,单向转动,载荷有中等冲击,用电动机驱动,试验算此单级齿轮传动的强度。

11-4 已知开式直齿圆柱齿轮传动 $i_{12} = 3.5$,$P = 3$ kW,$n_1 = 50$ r/min,用电动机驱动,单向转动,载荷均匀,$z_1 = 21$,小齿轮为 45 钢调质,大齿轮为 45 钢正火,试确定合理的 d、m 值。

11-5 已知闭式直齿圆柱齿轮传动的传动比 $i_{12} = 4.6$,$n_1 = 730$ r/min,$P = 30$ kW,长期双向转动,载荷有中等冲击,要求结构紧凑。$z_1 = 27$,大、小齿轮都用 40Cr 表面淬火,试确定合理的 d、m 值。

11-6 斜齿圆柱齿轮的齿数 z 与其当量齿数 z_v 有什么关系?在下列几种情况下应分别采用哪一种齿数:(1) 计算斜齿圆柱齿轮传动的角速比;(2) 用成形法切制斜齿轮时选盘形铣刀;(3) 计算斜齿轮的分度圆直径;(4) 弯曲强度计算时查取齿形系数。

11-7 设斜齿圆柱齿轮传动的转动方向及螺旋线方向如题 11-7 图所示,试分别画出轮 1 为主动时和轮 2 为主动时轴向力 F_{a1} 和 F_{a2} 的方向。

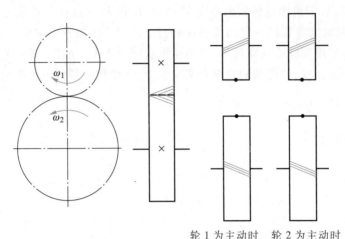

轮 1 为主动时　　轮 2 为主动时

题 11-7 图

11-8　在题 11-7 图中,当轮 2 为主动时,试画出作用在轮 2 上的圆周力 F_{t2}、轴向力 F_{a2} 和径向力 F_{r2} 的作用线和方向。

11-9　设两级斜齿圆柱齿轮减速器的已知条件如题 11-9 图所示,试问:(1)低速级斜齿轮的螺旋线方向应如何选择才能使中间轴上两齿轮的轴向力方向相反?(2)低速级螺旋角 β 应取多大数值才能使中间轴上两个轴向力互相抵消?

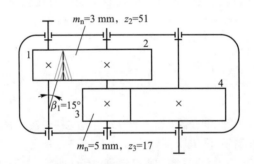

$m_n=3$ mm, $z_2=51$

$\beta_1=15°$

$m_n=5$ mm, $z_3=17$

题 11-9 图

11-10　已知单级斜齿圆柱齿轮传动的 $P = 22$ kW, $n_1 = 1\,470$ r/min,双向转动,电动机驱动,载荷平稳, $z_1 = 21$, $z_2 = 107$, $m_n = 3$ mm, $\beta = 16°15'$, $b_1 = 85$ mm, $b_2 = 80$ mm,小齿轮材料为 40MnB 调质,大齿轮材料为 35SiMn 调质,试校核此闭式传动的强度。

11-11　已知单级闭式斜齿轮传动 $P = 10$ kW, $n_1 = 1\,210$ r/min, $i_{12} = 4.3$,电动机驱动,双向传动,中等冲击载荷,设小齿轮用 40MnB 调质,大齿轮用 45 钢调质, $z_1 = 21$,试计算此单级斜齿轮传动。

11-12　在题 11-9 图所示两级斜齿圆柱齿轮减速器中,已知 $z_1 = 17$, $z_4 = 42$,高速级齿轮传动效率 $\eta_1 = 0.98$,低速级齿轮传动效率 $\eta_2 = 0.97$,输入功率 $P = 7.5$ kW,输入轴转速 $n_1 = 1\,450$ r/min,若不计轴承损失,试计算输出轴和中间轴的转矩。

11-13　已知闭式直齿锥齿轮传动的 $\delta_1 + \delta_2 = 90°$, $i_{12} = 2.7$, $z_1 = 16$, $P = 7.5$ kW, $n_1 = 840$ r/min,用电动机驱动,单向转动,载荷有中等冲击。要求结构紧凑,故大、小齿轮的材料均选为 40Cr 表面淬火,试计算此传动。

11-14　某开式直齿锥齿轮传动载荷均匀,用电动机驱动,单向转动, $P = 1.9$ kW, $n_1 = 10$ r/min, $z_1 = 26$,

$z_2 = 83$，$m = 8$ mm，$b = 90$ mm，小齿轮材料为 45 钢调质，大齿轮材料为 ZG310-570 正火，试验算其强度。

11-15 已知直齿锥齿轮-斜齿圆柱齿轮减速器的布置和转向如题 11-15 图所示，锥齿轮 $m = 5$ mm，齿宽 $b = 50$ mm，$z_1 = 25$，$z_2 = 60$；斜齿轮 $m_n = 6$ mm，$z_3 = 21$，$z_4 = 84$。欲使轴 Ⅱ 上的轴向力在轴承上的作用完全抵消，求斜齿轮 3 的螺旋角 β_3 的大小和旋向。（提示：锥齿轮的力作用在齿宽中点。）

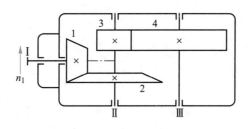

题 11-15 图

11-16 在题 11-15 图中，试画出作用在斜齿轮 3 和锥齿轮 2 上的圆周力 F_t、轴向力 F_a、径向力 F_r 的作用线和方向。

第 12 章

蜗杆传动

§12-1 蜗杆传动的特点和类型

蜗杆传动由蜗杆和蜗轮组成(图 12-1),它用于传递交错轴之间的回转运动和动力,通常两轴交错角为 90°。传动中一般蜗杆是主动件,蜗轮是从动件。蜗杆传动广泛应用于各种机器和仪器中。

蜗杆传动的主要优点是能得到很大的传动比、结构紧凑、传动平稳和噪声较小等。在分度机构中其传动比 i 可达 1 000;在动力传动中,通常 $i=8\sim80$。蜗杆传动的主要缺点是传动效率较低;为了减摩耐磨,蜗轮齿圈常需用青铜制造,成本较高。

按形状的不同,蜗杆可分为圆柱蜗杆(图 12-2a)和环面蜗杆(图 12-2b)。

圆柱蜗杆按其螺旋面的形状又分为阿基米德蜗杆(ZA 蜗杆)和渐开线蜗杆(ZI 蜗杆)等。

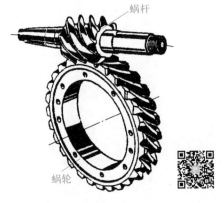

图 12-1 蜗杆与蜗轮

车削阿基米德蜗杆与加工梯形螺纹类似。车刀切削刃夹角 $2\alpha=40°$,加工时切削刃的平面通过蜗杆轴线(图 12-3)。因此切出的齿形,在包含轴线的截面内为侧边呈直线的齿条,而在垂直于蜗杆轴线的截面内为阿基米德螺旋线。

渐开线蜗杆的齿形,在垂直于蜗杆轴线的截面内为渐开线,在包含蜗杆轴线的截面内为凸廓曲线。这种蜗杆可以像圆柱齿轮那样用滚刀铣削,适用于成批生产。

和螺纹一样,蜗杆有左、右旋之分,常用的是右旋蜗杆。

对于一般动力传动,常按照 7 级精度(适用于蜗杆圆周速度 $v_1<7.5$ m/s)、8 级精度($v_1<3$ m/s)和 9 级精度($v_1<1.5$ m/s)制造。

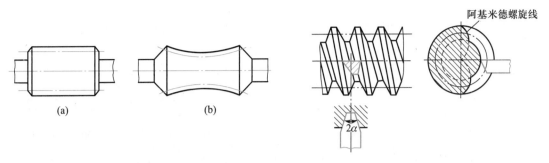

图 12-2 圆柱蜗杆与环面蜗杆   图 12-3 阿基米德圆柱蜗杆

§12-2 圆柱蜗杆传动的主要参数和几何尺寸

一、圆柱蜗杆传动的主要参数

1. 模数 m 和压力角 α

如图 12-4 所示,通过蜗杆轴线并垂直于蜗轮轴线的平面,称为中间平面。由于蜗轮是用与蜗杆形状相仿的滚刀(为了保证轮齿啮合时的径向间隙,滚刀外径稍大于蜗杆齿顶圆直径),按展成原理切制轮齿,所以在中间平面内蜗轮与蜗杆的啮合就相当于渐开线齿轮与齿条的啮合。蜗杆传动的设计计算都以中间平面的参数和几何关系为准。它们正确啮合条件是:蜗杆轴向模数 m_{a1} 和轴向压力角 α_{a1} 应分别等于蜗轮端面模数 m_{t2} 和端面压力角 α_{t2},即

$$m_{a1} = m_{t2} = m$$

$$\alpha_{a1} = \alpha_{t2}$$

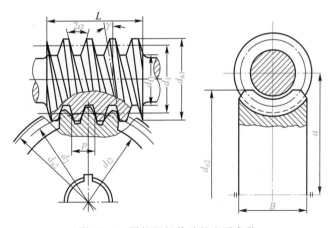

图 12-4 圆柱蜗杆传动的主要参数

模数 m 的标准值见表 12-1,压力角的标准值为 20°。相应于切削刀具,ZA 蜗杆取轴向压力角为标准值,ZI 蜗杆取法向压力角为标准值。

如图 12-4 所示,齿厚与齿槽宽相等的圆柱称为蜗杆分度圆柱(或称为中圆柱)。蜗杆分度圆(或称蜗杆中圆)直径以 d_1 表示,其值见表 12-1。蜗轮分度圆直径以 d_2 表示。

表 12-1　圆柱蜗杆的基本尺寸和参数

m/mm	d_1/mm	z_1	q	$m^2 d_1/\text{mm}^3$	m/mm	d_1/mm	z_1	q	$m^2 d_1/\text{mm}^3$
1	18	1	18.000	18	6.3	63	1,2,4,6	10.000	2 500
1.25	20	1	16.000	31.25		112	1	17.778	4 445
	22.4	1	17.920	35	8	80	1,2,4,6	10.000	5 120
1.6	20	1,2,4	12.500	51.2		140	1	17.500	8 960
	28	1	17.500	71.68	10	90	1,2,4,6	9.000	9 000
2	22.4	1,2,4,6	11.200	89.6		160	1	16.000	16 000
	35.5	1	17.750	142	12.5	112	1,2,4	8.960	17 500
2.5	28	1,2,4,6	11.200	175		200	1	16.000	31 250
	45	1	18.000	281	16	140	1,2,4	8.750	35 840
3.15	35.5	1,2,4,6	11.270	352		250	1	15.625	64 000
	56	1	17.778	556	20	160	1,2,4	8.000	64 000
4	40	1,2,4,6	10.000	640		315	1	15.750	126 000
	71	1	17.750	1 136	25	200	1,2,4	8.000	125 000
5	50	1,2,4,6	10.000	1 250		400	1	16.000	250 000
	90	1	18.000	2 250					

注：1. 本表取材于 GB/T 10085—2018,本表所列 d_1 数值为国家标准规定的优先使用值。

　　2. 表中同一模数有两个 d_1 值,当选取其中较大的 d_1 值时,蜗杆导程角 γ 小于 3°30′,有较好的自锁性。

在两轴交错角为 90°的蜗杆传动中,蜗杆分度圆柱上的导程角 γ 应等于蜗轮分度圆柱上的螺旋角 β,且两者的旋向必须相同,即

$$\gamma = \beta$$

2. 传动比 i_{12}、蜗杆头数 z_1 和蜗轮齿数 z_2

当蜗杆每分钟转 n_1 转时,将在轴向推进 n_1 个升距 $= n_1 z_1 p$,式中 p 为周节;与此同时蜗轮将被推动在分度圆弧上转过相同的距离,故蜗轮每分钟相应转过的转数为 $n_2 = \dfrac{n_1 z_1 p}{z_2 p}$。因此,其传动比为

$$i_{12} - \frac{n_1}{n_2} = \frac{z_2}{z_1} \tag{12 - 1}$$

通常蜗杆头数 $z_1 = 1$、2、4。若要得到大传动比,可取 $z_1 = 1$,但传动效率较低。传递功率较大时,为提高效率可采用多头蜗杆,取 $z_1 = 2$ 或 4。

蜗轮齿数 $z_2 = i_{12} z_1$。z_1、z_2 的推荐值见表 12-2。为了避免蜗轮轮齿发生根切,z_2 不应小于 26,但也不宜大于 80。若 z_2 过大,会使结构尺寸过大,蜗杆长度也随之增加,致使蜗杆刚度和啮合精度下降。

表 12-2 蜗杆头数 z_1 与蜗轮齿数 z_2 的荐用值

传动比 i_{12}	7~13	14~27	28~40	>40
蜗杆头数 z_1	4	2	2、1	1
蜗轮齿数 z_2	28~52	28~54	28~80	>40

3. 蜗杆直径系数 q 和导程角 γ

切制蜗轮的滚刀,其直径及齿形参数(如模数 m、螺旋线数 z_1 和导程角 γ 等)必须与相应的蜗杆相同。如果蜗杆分度圆直径 d_1 不作必要的限制,刀具品种和数量势必太多。为了减少刀具数量并便于标准化,制定了蜗杆分度圆直径的标准系列。国家标准 GB/T 10085—2018 中,每一个模数只与一个或几个蜗杆分度圆直径的标准值相对应,见表 12-1。

如图 12-5 所示,蜗杆螺旋面和分度圆柱的交线是螺旋线。设 γ 为蜗杆分度圆柱上的螺旋线导程角,p_x 为轴向齿距,由图 12-5 得

$$\tan \gamma = \frac{z_1 p_x}{\pi d_1} = \frac{z_1 m}{d_1} = \frac{z_1}{q} \qquad (12-2)$$

式中,$q = \dfrac{d_1}{m}$ 为蜗杆分度圆直径与模数的比值,称为蜗杆直径系数。

由式(12-2)可知,d_1 越小(或 q 越小),导程角 γ 越大,传动效率也越高,但蜗杆的刚度和强度越低。通常,转速高的蜗杆可取较小的 d_1 值,蜗轮齿数 z_2 较大时可取较大的 d_1 值。

4. 齿面间滑动速度 v_s

蜗杆传动即使在节点 C 处啮合,齿廓之间也有较大的相对滑动,滑动速度 v_s 沿蜗杆螺旋线方向。设蜗杆圆周速度为 v_1、蜗轮圆周速度为 v_2,由图 12-6 可得

$$v_s = \sqrt{v_1^2 + v_2^2} = \frac{v_1}{\cos \gamma} \quad \text{m/s} \qquad (12-3)$$

滑动速度的大小,对齿面的润滑情况、齿面失效形式、发热以及传动效率等都有很大影响。

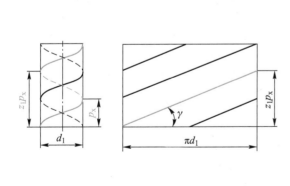

图 12-5 蜗杆导程

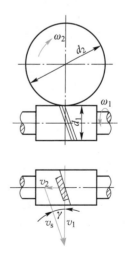

图 12-6 滑动速度

5. 中心距 a

当蜗杆节圆与分度圆重合时称为标准传动,其中心距计算式为

$$a = 0.5(d_1 + d_2) = 0.5m(q + z_2) \tag{12-4}$$

二、圆柱蜗杆传动的几何尺寸计算

设计蜗杆传动时,一般是先根据传动的功用和传动比的要求,选择蜗杆头数 z_1 和蜗轮齿数 z_2,然后再按强度计算确定中心距 a 和模数 m,上述参数确定后,即可根据表 12-3 计算出蜗杆、蜗轮的几何尺寸(两轴交错角为 90°,标准传动)。

表 12-3   圆柱蜗杆传动的几何尺寸计算 (参看图 12-4)

名称	计算公式	
	蜗杆	蜗轮
蜗杆分度圆直径,蜗轮分度圆直径	$d_1 = mq$	$d_2 = mz_2$
齿顶高	$h_a = m$	$h_a = m$
齿根高	$h_f = 1.2m$	$h_f = 1.2m$
蜗杆齿顶圆直径,蜗轮喉圆直径	$d_{a1} = m(q + 2)$	$d_{a2} = m(z_2 + 2)$
齿根圆直径	$d_{f1} = m(q - 2.4)$	$d_{f2} = m(z_2 - 2.4)$
蜗杆轴向齿距,蜗轮端面齿距	$p_{a1} = p_{t2} = p_x = \pi m$	
径向间隙	$c = 0.20m$	
中心距	$a = 0.5(d_1 + d_2) = 0.5m(q + z_2)$	

注:蜗杆传动中心距标准系列为:40、50、63、80、100、125、160、(180)、200、(225)、250、(280)、315、(355)、400、(450)、500。

例 12-1   在带传动和蜗杆传动组成的传动系统中,初步计算后取蜗杆模数 $m = 4$ mm、头数 $z_1 = 2$、分度圆直径 $d_1 = 40$ mm,蜗轮齿数 $z_2 = 39$,试计算蜗杆直径系数 q、导程角 γ 及蜗杆传动的中心距 a。

解:(1)蜗杆直径系数

$$q = \frac{d_1}{m} = \frac{40}{4} = 10$$

(2)导程角

由式(12-2)得

$$\tan \gamma = \frac{z_1}{q} = \frac{2}{10} = 0.2$$

$$\gamma = 11.3099°(即 \gamma = 11°18'36'')$$

(3)传动的中心距

$$a = 0.5m(q + z_2) = 0.5 \times 4 \times (10 + 39) \text{ mm} = 98 \text{ mm}$$

讨论:① 也可将蜗轮齿数改为 $z_2 = 40$,即中心距圆整为 $a = 0.5 \times 4 \times (10+40)$ mm $= 100$ mm。由此引起的蜗杆传动传动比的变化,可在传动系统内部作适当调整。② 如果是单件生产又允许采用非标准中心距,就取 $a = 98$ mm。③ 在不改变蜗杆传动传动比的情况下,若将中心距圆整为 $a = 100$ mm,那么滚切蜗轮时应将滚刀相对于蜗轮中心向外移动 2 mm,使滚刀(相当于蜗杆)与被切蜗轮轮坯的中心距由 98 mm 加到 100 mm,即采用变位传动。有关变位传动的计算,见机械设计手册。

§12-3 蜗杆传动的失效形式、材料和结构

一、蜗杆传动的失效形式及材料选择

蜗杆传动的主要失效形式有胶合、点蚀和磨损等。由于蜗杆传动在齿面间有较大的相对滑动,产生热量,使润滑油温度升高而变稀,润滑条件变差,增大了胶合的可能性。在闭式传动中,如果不能及时散热,往往因胶合而影响蜗杆传动的承载能力。在开式传动或润滑、密封不良的闭式传动中,蜗轮轮齿的磨损显得尤其突出。

由于蜗杆传动的特点,蜗杆副的材料不仅要求有足够的强度,而更重要的是要有良好的减摩耐磨性能和抗胶合的能力。因此常采用青铜作蜗轮的齿圈,与淬硬磨削的钢制蜗杆相配。

蜗杆一般采用碳钢或合金钢制造,要求齿面光洁并具有较高硬度。对于高速重载的蜗杆常用 20Cr、20CrMnTi(渗碳淬火到 56~62 HRC)或 40Cr、42SiMn、45 钢(表面淬火到 45~55 HRC)等,并应磨削。一般蜗杆可采用 40、45 等碳钢调质处理(硬度为 220~250 HBW)。在低速或人力传动中,蜗杆可不经热处理,甚至可采用铸铁。

在重要的高速蜗杆传动中,蜗轮常用 10-1 锡青铜(ZCuSn10P1)制造,它的抗胶合和耐磨性能好,允许的滑动速度可达 25 m/s,易于切削加工,但价贵。在滑动速度 $v_s < 12$ m/s 的蜗杆传动中,可采用含锡量低的 5-5-5 锡青铜(ZCuSn5Pb5Zn5)。10-3 铝青铜(ZCuAl10Fe3)有足够的强度,铸造性能好、耐冲击、价廉,但切削性能差,抗胶合性能不如锡青铜,一般用于 $v_s \leqslant 6$ m/s 的传动。在速度较低(如 $v_s < 2$ m/s)的传动中,可用球墨铸铁或灰铸铁。蜗轮也可用尼龙或增强尼龙材料制成。

二、蜗杆和蜗轮的结构

蜗杆绝大多数和轴制成一体,称为蜗杆轴,如图 12-7 所示。

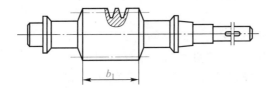

$$z_1 = 1 \text{ 或 2 时}, b_1 \geqslant (11 + 0.06z_2)m$$
$$z_1 = 4 \text{ 时}, b_1 \geqslant (12.5 + 0.09z_2)m$$

图 12-7 蜗杆轴

蜗轮可以制成整体的(图 12-8a),但为了节约贵重的有色金属,对大尺寸的蜗轮通常采用组合式结构,即齿圈用有色金属制造,而轮芯用钢或铸铁制成(图 12-8b)。采用组合结构时,齿圈和轮芯间可用过盈连接,为工作可靠起见,又沿接合面圆周装上 4~8 个螺钉。为了便于钻孔,应将螺孔中心线向材料较硬的一边偏移 2~3 mm。这种结构用于尺寸不大而工作温度变化又较小的地方。轮圈与轮芯也可用铰制孔用螺栓来连接(图 12-8c),由于装

拆方便,常用于尺寸较大或磨损后需要更换齿圈的场合。对于成批制造的蜗轮,常在铸铁轮芯上浇注出青铜齿圈(图 12-8d)。

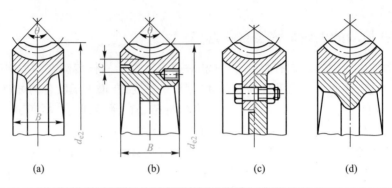

蜗杆头数 z_1	1	2	4
蜗轮齿顶圆直径(外径)$d_{e2} \leqslant$	$d_{a2} + 2m$	$d_{a2} + 1.5m$	$d_{a2} + 2m$
轮缘宽度 $B \leqslant$	$0.75d_{a1}$		$0.67d_{a1}$
蜗轮齿宽角 $\theta =$	$90° \sim 130°$		
轮圈厚度 $c \approx$	$1.65m + 1.5$ mm		

图 12-8　蜗轮的结构

§12-4　圆柱蜗杆传动的受力分析

分析蜗杆传动作用力时,可先根据蜗杆的螺旋线旋向和蜗杆旋转方向,按照 §5-2 介绍的方法确定蜗轮的旋转方向。例如图 12-9 所示为右旋蜗杆,用右手拇指的指向代表蜗杆轴向力方向,使拇指伸直与轴线平行,其余四指沿回转方向握拳,则拇指指向左,即蜗杆轴向力向左。蜗轮所受反向力指向右,故蜗轮沿逆时针方向回转。

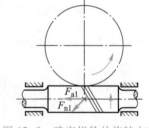

图 12-9　确定蜗轮的旋转方向

另一分析蜗杆轴向力的方法:设想将蜗轮的中间平面绕蜗杆轴线旋转 90°,使啮面处于"桌面",当蜗杆按图 12-9 所示方向旋转时,蜗杆齿受到的蜗轮齿阻力 F_{n1} 逆蜗杆转动方向,且作用在蜗杆齿的法面上,F_{n1} 在轴向的分力 F_{a1} 指向左,从动轮齿受相反的推力指向右,故蜗轮作逆时针方向旋转。

蜗杆传动的受力分析和斜齿轮相似,齿面上的法向力 F_n 可分解为三个相互垂直的分力:圆周力 F_t、轴向力 F_a 和径向力 F_r。上例中各分力的方向如图 12-10 所示。当蜗杆轴和蜗轮轴交错成 90°时,如不计摩擦力的影响,蜗杆圆周力 F_{t1} 等于蜗轮轴向力 F_{a2},但方向相反;蜗杆轴向力 F_{a1} 等于蜗轮圆周力 F_{t2},但方向相反;蜗杆径向力 F_{r1} 等于蜗轮径向力 F_{r2},指向各自的轴心,即

蜗杆圆周力
$$F_{t1} = F_{a2} = \frac{2T_1}{d_1} \qquad\qquad (12-5)$$

蜗杆轴向力
$$F_{a1} = F_{t2} = \frac{2T_2}{d_2} \qquad (12-6)$$

蜗杆径向力
$$F_{r1} = F_{r2} = F_{a1}\tan\alpha \qquad (12-7)$$

式中：T_1 和 T_2 分别为作用在蜗杆和蜗轮上的转矩，$T_2 = T_1 i_{12}\eta$；η 为蜗杆传动的效率。

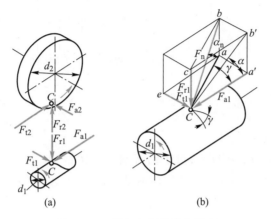

图 12-10　蜗杆与蜗轮的作用力

§12-5　圆柱蜗杆传动的强度计算

圆柱蜗杆传动的破坏形式，主要是蜗轮轮齿表面产生胶合、点蚀和磨损，目前在设计时用限制接触应力的办法来解决，而轮齿的弯断现象只有当 $z_2 > 80$ 时才发生（此时须校核弯曲强度）。对于开式传动，因磨损速度大于点蚀速度，故只需按弯曲强度进行设计计算。此外，还需校核蜗杆的刚度。对于闭式传动，还需进行热平衡计算。

一、蜗轮齿面疲劳接触强度计算

1. 计算公式

蜗轮齿面疲劳接触强度仍以赫兹公式为基础，其强度校核公式为

$$\sigma_H = Z_E Z_\rho \sqrt{\frac{K_A T_2}{a^3}} \leqslant [\sigma_H] \quad \text{MPa} \qquad (12-8)$$

设计公式为

$$a \geqslant \sqrt[3]{K_A T_2 \left(\frac{Z_E Z_\rho}{[\sigma_H]}\right)^2} \quad \text{mm} \qquad (12-9)$$

式中：a 为中心距，mm；Z_E 为材料的综合弹性系数，钢与铸锡青铜配对时取 $Z_E = 150$，钢与铝青铜或灰铸铁配对时取 $Z_E = 160$；Z_ρ 为接触系数，用以考虑接触线长度和综合曲率半径对接触疲劳强度的影响，由蜗杆分度圆直径与中心距之比（d_1/a）查图 12-11 确定，一般 $d_1/a = 0.3 \sim 0.5$，取小值时导角大，因而效率高，但蜗杆刚性较差；K_A 为使用系数，$K_A = 1.1 \sim 1.4$，有冲击载荷、环境温度高（$t > 35\ ℃$）、速度较高时，K_A 取大值。

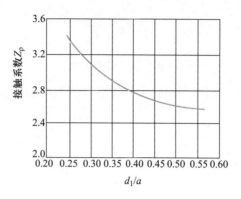

图 12-11　接触系数

2. 许用接触应力 $[\sigma_H]$

对于锡青铜,可由表 12-4 查取;对于铝青铜及灰铸铁,其主要失效形式是胶合而不是接触强度,而胶合与相对速度有关,其值应查表 12-5,上述接触强度计算可限制胶合的产生。

由式(12-9)算出中心距 a 后,可由下列公式粗算出蜗杆分度圆直径 d_1 和模数 m:

$$d_1 \approx 0.68a^{0.875}$$

$$m = \frac{2a - d_1}{z_2} \tag{12 - 10}$$

再由表 12-1 选定标准模数 m 及 q、d_1 的数值。

表 12-4　锡青铜蜗轮的许用接触应力 $[\sigma_H]$ 　　　　　MPa

蜗轮材料	铸造方法	适用的滑动速度 $v_s/(\mathrm{m/s})$	蜗杆齿面硬度	
			≤350 HBW	>45 HRC
10-1 锡青铜	砂　型	≤12	180	200
	金属型	≤25	200	220
5-5-5 锡青铜	砂　型	≤10	110	125
	金属型	≤12	135	150

表 12-5　铝青铜及铸铁蜗轮的许用接触应力 $[\sigma_H]$ 　　　　　MPa

蜗轮材料	蜗杆材料	滑动速度 $v_s/(\mathrm{m/s})$						
		0.5	1	2	3	4	6	8
10-3 铝青铜	淬火钢[①]	250	230	210	180	160	120	90
HT150、HT200	渗碳钢	130	115	90	—	—	—	—
HT150	调质钢	110	90	70	—	—	—	—

① 蜗杆未经淬火时,需将表中 $[\sigma_H]$ 值降低 20%。

二、蜗轮齿根弯曲疲劳强度计算

蜗轮的齿形比较复杂,且齿根是曲面,要精确计算蜗轮齿根弯曲应力很困难。一般参照斜齿圆柱齿轮作近似计算,其验算公式为

$$\sigma_F = \frac{1.53 K_A T_2}{d_1 d_2 m \cos \gamma} Y_{Fa2} \leqslant [\sigma_F] \quad \text{MPa} \tag{12-11}$$

其设计公式为

$$m^2 d_1 \geqslant \frac{1.53 K_A T_2}{z_2 \cos \gamma [\sigma_F]} Y_{Fa2} \tag{12-12}$$

式中:γ 为蜗杆导程角,$\gamma = \arctan \dfrac{z_1}{q}$;$[\sigma_F]$ 为蜗轮许用弯曲应力,MPa,查表 12-6 确定;Y_{Fa2} 为蜗轮齿形系数,由当量齿数 $z_v = \dfrac{z_1}{\cos^3 \gamma}$,查图 11-8 确定。

由求得的 $m^2 d_1$ 值查表 12-1 可确定主要尺寸。

表 12-6　蜗轮的许用弯曲应力 $[\sigma_F]$　　　　　　　　　　MPa

蜗轮材料	ZCuSn10P1		ZCuSn5Pb5Zn5		ZCuAl10Fe3		HT150	HT200
铸造方法	砂型铸造	金属型铸造	砂型铸造	金属型铸造	砂型铸造	金属型铸造	砂型铸造	
单侧工作	50	70	32	40	80	90	40	47
双侧工作	30	40	24	28	63	80	25	30

三、蜗杆的刚度计算

蜗杆较细长,支承跨距较大,若受力后产生的挠度过大,则会影响正常啮合传动。蜗杆产生的挠度应小于许用挠度 $[Y]$。

由切向力 F_{t1} 和径向力 F_{r1} 产生的挠度分别为

$$Y_{t1} = \frac{F_{t1} l^3}{48EI}, \quad Y_{r1} = \frac{F_{r1} l^3}{48EI}$$

合成总挠度为

$$Y = \sqrt{Y_{t1}^2 + Y_{r1}^2} \leqslant [Y] \quad \text{mm}$$

式中:E 为蜗杆材料的弹性模量,MPa,钢蜗杆 $E = 2.06 \times 10^5$ MPa;I 为蜗杆危险截面惯性矩,$I = \dfrac{\pi d_1^4}{64}$;$l$ 为蜗杆支点跨距,mm,初步计算时可取 $l = 0.9d_2$;$[Y]$ 为许用挠度,mm,$[Y] = d_1 / 1\,000$。

例 12-2 试设计一由电动机驱动的单级圆柱蜗杆减速器中的蜗杆传动。电动机功率 $P_1 = 5.5$ kW,转速 $n_1 = 960$ r/min,传动比 $i_{12} = 21$,载荷平稳,单向回转。

解:1. 选择材料并确定其许用应力

蜗杆用 45 钢,表面淬火,硬度为 45~55 HRC;蜗轮用锡青铜 ZCuSn10P1,砂模铸造。

(1) 许用接触应力,查表 12-4 得 $[\sigma_H] = 200$ MPa;

(2) 许用弯曲应力,查表 12-6 得 $[\sigma_F] = 50$ MPa。

2. 选择蜗杆头数 z_1 并估计传动效率 η

由 $i_{12} = 21$ 查表 12-2,取 $z_1 = 2$,则 $z_2 = i_{12} z_1 = 21 \times 2 = 42$;

由 $z_1 = 2$ 查表 12-8,估计 $\eta = 0.8$。

3. 确定蜗轮转矩 T_2

$$T_2 = 9.55 \times 10^6 \frac{P\eta}{n_2} = 9.55 \times 10^6 \frac{P\eta i_{12}}{n_1}$$

$$= 9.55 \times 10^6 \times \frac{5.5 \times 0.8 \times 21}{960} \text{ N} \cdot \text{mm} = 919\,188 \text{ N} \cdot \text{mm}$$

4. 确定使用系数 K_A、综合弹性系数 Z_E

取 $K_A = 1.2$;取 $Z_E = 150$(钢配锡青铜)。

5. 确定接触系数 Z_ρ

假定 $d_1/a = 0.4$,由图 12-11 得 $Z_\rho = 2.8$。

6. 计算中心距 a

$$a \geqslant \sqrt[3]{K_A T_2 \left(\frac{Z_E Z_\rho}{[\sigma_H]} \right)^2} = \sqrt[3]{1.2 \times 919\,188 \times \left(\frac{150 \times 2.8}{200} \right)^2} \text{ mm} = 169.44 \text{ mm}$$

7. 确定模数 m、蜗轮齿数 z_2、蜗杆直径系数 q、蜗杆导程角 γ、中心距 a 等参数

由式(12-10)得

$$d_1 \approx 0.68 a^{0.875} = 0.68 \times 169.44^{0.875} \text{ mm} = 60.66 \text{ mm}$$

$$m = \frac{2a - d_1}{z_2} = \frac{2 \times 169.44 - 60.66}{42} \text{ mm} = 6.62 \text{ mm}$$

由表 12-1,取 $m = 8$ mm,$q = 10$,$d_1 = 80$ mm,$d_2 = 8 \times 42$ mm $= 336$ mm,由式(12-4)得

$$a = 0.5m(q + z_2) = 0.5 \times 8(10 + 42) \text{ mm} = 208 \text{ mm} > 169.44 \text{ mm}$$

接触强度足够。

由式(12-2)得导程角　　　　　　　　　　$\gamma = \arctan \frac{2}{10} = 11.309\,9°$

8. 校核弯曲强度

(1) 蜗轮齿形系数

由当量齿数　　　　　　　　　　$z_v = \frac{z_2}{\cos^3 \gamma} = \frac{42}{(\cos 11.309\,9°)^3} \approx 45$

查图 11-8 得 $Y_{Fa2} = 2.4$。

(2) 蜗轮齿根弯曲应力

$$\sigma_F = \frac{1.53 K_A T_2}{d_1 d_2 m \cos \gamma} Y_{Fa2} = \frac{1.53 \times 1.2 \times 919\,188}{80 \times 336 \times 8 \times \cos 11.309\,9°} \times 2.4 \text{ MPa}$$

$$\approx 19.2 \text{ MPa} < [\sigma_F] = 50 \text{ MPa}$$

弯曲强度足够。

9. 蜗杆刚度计算(略)

§12-6 圆柱蜗杆传动的效率、润滑和热平衡计算

一、蜗杆传动的效率

与齿轮传动类似,闭式蜗杆传动的效率包括三部分:轮齿啮合的效率 η_1,轴承效率 η_2 以及考虑搅动润滑油阻力的效率 η_3。其中,$\eta_2\eta_3 = 0.95 \sim 0.97$。$\eta_1$ 可根据螺旋传动的效率公式求得。

蜗杆主动时,蜗杆传动的总效率为

$$\eta = (0.95 \sim 0.97) \frac{\tan \gamma}{\tan(\gamma + \rho')} \tag{12-13}$$

式中:γ 为蜗杆导程角;ρ' 为当量摩擦角,$\rho' = \arctan f'$。当量摩擦系数 f' 主要与蜗杆副材料、表面状况以及滑动速度等有关,见表 12-7。

表 12-7　当量摩擦系数 f' 和当量摩擦角 ρ'

蜗轮材料	锡青铜				无锡青铜	
蜗杆齿面硬度	>45 HRC		其他情况		>45 HRC	
滑动速度 v_s/(m/s)	f'	ρ'	f'	ρ'	f'	ρ'
0.01	0.11	6.28°	0.12	6.84°	0.18	10.2°
0.10	0.08	4.57°	0.09	5.14°	0.13	7.4°
0.50	0.055	3.15°	0.065	3.72°	0.09	5.14°
1.00	0.045	2.58°	0.055	3.15°	0.07	4°
2.00	0.035	2°	0.045	2.58°	0.055	3.15°
3.00	0.028	1.6°	0.035	2°	0.045	2.58°
4.00	0.024	1.37°	0.031	1.78°	0.04	2.29°
5.00	0.022	1.26°	0.029	1.66°	0.035	2°
8.00	0.018	1.03°	0.026	1.49°	0.03	1.72°
10.0	0.016	0.92°	0.024	1.37°		
15.0	0.014	0.8°	0.020	1.15°		
24.0	0.013	0.74°				

注:1. 硬度大于 45 HRC 的蜗杆,其 f'、ρ' 值是指经过磨削和跑合并有充分润滑的情况。

2. 蜗轮材料为灰铸铁时,可按无锡青铜查取 f'、ρ'。

由式(12-13)可知,增大导程角 γ 可提高效率,故常采用多头蜗杆。但导程角过大,会引起蜗杆加工困难,而且导程角 $\gamma > 28°$ 时,效率提高很少。

$\gamma \leq \rho'$ 时,蜗杆传动具有自锁性,但效率很低($\eta < 50\%$)。必须注意,在振动条件下 ρ' 值的波动可能很大,因此不宜单靠蜗杆传动的自锁作用来实现制动,在重要场合应另加制动装置。

估计蜗杆传动的总效率时,可按表 12-8 选取。

表 12-8   蜗杆传动总效率 η 的概值

z_1	η	
	闭式传动	开式传动
1	0.7~0.75	0.6~0.7
2	0.75~0.82	
4	0.87~0.92	

二、蜗杆传动的润滑

蜗杆传动的润滑是个值得注意的问题。如果润滑不良,传动效率将显著降低,并且会使轮齿早期发生胶合或磨损。一般蜗杆传动用润滑油的牌号为 L-CKE,重载及有冲击时用 L-CKE/P。润滑油黏度可按表 12-9 选取。

表 12-9   蜗杆传动润滑油的黏度和润滑方式

滑动速度 $v_s/(\text{m/s})$	≤1.5	>1.5~3.5	>3.5~10	>10
黏度 $\nu_{40}/(\text{mm}^2/\text{s})$	>612	414~506	288~352	198~242
润滑方式	$v_s \leq 5$ m/s 油浴润滑		$v_s > 5~10$ m/s 油浴润滑或喷油润滑	$v_s > 10$ m/s 喷油润滑

用油浴润滑,常采用蜗杆下置式,由蜗杆带油润滑。但当蜗杆线速度 $v_1 > 4$ m/s 时,为减小搅油损失常将蜗杆置于蜗轮之上,形成上置式传动,由蜗轮带油润滑。

三、蜗杆传动的热平衡计算

由于蜗杆传动效率低、发热量大,若不及时散热,会引起箱体内油温升高、润滑失效,导致轮齿磨损加剧,甚至出现胶合。因此对连续工作的闭式蜗杆传动要进行热平衡计算。

在闭式传动中,热量通过箱壳散逸,要求箱体内的油温 $t(\text{℃})$ 和周围空气温度 $t_0(\text{℃})$ 之差不超过允许值,即

$$\Delta t = \frac{1\,000 P_1(1 - \eta)}{\alpha_t A} \leq [\Delta t] \qquad (12-14)$$

式中:Δt 为温度差,$\Delta t = t - t_0$;P_1 为蜗杆传递功率,kW;η 为传动效率;α_t 为表面传热系数,根据箱体周围通风条件,一般取 $\alpha_t = 10 \sim 17$ W/(m²·℃);A 为散热面积,m²,指箱体外壁与空气接触而内壁被油飞溅到的箱壳面积,对于箱体上的散热片,其散热面积按 50% 计算;$[\Delta t]$ 为温差允许值,一般为 $60 \sim 70$ ℃,并应使油温 $t(t = t_0 + \Delta t)$ 低于 90 ℃。

如果超过温差允许值,可采用下述冷却措施:

(1)增加散热面积   合理设计箱体结构,铸出或焊上散热片;

(2)提高表面传热系数   在蜗杆轴上装置风扇(图 12-12a),或在箱体油池内装设蛇形冷却水管(图 12-12b),或用循环油冷却(图 12-12c)。

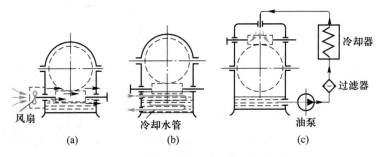

图 12-12　蜗杆传动的散热方法

例 12-3　试计算例 12-2 蜗杆传动的效率。若已知散热面积 $A = 1.2\ \mathrm{m^2}$,试计算润滑油的温升。

解:(1) 相对滑动速度

$$v_s = \frac{\pi d_1 n_1}{60 \times 1\ 000 \cos \gamma} = \frac{\pi \times 63 \times 960}{60 \times 1\ 000 \times \cos 11.309\ 9°}\ \mathrm{m/s} = 3.23\ \mathrm{m/s}$$

(2) 当量摩擦角

由表 12-7 查得 $\rho' = 1.547°$。

(3) 总传动效率

$$\eta = 0.96 \frac{\tan \gamma}{\tan(\gamma + \rho')} = 0.96 \times \frac{\tan 11.309\ 9°}{\tan(11.309\ 9° + 1.547°)} = 84\%$$

(4) 散热计算

取 $\alpha_t = 15\ \mathrm{W/(m^2 \cdot \text{℃})}$,则

$$\Delta t = \frac{1\ 000 P_1 (1 - \eta)}{\alpha_t A} = \frac{1\ 000 \times 5.5 \times (1 - 0.84)}{15 \times 1.2}\ \text{℃} = 48.89\ \text{℃} < [\Delta t] = 60 \sim 70\ \text{℃}$$

合格。

习题

12-1　计算例 12-1 的蜗杆和蜗轮的几何尺寸。

12-2　如题 12-2 图所示,蜗杆主动,$T_1 = 20\ \mathrm{N \cdot m}$,$m = 4\ \mathrm{mm}$,$z_1 = 2$,$d_1 = 50\ \mathrm{mm}$,蜗轮齿数 $z_2 = 50$,传动的啮合效率 $\eta = 0.75$。试确定:(1) 蜗轮的转向;(2) 蜗杆与蜗轮上作用力的大小和方向。

12-3　如题 12-3 图所示为蜗杆传动和锥齿轮传动的组合,已知输出轴上的锥齿轮 z_4 的转向 n。(1) 欲使中间轴上的轴向力能部分抵消,试确定蜗杆传动的螺旋线方向和蜗杆的转向;(2) 在图中标出各轮轴向力的方向。

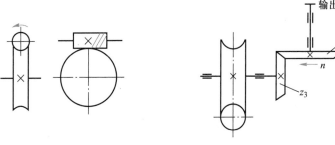

题 12-2 图　　　　　　　　　　题 12-3 图

12-4   设计一由电动机驱动的单级圆柱蜗杆减速器。电动机功率为 7 kW,转速为 1 440 r/min,蜗轮轴转速为 80 r/min,载荷平稳,单向传动。蜗轮材料选 ZCuSn10P1 锡青铜,砂型铸造;蜗杆选用 40Cr,表面淬火。

12-5   一圆柱蜗杆减速器,蜗杆轴功率 $P_1 = 100$ kW,传动总效率 $\eta = 0.8$,三班制工作。试按所在地区工业用电价格(每千瓦小时若干元)计算五年中用于功率损耗的费用。

12-6   手动绞车采用圆柱蜗杆传动,如题 12-6 图所示,已知 $m = 8$ mm、$z_1 = 1$、$d_1 = 80$ mm、$z_2 = 40$,卷筒直径 $D = 200$ mm 。问:(1)欲使重物 W 上升 1 m,蜗杆应多少转?(2)蜗杆与蜗轮间的当量摩擦系数 $f' = 0.18$,该机构能否自锁?(3)若重物 $W = 5$ kN,手摇时施加的力 $F = 100$ N,手柄转臂的长度 l 应是多少?

12-7   计算例 12-2 的蜗杆和蜗轮的几何尺寸。设蜗轮轴的直径 $d_s = 70$ mm,试绘制蜗轮的工作图。

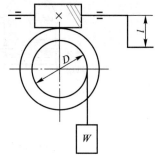

题 12-6 图

12-8   一单级蜗杆减速器输入功率 $P_1 = 3$ kW,$z_1 = 2$,箱体散热面积约为 1 m²,通风条件较好,室温为 20 ℃,试验算油温是否满足使用要求。

12-9   一开式蜗杆传动,传递功率 $P = 5$ kW,蜗杆转速 $n_1 = 1 460$ r/min,传动比 $i_{12} = 21$,载荷平稳,单向传动,试选择蜗杆、蜗轮材料并确定其主要尺寸参数。〔提示:可根据表 12-1 初定 q 值,以便由式(12-2)求出导程角 γ。〕

第 13 章

带传动和链传动

　　带传动和链传动都是通过中间挠性件（带或链）传递运动和动力的，适用于两轴中心距较大的场合。在这种场合下，与应用广泛的齿轮传动相比，它们具有结构简单、成本低廉等优点。因此，带传动和链传动也是常用的传动。

§13-1　带传动的类型和应用

　　带传动通常是由主动轮 1、从动轮 2 和张紧在两轮上的环形带 3 所组成（图 13-1）。安装时带被张紧在带轮上，这时带所受的拉力称为初拉力，它使带与带轮的接触面间产生压力。主动轮回转时，依靠带与带轮接触面间的摩擦力拖动从动轮一起回转，从而传递一定的运动和动力。

　　上述摩擦型传动带，按横截面形状可分为平带、V 带和特殊截面带（如多楔带、圆带等）三大类。此外，还有同步带，它属于啮合型传动带。由于其工作原理不同，将在 §13-7 中介绍。

　　平带的横截面为扁平矩形，工作时带的环形内表面与轮缘相接触（图 13-2a）；V 带的横截面为等腰梯形，工作时其两侧面与轮槽的侧面相接触，而 V 带与轮槽槽底并不接触（图 13-2b）。由于轮槽的楔形效应，初拉力相同时，V 带传动较平带传动能产生更大的摩擦力，故具有较大的牵引能力。多楔带以其扁平部分为基体，下面有几条等距纵向槽，其工作面是楔的侧面（图 13-2c）。这种带兼有平带的弯曲应力小和 V 带的摩擦力大等优点，常用于传递动力较大而又要求结构紧凑的场合。圆带的牵引能力小，常用于仪器和家用器械中。

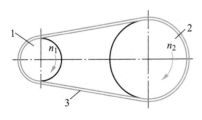

图 13-1　带传动简图

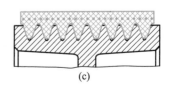

(a)　　　　(b)　　　　(c)

图 13-2　带的横截面形状

带传动主要用于两轴平行而且回转方向相同的场合,这种传动称为开口传动。如图 13-3 所示,当带的张紧力为规定值时,两带轮轴线间的距离 a 称为中心距。带被张紧时,带与带轮接触弧所对的中心角称为包角。包角是带传动的一个重要参数。设 d_1、d_2 分别为小带轮、大带轮的直径,L 为带长,则带轮的包角

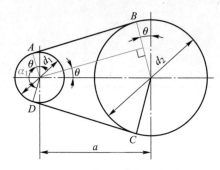

图 13-3　开口传动的几何关系

$$\alpha = \pi \pm 2\theta$$

因 θ 角较小,以 $\theta \approx \sin\theta = \dfrac{d_2 - d_1}{2a}$ 代入上式得

$$\left.\begin{aligned}\alpha &= \pi \pm \frac{d_2 - d_1}{a} \quad \text{rad} \\[2mm] \alpha &= 180° \pm \frac{d_2 - d_1}{a} \times 57.3°\end{aligned}\right\} \qquad (13-1)$$

或

式中:"+"号适用于大带轮包角 α_2,"-"号适用于小带轮包角 α_1。

带长

$$L = 2AB + \overset{\frown}{BC} + \overset{\frown}{AD}$$

$$= 2a\cos\theta + \frac{\pi}{2}(d_1 + d_2) + \theta(d_2 - d_1)$$

以 $\cos\theta \approx 1 - \dfrac{1}{2}\theta^2$ 及 $\theta \approx \dfrac{d_2 - d_1}{2a}$ 代入上式得

$$L \approx 2a + \frac{\pi}{2}(d_1 + d_2) + \frac{(d_2 - d_1)^2}{4a} \qquad (13-2)$$

带传动不仅安装时必须把带张紧在带轮上,而且当带工作一段时间之后,因永久伸长而松弛时,还应将带重新张紧。

带传动常用的张紧方法是调节中心距。如用调节螺钉 1 使装有带轮的电动机沿滑轨 2 移动(图 13-4a),或用螺杆及调节螺母 1 使电动机绕小轴 2 摆动(图 13-4b)。前者适用于

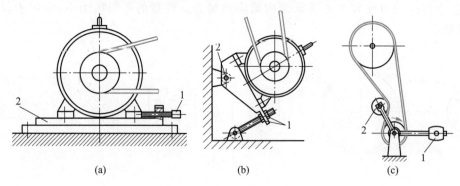

|　(a)　　　　　　　(b)　　　　　　　(c)|

图 13-4　带传动的张紧装置

水平或倾斜不大的布置,后者适用于垂直或接近垂直的布置。若中心距不能调节,可采用具有张紧轮的装置(图13-4c),它靠悬重1将张紧轮2压在带上,以保持带的张紧。

带传动的优点是:① 适用于中心距较大的传动;② 带具有良好的挠性,可缓和冲击、吸收振动;③ 过载时带与带轮间会出现打滑,打滑虽使传动失效,但可防止损坏其他零件;④ 结构简单,成本低廉。

带传动的缺点是:① 传动的外廓尺寸较大;② 需要张紧装置;③ 由于带的滑动(见§13-4),不能保证固定不变的传动比;④ 带的寿命较短;⑤ 传动效率较低。

通常,带传动适用于中小功率的传动。目前 V 带传动应用最广,一般带速为 $v = 5 \sim 30$ m/s,传动比 $i \leqslant 7$,传动效率为 $0.90 \sim 0.95$。

近年来平带传动的应用已大为减少,但在多轴传动或高速情况下,平带传动仍然很有效。

§13-2　带传动的受力分析

如前所述,带必须以一定的初拉力张紧在带轮上。静止时,带两边的拉力都等于初拉力 F_0(图13-5a);传动时,由于带与轮面间摩擦力的作用,带两边的拉力不再相等(图13-5b)。绕进主动轮的一边,拉力由 F_0 增加到 F_1,称为紧边,F_1 为紧边拉力;而另一边带的拉力由 F_0 减为 F_2,称为松边,F_2 为松边拉力。设环形带的总长度不变,则紧边拉力的增加量 $F_1 - F_0$ 应等于松边拉力的减少量 $F_0 - F_2$,即

$$F_0 = \frac{1}{2}(F_1 + F_2) \tag{13-3}$$

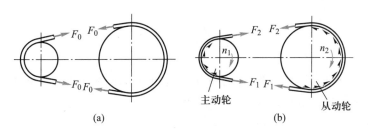

图 13-5　带传动的受力情况

两边拉力之差称为带传动的有效拉力,也就是带所传递的圆周力 F。即

$$F = F_1 - F_2 \tag{13-4}$$

圆周力 F(N)、带速 v(m/s)和传递功率 P(kW)之间的关系为

$$P = \frac{Fv}{1\,000} \tag{13-5}$$

现以平带传动为例,分析带在即将打滑时紧边拉力 F_1 与松边拉力 F_2 的关系。如图13-6所

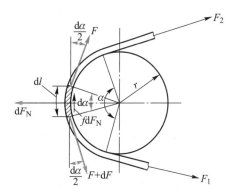

图 13-6　带的受力分析

示,在平带上截取一微弧段 dl,对应的包角为 $d\alpha$。设微弧段两端的拉力分别为 F 和 $F+dF$,带轮给微弧段的正压力为 dF_N,带与轮面间的极限摩擦力为 fdF_N。若不考虑带的离心力,由法向和切向各力的平衡得

$$dF_N = F\sin\frac{d\alpha}{2} + (F + dF)\sin\frac{d\alpha}{2}$$

$$fdF_N = (F + dF)\cos\frac{d\alpha}{2} - F\cos\frac{d\alpha}{2}$$

因 $d\alpha$ 很小,可取 $\sin\frac{d\alpha}{2} \approx \frac{d\alpha}{2}$,$\cos\frac{d\alpha}{2} \approx 1$,并略去二阶微量 $dF\frac{d\alpha}{2}$,将以上两式化简得

$$dF_N = Fd\alpha$$

$$fdF_N = dF$$

由上两式得

$$\frac{dF}{F} = fd\alpha$$

$$\int_{F_2}^{F_1}\frac{dF}{F} = \int_0^{\alpha}fd\alpha$$

$$\ln\frac{F_1}{F_2} = f\alpha$$

故紧边和松边的拉力比为

$$\frac{F_1}{F_2} = e^{f\alpha} \tag{13-6}$$

式中:f 为带与轮面间的摩擦系数;α 为带轮的包角,rad;e 为自然对数的底,$e \approx 2.718$。式(13-6)是挠性体摩擦的欧拉公式。

联解 $F = F_1 - F_2$ 和式(13-6)得

$$\left.\begin{aligned} F_1 &= F\frac{e^{f\alpha}}{e^{f\alpha} - 1} \\ F_2 &= F\frac{1}{e^{f\alpha} - 1} \\ F &= F_1 - F_2 = F_1\left(1 - \frac{1}{e^{f\alpha}}\right) \end{aligned}\right\} \tag{13-7}$$

由此可知:增大包角或(和)增大摩擦系数,都可提高带传动所能传递的圆周力。因小带轮包角 α_1 小于大带轮包角 α_2,故计算带传动所能传递的圆周力时,式(13-7)中应取 α_1。

V 带传动与平带传动的初拉力相等(即带压向带轮的压力同为 F_Q,见图 13-7)时,它们的法向力 F_N 则不相同。平带的极限摩擦力为 $F_N f = F_Q f$,而 V 带的极限摩擦力为

$$F_N f = \frac{F_Q}{\sin\dfrac{\varphi}{2}} f = F_Q f'$$

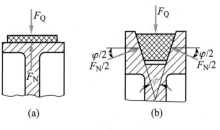

式中：φ 为 V 带轮的轮槽角；$f' = f/\sin\dfrac{\varphi}{2}$，为当量摩擦系数。显然，$f' > f$，故在相同条件下，V 带能传递较大的功率。或者说，传递相同功率时，V 带传动的结构较为紧凑。

图 13-7　带与带轮间的法向力

引用当量摩擦系数的概念，以 f' 代替 f，即可将式（13-6）和式（13-7）应用于 V 带传动。

§13-3　带的应力分析

传动时，带中应力由以下三部分组成：

1. 紧边和松边拉力产生的拉应力

紧边拉应力 　　　　　　　　　　$$\sigma_1 = \frac{F_1}{A} \quad \text{MPa}$$

松边拉应力 　　　　　　　　　　$$\sigma_2 = \frac{F_2}{A} \quad \text{MPa}$$

式中：A 为带的横截面积，mm^2。

2. 离心力产生的拉应力

当带绕过带轮时，在微弧段 $\mathrm{d}l$ 上产生的离心力（图 13-8）为

$$\mathrm{d}F_{N_c} = (r\mathrm{d}\alpha) q \frac{v^2}{r} = qv^2 \mathrm{d}\alpha \quad \text{N}$$

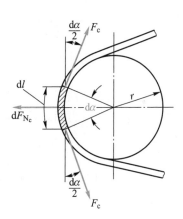

式中：q 为带的单位长度质量（表 13-1），kg/m；v 为带速，m/s。设离心力在该微弧段两边引起拉力 F_c，由微弧段上各力的平衡得

$$2F_c \sin\frac{\mathrm{d}\alpha}{2} = qv^2\mathrm{d}\alpha$$

图 13-8　带的离心力

取 $\sin\dfrac{\mathrm{d}\alpha}{2} \approx \dfrac{\mathrm{d}\alpha}{2}$，则

$$F_c = qv^2 \quad \text{N}$$

离心力只发生在带作圆周运动的部分，但由此引起的拉力却作用于带的全长。故离心拉应力为

$$\sigma_c = \frac{F_c}{A} = \frac{qv^2}{A} \quad \text{MPa}$$

3. 弯曲应力

带绕过带轮时,因弯曲而产生弯曲应力。V 带中的弯曲应力如图 13-9 所示。由材料力学公式得带的弯曲应力为

$$\sigma_b = \frac{2yE}{d} \quad MPa$$

式中:y 为带的中性层到最外层的垂直距离,mm;E 为带的弹性模量,MPa;d 为带轮直径(对 V 带轮,d 为基准直径,见 §13-5),mm。显然,两轮直径不相等时,带在两轮上的弯曲应力也不相等。

图 13-10 所示为带的应力分布情况,各截面应力的大小用自该处引出的径向线(或垂直线)的长短来表示。由图可知,在运转过程中,带经受变应力。最大应力发生在紧边与小带轮的接触处,其值为

$$\sigma_{max} = \sigma_1 + \sigma_{b1} + \sigma_c$$

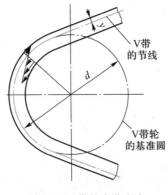

图 13-9   带的弯曲应力

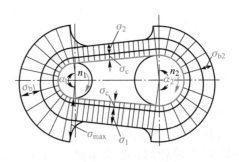

图 13-10   带的应力分布

试验表明,疲劳曲线方程也适用于经受变应力的带,即 $\sigma_{max}^m N = C$,式中 m、C 与带的种类和材质有关,N 为应力循环总次数。

设 v 为带速(m/s)、L 为带长(m),则每秒钟带绕行整周的次数(绕转频率)为 $\frac{v}{L}$。设带的寿命为 $T(h)$,则应力循环总次数为

$$N = 3\,600kT\,\frac{v}{L}$$

式中:k 为带轮数,一般 $k=2$,即带每绕转一整周完成两个应力循环。

由此可知,带的长度将影响带的疲劳寿命。

例 13-1   一平带传动,传递功率 $P=15$ kW,带速 $v=15$ m/s,带在小带轮上的包角 $\alpha=170°(2.97$ rad$)$,带的厚度 $\delta=4.8$ mm、宽度 $b=100$ mm,带的密度 $\rho=1\times10^{-3}$ kg/cm^3,带与轮面间的摩擦系数 $f=0.3$。试求:(1) 传递的圆周力;(2) 紧边、松边拉力;(3) 离心力在带中引起的拉力;(4) 所需的初拉力;(5) 作用在轴上的压力。

解:(1) 传递的圆周力

$$F = \frac{1\,000P}{v} = \frac{1\,000 \times 15}{15} \text{ N} = 1\,000 \text{ N}$$

（2）紧边、松边拉力

因

$$e^{f\alpha} = e^{0.3 \times 2.97} = 2.44$$

由式（13-7）得

$$F_1 = F\frac{e^{f\alpha}}{e^{f\alpha} - 1} = \frac{1\,000 \times 2.44}{2.44 - 1} \text{ N} = 1\,694 \text{ N}$$

$$F_2 = F\frac{1}{e^{f\alpha} - 1} = \frac{1\,000}{2.44 - 1} \text{ N} = 694 \text{ N}$$

（3）离心力引起的拉力

平带单位长度质量为

$$q = 100b\delta\rho = 100 \times 10 \times 0.48 \times 1 \times 10^{-3} \text{ kg/m} = 0.48 \text{ kg/m}$$

如前所述，离心力引起的拉力为

$$F_c = qv^2 = 0.48 \times 15^2 \text{ N} = 108 \text{ N}$$

（4）所需的初拉力

由式（13-3）

$$F_0 = \frac{1}{2}(F_1 + F_2)$$

带的离心力使带与轮面间的压力减小、传动能力降低，为了补偿这种影响，所需初拉力应为

$$F_0 = \frac{1}{2}(F_1 + F_2) + F_c = \left(\frac{1\,694 + 694}{2} + 108\right) \text{ N} = 1\,302 \text{ N}$$

此结果表明，传递圆周力 1 000 N 时，为防止打滑所需的初拉力不得小于 1 302 N。

（5）作用在轴上的压力

如图 13-11 所示，静止时轴上压力为

$$F_Q = 2F_0\sin\frac{\alpha_1}{2} = 2 \times 1\,302 \times \sin\frac{170}{2} \text{ N}$$

$$= 2\,595 \text{ N}$$

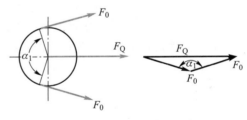

图 13-11　作用在轴上的力

§13-4　带传动的弹性滑动、传动比和打滑现象

一、弹性滑动现象、滑动率与传动比

胶带受拉力时产生的弹性伸长较大，故应考虑其对传动的影响。带的紧边进入与主动轮的接触点 A 时，带速与主动轮速是相等的（图 13-12），当带绕过主动轮时，其所受拉力由 F_1 减至 F_2，故带的弹性伸长量将逐渐减小，即相当于带速在逐渐减慢，导致带速逐渐小于主动轮的圆周速度 v_1，而在带绕过从动轮时，其所受拉力由 F_2 增至 F_1，使带的弹性伸长量逐渐增加，因而带在从动轮轮缘上产生向前的相对滑动，导致从动轮的圆周速度 v_2 逐渐小于

带速,即

$$v_1 > v_2$$

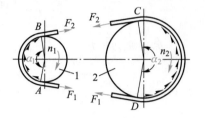

图 13-12　带传动的弹性滑动

这就是带传动的弹性滑动现象. 对于带传动,弹性滑动是不可避免的,故对于要求准确传动比的场合,是不可采用带传动的(§13-7 介绍的同步带传动除外)。

弹性滑动的大小,可用滑动率 ε 来表示,令

$$\varepsilon = \frac{v_1 - v_2}{v_1} = \frac{\pi d_1 n_1 - \pi d_2 n_2}{\pi d_1 n_1}$$

得传动比

$$i = \frac{n_1}{n_2} = \frac{d_2}{d_1(1 - \varepsilon)} \qquad (13-8)$$

从动轮转速

$$n_2 = \frac{n_1 d_1(1 - \varepsilon)}{d_2} \qquad (13-9)$$

一般,V 带传动的滑动率 $\varepsilon = 0.01 \sim 0.02$,在一般工业传动中可忽略不计。

二、打滑现象

当外载荷所需的圆周力大于带与主动轮轮缘间的极限摩擦力时,带与轮缘表面将产生显著的相对滑动,这一现象称为打滑。因带在小带轮上的包角较小,故打滑多发生在小带轮上。打滑将使带的磨损加剧,导致传动失效,在设计时就应当考虑避免产生打滑。不过,过载时产生的打滑现象却可以避免机器因过载而损坏。

§13-5　V 带传动的计算

V 带又分为普通 V 带、窄 V 带、宽 V 带、大楔角 V 带、汽车 V 带等多种类型,其中普通 V 带和窄 V 带应用最广。本节主要介绍普通 V 带和窄 V 带传动的计算。计算所用的表格数据,均摘自 GB/T 13575.1—2008。

一、V 带的规格

V 带由抗拉体、顶胶、底胶和包布组成,见图 13-13。抗拉体是承受负载拉力的主体,其上、下的顶胶和底胶分别承受弯曲时的拉伸和压缩,外壳用橡胶帆布包围成形。抗拉体由帘布或线绳组成,绳芯结构柔软易弯,有利于提高寿命。抗拉体的材料可采用化学纤维或棉织物,前者的承载能力较强。

如图 13-14 所示,当带受纵向弯曲时,在带中保持原长度不变的周线称为节线;由全部节线构成的面称为节面。带的节面宽度称为节宽(b_p),当带受纵向弯曲时,该宽度保持不变。

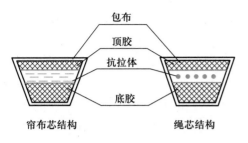

图 13-13　V 带的结构

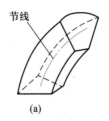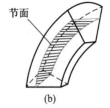

图 13-14　V 带的节线和节面

普通 V 带和窄 V 带已标准化,按截面尺寸的不同,普通 V 带有七种型号,窄 V 带有四种型号,见表 13-1。

表 13-1　V 带截面尺寸

类型		节宽 b_p/mm	顶宽 b/mm	高度 h/mm	单位长度质量 q/(kg/m)
普通 V 带	窄 V 带				
Y		5.3	6.0	4.0	0.023
Z		8.5	10.0	6.0	0.060
	(SPZ)	8.5	10.0	8.0	0.072
A		11	13.0	8.0	0.105
	(SPA)	11	13.0	10.0	0.112
B		14	17.0	11.0	0.170
	(SPB)	14	17.0	14.0	0.192
C		19	22.0	14.0	0.300
	(SPC)	19	22.0	18.0	0.370
D		27	32.0	19.0	0.630
E		32	38.0	23.0	0.970

在 V 带轮上,与所配用 V 带的节面宽度 b_p 相对应的带轮直径称为基准直径 d(见表 13-11 附图)。V 带在规定的张紧力下,位于带轮基准直径上的周线长度称为基准长度 L_d。V 带长度系列见表 13-2。

表 13-2　V 带基准长度 L_d 和带长修正系数 K_L

Z 型		A 型		B 型		C 型	
L_d/mm	K_L	L_d/mm	K_L	L_d/mm	K_L	L_d/mm	K_L
405	0.87	630	0.81	930	0.83	1 565	0.82
475	0.90	700	0.83	1 000	0.84	1 760	0.85
530	0.93	790	0.85	1 100	0.86	1 950	0.87
625	0.96	890	0.87	1 210	0.87	2 195	0.90
700	0.99	990	0.89	1 370	0.90	2 420	0.92

Z 型		A 型		B 型		C 型	
L_d/mm	K_L	L_d/mm	K_L	L_d/mm	K_L	L_d/mm	K_L
780	1.00	1 100	0.91	1 560	0.92	2 715	0.94
920	1.04	1 250	0.93	1 760	0.94	2 880	0.95
1 080	1.07	1 430	0.96	1 950	0.97	3 080	0.97
1 330	1.13	1 550	0.98	2 180	0.99	3 520	0.99
1 420	1.44	1 640	0.99	2 300	1.01	4 060	1.02
1 540	1.54	1 750	1.00	2 500	1.03	4 600	1.05
		1 940	1.02	2 700	1.04	5 380	1.08
		2 050	1.04	2 870	1.05	6 100	1.11
		2 200	1.06	3 200	1.07	6 815	1.14
		2 300	1.07	3 600	1.09	7 600	1.17
		2 480	1.09	4 060	1.13	9 100	1.21
		2 700	1.10	4 430	1.15	10 700	1.24
				4 820	1.17		
				5 370	1.20		
				6 070	1.24		

　　与普通 V 带相比,当顶宽相同时,窄 V 带的高度较大,摩擦面较大,且用合成纤维绳或钢丝绳作抗拉体,故承载能力可提高 1.5～2.5 倍,适用于传递动力大而又要求传动装置紧凑的场合。窄 V 带的基准长度 L_d 见表 13-3。

表 13-3　窄 V 带基准长度 L_d 和带长修正系数 K_L

L_d/mm	K_L			
	SPZ 型	SPA 型	SPB 型	SPC 型
630	0.82			
710	0.84			
800	0.86	0.81		
900	0.88	0.83		
1 000	0.90	0.85		
1 120	0.93	0.87		
1 250	0.94	0.89	0.82	
1 400	0.96	0.91	0.84	
1 600	1.00	0.93	0.86	
1 800	1.01	0.95	0.88	
2 000	1.02	0.96	0.90	0.81

续表

L_d/mm	K_L			
	SPZ 型	SPA 型	SPB 型	SPC 型
2 240	1. 05	0. 98	0. 92	0. 83
2 500	1. 07	1. 00	0. 94	0. 86
2 800	1. 09	1. 02	0. 96	0. 88
3 150	1. 11	1. 04	0. 98	0. 90
3 550	1. 13	1. 06	1. 00	0. 92
4 000		1. 08	1. 02	0. 94
4 500		1. 09	1. 04	0. 96
5 000			1. 06	0. 98
5 600			1. 08	1. 00
6 300			1. 10	1. 02
7 100			1. 12	1. 04
8 000			1. 14	1. 06

二、单根普通 V 带的许用功率

带在带轮上打滑或带发生疲劳损坏(脱层、撕裂或拉断)时,就不能传递动力。因此,带传动的设计依据是保证带不打滑及具有一定的疲劳寿命。

为了保证带传动不出现打滑,由式(13-7),并以 f' 代替 f,可得单根普通 V 带能传递的功率为

$$P_0 = F_1\left(1 - \frac{1}{e^{f'\alpha}}\right)\frac{v}{1\,000} = \sigma_1 A\left(1 - \frac{1}{e^{f'\alpha}}\right)\frac{v}{1\,000} \qquad (13-10)$$

式中: A 为单根普通 V 带的横截面积。

为了使带具有一定的疲劳寿命,应使 $\sigma_{\max} = \sigma_1 + \sigma_b + \sigma_c \leqslant [\sigma]$,即

$$\sigma_1 \leqslant [\sigma] - \sigma_b - \sigma_c \qquad (13-11)$$

式中: $[\sigma]$ 为带的许用应力。

将式(13-11)代入式(13-10),得带传动在既不打滑又有一定寿命时单根 V 带能传递的功率为

$$P_0 = ([\sigma] - \sigma_b - \sigma_c)\left(1 - \frac{1}{e^{f'\alpha}}\right)\frac{Av}{1\,000} \quad \text{kW} \qquad (13-12)$$

P_0 称为单根 V 带的基本额定功率。在载荷平稳、包角 $\alpha_1 = \pi$(即 $i=1$)、带长 L_d 为特定长度、抗拉体为化学纤维绳芯结构的条件下,由式(13-12)求得单根普通 V 带所能传递的功率 P_0 见表13-4;单根窄 V 带的 P_0 值见表 13-5。

表 13-4　单根普通 V 带的基本额定功率 P_0

（包角 $\alpha = \pi$、特定基准长度、载荷平稳时）

kW

型号	小带轮基准直径 d_1/mm	小带轮转速 n_1/(r/min)															
		200	400	800	950	1 200	1 450	1 600	1 800	2 000	2 400	2 800	3 200	3 600	4 000	5 000	6 000
Z	50	0.04	0.06	0.10	0.12	0.14	0.16	0.17	0.19	0.20	0.22	0.26	0.28	0.30	0.32	0.34	0.31
	56	0.04	0.06	0.12	0.14	0.17	0.19	0.20	0.23	0.25	0.30	0.33	0.35	0.37	0.39	0.41	0.40
	63	0.05	0.08	0.15	0.18	0.22	0.25	0.27	0.30	0.32	0.37	0.41	0.45	0.47	0.49	0.50	0.48
	71	0.06	0.09	0.20	0.23	0.27	0.30	0.33	0.36	0.39	0.46	0.50	0.54	0.58	0.61	0.62	0.56
	80	0.10	0.14	0.22	0.26	0.30	0.35	0.39	0.42	0.44	0.50	0.56	0.61	0.64	0.67	0.66	0.61
	90	0.10	0.14	0.24	0.28	0.33	0.36	0.40	0.44	0.48	0.54	0.60	0.64	0.68	0.72	0.73	0.56
A	75	0.15	0.26	0.45	0.51	0.60	0.68	0.73	0.79	0.84	0.92	1.00	1.04	1.08	1.09	1.02	0.80
	90	0.22	0.39	0.68	0.77	0.93	1.07	1.15	1.25	1.34	1.50	1.64	1.75	1.83	1.87	1.82	1.50
	100	0.26	0.47	0.83	0.95	1.14	1.32	1.42	1.58	1.66	1.87	2.05	2.19	2.28	2.34	2.25	1.80
	112	0.31	0.56	1.00	1.15	1.39	1.61	1.74	1.89	2.04	2.30	2.51	2.68	2.78	2.83	2.64	1.96
	125	0.37	0.67	1.19	1.37	1.66	1.92	2.07	2.26	2.44	2.74	2.98	3.15	3.26	3.28	2.91	1.87
	140	0.43	0.78	1.41	1.62	1.96	2.28	2.45	2.66	2.87	3.22	3.48	3.65	3.72	3.67	2.99	1.37
	160	0.51	0.94	1.69	1.95	2.36	2.73	2.54	2.98	3.42	3.80	4.06	4.19	4.17	3.98	2.67	—
	180	0.59	1.09	1.97	2.27	2.74	3.16	3.40	3.67	3.93	4.32	4.54	4.58	4.40	4.00	1.81	—
B	125	0.48	0.84	1.44	1.64	1.93	2.19	2.33	2.50	2.64	2.85	2.96	2.94	2.80	2.61	1.09	
	140	0.59	1.05	1.82	2.08	2.47	2.82	3.00	3.23	3.42	3.70	3.85	3.83	3.63	3.24	1.29	
	160	0.74	1.32	2.32	2.66	3.17	3.62	3.86	4.15	4.40	4.75	4.89	4.80	4.46	3.82	0.81	
	180	0.88	1.59	2.81	3.22	3.85	4.39	4.68	5.02	5.30	5.67	5.76	5.52	4.92	3.92	—	
	200	1.02	1.85	3.30	3.77	4.50	5.13	5.46	5.83	6.13	6.47	6.43	5.95	4.98	3.47	—	
	224	1.19	2.17	3.86	4.42	5.26	5.97	6.33	6.73	7.02	7.25	6.95	6.05	4.47	2.14	—	
	250	1.37	2.50	4.46	5.10	6.04	6.82	7.20	7.63	7.87	7.89	7.14	5.60	5.12	—	—	
	280	1.58	2.89	5.13	5.85	6.90	7.76	8.13	8.46	8.60	8.22	6.80	4.26	—	—	—	
C	200	1.39	2.41	4.07	4.58	5.29	5.84	6.07	6.28	6.34	6.02	5.01	3.23				
	224	1.70	2.99	5.12	5.78	6.71	7.45	7.75	8.00	8.06	7.57	6.08	3.57				
	250	2.03	3.62	6.23	7.04	8.21	9.08	9.38	9.63	9.62	8.75	6.56	2.93				
	280	2.42	4.32	7.52	8.49	9.81	10.72	11.06	11.22	11.04	9.50	6.13	—				
	315	2.84	5.14	8.92	10.05	11.53	12.46	12.72	12.67	12.14	9.43	4.16	—				
	355	3.36	6.05	10.46	11.73	13.31	14.12	14.19	13.73	12.59	7.98	—	—				
	400	3.91	7.06	12.10	13.48	15.04	15.53	15.24	14.08	11.95	4.34	—	—				
	450	4.51	8.20	13.80	15.23	16.59	16.47	15.57	13.29	9.64	—	—	—				

注：本表摘自 GB/T 13575.1—2008。为了精简篇幅，表中未列出 Y 型、D 型和 E 型的数据，且分档也较粗。

表 13-5 单根窄 V 带的基本额定功率 P_0 kW

型号	小带轮基准直径 d_1/mm	小带轮转速 n_1/(r/min)									
		400	700	800	950	1 200	1 450	1 600	2 000	2 400	2 800
SPZ	63	0.35	0.54	0.60	0.68	0.81	0.93	1.00	1.17	1.32	1.45
	71	0.44	0.70	0.78	0.90	1.08	1.25	1.35	1.59	1.81	2.03
	80	0.55	0.88	0.99	1.44	1.38	1.60	1.73	2.05	2.34	2.61
	100	0.79	1.28	1.44	1.66	2.02	2.36	2.55	3.05	3.49	3.90
	125	1.09	1.77	1.91	2.30	2.80	3.28	3.55	4.24	4.85	5.40
SPA	90	0.75	1.17	1.30	1.48	1.76	2.02	2.16	2.49	2.77	3.00
	100	0.94	1.49	1.65	1.89	2.27	2.61	2.80	3.27	3.67	3.99
	125	1.40	2.25	2.52	2.90	3.50	4.06	4.38	5.15	5.80	6.34
	160	2.04	3.30	3.70	4.27	5.17	6.01	6.47	7.60	8.53	9.24
	200	2.75	4.47	5.01	5.79	7.00	8.10	8.72	10.13	11.22	11.92
SPB	140	1.92	3.02	3.35	3.83	4.55	5.19	5.54	6.31	6.86	7.15
	180	3.01	4.82	5.37	6.16	7.38	8.46	9.05	10.34	11.21	11.62
	200	3.54	5.69	6.35	7.30	8.74	10.02	10.70	12.18	13.11	13.41
	250	4.86	7.84	8.75	10.04	11.99	13.60	14.51	16.19	16.89	16.44
	315	6.53	10.51	11.71	13.40	15.84	17.79	18.70	20.00	19.44	16.71
SPC	224	5.19	8.13	8.99	10.19	11.89	13.22	13.81	14.58	14.01	11.89
	280	7.59	12.01	13.31	15.10	17.60	19.44	20.20	20.75	18.86	14.11
	310	9.07	14.36	15.90	18.01	20.88	22.87	23.58	23.47	19.98	12.58
	400	12.56	19.79	21.84	24.52	27.33	29.46	29.53	25.81	15.48	—
	500	16.52	25.67	28.09	31.04	33.85	33.58	31.70	19.35	—	

实际工作条件与上述特定条件不同时,应对 P_0 值加以修正。修正后即得实际工作条件下单根 V 带所能传递的功率,称为许用功率 $[P_0]$,即

$$[P_0] = (P_0 + \Delta P_0)K_\alpha K_L \quad (13-13)$$

式中:ΔP_0——功率增量,考虑传动比 $i \neq 1$ 时,带在大带轮上的弯曲应力较小,故在寿命相同的条件下,可增大传递的功率。普通 V 带的 ΔP_0 值见表 13-6,窄 V 带的 ΔP_0 值见表13-7。

K_α——包角修正系数,考虑 $\alpha_1 \neq 180°$ 时对传动能力的影响,见表 13-8。

K_L——带长修正系数,考虑带长不为特定长度时对传动能力的影响,普通 V 带的带长修正系数见表 13-2,窄 V 带的带长修正系数见表 13-3。

表 13-6　单根普通 V 带 $i \neq 1$ 时额定功率的增量 ΔP_0

（包角 $\alpha = \pi$、特定基准长度、载荷平稳时）

kW

型号	传动比 i	小带轮转速 $n_1/(\text{r/min})$									
		400	730	800	980	1 200	1 460	1 600	2 000	2 400	2 800
Z	1.35~1.51	0.01	0.01	0.01	0.02	0.02	0.02	0.02	0.03	0.03	0.04
	1.52~1.99	0.01	0.01	0.02	0.02	0.02	0.02	0.03	0.03	0.04	0.04
	≥2	0.01	0.02	0.02	0.02	0.03	0.03	0.03	0.04	0.04	0.04
A	1.35~1.51	0.04	0.07	0.08	0.08	0.11	0.13	0.15	0.19	0.23	0.26
	1.52~1.99	0.04	0.08	0.09	0.10	0.13	0.15	0.17	0.22	0.26	0.30
	≥2	0.05	0.09	0.10	0.11	0.15	0.17	0.19	0.24	0.29	0.34
B	1.35~1.51	0.10	0.17	0.20	0.23	0.30	0.36	0.39	0.49	0.59	0.69
	1.52~1.99	0.11	0.20	0.23	0.26	0.34	0.40	0.45	0.56	0.62	0.79
	≥2	0.13	0.22	0.25	0.30	0.38	0.46	0.51	0.63	0.76	0.89
C	1.35~1.51	0.27	0.48	0.55	0.65	0.82	0.99	1.10	1.37	1.65	1.92
	1.52~1.99	0.31	0.55	0.63	0.74	0.94	1.14	1.25	1.57	1.88	2.19
	≥2	0.35	0.62	0.71	0.83	1.06	1.27	1.41	1.76	2.12	2.47

表 13-7　单根窄 V 带 $i \neq 1$ 时额定功率的增量 ΔP_0　　　kW

型号	传动比 i	小带轮转速 $n_1/(\text{r/min})$									
		400	700	800	950	1 200	1 450	1 600	2 000	2 400	2 800
SPZ	1.05	0.02	0.04	0.04	0.05	0.06	0.08	0.09	0.10	0.12	0.14
	1.2	0.04	0.07	0.08	0.10	0.12	0.15	0.17	0.21	0.25	0.29
	1.5	0.06	0.11	0.12	0.15	0.19	0.23	0.25	0.31	0.37	0.43
	≥3	0.08	0.14	0.16	0.20	0.25	0.30	0.33	0.41	0.49	0.58
SPA	1.05	0.05	0.08	0.08	0.11	0.14	0.16	0.18	0.23	0.28	0.32
	1.2	0.10	0.17	0.19	0.22	0.28	0.33	0.37	0.47	0.56	0.64
	1.5	0.14	0.24	0.28	0.33	0.42	0.50	0.55	0.70	0.83	0.96
	≥3	0.19	0.33	0.37	0.44	0.56	0.67	0.74	0.93	1.11	1.29
SPB	1.05	0.10	0.17	0.20	0.23	0.29	0.36	0.39	0.49	0.58	0.69
	1.2	0.20	0.33	0.39	0.46	0.59	0.71	0.78	0.98	1.17	1.37
	1.5	0.29	0.51	0.59	0.69	0.88	1.06	1.17	1.39	1.75	2.05
	≥3	0.39	0.68	0.78	0.93	1.17	1.42	1.86	1.95	2.34	2.74
SPC	1.05	0.24	0.42	0.48	0.57	0.72	0.87	0.96	1.20	1.43	1.68
	1.2	0.48	0.84	0.96	1.14	1.44	1.73	1.92	2.40	2.87	3.36
	1.5	0.72	1.26	1.44	1.71	2.16	2.60	2.88	3.59	4.31	5.03
	≥3	0.96	1.68	1.92	2.28	2.88	3.47	3.84	4.79	5.74	6.71

注：本表由 GB/T 13575.1—2008 归纳而成。

表 13-8　包角修正系数 K_α

包角 $\alpha_1/(°)$	180	170	160	150	140	130	120	110	100	90
K_α	1.00	0.98	0.95	0.92	0.89	0.86	0.82	0.78	0.74	0.69

三、带的型号和根数的确定

设 P 为传动的额定功率(kW)，K_A 为工作情况系数(表 13-9)，则计算功率为

$$P_c = K_A P$$

表 13-9　工作情况系数 K_A

载荷性质	工作机	原动机					
		电动机(交流起动、三角起动、直流并励)、四缸以上的内燃机			电动机(联机交流起动、直流复励或串励)、四缸以下的内燃机		
		每天工作小时数/h					
		<10	10~16	>16	<10	10~16	>16
载荷变动很小	液体搅拌机、通风机和鼓风机($\leqslant 7.5$ kW)、离心式水泵和压缩机、轻负荷输送机	1.0	1.1	1.2	1.1	1.2	1.3
载荷变动较小	带式输送机(不均匀负荷)、通风机(>7.5 kW)，旋转式水泵和压缩机(非离心式)、发电机、金属切削机床、印刷机、旋转筛、锯木机和木工机械	1.1	1.2	1.3	1.2	1.3	1.4
载荷变动较大	制砖机、斗式提升机、往复式水泵和压缩机、起重机、磨粉机、冲剪机床、橡胶机械、振动筛、纺织机械、重载输送机	1.2	1.3	1.4	1.4	1.5	1.6
载荷变动很大	破碎机(旋转式、颚式等)、磨碎机(球磨、棒磨、管磨)	1.3	1.4	1.5	1.5	1.6	1.8

根据计算功率 P_c 和小带轮转速 n_1，按图 13-15 或图 13-16 的推荐选择普通 V 带或窄 V 带的型号。图中以粗斜直线划定型号区域，若工况坐标点临近两种型号的交界线，可按两种型号同时计算，并分析比较决定取舍，带的截面较小则带轮直径小，但根数较多。V 带根数按下式计算：

$$z = \frac{P_c}{[P_0]} = \frac{P_c}{(P_0 + \Delta P_0) K_\alpha K_L} \tag{13-14}$$

z 应取整数。为了使每根 V 带受力均匀，V 带根数不宜太多，通常 $z < 10$。

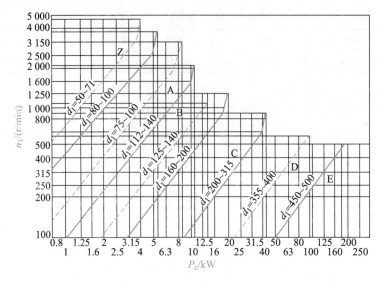

图 13-15　普通 V 带选型图

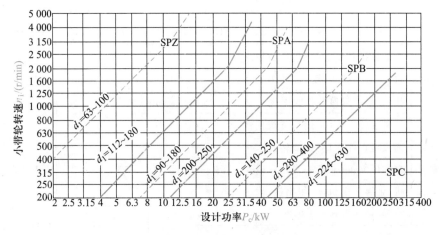

图 13-16　窄 V 带选型图

四、主要参数的选择

1. 带轮直径和带速

小带轮的基准直径 d_1 应等于或大于表 13-10 所示的 d_{min}。若 d_1 过小,则带的弯曲应力将过大而导致带的寿命降低;反之,虽能延长带的寿命,但带传动的外廓尺寸却随之增大。

表 13-10　V 带轮最小基准直径

型号	Y	Z	SPZ	A	SPA	B	SPB	C	SPC	D	E
d_{min}/mm	20	50	63	75	90	125	140	200	224	355	500

注:V 带轮的基准直径系列为 20　22.4　25　28　31.5　40　45　50　56　63　71　75　80　85　90　95　100　106　112　118　125　132　140　150　160　170　180　200　212　224　236　250　265　280　300　315　355　375　400　425　450　475　500　530　560　600　630　670　710　750　800　900　1 000 等。

由式(13-8)得大带轮的基准直径为

$$d_2 = \frac{n_1}{n_2} d_1 (1 - \varepsilon)$$

d_1、d_2 应符合带轮基准直径尺寸系列,见表13-10的注。

带速为
$$v = \frac{\pi d_1 n_1}{60 \times 1\,000} \quad \text{m/s}$$

对于普通V带,一般应使 v 在 $5 \sim 30$ m/s 的范围内;对于窄V带,v 可达到 40 m/s。v 过小则传递的功率小,过大则离心力大。

2. 中心距、带长和包角

一般推荐按下式初步确定中心距 a_0:

$$0.7(d_1 + d_2) < a_0 < 2(d_1 + d_2)$$

由式(13-2)可得初定的V带基准长度为

$$L_0 = 2a_0 + \frac{\pi}{2}(d_1 + d_2) + \frac{(d_2 - d_1)^2}{4a_0}$$

根据初定的 L_0,由表13-2选取接近的基准长度 L_d,再按下式近似计算所需的中心距:

$$a \approx a_0 + \frac{L_d - L_0}{2} \tag{13-15}$$

考虑带传动的安装、调整和V带张紧的需要,中心距变动范围为

$$(a - 0.015L_d) \sim (a + 0.03L_d)$$

小带轮包角由式(13-1)计算

$$\alpha_1 = 180° - \frac{d_2 - d_1}{a} \times 57.3°$$

一般应使 $\alpha_1 \geqslant 120°$,否则可加大中心距或增设张紧轮。

3. 初拉力

保持适当的初拉力是带传动正常工作的首要条件。初拉力不足,会出现打滑;初拉力过大,将增大轴和轴承上的压力,并降低带的寿命。

单根普通V带合宜的初拉力可按下式计算:

$$F_0 = \frac{500P_c}{zv}\left(\frac{2.5}{K_\alpha} - 1\right) + qv^2 \quad \text{N} \tag{13-16}$$

式中:P_c 为计算功率,kW;z 为V带根数;v 为V带速度,m/s;K_α 为包角修正系数,见表13-8;q 为V带单位长度质量,kg/m,见表13-1。

4. 作用在带轮轴上的压力 F_Q

设计支承带轮的轴和轴承时,需知道 F_Q。由图13-11已知

$$F_Q = 2zF_0 \sin\frac{\alpha_1}{2} \tag{13-17}$$

式中：z 为带的根数。

设计带传动的原始数据一般是：传动用途、载荷性质、传递的功率、带轮的转速以及对传动外廓尺寸的要求等。V 带传动设计计算的主要任务是：选择合理的传动参数，确定 V 带的型号、长度和根数，确定带轮的材料、结构和尺寸。设计计算的一般步骤见例 13-2，带轮的结构设计见 §13-6。

例 13-2 设计一通风机用的 V 带传动。选用异步电动机驱动，已知电动机转速 $n_1 = 1\,460$ r/min，通风机转速 $n_2 = 640$ r/min，通风机输入功率 $P = 9$ kW，两班制工作。

解：（1）求计算功率 P_c

查表 13-9 得 $K_A = 1.2$，故

$$P_c = K_A P = 1.2 \times 9 \text{ kW} = 10.8 \text{ kW}$$

（2）选 V 带型号

可用普通 V 带或窄 V 带，现以普通 V 带为例。

根据 $P_c = 10.8$ kW，$n_1 = 1\,460$ r/min，由图 13-15 查出此坐标点位于 A 型与 B 型交界处，现暂按选用 B 型计算。[读者可按选用 A 型计算（即习题 13-6），并对两个方案的计算结果进行比较。]

（3）求大、小带轮基准直径 d_2、d_1

由图 13-15，$d_1 = 125 \sim 140$ mm，因传动比不大，d_1 可取大值而不会使 d_2 过大，现取 $d_1 = 140$ mm，由式（13-8）得

$$d_2 = \frac{n_1}{n_2} d_1 (1 - \varepsilon) = \frac{1\,460}{640} \times 140 \times (1 - 0.02) \text{ mm} = 313 \text{ mm}$$

由表 13-10 取 $d_2 = 315$ mm（虽使 n_2 略有减小，但其误差小于 5%，故允许）。

（4）验算带速 v

$$v = \frac{\pi d_1 n_1}{60 \times 1\,000} = \frac{\pi \times 140 \times 1\,460}{60 \times 1\,000} \text{ m/s} = 10.7 \text{ m/s}$$

带速在 5~30 m/s 范围内，合适。

（5）求 V 带基准长度 L_d 和中心距 a

初步选取中心距

$$a_0 = 1.5(d_1 + d_2) = 1.5 \times (140 + 315) \text{ mm} = 682.5 \text{ mm}$$

取 $a_0 = 700$ mm，符合 $0.7(d_1 + d_2) < a_0 < 2(d_1 + d_2)$。

由式（13-2）得带长

$$L_0 = 2a_0 + \frac{\pi}{2}(d_1 + d_2) + \frac{(d_2 - d_1)^2}{4a_0}$$

$$= \left[2 \times 700 + \frac{\pi}{2} \times (140 + 315) + \frac{(315 - 140)^2}{4 \times 700} \right] \text{ mm} = 2\,126 \text{ mm}$$

查表 13-2，对 B 型带选用 $L_d = 2\,240$ mm。再由式（13-15）计算实际中心距

$$a \approx a_0 + \frac{L_d - L_0}{2} = \left(700 + \frac{2\,240 - 2\,126}{2} \right) \text{ mm} = 757 \text{ mm}$$

（6）验算小带轮包角 α_1

由式（13-1）得

$$\alpha_1 = 180° - \frac{d_2 - d_1}{a} \times 57.3° = 180° - \frac{315 - 140}{757} \times 57.3° = 166.75° > 120°$$

合适。

（7）求 V 带根数 z

由式（13-14）得

$$z = \frac{P_c}{(P_0 + \Delta P_0) K_\alpha K_L}$$

今 $n_1 = 1\,460 \text{ r/min}, d_1 = 140 \text{ mm}$，查表 13-4 得

$$P_0 = 2.82 \text{ kW}$$

由式（13-8）得传动比

$$i = \frac{d_2}{d_1(1 - \varepsilon)} = \frac{315}{140 \times (1 - 0.02)} = 2.3$$

查表 13-6 得

$$\Delta P_0 = 0.46 \text{ kW}$$

由 $\alpha_1 = 167°$ 查表 13-8 得 $K_\alpha = 0.97$，查表 13-2 得 $K_L = 1$，由此可得

$$z = \frac{10.8}{(2.82 + 0.46) \times 0.97 \times 1} = 3.39$$

取 4 根。

（8）求作用在带轮轴上的压力 F_Q

查表 13-1 得 $q = 0.17 \text{ kg/m}$，故由式（13-16）得单根 V 带的初拉力

$$F_0 = \frac{500P_c}{zv}\left(\frac{2.5}{K_\alpha} - 1\right) + qv^2 = \left[\frac{500 \times 10.8}{4 \times 10.7} \times \left(\frac{2.5}{0.97} - 1\right) + 0.17 \times 10.7^2\right] \text{N} = 218 \text{ N}$$

作用在轴上的压力

$$F_Q = 2zF_0\sin\frac{\alpha_1}{2} = 2 \times 4 \times 218 \times \sin\frac{167°}{2} \text{ N} = 1\,733 \text{ N}$$

（9）带轮结构设计（略）

§13-6 V 带轮的结构

带轮常用铸铁制造，有时也采用钢或非金属材料（塑料、木材）。铸铁带轮（HT150、HT200）允许的最大圆周速度为 30 m/s。速度更高时，可采用铸钢或钢板冲压后焊接。塑料带轮的重量轻、摩擦系数大，常用于机床中。

带轮直径较小时可采用实心式（图 13-17a）；中等直径的带轮可采用腹板式（图 13-17b）；直径大于 350 mm 时可采用轮辐式（图 13-18）。图中列有经验公式可供带轮结构设计时参考。各种型号 V 带轮的轮缘宽度 B、轮毂孔径 d_s 和轮毂长度 L 的尺寸，可查阅机械设计手册。

普通 V 带轮轮缘的截面图及其各部尺寸见表 13-11。

V 带两侧面的夹角均为 40°，但在带轮上弯曲时，由于截面变形将使其夹角变小。为了使胶带仍能紧贴轮槽两侧，将 V 带轮的轮槽角规定为 32°、34°、36° 和 38°，随带轮直径而定。

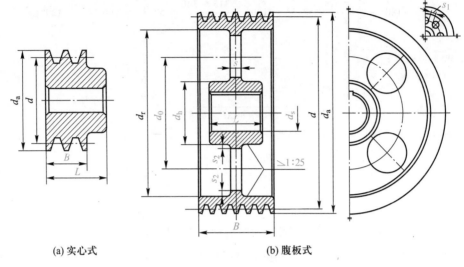

(a) 实心式   (b) 腹板式

$$d_h = (1.8 \sim 2)d_s; d_0 = \frac{d_h + d_r}{2}; d_r = d_a - 2(H + \delta), H、\delta \text{见表 } 13\text{-}11;$$

$$s = (0.2 \sim 0.3)B; s_1 \geqslant 1.5s, s_2 \geqslant 0.5s; L = (1.5 \sim 2)d_s$$

图 13-17   实心式和腹板式带轮

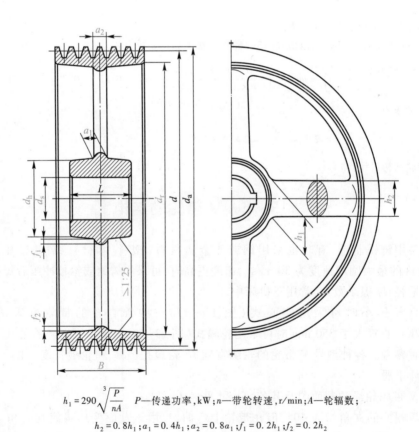

$$h_1 = 290\sqrt[3]{\frac{P}{nA}} \quad P\text{—传递功率}, kW; n\text{—带轮转速}, r/min; A\text{—轮辐数};$$

$$h_2 = 0.8h_1; a_1 = 0.4h_1; a_2 = 0.8a_1; f_1 = 0.2h_1; f_2 = 0.2h_2$$

图 13-18   轮辐式带轮

表 13-11 V带轮的轮槽尺寸 　　　　　　　　　　　　　　mm

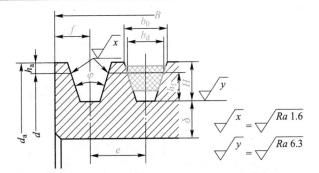

$$\sqrt{x} = \sqrt{Ra\ 1.6}$$

$$\sqrt{y} = \sqrt{Ra\ 6.3}$$

槽型		Y	Z	A	B	C
			SPZ	SPA	SPB	SPC
b_d		5.3	8.5	11	14	19
$h_{a\,min}$		1.6	2.0	2.75	3.5	4.8
e		8 ± 0.3	12 ± 0.3	15 ± 0.3	19 ± 0.4	25.5 ± 0.5
f_{min}		6	7	9	11.5	16
$h_{f\,min}$		4.7	7　　9	8.7　　11	10.8　　14	14.3　　19
δ_{min}		5	5.5	6	7.5	10
φ	32°	≤60	—	—	—	—
	34°	—	≤80	≤118	≤190	≤315
	36°	对应的 d	>60	—	—	—	—
	38°	—	>80	>118	>190	>315

注：δ_{min}是轮缘最小壁厚推荐值。

§13-7 同步带传动简介

同步带(曾称为同步齿形带)是以钢丝为抗拉体,外面包覆聚氨酯或橡胶而组成。它是横截面为矩形、其工作面具有等距横向齿的环形传动带(图13-19)。带轮轮面也制成相应的齿形,工作时靠带齿与轮齿啮合传动。由于带与带轮无相对滑动,能保持两轮的圆周速度同步,故称为同步带传动。它具有如下优点:① 传动比恒定;② 结构紧凑;③ 由于带薄而轻、抗拉体强度高,故带速可达 40 m/s,传动比可达 10,传递功率可达 200 kW;④ 效率较高,约为0.98,因而应用日益广泛。它的缺点是带及带轮价格较高,对制造、安装要求高。

当带在纵截面内弯曲时,在带中保持原长度不变的周线

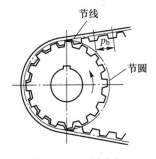

图 13-19 同步带

称为节线(图 13-19),节线长度为同步带的公称长度。在规定的张紧力下,带的纵截面上相邻两齿的对称中心线的直线距离 p_b 称为带节距,它是同步带的一个主要参数。

§13-8 链传动的特点和应用

链传动是由装在平行轴上的主、从动链轮和绕在链轮上的环形链条所组成(图 13-20),以链作中间挠性件,靠链与链轮轮齿的啮合来传递动力。

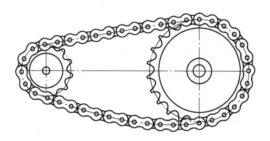

图 13-20 链传动简图

与带传动相比,链传动没有弹性滑动和打滑,能保持准确的平均传动比;需要的张紧力小,作用在轴上的压力也小,可减少轴承的摩擦损失;结构紧凑;能在温度较高、有油污等恶劣环境条件下工作。与齿轮传动相比,链传动的制造和安装精度要求较低;中心距较大时其传动结构简单。链传动的主要缺点是:瞬时链速和瞬时传动比不是常数,因此传动平稳性较差,工作中有一定的冲击和噪声。

目前,链传动广泛应用于矿山机械、农业机械、石油机械、机床及摩托车中。

通常,链传动的传动比 $i \leqslant 8$,中心距 $a \leqslant 5 \sim 6$ m,传递功率 $P \leqslant 100$ kW,圆周速度 $v \leqslant 15$ m/s,传动效率一般为 $0.95 \sim 0.98$。

§13-9 链条和链轮

一、链条

传递动力用的链条,按结构的不同主要有滚子链和齿形链两种。

滚子链是由内链板 1、外链板 2、销轴 3、套筒 4 和滚子 5 所组成(图 13-21),也称为套筒滚子链。其中内链板紧压在套筒两端,销轴与外链板铆牢,分别称为内、外链节。这样内、外链节就构成一个铰链。滚子与套筒、套筒与销轴均为间隙配合。当链条啮入和啮出时,内、外链节作相对转动;同时,滚子沿链轮轮齿滚动,可减少链条与轮齿的磨损。内、外链板均制成"8"字形,以减轻质量并保持链板各横截面的强度大致相等。

链条的各零件由碳钢或合金钢制成,并经热处理,以提高其强度和耐磨性。

滚子链上相邻两滚子中心的距离称为链的节距,以 p 表示,它是链条的主要参数。节距越大,链条各零件的尺寸越大,所能传递的功率也越大。

滚子链可制成单排链(图 13-21)和多排链,如双排链(图 13-22,图中 p_t 为排距)或三排链等。

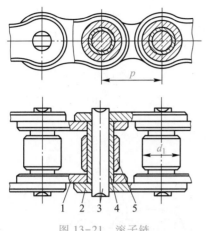

图 13-21　滚子链

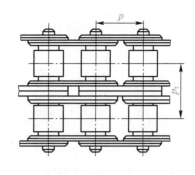

图 13-22　双排滚子链

滚子链已标准化,分为 A、B 两种系列,常用的是 A 系列。表 13-12 列出了几种 A 系列滚子链的主要参数。

表 13-12　A 系列滚子链的主要参数

链号	节距 p/mm	排距 p_t/mm	滚子外径 d_1/mm	抗拉极限载荷 Q(单排)/N	单位长度质量 q(单排)/(kg/m)
08A	12. 70	14. 38	7. 95	13 900	0. 65
10A	15. 875	18. 11	10. 16	21 800	1. 00
12A	19. 05	22. 78	11. 91	31 300	1. 50
16A	25. 40	29. 29	15. 88	55 600	2. 60
20A	31. 75	35. 76	19. 05	87 000	3. 80
24A	38. 10	45. 44	22. 23	125 000	5. 06
28A	44. 45	48. 87	25. 40	170 000	7. 50
32A	50. 80	58. 55	28. 58	223 000	10. 10
40A	63. 50	71. 55	39. 68	347 000	16. 10
48A	76. 20	87. 83	47. 63	500 000	22. 60

注:1. 本表摘自 GB/T 1243—2006,表中链号与相应的国际标准链号一致,链号乘以 $\frac{25.4}{16}$ 即为节距值(mm);后缀“A”表示 A 系列。

2. 使用过渡链节时,其极限载荷按表列数值 80% 计算。

3. 链条标记示例:10A-2-88 GB/T 1243—2006 表示链号为 10A、双排、88 节滚子链。

链条长度以链节数来表示。链节数最好取为偶数,以便链条连成环形时正好是外链板与内链板相接,接头处可用开口销或弹簧夹锁紧(图 13-23a、b)。若链节数为奇数,则需采用过渡链节(图 13-23c)。在链条受拉时,过渡链节还要承受附加的弯曲载荷,通常应避免采用。

齿形链由许多齿形链板用铰链连接而成(图 13-24)。齿形链板的两侧是直边,工作时链板侧边与链轮齿廓相啮合。铰链可做成滑动副或滚动副,图 13-24b 所示为棱柱式滚动

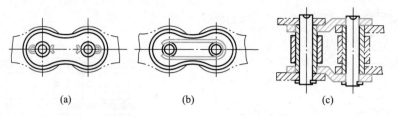

图 13-23　滚子链的接头形式

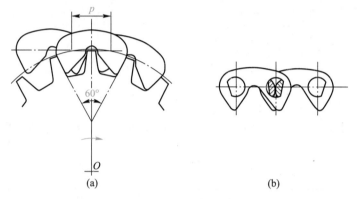

图 13-24　齿形链

副,链板的成形孔内装入棱柱,两组链板转动时,两棱柱相互滚动,可减少摩擦和磨损。与滚子链相比,齿形链运转平稳、噪声小、承受冲击载荷的能力强,但结构复杂、价格较高、也较重,所以它的应用没有滚子链那样广泛。齿形链多用于高速(链速可达 40 m/s)或运动精度要求较高的传动。

二、链轮

　　国家标准仅规定了滚子链链轮齿槽的齿面圆弧半径 r_e、齿沟圆弧半径 r_i 和齿沟角 α(图 13-25a)的最大和最小值。各种链轮的实际端面齿形均应在最大和最小齿槽形状之间。这样处理使链轮齿廓曲线设计有很大的灵活性。但齿形应保证链节能平稳自如地进入和退出

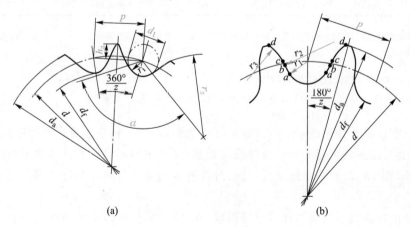

图 13-25　滚子链链轮端面齿形

啮合,并便于加工。符合上述要求的端面齿形曲线有多种,最常用的是"三圆弧一直线"齿形。

图 13-25b 所示的端面齿形由三段圆弧 ($\overarc{aa}$、$\overarc{ab}$、$\overarc{cd}$)和一段直线(bc)组成。这种"三圆弧一直线"齿形基本符合上述齿槽形状范围,且具有较好的啮合性能,并便于加工。

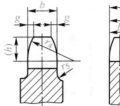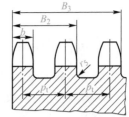

链轮轴面齿形两侧呈圆弧状(图 13-26),以便于链节进入和退出啮合。

图 13-26 滚子链链轮轴面齿形

链轮上被链条节距等分的圆称为分度圆,其直径用 d 表示(图 13-25)。已知节距 p 和齿数 z 时,链轮主要尺寸的计算式为

$$
\left.
\begin{array}{ll}
\text{分度圆直径} & d = \dfrac{p}{\sin\dfrac{180°}{z}} \\[4mm]
\text{齿顶圆直径} & d_{a\,\max} = d + 1.25p - d_1 \\[3mm]
& d_{a\,\min} = d + \left(1 - \dfrac{1.6}{z}\right)p - d_1 \\[3mm]
\text{齿根圆直径} & d_f = d - d_1 \ (d_1\ 为滚子直径)
\end{array}
\right\}
\qquad (13-18)
$$

d_a 值应在 $d_{a\,\max}$ 与 $d_{a\,\min}$ 值之间。

如选用"三圆弧一直线"齿形,则

$$
d_a = p\left(0.54 + \cot\frac{180°}{z}\right)
$$

齿形用标准刀具加工时,在链轮工作图上不必绘制端面齿形,只需绘出并标注 d、d_a、d_f,且须绘出链轮轴面齿形,以便车削链轮毛坯。轴面齿形的具体尺寸见有关设计手册。

链轮齿应有足够的接触强度和耐磨性,故齿面多经热处理。小链轮的啮合次数比大链轮多,所受冲击力也大,故所用材料一般优于大链轮。常用的链轮材料有碳钢(如 Q235、Q275、45、ZG310-570等)、灰铸铁(如 HT200)等。重要的链轮可采用合金钢。

链轮的结构如图 13-27 所示。小直径链轮可制成实心式(图 a);中等直径的链轮可制成孔板式(图 b);直径较大的链轮可设计成组合式(图 c)。若轮齿因磨损而失效,可更换齿圈。链轮轮毂部分的尺寸可参考带轮。

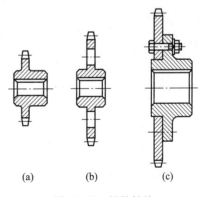

(a)   (b)   (c)

图 13-27 链轮结构

§13-10 链传动的运动分析和受力分析

一、链传动的运动分析

链条进入链轮后形成折线,因此链传动相当于一对多边形链轮之间的传动(图 13-28)。设 z_1、z_2 为两链轮的齿数,p 为节距(mm),n_1、n_2 为两链轮的转速(r/min),则链条线速度(简称链速)为

$$v = \frac{z_1 p n_1}{60 \times 1\,000} = \frac{z_2 p n_2}{60 \times 1\,000} \quad \text{m/s} \tag{13-19}$$

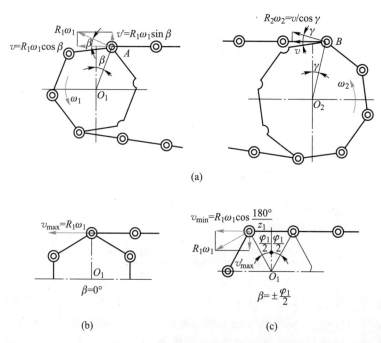

图 13-28 链传动的速度分析

传动比为

$$i = \frac{n_1}{n_2} = \frac{z_2}{z_1} \tag{13-20}$$

以上两式求得的链速和传动比都是平均值。实际上,由于多边形效应,瞬时链速和瞬时传动比都是变化的。

为便于说明,假定主动边总是处于水平位置,如图 13-28a 所示。当主动轮以角速度 ω_1 回转时,相啮合的滚子中心 A 的圆周速度为 $R_1\omega_1$,可分解为链条前进方向的水平分速度

$$v = R_1\omega_1\cos\beta$$

垂直方向分速度

$$v' = R_1\omega_1\sin\beta$$

式中：R_1 为小链轮分度圆半径；β 为滚子中心 A 的相位角（即纵坐标轴与 A 点和轮心连线的夹角）。

在主动轮上，每个链节对应的中心角 $\varphi_1 = \dfrac{360°}{z_1}$，从第一个滚子进入啮合到第二个滚子进入啮合，相应的 β 由 $+\dfrac{\varphi_1}{2}$ 变化到 $-\dfrac{\varphi_1}{2}$（图 13-28c），所以当滚子进入啮合时链速最小 $\left(v_{\min} = R_1\omega_1\cos\dfrac{180°}{z_1}\right)$，随着链轮的转动，$\beta$ 逐渐变小，当 $\beta = 0°$ 时（图 13-28b），v 达到最大值 $R_1\omega_1$，此后 β 又逐渐增大，直至链速减到最小值，此时第二个滚子进入啮合，又重复上述过程。齿数越少，则 φ_1 值越大，v 的变化就越大。随着 β 的变动，链条在垂直方向的分速度也作周期性变化，导致链条抖动。

在从动轮上，滚子中心 B 的圆周速度为 $R_2\omega_2$，而其水平速度为 $v = R_2\omega_2\cos\gamma$，故

$$\omega_2 = \frac{v}{R_2\cos\gamma} = \frac{R_1\omega_1\cos\beta}{R_2\cos\gamma}$$

式中：γ 为滚子中心 B 的相位角。

瞬时传动比

$$i = \frac{\omega_1}{\omega_2} = \frac{R_2\cos\gamma}{R_1\cos\beta}$$

是周期变化的，只有当 $z_1 = z_2$ 且传动的中心距为链节的整数倍时，才能使瞬时传动比保持恒定。

为改善链传动的运动不均匀性，可选用较小的链节距、增加链轮齿数和限制链轮转速。

二、链传动的受力分析

安装链传动时，只需不大的张紧力，主要是使链松边的垂度不致过大，否则会产生显著振动、跳齿和脱链。若不考虑传动中的动载荷，作用在链上的力有：圆周力（即有效拉力）F，离心拉力 F_c 和悬垂拉力 F_y。如图 13-29 所示，链的紧边拉力为

$$F_1 = F + F_c + F_y \quad \text{N}$$

松边拉力为

$$F_2 = F_c + F_y \quad \text{N}$$

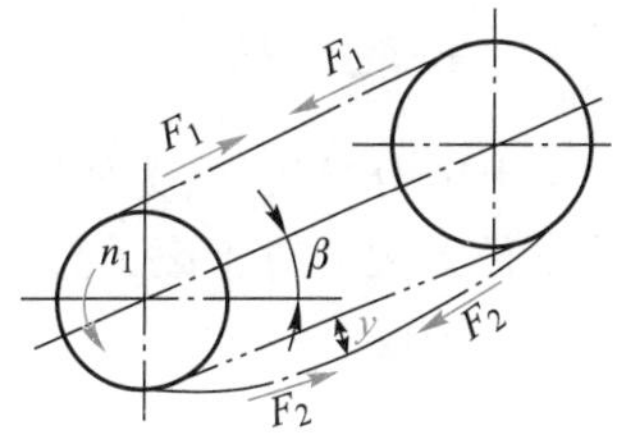

图 13-29　作用在链上的力

围绕在链轮上的链节在运动中产生的离心拉力为

$$F_c = qv^2 \quad \text{N}$$

式中：q 为链的单位长度质量，kg/m，见表 13-12；v 为链速，m/s。

悬垂拉力可利用求悬索拉力的方法近似求得

$$F_y = K_y qga \quad \text{N}$$

式中：a 为链传动的中心距，m；g 为重力加速度，$g = 9.81 \text{ m/s}^2$；K_y 为下垂量 $y = 0.02a$ 时的

垂度系数,其值与中心连线和水平线的夹角 β(图 13-29)有关。垂直布置时,$K_y = 1$;水平布置时,$K_y = 6$;倾斜布置时,$K_y = 1.2(\beta = 75°)$、$2.8(\beta = 60°)$、$5(\beta = 30°)$。

链作用在轴上的压力 F_Q 可近似取为

$$F_Q = (1.2 \sim 1.3)F$$

有冲击和振动时取大值。

例 13-3　一单排滚子链传动,已知链轮齿数 $z_1 = 17$、$z_2 = 25$,采用 08A 链条(节距 $p = 12.7$ mm),中心距 $a = 40p(\text{m})$,水平布置,传递功率 $P = 1.5$ kW,载荷平稳;小链轮主动,其转速 $n_1 = 150$ r/min。求:(1) 离心拉力 F_c;(2) 悬垂拉力 F_y;(3) 链的紧边拉力和松边拉力。

解:(1) 离心拉力

链速

$$v = \frac{z_1 n_1 p}{60 \times 1\,000} = \frac{17 \times 150 \times 12.7}{60 \times 1\,000}\ \text{m/s} = 0.54\ \text{m/s}$$

由表 13-12 查得 08A 链条单位长度质量 $q = 0.65$ kg/m,故离心拉力

$$F_c = qv^2 = 0.65 \times 0.54^2\ \text{N} = 0.19\ \text{N}$$

因链速很低,F_c 值很小,可略去不计。

(2) 悬垂拉力

水平布置时垂度系数 $K_y = 6$,故

$$F_y = K_y qga = 6 \times 0.65 \times 9.81 \times 40 \times \frac{12.7}{1\,000}\ \text{N} = 19.44\ \text{N}$$

(3) 紧边拉力和松边拉力

圆周力

$$F = \frac{1\,000P}{v} = \frac{1\,000 \times 1.5}{0.54}\ \text{N} = 2\,777.78\ \text{N}$$

紧边拉力

$$F_1 = F + F_y = (2\,777.78 + 19.44)\ \text{N} = 2\,797.22\ \text{N}(已略去 F_c)$$

松边拉力

$$F_2 = F_y = 19.44\ \text{N}\quad(已略去 F_c)$$

§13-11　链传动的主要参数及其选择

一、链轮齿数

由上节分析可知,为使链传动的运动平稳,小链轮齿数不宜过少,但也不宜太多,以免大链轮直径太大。对于滚子链,可按传动比由表 13-13 选取 z_1,然后按传动比确定大链轮齿数,即 $z_2 = i z_1$。

表 13-13　小链轮齿数 z_1

传动比 i	1~2	2~3	3~4	4~5	5~6	>6
z_1	31~27	27~25	25~23	23~21	21~17	17

若链条的铰链发生磨损,将使链条节距变长、链轮节圆 d' 向齿顶移动(图 13-30)。节距增长量 Δp 与节圆外移量 $\Delta d'$ 的关系,可由式(13-18)导出:

$$\Delta d' = \frac{\Delta p}{\sin \dfrac{180°}{z}}$$

由此可知 Δp 一定时,齿数越多节圆外移量 $\Delta d'$ 就越大,也越容易发生跳齿和脱链现象。所以大链轮齿数不宜过多,一般应使 $z_2 \leqslant 120$。

一般链条节数为偶数,而链轮齿数最好选取奇数,这样可使磨损较均匀。

二、链的节距

链的节距越大,其承载能力越强。但应注意:当链节以一定的相对速度与链轮齿啮合的瞬间,将产生冲击和动载荷。如图 13-31 所示,根据相对运动原理,把链轮看作静止的,链节就以角速度 $-\omega$ 进入轮齿而产生冲击。根据分析,节距越大、链轮转速越高时冲击也越大。因此,设计时应尽可能选用小节距的链,高速重载时可选用小节距多排链。

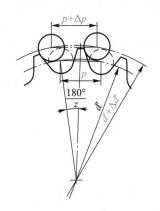
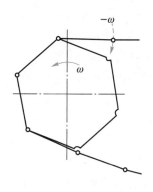

图 13-30　节圆外移量与链节距增长量的关系　　　　图 13-31　啮合瞬间的冲击

三、中心距和链的节数

若链传动中心距过小,则小链轮上的包角也小,同时啮合的链轮齿数也减少;若中心距过大,则易使链条抖动。一般可取中心距 $a = (30 \sim 50)p$,最大中心距 $a_{max} \leqslant 80p$。

链条长度用链的节数 L_p 表示。按带传动求带长的公式可导出

$$L_p = 2\frac{a}{p} + \frac{z_1 + z_2}{2} + \frac{p}{a}\left(\frac{z_2 - z_1}{2\pi}\right)^2 \qquad (13-21)$$

由此算出的链的节数须圆整为整数,最好取为偶数。

运用式(13-21)可解得由节数 L_p 求中心距 a 的公式:

$$a = \frac{p}{4}\left[\left(L_p - \frac{z_1 + z_2}{2}\right) + \sqrt{\left(L_p - \frac{z_1 + z_2}{2}\right)^2 - 8\left(\frac{z_2 - z_1}{2\pi}\right)^2}\right] \qquad (13-22)$$

为使松边有合适的垂度,实际中心距应比计算出的中心距小 Δa,$\Delta a = (0.002 \sim 0.004)a$,中心距可调时取大值。

为了便于安装链条和调节链的张紧程度,一般将中心距设计成可以调节的或安装张紧轮。

§13-12 滚子链传动的计算

一、失效形式

链传动的主要失效形式有以下几种：

（1）链板疲劳破坏 链在松边拉力和紧边拉力的反复作用下，经过一定的循环次数，链板会发生疲劳破坏。正常润滑条件下，疲劳强度是限定链传动承载能力的主要因素。

（2）滚子套筒的冲击疲劳破坏 链传动的啮入冲击首先由滚子和套筒承受。在反复多次的冲击下，经过一定的循环次数，滚子、套筒会发生冲击疲劳破坏。这种失效形式多发生于中、高速闭式链传动中。

（3）销轴与套筒的胶合 润滑不当或速度过高时，销轴和套筒的工作表面会发生胶合。胶合限定了链传动的极限转速。

（4）链条铰链磨损 铰链磨损后链节变长，容易引起跳齿或脱链。开式传动、环境条件恶劣或润滑密封不良时，极易引起铰链磨损，从而急剧降低链条的使用寿命。

（5）过载拉断 这种拉断常发生于低速重载或严重过载的传动中。

二、功率曲线图

链传动有多种失效形式。在一定的使用寿命下，从一种失效形式出发，可得出一个极限功率表达式。为了清楚起见，常用线图来表示。在图13-32所示的极限功率曲线中，1 是在正常润滑条件下铰链磨损限定的极限功率，2 是链板疲劳强度限定的极限功率，3 是套筒、滚子冲击疲劳强度限定的极限功率，4 是铰链胶合限定的极限功率。图中阴影部分为实际许用的区域。润滑、密封不良及工况恶劣时，磨损将很严重，其极限功率大幅度下降，如图中虚线所示。

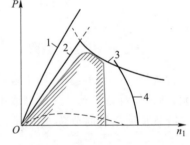

图 13-32 极限功率曲线

图13-33所示为 A 系列滚子链所能传递的功率。它是在特定条件下制订的，即：① 两轮共面；② 小链轮齿数 $z_1 = 25$；③ 链长 $L_p = 120$ 节；④ 载荷平稳；⑤ 按推荐的方式润滑（图13-35）；⑥ 工作寿命为15 000 h；⑦ 链条因磨损而引起的相对伸长量不超过3%。

由图13-33可看出当采用推荐的润滑方式时，链传动所能传递的功率 P_0、小链轮转速 n_1 和链号三者之间的关系。

若润滑不良或不能采用推荐的润滑方式时，应将图中 P_0 值降低：当链速 $v \leqslant 1.5$ m/s 时，降低到50%；当 1.5 m/s$<v\leqslant 7$ m/s 时，降低到25%；当 $v>7$ m/s 而又润滑不当时，传动不可靠。

三、链传动的计算

1. 单排链的计算功率 P_c

$$P_c = \frac{K_A K_z}{K_m} P \quad \text{kW} \tag{13-23}$$

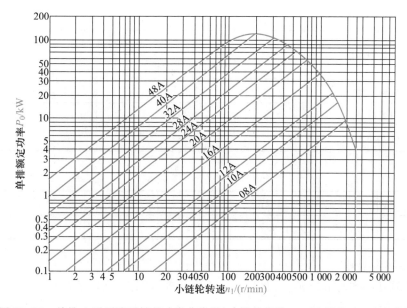

图 13-33　单排 A 系列滚子链的功率曲线图(小链轮齿数 $z_1 = 25$,链长 $L_p = 120$ 节)

式中: K_A 为工作情况系数,见表 13-14; K_z 为小链轮齿数 $z_1 \neq 25$ 时的修正系数,称为齿数系数,见图13-34; K_m 为采用多排链时的修正系数,称为多排链系数,见表 13-15; P 为所传递的功率,kW。

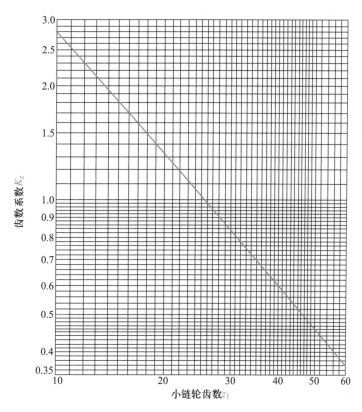

图 13-34　链轮齿数系数 K_z

表 13-14　工作情况系数 K_A

载荷种类	原动机	
	电动机或汽轮机	内燃机
载荷平稳	1.0	1.1
中等冲击	1.4	1.5
较大冲击	1.8	1.9

表 13-15　多排链系数 K_m

排数	1	2	3	4	5	6
K_m	1.0	1.7	2.5	3.3	4.0	4.6

2. 选择链条型号

根据计算功率和小链轮转速,在图 13-33 中找到坐标点,从而确定应选择的链条型号,例如:当 P_c = 5 kW,小链轮转速 n_1 = 400 r/min 时,其坐标点已超过 10A 链的承载能力区域,故应选择链号为 12A。

3. 校核链条静强度

当 $v \le 0.6$ m/s 时,主要失效形式为链条的过载拉断,设计时必须验算静力强度的安全系数

$$\frac{Q}{K_A F_1} \ge S \qquad (13-24)$$

式中:Q 为链的极限载荷,见表 13-12;F_1 为紧边拉力;S 为安全系数,S = 4~8。

例 13-4　用 P = 5.5 kW,n_1 = 1 450 r/min 的电动机,通过链传动驱动一液体搅拌器,载荷平稳,传动比 i = 3.2,试设计此链传动。

解:(1)链轮齿数

由表 13-13,选 z_1 = 23。大链轮齿数 z_2 = iz_1 = 3.2×23 = 73.6,取 z_2 = 73。

实际传动比

$$i = \frac{73}{23} = 3.17$$

误差远小于±5%,故允许。

(2)链条节数

初定中心距 a_0 = 40p。由式(13-21)可得

$$L_p = 2\frac{a_0}{p} + \frac{z_1 + z_2}{2} + \frac{p}{a_0}\left(\frac{z_2 - z_1}{2\pi}\right)^2$$

$$= 2 \times \frac{40p}{p} + \frac{23 + 73}{2} + \frac{p}{40p}\left(\frac{73 - 23}{2\pi}\right)^2 \approx 130$$

取链节数 L_p = 130。

(3)计算功率

由表 13-14 查得 K_A = 1.0;由图 13-34 得 K_z = 1.1;选用单排链,由表 13-15 取 K_m = 1.0。由式(13-23)得

$$P_c = \frac{K_A K_z}{K_m} P = \frac{1.0 \times 1.1}{1.0} \times 5.5 \text{ kW} = 6.05 \text{ kW}$$

（4）确定链条型号

由 $P_c = 6.05$ kW、$n_1 = 1\,450$ r/min，查图 13-33，取 08A 链条可满足要求。查表 13-12 知 08A 链的节距 $p = 12.7$ mm。

（5）实际中心距

将中心距设计成可调节的，不必计算实际中心距。可取

$$a \approx a_0 = 40p = 40 \times 12.7 \text{ mm} = 508 \text{ mm}$$

（6）计算链速

由式（13-19）

$$v = \frac{z_1 p n_1}{60 \times 1\,000} = \frac{23 \times 12.7 \times 1\,450}{60 \times 1\,000} \text{ m/s} = 7.06 \text{ m/s}$$

符合原来的假定。

（7）作用在轴上的压力

如前所述 $F_Q = (1.2 \sim 1.3)F$，取 $F_Q = 1.3F$

$$F = 1\,000 \times \frac{P_c}{v} = 1\,000 \times \frac{6.05}{7.06} \text{ N} = 856.94 \text{ N}$$

$$F_Q = 1.3 \times 856.94 \text{ N} = 1\,114.02 \text{ N}$$

（8）链轮主要尺寸（略）

§13-13　链传动的润滑和布置

一、链传动的润滑

链传动的润滑至关重要。合宜的润滑能显著降低链条铰链的磨损，延长使用寿命。

采用何种润滑方式可由链号、链速查图 13-35 确定。图中链传动的润滑方式分四种：1 区为人工定期用油壶或油刷给油；2 区用油杯通过油管向松边内外链板间隙处滴油（图 13-36a）；3 区为油浴润滑（图 13-36b），或用甩油盘将油甩起，以进行飞溅润滑（图 13-36c）；4 区用油泵经油管向链条连续供油，循环油可起润滑和冷却的作用（图 13-36d），链速很小时可定期加润滑脂润滑。如图 13-36d 所示，封闭于壳体内的链传动，可以防尘、减轻噪声及保护人身安全。

润滑油的选用与链条节距和环境温度有关，环境温度高，则润滑油黏度大，见表 13-16。

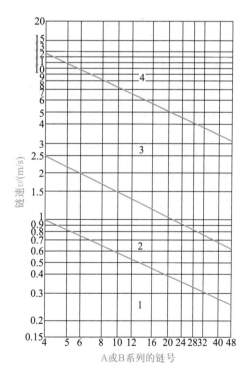

图 13-35　链传动的润滑方法

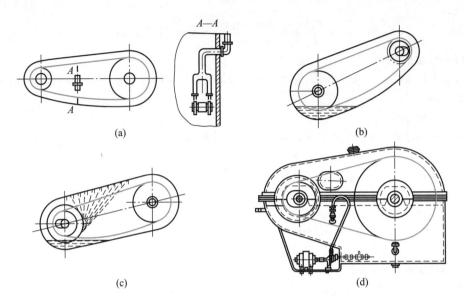

图 13-36　链传动的润滑

表 13-16　链传动润滑油

润滑方式	环境温度/℃	节距 p/mm			
		9.525~15.875	19.05~25.4	31.75	38.1~76.2
人工定期润滑、滴油润滑、油浴或飞溅润滑	-10~0	L-AN46	L-AN68		L-AN100
	0~40	L-AN68	L-AN100		SC30
	40~50	L-AN100	SC40		SC40
	50~60	SC40	SC40		工业齿轮油(冬季用 90 号 GL-4 齿轮油)
油泵压力喷油润滑	-10~0	L-AN46			L-AN68
	0~40	L-AN68			L-AN100
	40~50	L-AN100			SC40
	50~60	SC40			SC40

二、链传动的布置

　　链传动的两轴应平行,两链轮应位于同一平面内;一般宜采用水平或接近水平的布置,并使松边在下面,可参看表 13-17。

表 13-17　链传动的布置

传动参数	正确布置	不正确布置	说明
$i=2~3$ $a=(30~50)p$			两轮轴线在同一水平面,紧边在上、在下均不影响工作

续表

传动参数	正确布置	不正确布置	说明
$i>2$ $a<30p$			两轮轴线不在同一水平面,松边应在下面,否则松边下垂量增大后,链条易与链轮卡死
$i<1.5$ $a>60p$			两轮轴线在同一水平面,松边应在下面,否则下垂量增大后,松边会与紧边相碰,需经常调整中心距
i,a 为任意值			两轮轴线在同一铅垂面内,下垂量增大会减少下链轮有效啮合齿数,降低传动能力,为此应:① 使中心距可调;② 设张紧装置;③ 上、下两轮错开,使两轮轴线不在同一铅垂面内

习题

13-1　如题 13-1 图所示,一平带传动,已知两带轮直径分别为 150 mm 和 400 mm,中心距为 1 000 mm,小带轮主动、转速为 1 460 r/min。试求:(1)小带轮包角;(2)带的几何长度;(3)不考虑带传动的弹性滑动时大带轮的转速;(4)滑动率 $\varepsilon=0.015$ 时大带轮的实际转速。

13-2　题 13-1 中,若传递功率为 5 kW,带与铸铁带轮间的摩擦系数 $f=0.3$,所用平带单位长度质量 $q=0.35$ kg/m,试求:(1)带的紧边、松边拉力;(2)此带传动所需的初拉力;(3)作用在轴上的压力。

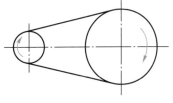

题 13-1 图

13-3　一普通 V 带传动,已知带的型号为 A 型,两个 V 带轮的基准直径分别为 125 mm 和 250 mm,初定中心距 $a_0=450$ mm。试:(1)初步计算带的长度 L_0;(2)按表 13-2 选定带的基准长度 L_d;(3)确定实际的中心距。

13-4　题 13-3 中的普通 V 带传动,用于电动机与物料磨粉机之间,作减速传动,每天工作 8 h。已知电动机功率 $P=4$ kW,转速 $n_1=1$ 440 r/min,试求所需 A 型带的根数。

13-5　试计算一带式输送机中的普通 V 带传动(确定带的型号、长度及根数)。已知从动轮的转速 $n_2=610$ r/min,单班工作制,电动机额定功率为 7.5 kW,主动轮转速 $n_1=1$ 450 r/min。

13-6　在例 13-2 中,若选用 A 型普通 V 带,试确定带的长度和根数。

13-7　在例 13-2 中,已知大带轮轴的直径 $d_s=50$ mm,试确定大带轮的材料、各部尺寸并绘制工作图。

13-8　题 13-5 选用窄 V 带,求带的根数。

13-9　一链传动,链轮齿数 $z_1=21$、$z_2=53$,链条型号为 10A,链长 $L_p=100$ 节。采用"三圆弧一直线"齿形,试求两链轮的分度圆、齿顶圆和齿根圆直径以及传动的中心距。

13-10　题 13-9 中,小链轮为主动轮,$n_1=600$ r/min,载荷平稳,试求:(1)此链传动能传递的最大功率;(2)工作中可能出现的失效形式;(3)应采用何种润滑方式。

13-11   设计一往复式压气机上的滚子链传动。已知电动机转速 $n_1 = 960$ r/min,$P = 3$ kW,压气机转速 $n_2 = 330$ r/min,试确定大、小链轮齿数,链条节距,中心距和链节数。

13-12   一滚子链传动,已知主动链轮齿数 $z_1 = 17$,采用 10A 滚子链,中心距 $a = 500$ mm,水平布置,传递功率 $P = 1.5$ kW,主动链轮转速 $n_1 = 130$ r/min。设工作情况系数 $K_A = 1.1$,静力强度安全系数 $S = 7$,试验算此链传动。

第 14 章

轴

§14-1 轴的功用和类型

轴是机器中的重要零件之一,用来支持旋转的机械零件和传递转矩。根据承受载荷的不同,轴可分为转轴、传动轴和心轴三种。转轴既传递转矩又承受弯矩,如齿轮减速器中的轴(图 14-1);传动轴只传递转矩而不承受弯矩或弯矩很小,如汽车的传动轴(图 14-2);心轴则只承受弯矩而不传递转矩,如铁路车辆的轴(图 14-3)为转动的心轴、自行车的前轴(图 14-4)则为不转动的心轴。

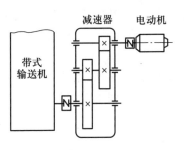

图 14-1 转轴

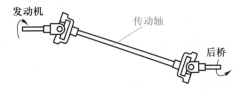

图 14-2 传动轴

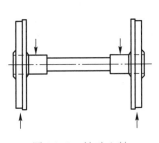

图 14-3 转动心轴

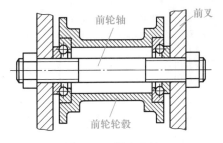

图 14-4 固定心轴

按轴线的形状,轴还可分为直轴(图 14-1~图 14-4)、曲轴(图 14-5)和挠性钢丝轴(图 14-6)。曲轴常用于往复式机械中。挠性钢丝轴是由几层紧贴在一起的钢丝层构成的,可以把转矩和旋转运动灵活地传到任何位置,常用于振捣器等设备中。本章只研究直轴。

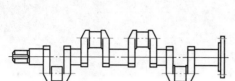

图 14-5　曲轴

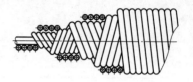

图 14-6　挠性钢丝轴

　　轴的设计,主要是根据工作要求并考虑制造工艺等因素,选用合适的材料,进行结构设计,经过强度和刚度计算,定出轴的结构形状和尺寸,必要时还要考虑振动稳定性。

§14-2　轴 的 材 料

　　轴的材料常采用碳钢和合金钢。

　　碳钢　35、45、50 等优质碳素结构钢因具有较高的综合力学性能,应用较多,其中以 45 钢应用最为广泛。为了改善其力学性能,应进行正火或调质处理。不重要或受力较小的轴,则可采用 Q235、Q275 等碳素结构钢。

　　合金钢　合金钢具有较高的力学性能与较好的热处理性能,但价格较高,多用于有特殊要求的轴。例如:采用滑动轴承的高速轴,常用 20Cr、20CrMnTi 等低碳合金结构钢,经渗碳淬火后可提高轴颈耐磨性;汽轮发电机转子轴在高温、高速和重载条件下工作,必须具有良好的高温力学性能,常采用 40CrNi、38CrMoAlA 等合金结构钢。值得注意的是,钢材的种类和热处理对其弹性模量的影响甚小,因此如欲采用合金钢或通过热处理来提高轴的刚度并无实效。此外,合金钢对应力集中的敏感性较高,因此设计合金钢轴时,更应从结构上避免或减小应力集中,并减小其表面粗糙度。

　　轴的毛坯一般用圆钢或锻件,有时也可采用铸钢或球墨铸铁。例如,用球墨铸铁制造曲轴、凸轮轴,具有价格低廉、吸振性较好、对应力集中的敏感性较低、强度较好等优点。

　　表 14-1 列出几种轴的常用材料及其主要力学性能。

表 14-1　轴的常用材料及其主要力学性能

材料及热处理	毛坯直径/mm	硬度（HBW）	强度极限 σ_B	屈服极限 σ_S	弯曲疲劳极限 σ_{-1}	应用说明
			MPa			
Q235			400	240	170	用于不重要或载荷不大的轴
35 钢正火	≤100	149~187	520	270	250	有好的塑性和适当的强度,可做一般曲轴、转轴等
45 钢正火	≤100	170~217	600	300	275	用于较重要的轴,应用最为广泛
45 钢调质	≤200	217~255	650	360	300	
40Cr 调质	25		1 000	800	500	用于载荷较大而无很大冲击的重要轴
	≤100	241~286	750	550	350	
	>100~300	241~266	700	550	340	

续表

材料及 热处理	毛坯直径/ mm	硬度 （HBW）	强度极限 σ_B	屈服极限 σ_s	弯曲疲劳 极限 σ_{-1}	应用说明
			MPa			
40MnB 调质	25		1 000	800	485	性能接近于 40Cr，用于重要
	≤200	241～286	750	500	335	的轴
35CrMo 调质	≤100	207～269	750	550	390	用于重载荷的轴
20Cr 渗碳淬 火回火	15	56～62 HRC	850	550	375	用于要求强度、韧性及耐磨
	≤60		650	400	280	性均较高的轴

§14-3　轴的结构设计

轴的结构设计就是使轴的各部分具有合理的形状和尺寸。其主要要求是：① 轴应便于加工，轴上零件要易于装拆（制造安装要求）；② 轴和轴上零件要有准确的工作位置（定位）；③ 各零件要牢固而可靠地相对固定（固定）；④ 改善受力状况，减小应力集中和提高疲劳强度。

下面逐项讨论这些要求，并结合图 14-7 所示的单级齿轮减速器的高速轴加以说明。

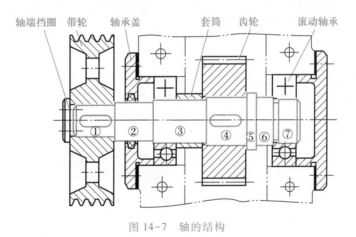

图 14-7　轴的结构

一、制造安装要求

为便于轴上零件的装拆，常将轴做成阶梯形。对于一般剖分式箱体中的轴，它的直径从轴端逐渐向中间增大。如图 14-7 所示，可依次将齿轮、套筒、左端滚动轴承、轴承盖和带轮从轴的左端装拆，另一滚动轴承从右端装拆。为使轴上零件易于安装，轴端及各轴段的端部应有倒角。

轴上磨削的轴段，应有砂轮越程槽（图 14-7 中⑥与⑦的交界处）；车制螺纹的轴段，应有螺纹退刀槽（图 14-8 安装双圆螺母螺纹段）。

在满足使用要求的情况下，轴的形状和尺寸应力求简单，以便于加工。

二、轴上零件的定位

安装在轴上的零件,必须有确定的轴向定位。阶梯轴上截面尺寸变化处称为轴肩,可起轴向定位作用。在图 14-7 中,④、⑤间的轴肩使齿轮在轴上定位;①、②间的轴肩使带轮定位;⑥、⑦间的轴肩使右端滚动轴承定位。

有些零件依靠套筒定位,如图 14-7 中的左端滚动轴承与齿轮之间。

三、轴上零件的固定

轴上零件的轴向固定,常采用轴肩、套筒、螺母或轴端挡圈(又称压板)等形式。在图 14-7 中,齿轮能实现轴向双向固定。齿轮受轴向力时,向右是通过④、⑤间的轴肩,并由⑥、⑦间的轴肩顶在滚动轴承内圈上;向左则通过套筒顶在滚动轴承内圈上。当无法采用套筒或套筒太长时,可采用圆螺母加以固定(图 14-8)。带轮的轴向固定是靠①、②间的轴肩以及轴端挡圈。图 14-9 所示是轴端挡圈的一种形式。

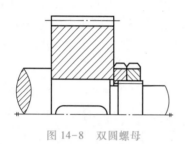

图 14-8　双圆螺母

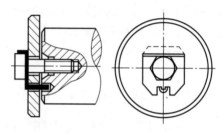

图 14-9　轴端挡圈

为了保证轴上零件紧靠定位面(轴肩),轴肩的圆角半径 r 必须小于相配零件的倒角 C_1 或圆角半径 R,轴肩高 h 必须大于 C_1 或 R(图 14-10)。

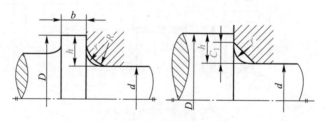

$$h \approx (0.07d + 3) \sim (0.1d + 5) \text{ mm}$$

$b \approx 1.4h$(与滚动轴承相配合处的 h 和 b 值,见滚动轴承标准)

图 14-10　轴肩圆角与相配零件的倒角(或圆角)

轴向力较小时,零件在轴上的固定可采用弹性挡圈(图 14-11)或紧定螺钉(图 14-12)。

轴上零件的周向固定,大多采用键、花键或过盈配合等连接形式。采用键连接时,为加工方便,各轴段的键槽宜设计在同一加工直线上,并应尽可能采用同一规格的键槽截面尺寸(图 14-13)。

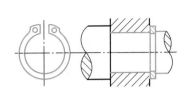

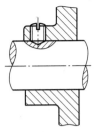

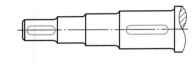

图 14-11 弹性挡圈   图 14-12 紧定螺钉   图 14-13 键槽在同一加工直线上

四、轴的各段直径和长度的确定

凡有配合要求的轴段,如图 14-7 的①段和④段,应尽量采用标准直径。安装滚动轴承、联轴器、密封圈等标准件的轴径,如②段与⑦段,应符合各标准件内径系列的规定。套筒的内径应与相配的轴径相同,并采用过渡配合。

采用套筒、螺母、轴端挡圈作轴向固定时,应把装零件的轴段长度做得比零件轮毂短 2~3 mm,以确保套筒、螺母或轴端挡圈能靠紧零件端面(图 14-7、图 14-8)。

五、改善轴的受力状况,减小应力集中

合理布置轴上的零件可以改善轴的受力状况。例如,图 14-14 所示为起重机卷筒的两种布置方案,图 a 的结构中,大齿轮和卷筒连成一体,转矩经大齿轮直接传给卷筒,故卷筒轴只受弯矩而不传递扭矩,在起重同样载荷 W 时,轴的直径可小于图 b 的结构。再如,当动力从两轮输出时,为了减小轴上转矩,应将输入轮布置在中间,如图 14-15a 所示,这时轴的最大转矩为 T_1;而在图 14-15b 的布置中,轴的最大转矩为 T_1+T_2。

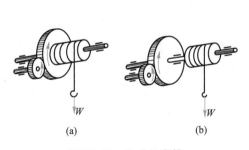

(a)   (b)

图 14-14 起重机卷筒

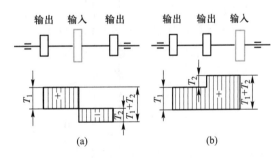

(a)   (b)

图 14-15 轴的两种布置方案

改善轴的受力状况的另一重要方面就是减小应力集中。合金钢对应力集中比较敏感,尤需加以注意。

零件截面发生突然变化的地方,都会产生应力集中现象。因此对阶梯轴来说,在截面尺寸变化处应采用圆角过渡,圆角半径不宜过小,并尽量避免在轴上(特别是应力大的部位)开横孔、切口或凹槽。必须开横孔时,孔边要倒圆。在重要的结构中,可采用卸载槽 B(图 14-16a)、过渡肩环(图 14-16b)或凹切圆角(图 14-16c)增大轴肩圆角半径,以减小局部应力。在轮毂上做出卸载槽 B(图 14-16d),也能减小过盈配合处的局部应力。

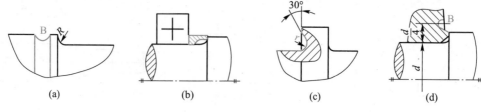

图 14-16　减小应力集中的措施

§14-4　轴的强度计算

轴的强度计算应根据轴的承载情况,采用相应的计算方法。常见的轴的强度计算方法有以下两种:

一、按扭转强度计算

这种方法适用于只承受转矩的传动轴的精确计算,也可用于既受弯矩又受扭矩的转轴的近似计算。

对于只传递转矩的圆截面轴,其强度条件为

$$\tau = \frac{T}{W_T} = \frac{9.55 \times 10^6 P}{0.2d^3 n} \leqslant [\tau] \quad \text{MPa} \tag{14-1}$$

式中:τ 为轴的扭切应力,MPa;T 为转矩,N·mm;W_T 为抗扭截面系数,mm³,对圆截面轴,$W_T = \frac{\pi d^3}{16} \approx 0.2d^3$;$P$ 为传递的功率,kW;n 为轴的转速,r/min;d 为轴的直径,mm;$[\tau]$ 为许用扭切应力,MPa 。

对于既传递转矩又承受弯矩的转轴,也可用上式初步估算轴的直径,但必须把轴的许用扭切应力$[\tau]$适当降低(表 14-2),以补偿弯矩对轴的影响。将降低后的许用应力代入式(14-1),并改写为设计公式

$$d \geqslant \sqrt[3]{\frac{9.55 \times 10^6}{0.2[\tau]}} \sqrt[3]{\frac{P}{n}} \geqslant C\sqrt[3]{\frac{P}{n}} \quad \text{mm} \tag{14-2}$$

式中:C 是由轴的材料和承载情况确定的常数,见表 14-2。应用上式求出的 d 值,一般作为传递转矩轴段的最小直径。

表 14-2　常用材料的$[\tau]$值和 C 值

轴的材料	Q235,20	35	45	40Cr,35SiMn
$[\tau]$/MPa	12~20	20~30	30~40	40~52
C	160~135	135~118	118~107	107~98

注:当作用在轴上的弯矩比传递的转矩小或只传递转矩时,C 取较小值;否则取较大值。

二、按弯扭合成强度计算

图 14-17 为一单级圆柱齿轮减速器的设计草图,图中各符号表示有关的长度尺寸。显然,当零件在草图上布置妥当后,外载荷和支承反力的作用位置即可确定。由此可作轴的受力分析及绘制弯矩图和转矩图。这时就可按弯扭合成强度计算轴径。

对于一般钢制的轴,可用第三强度理论(即最大切应力理论)求出危险截面的当量应力 σ_e,其强度条件为

$$\sigma_e = \sqrt{\sigma_b^2 + 4\tau^2} \leqslant [\sigma_b] \qquad (14-3)$$

式中:σ_b 为危险截面上弯矩 M 产生的弯曲应力;τ 为转矩 T 产生的扭切应力。

对于直径为 d 的圆轴,

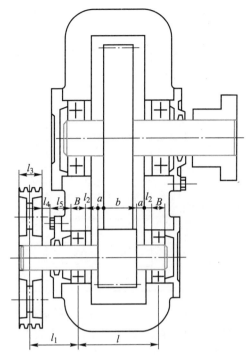

图 14-17 单级圆柱齿轮减速器设计草图

$$\sigma_b = \frac{M}{W} = \frac{M}{\pi d^3/32} \approx \frac{M}{0.1d^3}$$

$$\tau = \frac{T}{W_T} = \frac{T}{2W}$$

式中:W、W_T 分别为轴的抗弯截面系数和抗扭截面系数。将 σ_b 和 τ 值代入式(14-3),得

$$\sigma_e = \sqrt{\left(\frac{M}{W}\right)^2 + 4\left(\frac{T}{2W}\right)^2} = \frac{1}{W}\sqrt{M^2 + T^2} \leqslant [\sigma_b] \qquad (14-4)$$

对于一般的转轴,即使载荷大小与方向不变,其弯曲应力 σ_b 也为对称循环变应力,而 τ 的循环特性往往与 σ_b 不同,所以应对上式中的转矩 T 乘以折合系数 α,以考虑两者循环特性不同的影响,即

$$\sigma_e = \frac{M_e}{W} = \frac{1}{0.1d^3}\sqrt{M^2 + (\alpha T)^2} \leqslant [\sigma_{-1b}] \qquad (14-5)$$

式中:M_e 为当量弯矩,$M_e = \sqrt{M^2 + (\alpha T)^2}$。$\alpha$ 为根据转矩性质而定的折合系数。转矩不变时,$\alpha = \dfrac{[\sigma_{-1b}]}{[\sigma_{+1b}]} \approx 0.3$;当转矩脉动变化时,$\alpha = \dfrac{[\sigma_{-1b}]}{[\sigma_{0b}]} \approx 0.6$;对于频繁正反转的轴,可作为对称循环变应力,$\alpha = 1$。若转矩的变化规律不清楚,则一般可按脉动循环处理。$[\sigma_{-1b}]$、$[\sigma_{0b}]$、$[\sigma_{+1b}]$ 分别为对称循环、脉动循环及静应力状态下的许用弯曲应力,见表 14-3。对一般载荷方向、大小均不变的转轴,许用弯曲应力取 $[\sigma_{-1b}]$。

式（14-5）可用来校核轴的疲劳强度。

表 14-3　轴的许用弯曲应力　　　　　　　　　　　MPa

材料	σ_B	$[\sigma_{+1b}]$	$[\sigma_{0b}]$	$[\sigma_{-1b}]$
碳钢	400	130	70	40
	500	170	75	45
	600	200	95	55
	700	230	110	65
合金钢	800	270	130	75
	900	300	140	80
	1 000	330	150	90
铸钢	400	100	50	30
	500	120	70	40

综上所述,按弯扭合成强度计算轴径的一般步骤如下:

（1）将外载荷分解到水平面和垂直面内,求垂直面支承反力 F_V 和水平面支承反力 F_H;

（2）作垂直面弯矩 M_V 图和水平面弯矩 M_H 图;

（3）作合成弯矩 M 图,$M = \sqrt{M_H^2 + M_V^2}$;

（4）作转矩 T 图;

（5）弯扭合成,作当量弯矩 M_e 图,$M_e = \sqrt{M^2 + (\alpha T)^2}$;

（6）计算危险截面轴径。由式（14-5）

$$d \geqslant \sqrt[3]{\frac{M_e}{0.1[\sigma_{-1b}]}} \quad \text{mm} \tag{14-6}$$

式中:M_e 的单位为 N·mm;$[\sigma_{-1b}]$ 的单位为 MPa。

对于有键槽的截面,应将计算出的轴径加大 5% 左右。若计算出的轴径大于结构设计初步估算的轴径,则表明结构图中轴的强度不够,必须修改结构设计;若计算出的轴径小于结构设计的估算轴径,且相差不很大,一般就以结构设计的轴径为准。

对于一般用途的轴,按上述方法设计计算即可。对于重要的轴,尚须作进一步的强度校核（如安全系数法）,其计算方法可查阅有关参考书。

例 14-1　试计算某减速器输出轴（图 14-18a）危险截面的直径。已知作用在齿轮上的圆周力 F_t = 17 400 N,径向力 F_r = 6 410 N,轴向力 F_a = 2 860 N,齿轮分度圆直径 d_2 = 146 mm,作用在轴右端带轮上的外力 F = 4 500 N（方向未定）,L = 193 mm,K = 206 mm。

解:（1）求垂直面的支承反力（图 14-18b）

$$F_{1V} = \frac{F_r \dfrac{L}{2} - F_a \dfrac{d_2}{2}}{L}$$

$$= \frac{6\,410 \times \dfrac{193}{2} - 2\,860 \times \dfrac{146}{2}}{193} \text{ N} = 2\,123 \text{ N}$$

$$F_{2V} = F_r - F_{1V} = (6\,410 - 2\,123)\ \text{N} = 4\,287\ \text{N}$$

（2）求水平面的支承反力（图 14-18c）

$$F_{1H} = F_{2H} = \frac{F_t}{2} = \frac{17\,400}{2}\ \text{N} = 8\,700\ \text{N}$$

（3）F 力在支点产生的反力（图 14-18d）

$$F_{1F} = \frac{FK}{L} = \frac{4\,500 \times 206}{193}\ \text{N} = 4\,803\ \text{N}$$

$$F_{2F} = F + F_{1F} = (4\,500 + 4\,803)\ \text{N} = 9\,303\ \text{N}$$

外力 F 的作用方向与带传动的布置有关，在具
体布置尚未确定前，可按最不利的情况考虑，见本例
（7）的计算。

（4）绘垂直面的弯矩图（图 14-18b）

$$M_{aV} = F_{2V}\frac{L}{2} = 4\,287 \times \frac{0.193}{2}\ \text{N}\cdot\text{m} = 414\ \text{N}\cdot\text{m}$$

$$M'_{aV} = F_{1V}\frac{L}{2} = 2\,123 \times \frac{0.193}{2}\ \text{N}\cdot\text{m} = 205\ \text{N}\cdot\text{m}$$

（5）绘水平面的弯矩图（图 14-18c）

$$M_{aH} = F_{1H}\frac{L}{2} = 8\,700 \times \frac{0.193}{2}\ \text{N}\cdot\text{m} = 840\ \text{N}\cdot\text{m}$$

（6）F 力产生的弯矩图（图 14-18d）

$$M_{2F} = FK = 4\,500 \times 0.206\ \text{N}\cdot\text{m} = 927\ \text{N}\cdot\text{m}$$

a—a 截面 F 力产生的弯矩为

$$M_{aF} = F_{1F}\frac{L}{2} = 4\,803 \times \frac{0.193}{2}\ \text{N}\cdot\text{m} = 463\ \text{N}\cdot\text{m}$$

（7）求合成弯矩图（图 14-18e）

考虑最不利的情况，把 M_{aF} 与 $\sqrt{M_{aV}^2 + M_{aH}^2}$ 直接
相加

$$\begin{aligned}
M_a &= \sqrt{M_{aV}^2 + M_{aH}^2} + M_{aF}\\
&= \left(\sqrt{414^2 + 840^2} + 463\right)\ \text{N}\cdot\text{m}\\
&= 1\,399\ \text{N}\cdot\text{m}
\end{aligned}$$

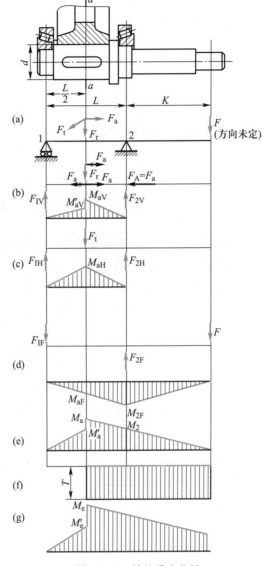

图 14-18　轴的受力分析

$$\begin{aligned}
M'_a &= \sqrt{M'^2_{aV} + M^2_{aH}} + M_{aF}\\
&= \left(\sqrt{205^2 + 840^2} + 463\right)\ \text{N}\cdot\text{m}\\
&= 1\,328\ \text{N}\cdot\text{m}
\end{aligned}$$

$$M_2 = M_{2F} = 927\ \text{N}\cdot\text{m}$$

（8）求轴传递的转矩（图 14-18f）

$$T = F_t\frac{d_2}{2} = 17\,400 \times \frac{0.146}{2}\ \text{N}\cdot\text{m} = 1\,270\ \text{N}\cdot\text{m}$$

（9）求危险截面的当量弯矩（图 14-18g）

从图 14-18g 可见，a—a 截面最危险，其当量弯矩为

$$M_e = \sqrt{M_a^2 + (\alpha T)^2}$$

如认为轴的扭切应力是脉动循环变应力,取折合系数 $\alpha = 0.6$,代入上式可得

$$M_e = \sqrt{1\ 399^2 + (0.6 \times 1\ 270)^2}\ \mathrm{N \cdot m} \approx 1\ 593\ \mathrm{N \cdot m}$$

（10）计算危险截面处轴的直径

轴的材料选用 45 钢,调质处理,由表 14-1 查得 $\sigma_B = 650\ \mathrm{MPa}$,由表 14-3 查得 $[\sigma_{-1b}] = 60\ \mathrm{MPa}$,则

$$d \geqslant \sqrt[3]{\frac{M_e}{0.1[\sigma_{-1b}]}} = \sqrt[3]{\frac{1\ 593 \times 10^3}{0.1 \times 60}}\ \mathrm{mm} = 64.27\ \mathrm{mm}$$

考虑键槽对轴的削弱,将 d 值加大 5%,故

$$d = 1.05 \times 64.27\ \mathrm{mm} \approx 68\ \mathrm{mm}$$

§14-5　轴的刚度计算

轴受弯矩作用会产生弯曲变形（图 14-19）,受转矩作用会产生扭转变形（图 14-20）。如果轴的刚度不够,就会影响轴的正常工作。例如电动机转子轴的挠度过大,会改变转子与定子的间隙而影响电动机的性能。又如机床主轴的刚度不够,将影响加工精度。因此,为了使轴不致因刚度不够而失效,设计时必须根据轴的工作条件限制其变形量,即

$$\left.\begin{array}{ll} \text{挠度} & y \leqslant [y] \\[2mm] \text{转角} & \theta \leqslant [\theta] \\[2mm] \text{扭角} & \varphi \leqslant [\varphi] \end{array}\right\} \tag{14-7}$$

式中：$[y]$、$[\theta]$、$[\varphi]$ 分别为许用挠度、许用转角和许用扭角,其值见表 14-4。

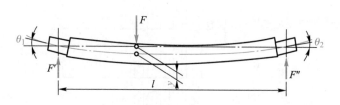

图 14-19　轴的挠度和转角

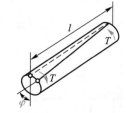

图 14-20　轴的扭角

表 14-4　轴的许用变形量 $[y]$、$[\theta]$ 和 $[\varphi]$

变形种类	适用场合	许用值	变形种类	适用场合	许用值
许用挠度 $[y]$/mm	一般用途的轴	$(0.000\ 3 \sim 0.000\ 5)l$	许用转角 $[\theta]$/rad	滑动轴承	$\leqslant 0.001$
	刚度要求较高的轴	$\leqslant 0.000\ 2l$		向心球轴承	$\leqslant 0.005$
				调心球轴承	$\leqslant 0.05$
	感应电动机轴	$\leqslant 0.1\Delta$		圆柱滚子轴承	$\leqslant 0.002\ 5$
	安装齿轮的轴	$(0.01 \sim 0.03)m_n$		圆锥滚子轴承	$\leqslant 0.001\ 6$
	安装蜗轮的轴	$(0.02 \sim 0.05)m$		安装齿轮处轴的截面	$0.001 \sim 0.002$
	l——支承间跨距；Δ——电动机定子与转子间的气隙；m_n——齿轮法面模数；m——蜗轮模数		每米长的许用扭角 $[\varphi]$/[(°)/m]	一般传动	$0.5 \sim 1$
				较精密的传动	$0.25 \sim 0.5$
				重要传动	$\leqslant 0.25$

一、弯曲变形计算

计算轴在弯矩作用下所产生的挠度 y 和转角 θ 的方法很多。在材料力学课程中已研究过两种：① 按挠度曲线的近似微分方程式积分求解；② 变形能法。对于等直径轴，用前一种方法简便；对于阶梯轴，用后一种方法较适宜。

二、扭转变形的计算

等直径的轴受转矩 T 作用时，其扭角 φ 可按材料力学中的扭转变形公式求出，即

$$\varphi = \frac{Tl}{GI_\mathrm{p}} = \frac{32Tl}{G\pi d^4} \quad \mathrm{rad} \tag{14-8}$$

式中：T 为转矩，N·mm；l 为轴受转矩作用的长度，mm；G 为材料的切变模量，MPa；d 为轴径，mm；I_p 为轴截面的极惯性矩。

对阶梯轴，其扭角 φ 的计算式为

$$\varphi = \frac{1}{G}\sum_{i=1}^{n}\frac{T_i l_i}{I_{\mathrm{p}i}} \quad \mathrm{rad} \tag{14-9}$$

式中：T_i、l_i、$I_{\mathrm{p}i}$ 分别代表阶梯轴第 i 段上所传递的转矩及该段的长度和极惯性矩，单位同式（14-8）。

例 14-2　一钢制等直径轴，已知传递的转矩 $T=4\,000$ N·m，轴的许用切应力 $[\tau]=40$ MPa，轴的长度 $l=1\,700$ mm，轴在全长上的扭角 φ 不得超过 $1°$，钢的切变模量 $G=8\times10^4$ MPa，试求该轴的直径。

解：（1）按强度要求，应使

$$\tau = \frac{T}{W_\mathrm{T}} = \frac{T}{0.2d^3} \leqslant [\tau]$$

故轴的直径

$$d \geqslant \sqrt[3]{\frac{T}{0.2[\tau]}} = \sqrt[3]{\frac{4\,000\times10^3}{0.2\times40}} \ \mathrm{mm} = 79.4 \ \mathrm{mm}$$

（2）按扭转刚度要求，应使

$$\varphi = \frac{32Tl}{G\pi d^4} \leqslant [\varphi]$$

按题意 $l=1\,700$ mm，在轴的全长上，$[\varphi]=1°=\dfrac{\pi}{180}$ rad。故

$$d \geqslant \sqrt[4]{\frac{32Tl}{\pi G[\varphi]}} = \sqrt[4]{\frac{32\times4\,000\times10^3\times1\,700}{\pi\times8\times10^4\times\dfrac{\pi}{180}}} \ \mathrm{mm} = 83.9 \ \mathrm{mm}$$

故该轴的直径取决于刚度要求，圆整后可取 $d=85$ mm。

§14-6   轴的临界转速的概念

如第 8 章所述,由于回转件的结构不对称、材质不均匀、加工有误差等原因,要使回转件的重心精确地位于几何轴线上,几乎是不可能的。实际上,重心与几何轴线间一般总有一微小的偏心距,因而回转时产生离心力,使轴受到周期性载荷的干扰。

当轴所受的外力频率与轴的自振频率一致时,运转便不稳定而发生显著的振动,这种现象称为轴的共振。产生共振时轴的转速称为临界转速。如果轴的转速停滞在临界转速附近,轴的变形将迅速增大,以致达到使轴甚至整个机器破坏的程度。因此,对于重要的,尤其是高转速的轴必须计算其临界转速,并使轴的工作转速 n 避开临界转速 n_c。

轴的临界转速可以有许多个,最低的一个称为一阶临界转速,其余为二阶、三阶……依此类推。

工作转速低于一阶临界转速的轴称为刚性轴;超过一阶临界转速的轴称为挠性轴。对于刚性轴,应使 $n < (0.75 \sim 0.8) n_{c1}$;对于挠性轴,应使 $1.4 n_{c1} \leqslant n \leqslant 0.7 n_{c2}$($n_{c1}$、$n_{c2}$ 分别为一阶临界转速、二阶临界转速)。

习题

14-1   在题 14-1 图中,Ⅰ、Ⅱ、Ⅲ、Ⅳ轴是心轴、转轴还是传动轴? 心轴是固定的还是转动的?

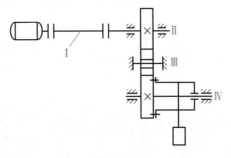

题 14-1 图

14-2   已知一传动轴传递的功率为 37 kW,转速 $n = 900$ r/min,轴上有一个键槽,如果轴上的扭切应力不许超过 40 MPa,试求该轴的直径。

14-3   已知一传动轴直径 $d = 32$ mm,转速 $n = 1\,725$ r/min,如果轴上的扭切应力不许超过 50 MPa,问该轴能传递多大的功率?

14-4   题 14-4 图所示的转轴,直径 $d = 60$ mm,传递的转矩 $T = 2\,300$ N·m,$F = 9\,000$ N,$a = 300$ mm。若轴的许用弯曲应力 $[\sigma_{-1b}] = 160$ MPa,求 x 的最大值。

14-5   题 14-5 图所示为起重机动滑轮轴的两种结构方案,轴的材料为 Q275,起重量 $W = 10$ kN,求轴的直径 d。

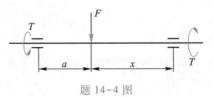

题 14-4 图

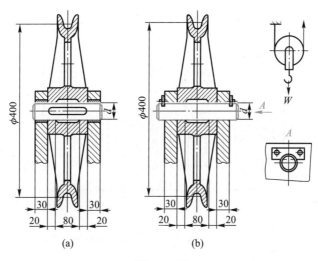

题 14-5 图

14-6 已知一单级直齿圆柱齿轮减速器,用电动机直接驱动,电动机功率 $P = 22$ kW,转速 $n_1 = 1\,470$ r/min,齿轮的模数 $m = 4$ mm,齿数 $z_1 = 18$,$z_2 = 82$,若支承间跨距 $l = 180$ mm(齿轮位于跨距中央),轴的材料用 45 钢调质,试计算输出轴危险截面处的直径 d。

14-7 题 14-7 图所示两级圆柱齿轮减速器,已知高速级传动比 $i_{12} = 2.5$,低速级传动比 $i_{34} = 4$。若不计轮齿啮合及轴承摩擦的功率损失,试计算三根轴传递转矩之比,并按扭转强度估算三根轴的轴径之比。

14-8 在题 14-7 图所示两级斜齿圆柱齿轮减速器中,已知中间轴 II 传递的功率 $P = 40$ kW,转速 $n_2 = 200$ r/min,齿轮 2 的分度圆直径 $d_2 = 688$ mm,螺旋角 $\beta_2 = 12°50'$,齿轮 3 的分度圆直径 $d_3 = 170$ mm,螺旋角 $\beta_3 = 10°29'$,轴的材料用 45 钢调质,试按弯扭合成强度计算方法求轴 II 的直径。

14-9 仅从轴的结构设计考虑(不考虑轴承的润滑及轴的圆角过渡等问题),指出题 14-9 图中存在的错误并加以改正。

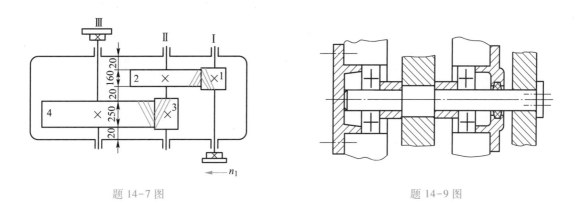

题 14-7 图　　　　　　　　　　　　　题 14-9 图

14-10 题 14-10 图所示为单级齿轮减速器输出轴装配图,试按轴的结构设计要求,补填各轴段直径尺寸并指出设计中存在的错误。(提示:当滚动轴承的内径 $d \geqslant 20$ mm 时,国家标准规定 d 值每挡增加 5 mm。)

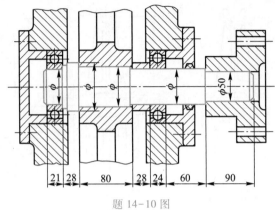

题 14-10 图

14-11 一钢制等直径直轴,只传递转矩,许用切应力$[\tau]=50$ MPa,长度为 1 800 mm,要求轴每米长的扭角 φ 不超过 0.5°,试求该轴的直径。

14-12 一与直径 $\phi75$ mm 实心轴等扭转强度的空心轴,其外径 $d_0=85$ mm,设两轴材料相同,试求该空心轴的内径 d_1 和减轻质量的百分率。$\left(\text{注:空心轴的 } W_T=\dfrac{\pi d^3}{16}(1-\beta^4),\beta=\dfrac{d_1}{d_0}\text{为空心轴系数。}\right)$

第 15 章

滑动轴承

轴承的功用有二：一为支承轴及轴上零件,并保持轴的旋转精度;二为减少转轴与支承之间的摩擦和磨损。

轴承分为滚动轴承和滑动轴承两大类。虽然滚动轴承具有一系列优点,在一般机器中获得了广泛应用,但是在高速、高精度、重载、结构上要求剖分等场合,滑动轴承就显示出它的优异性能。因而在汽轮机、离心式压缩机、内燃机、大型电机中,多采用滑动轴承。此外,在低速而带有冲击的机器中,如水泥搅拌机、滚筒清砂机、破碎机等,也常采用滑动轴承。

§15-1 摩擦状态

按表面润滑情况,将摩擦分为以下几种状态:

1. 干摩擦

当两摩擦表面间无任何润滑剂或保护膜时,即出现固体表面间直接接触的摩擦(图 15-1a),工程上称为干摩擦。此时,必有大量的摩擦功损耗和严重的磨损。在滑动轴承中则表现为强烈的升温,使轴与轴瓦产生胶合。所以,在滑动轴承中不允许出现干摩擦。

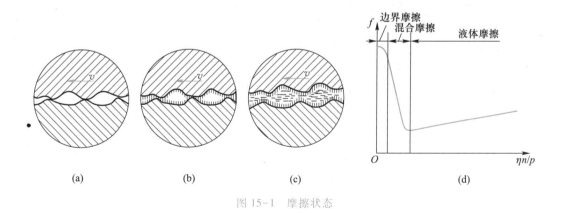

(a)　　　　　(b)　　　　　(c)　　　　　(d)

图 15-1　摩擦状态

2. 边界摩擦

两摩擦表面间有润滑油存在,由于润滑油中的极性分子与金属表面的吸附作用,因而在金属表面上形成极薄的边界油膜(图 15-1b)。边界油膜不足以将两金属表面分隔开,所以相互运动时,两金属表面微观的高峰部分仍将互相搓削,这种状态称为边界摩擦。一般而言,金属表层覆盖一层边界油膜后,虽不能绝对消除表面的磨损,却可以起减轻磨损的作用。这种摩擦状态的摩擦系数 $f \approx 0.1 \sim 0.3$。

3. 液体摩擦

若两摩擦表面间有充足的润滑油,而且能满足一定的条件(见§15-6),则在两摩擦面间可形成厚度达几十微米的压力油膜,它能将相对运动着的两金属表面分隔开,如图 15-1c 所示。此时只有液体之间的摩擦,称为液体摩擦,又称为液体润滑。换言之,形成的压力油膜可以将重物托起,使其浮在油膜之上。由于两摩擦表面被油隔开而不直接接触,摩擦系数很小($f \approx 0.001 \sim 0.01$),所以显著地减少了摩擦和磨损。

综合上述,液体摩擦是最理想的情况。前述汽轮机等长期且高速旋转的机器,应该确保其轴承在液体润滑条件下工作。在一般机器中,摩擦表面多处于边界摩擦和液体摩擦的混合状态,称为混合摩擦(或称为非液体摩擦)。

图 15-1d 为摩擦副的摩擦特性曲线,这条曲线是由实验得到的。图中纵坐标为轴承的摩擦系数 f;横坐标为轴承特性数 $\dfrac{\eta n}{p}$,其中 η 为润滑油的动力黏度(见§15-4),n 为轴每秒的转数,p 为轴承的压强。随着 $\dfrac{\eta n}{p}$ 的不同,摩擦副分别处于边界摩擦、混合摩擦、液体摩擦状态。

本章只介绍非液体摩擦轴承的设计,液体摩擦轴承的设计可看参考文献[6]。

§15-2　滑动轴承的结构形式

滑动轴承按照承受载荷的方向主要分为:① 向心滑动轴承——又称径向滑动轴承,主要承受径向载荷;② 止推滑动轴承——承受轴向载荷。

一、向心滑动轴承

向心滑动轴承可分为整体式和剖分式两种。

1. 整体式向心滑动轴承

如图 15-2 所示,它由铸铁轴承座和减摩材料制成的轴承套组成,轴承顶部有螺纹孔,以便安装润滑油杯或润滑脂杯。整体式向心滑动轴承结构简单,价格较低。在少量生产时甚至可以用圆钢和钢板焊接,再经镗孔、钻孔而成。其缺点是轴承套孔磨损成椭圆形后不能修复轴承套。

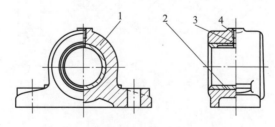

图 15-2　整体式向心滑动轴承

1—轴承座;2—整体轴套;3—油孔;4—螺纹孔

2. 剖分式向心滑动轴承

如图 15-3 所示,它由轴承盖 1、轴承座 2、剖分轴承 3 和连接螺栓 4 等零件所组成。轴承中直接支承轴颈的零件是轴瓦。为了安装时容易对心,在轴承盖与轴承座的中分面上做出阶梯形的榫口。轴承盖应当适度压紧轴瓦,使轴瓦不能在轴承座孔中转动。轴承盖上制有螺纹孔,以便安装油杯或油管。

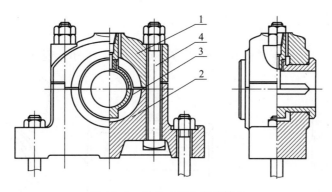

图 15-3　剖分式向心滑动轴承

向心滑动轴承的类型很多,例如还有轴承间隙可调节的滑动轴承、轴瓦外表面为球面的自位轴承和整体式轴承等,可参阅有关手册。

轴瓦宽度与轴颈直径之比 B/d 称为宽径比,它是向心滑动轴承的重要参数之一。对于液体摩擦的滑动轴承,常取 $B/d=0.5\sim1$;对于非液体摩擦的滑动轴承,常取 $B/d=0.8\sim1.5$,有时可以更大些。

二、止推滑动轴承

轴所受的轴向力 F 应采用止推轴承来承受。止推面可以利用轴的端面,也可在轴的中段做出凸肩或装上推力圆盘。后面将论述两平行平面之间是不能形成动压油膜的,因此须沿轴承止推面按若干块扇形面积开出楔形。图 15-4a 所示为固定式止推轴承,其楔形的倾

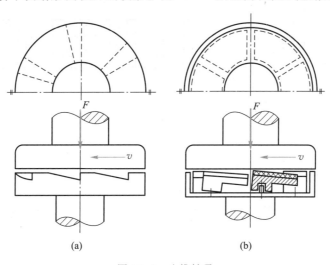

(a)	(b)

图 15-4　止推轴承

斜角固定不变,在楔形顶部留出平台,用来承受停车后的轴向载荷。图 15-4b 为可倾式止推轴承,其扇形块的倾斜角能随载荷、转速的改变而自行调整,因此性能更为优越。

§15-3　轴瓦结构及轴承衬材料

一、轴瓦结构

整体式轴瓦(轴套)用于整体式轴承,见图 15-5 和图 15-6。剖分式轴瓦用于剖分式轴承座,见图 15-3。

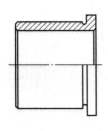

图 15-5　整体轴套

轴瓦(衬背)　轴承衬

图 15-6　卷制轴套

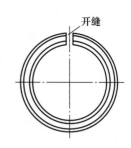

开缝

轴瓦是滑动轴承中的重要零件。如图 15-7 所示,向心滑动轴承的轴瓦内孔为圆柱形。若载荷 F 方向向下,则下轴瓦为承载区,上轴瓦为非承载区。润滑油应由非承载区引入,所以在顶部开进油孔。在轴瓦内表面,以进油口为中心沿纵向、斜向或横向开有油沟,以利于润滑油均匀分布在整个轴颈上。油沟的形式很多,如图 15-8 所示。一般油沟与轴瓦端面保持一定距离,以防止漏油。

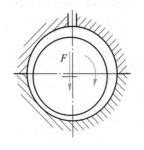

图 15-7　进油口开在非承载区

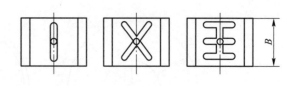

图 15-8　油沟形式

二、轴瓦材料

根据轴承的工作情况,要求轴瓦材料具备下述性能:① 摩擦系数小;② 导热性好,热膨胀系数小;③ 耐磨、耐蚀、抗胶合能力强;④ 有足够的机械强度和可塑性。

能同时满足上述要求的材料是难找的,但应根据具体情况满足主要使用要求。较常见的是用两层不同金属做成的轴瓦,两种金属在性能上取长补短。在工艺上可以用浇注或压合的方法,将薄层材料黏附在轴瓦基体上。黏附上去的薄层材料通常称为轴承衬。

常用的轴瓦和轴承衬材料有下列几种:

1. 轴承合金

轴承合金(又称白合金、巴氏合金)有锡锑轴承合金和铅锑轴承合金两大类。

锡锑轴承合金的摩擦系数小,抗胶合性能良好,对油的吸附性强,耐蚀性好,易跑合,是优良的轴承材料,常用于高速、重载的轴承。但它的价格较高且机械强度较差,因此只能作为轴承衬材料而浇注在钢、铸铁(图 15-9a、b)或青铜轴瓦(图15-9c)上。用青铜作为轴瓦基体是取其导热性良好。这种轴承合金在 110 ℃ 开始软化,为了安全,在设计、运行中常将温度控制在 110 ℃ 以下。

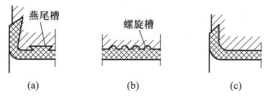

图 15-9　浇注轴承合金的轴瓦

铅锑轴承合金的各方面性能与锡锑轴承合金相近,但这种材料较脆,不宜承受较大的冲击载荷。它一般用于中速、中载的轴承。

2. 青铜

青铜的强度高,承载能力强,耐磨性与导热性都优于轴承合金。它可以在较高的温度(250 ℃)下工作。但它的可塑性差,不易跑合,与之相配的轴颈必须淬硬。

青铜可以单独做成轴瓦。为了节省有色金属,也可将青铜浇注在钢或铸铁轴瓦内壁上。用作轴瓦材料的青铜,主要有锡青铜、铅青铜和铝青铜。在一般情况下,它们分别用于中速重载、中速中载和低速重载的轴承上。

3. 具有特殊性能的轴承材料

用粉末冶金法(经制粉、成形、烧结等工艺)做成的轴承,具有多孔性组织,孔隙内可以贮存润滑油,常称为含油轴承。运转时,轴瓦温度升高,由于油的热膨胀系数比金属大,因而自动进入摩擦表面起到润滑作用。含油轴承加一次油可以使用较长时间,常用于加油不方便的场合。

在含油轴瓦的表面上再压合聚四氟乙烯和铅粉的混合物,可组成无油轴瓦(固体润滑轴瓦),它适用于低速、重载、高温、真空、辐射或多粉尘等场合。含油轴瓦和无油轴瓦国内均有厂家生产,需要时可上互联网查询。

在不重要的或低速轻载的轴承中,也常采用灰铸铁或耐磨铸铁作为轴瓦材料。

橡胶轴承具有较大的弹性,能减轻振动使运转平稳,可以用水润滑,常用于潜水泵、砂石清洗机、钻机等有泥沙的场合。

塑料轴承具有摩擦系数小,可塑性、跑合性良好,耐磨、耐蚀,可以用水、油及化学溶液润滑等优点。但它的导热性差,热膨胀系数较大,容易变形。为改善此缺陷,可将薄层塑料作为轴承衬材料黏附在金属轴瓦上使用。

表 15-1 中给出了常用轴瓦及轴承衬材料的 $[p]$、$[pv]$、$[v]$ 等数据。

表 15-1　常用轴瓦及轴承衬材料的性能

材料及其代号	$[p]$/MPa		$[pv]$/ (MPa·m/s)	$[v]$/(m/s)	硬度(HBW)		最高工作温度/℃	轴颈硬度
					金属型	砂型		
铸锡锑轴承合金 ZSnSb11Cu6	平稳	25	20	80	27		150	150 HBW
	冲击	20	15	60				
铸铅锑轴承合金 ZPbSb16Sn16Cu2	15		10	12	30		150	150 HBW
铸锡青铜 ZCuSn10P1	15		15	10	90	80	280	45 HRC
铸锡青铜 ZCuSn5Pb5Zn5	8		15	3	65	60	280	45 HRC
铸铝青铜 ZCuAl10Fe3	15		12	4	110	100	280	45 HRC

注：$[pv]$ 值为非液体摩擦下的许用值。

§15-4　润滑剂和润滑装置

一、润滑剂

轴承润滑的目的在于降低摩擦功耗,减少磨损,同时还起到冷却、吸振、防锈等作用。轴承能否正常工作,和选用润滑剂正确与否有很大关系。

润滑剂分为：① 液体润滑剂——润滑油;② 半固体润滑剂——润滑脂;③ 固体润滑剂等。

在润滑性能上润滑油一般比润滑脂好,应用最广。润滑脂具有不易流失等优点,也常用。固体润滑剂除在特殊场合下使用外,目前正在逐步扩大使用范围。下面分别作一简单介绍。

1. 润滑油

目前使用的润滑油大部分为石油系润滑油(矿物油)。在轴承润滑中,润滑油最重要的物理性能是黏度,它也是选择润滑油的主要依据。黏度表征液体流动的内摩擦性能。如图 15-10 所示,有两块平板 A 及 B,两板之间充满着液体。设板 B 静止不动,板 A 以速度 v 沿 x 轴运动。由于液体与金属表面的吸附作用(称为润滑油的油性),因此板 B 表层

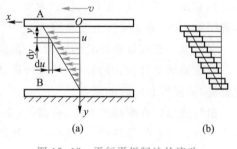

图 15-10　平行平板间油的流动

的液体与板 B 一致而静止不动,板 A 表层的液体随板 A 以同样的速度 v 一起运动。两板之间液体的速度分布如图 15-10a 所示。也可以看作两板间的液体逐层发生了错动,如图 15-10b 所示。因此层与层间存在着液体内部的摩擦切应力 τ,根据实验结果得到以下关系式:

$$\tau = - \eta \frac{du}{dy} \tag{15-1}$$

式中:u 是油层中任一点的速度,$\dfrac{du}{dy}$ 是该点的速度梯度;式中的"-"号表示 u 随 y 的增大而减小;η 是比例系数,即液体的动力黏度,常简称为黏度。式(15-1)称为牛顿液体流动定律。

根据式(15-1)可知,动力黏度的量纲是力·时间/长度^2,在国际单位制中,它的单位是 N·s/m^2(即 Pa·s)。动力黏度的厘米-克-秒制单位是 P(poise,单位名称为泊),1 P = 1 dyn·s/cm^2。

此外,还有运动黏度 ν,它等于动力黏度与液体密度 ρ 的比值,即

$$\nu = \frac{\eta}{\rho} \tag{15-2}$$

在国际单位制中,ν 的单位是 m^2/s。实用上这个单位偏大,故常采用它的厘米-克-秒制单位St(stokes,单位名称为斯)或 cSt(厘斯),1 St = 1 cm^2/s = 100 cSt。我国石油产品是用运动黏度(单位为 cSt 或 mm^2/s)标定的,见表 15-2。

表 15-2　常用润滑油的主要性质

名称	代号	40 ℃时的黏度 $\nu/(\text{mm}^2/\text{s})$	倾点 ≤℃	闪点(开口) ≥℃	主要用途
全损耗系统用油 (GB 443—1989)	L-AN7	6.12~7.48	-5	110	用于高速低负荷机械、精密机床、纺织纱锭的润滑和冷却
	L-AN10	9.0~11.0		130	
				150	
	L-AN15	13.5~16.5		150	普通机床的液压油,用于一般滑动轴承、齿轮、蜗轮的润滑
	L-AN32	28.8~35.2		160	
	L-AN46	41.4~50.6		160	
	L-AN68	61.2~74.8		180	用于重型机床导轨、矿山机械的润滑
	L-AN100	90.0~110			
涡轮机油 (GB 11120—2011)	L-TSA32	28.8~35.2	-6	186	用于汽轮机、发电机等高速高负荷轴承和各种小型液体润滑轴承
	L-TSA46	41.4~50.6			

注:1. 倾点是指润滑油在规定条件下冷却时能够流动的最低温度。

2. 闪点是指润滑油在规定试验条件下,试验火焰引起试样蒸气着火,并使火焰蔓延至液体表面的最低温度。

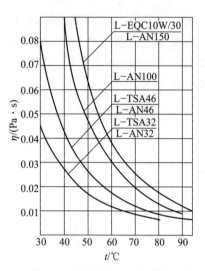

例15-1　试求L-TSA32涡轮机油的动力黏度。

解：按表15-2查得L-TSA32涡轮机油在40℃时，其运动黏度平均值 $\nu = 32\ \text{mm}^2/\text{s} = 32 \times 10^{-6}\ \text{m}^2/\text{s}$。一般油的密度 $\rho = 900\ \text{kg/m}^3$。由式（15-2）可知，在40℃时L-TSA32汽轮机油的动力黏度为

$$\eta = \nu\rho = 32 \times 10^{-6} \times 900\ \text{Pa}\cdot\text{s} = 0.028\ 8\ \text{Pa}\cdot\text{s}$$

润滑油的黏度并不是不变的，它随着温度的升高而降低，这对于运行着的轴承来说，必须加以注意。描述黏度随温度变化情况的线图称为黏-温图，见图15-11。

润滑油的黏度还随着压力的升高而增大，但压力不太高（如小于10 MPa）时，变化极微，可略而不计。

选用润滑油时，要考虑速度、载荷和工作情况。载荷大、温度高的轴承宜选黏度大的油，载荷小、速度高的轴承宜选黏度较小的油。

图中L-EQC10W/30为汽油机油

图15-11　几种润滑油的黏-温曲线

润滑油牌号的选定可参考表15-3。

表15-3　滑动轴承润滑油选择（不完全液体润滑、工作温度<60℃）

轴颈圆周速度 $v/(\text{m/s})$	平均压力 $p<3$ MPa	轴颈圆周速度 $v/(\text{m/s})$	平均压力 $p = 3\sim7.5$ MPa
<0.1	L-AN68、L-AN100、L-AN150	<0.1	L-AN150
0.1~0.3	L-AN68、L-AN100	0.1~0.3	L-AN100、L-AN150
0.3~2.5	L-AN46、L-AN68	0.3~0.6	L-AN100
2.5~5.0	L-AN32、L-AN46	0.6~1.2	L-AN68、L-AN100
5.0~9.0	L-AN15、L-AN22、L-AN32	1.2~2.0	L-AN68
>9.0	L-AN7、L-AN10、L-AN15		

注：表中润滑油是以40℃时运动黏度为基础的牌号。

2. 润滑脂

润滑脂由润滑油和各种稠化剂（如钙、钠、铝、锂等金属皂）混合稠化而成。润滑脂密封简单，不需经常添加，不易流失，所以在垂直的摩擦表面上也可以应用。润滑脂对载荷和速度的变化有较大的适应范围，受温度的影响不大，但摩擦损耗较大，机械效率较低，故不宜用于高速。且润滑脂易变质，不如润滑油稳定。总的来说，一般参数的机器，特别是低速或带有冲击的机器，都可以使用润滑脂润滑。

目前使用最多的是钙基润滑脂，它有耐水性，常用于60℃以下的各种机械设备中轴承的润滑。钠基润滑脂可用于115~145℃以下，但不耐水。锂基润滑脂性能优良、耐水，且可在-20~150℃的范围内广泛适用，可以代替钙基、钠基润滑脂。

润滑脂牌号的选择见表15-4。

表 15-4　滑动轴承润滑脂的选择

压力 p/MPa	轴颈圆周速度 v/(m/s)	最高工作温度/℃	选用的牌号
≤ 1.0	≤ 1	75	3 号钙基润滑脂
1.0~6.5	0.5~5	55	2 号钙基润滑脂
≥6.5	≤ 0.5	75	3 号钙基润滑脂
≤6.5	0.5~5	120	2 号钠基润滑脂
>6.5	≤ 0.5	110	1 号钙钠基润滑脂
1.0~6.5	≤ 1	−50~100	锂基润滑脂
>6.5	0.5	60	2 号压延机脂

注:1."压力"或"压强",本书统用"压力"。

2. 在潮湿环境,工作温度为 75~120 ℃的条件下,应考虑用钙钠基润滑脂。

3. 在潮湿环境,工作温度在 75 ℃以下,没有 3 号钙基润滑脂时也可以用铝基润滑脂。

4. 工作温度为 110~120 ℃时,可用锂基润滑脂或钡基润滑脂。

5. 集中润滑时,稠度要小些。

3. 固体润滑剂

固体润滑剂有石墨、二硫化钼(MoS_2)、聚氟乙烯树脂等多种品种。一般在超出润滑油使用范围之外才考虑使用,例如在高温介质中或在低速重载条件下。目前其应用已逐渐广泛,例如可将固体润滑剂调和在润滑油中使用,也可以涂覆、烧结在摩擦表面形成覆盖膜,或者用固结成形的固体润滑剂嵌装在轴承中使用,或者混入金属或塑料粉末中烧结成形。

石墨性能稳定,在 350 ℃以上才开始氧化,并可在水中工作。聚氟乙烯树脂摩擦系数小,只有石墨的一半。二硫化钼与金属表面吸附性强,摩擦系数小,使用温度范围也广(−60~300 ℃),但遇水则性能下降。

二、润滑装置

滑动轴承的给油方法多种多样。图 15-12a 是针阀式油杯,平放手柄 1 时,针杆 3 借弹

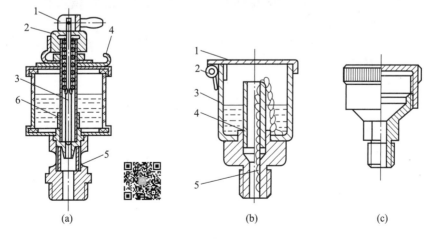

(a)　　　　　　(b)　　　　　　(c)

图 15-12　润滑装置

簧的推压而堵住底部油孔。直立手柄时,针杆被提起,油孔敞开,于是润滑油自动滴到轴颈上。在针阀油杯的上端面开有小孔,供补充润滑油用,平时由簧片 4 遮盖。图中 5 是观察孔,6 是滤油网,螺母 2 可调节针杆下端油口大小,以控制供油量。图 15-12b 是 A 型弹簧盖油杯,扭转弹簧 2 将盖 1 紧压在油杯体 3 上,铝管 4 中装有毛线或棉纱绳 5,依靠毛线或棉纱绳的毛细管作用,将油杯中的润滑油滴入轴承。虽然这种油杯给油是自动且连续的,但不能调节给油量,油杯中油面高时给油多,油面低时给油少,停车时仍在继续给油,直到滴完为止。图 15-12c 是润滑脂用的油杯,油杯中填满润滑脂,定期旋转杯盖,使空腔体积减小而将润滑脂注入轴承内,它只能间歇润滑。上述三种油杯均已列入国家标准,选用时可查阅有关手册。

图 15-13 为油环润滑,在轴颈上套一油环,摩擦力带动油环旋转,把油引入轴承。油环浸在油池内的深度约为其直径的四分之一时,给油量已足以维持液体润滑状态的需要。它常用于大型电机的滑动轴承中。

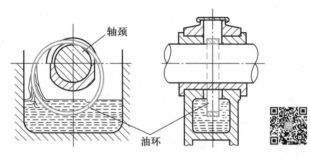

图 15-13　油环润滑

最完善的给油方法是利用油泵循环给油,给油量充足,给油压力只需 0.05 MPa,在油的循环系统中常配置过滤器、冷却器。还可以设置油压控制开关,当管路内油压下降时可以报警,或起动辅助油泵,或指令主机停车。所以这种给油方法安全、可靠,但设备费用较高,常用于高速且精密的重要机器中。

§15-5　非液体摩擦滑动轴承的计算

非液体摩擦滑动轴承可用润滑油润滑,也可用润滑脂润滑。在润滑油、润滑脂中加入少量鳞片状石墨或二硫化钼粉末,有助于形成更坚韧的边界油膜,且可填平粗糙表面而减少磨损。但这类轴承不能完全排除磨损。

维持边界油膜不遭破裂,是非液体摩擦滑动轴承的设计依据。由于边界油膜的强度和破裂温度受多种因素影响而十分复杂,其规律尚未完全被人们掌握。因此目前采用的计算方法是间接的、条件性的。实践证明,若能限制压强 $p \leqslant [p]$ 和压强与轴颈线速度的乘积 $pv \leqslant [pv]$,那么轴承是能够很好地工作的。

一、向心轴承

1. 轴承的压强 p

限制轴承压强 p,以保证润滑油不被过大的压力挤出,从而避免轴瓦产生过度的磨

损。即

$$p = \frac{F}{Bd} \leqslant [p] \qquad (15-3)$$

式中：F 为轴承径向载荷，N；B 为轴瓦宽度，mm；d 为轴颈直径，mm；$[p]$ 为轴瓦材料的许用压强，MPa(表 15-1)。

2. 轴承的 pv 值

pv 值与摩擦功率损耗成正比，它简略地表征轴承的发热因素。pv 值越高，轴承温升越高，容易引起边界油膜的破裂。pv 值的验算式为

$$pv = \frac{F}{Bd} \frac{\pi dn}{60 \times 1\,000} \leqslant [pv] \qquad (15-4)$$

式中：n 为轴的转速，r/min；$[pv]$ 为轴瓦材料的许用值，MPa·m/s(表 15-1)。

3. 轴承的速度 v

为防止轴承因 v 过大而出现早期磨损，有时需校核 v，使

$$v \leqslant [v] \qquad (15-5)$$

式中：$[v]$ 为轴瓦材料的许用线速度，m/s(表 15-1)。

二、止推轴承

由图 15-14 可知，止推轴承应满足

$$p = \frac{F}{\frac{\pi}{4}(d_2^2 - d_1^2)z} \leqslant [p] \qquad (15-6)$$

$$pv_m \leqslant [pv] \qquad (15-7)$$

式中：z 为轴环数；v_m 为轴环的平均速度，$v_m = \dfrac{\pi d_m n}{60 \times 1\,000}$，式中 $d_m = \dfrac{d_1 + d_2}{2}$ 为平均直径。

止推轴承的 $[p]$ 和 $[pv]$ 值由表 15-1 查取。对于多环止推轴承(图 15-14b)，由于制造和装配误差使各支承面上所受的载荷不相等，$[p]$ 和 $[pv]$ 值应减小 20%～40%。

例 15-2　试按非液体摩擦状态设计电动绞车中卷筒两端的滑动轴承。钢绳拉力 W 为 20 kN，卷筒转速为 25 r/min，结构尺寸如图 15-15a 所示，其中轴颈直径 $d = 60$ mm。

解：(1) 求滑动轴承上的径向载荷 F

当钢绳在卷筒中间时，两端滑动轴承受力相等，且为钢绳上拉力之半。但是，当钢绳绕在卷筒的边缘时，一侧滑动轴承上受力达最大值，为

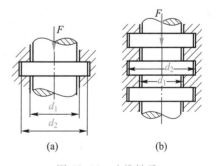

图 15-14　止推轴承

$$F = F''_R = W \times \frac{700}{800} = 20\,000 \times \frac{7}{8}\ \text{N} = 17\,500\ \text{N}$$

（2）求轴瓦宽度 B

取宽径比 $B/d = 1.2$，则

$$B = 1.2 \times 60 \text{ mm} = 72 \text{ mm}$$

（3）验算压强 p

$$p = \frac{F}{Bd} = \frac{17\ 500}{72 \times 60} \text{ MPa} = 4.05 \text{ MPa}$$

（4）验算 pv 值

由式（15-4）

$$pv = \frac{Fn\pi}{60\ 000 B} = \frac{17\ 500 \times 25 \times \pi}{60\ 000 \times 72} \text{ MPa} \cdot \text{m/s}$$

$$= 0.32 \text{ MPa} \cdot \text{m/s}$$

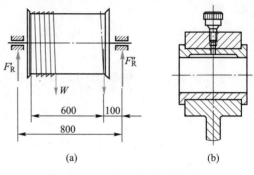

（a）　　　　　　（b）

图 15-15　绞车卷筒的轴承

根据上述计算可知，选用铸锡青铜（ZCuSn5Pb5Zn5）作为轴瓦材料是足够的，其 $[p] = 8$ MPa，$[pv] = 15$ MPa·m/s。轴承选用润滑脂润滑，用油杯加脂，其结构如图 15-15b 所示。

§15-6　动压润滑的基本原理

一、动压润滑的形成原理和条件

先分析两平行板的情况。如图 15-16a 所示，板 B 静止不动，板 A 以速度 v 向左运动，板间充满润滑油。如前所述，当板上无载荷时两平行板之间液体各流层的速度呈三角形分布，板 A、B 之间带进的油量等于带出的油量，因此两板间油量保持不变，亦即板 A 不会下沉。但若板 A 上承受载荷 F，则油向两侧挤出（图 15-16b），于是板 A 逐渐下沉，直到与板 B 接触。这就说明两平行板之间是不可能形成压力油膜的。

如果板 A 与板 B 不平行，板间的间隙沿运动方向由大到小呈收敛的楔形，并且板 A 上承受载荷 F，如图 15-16c 所示。当板 A 运动时，两端的速度若按照虚线所示的三角形分布，则必然进油多而出油少。由于液体实际上是不可压缩的，液体分子必将在间隙内"拥挤"而

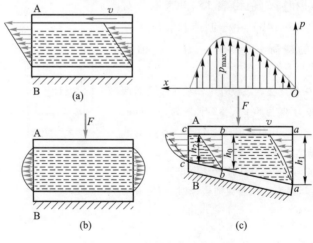

图 15-16　动压油膜承载机理

形成压力,迫使进口端的速度曲线向内凹,出口端的速度曲线向外凸,不会再是三角形分布。进口端间隙 h_1 大而速度曲线内凹,出口端间隙 h_2 小而速度曲线外凸,于是才有可能使带进油量等于带出油量。同时,间隙内形成的液体压力将与外载荷 F 平衡。这就说明在间隙内形成了压力油膜。这种借助相对运动而在轴承间隙中形成的压力油膜称为动压油膜。图 15-16c 还表明从截面 $a—a$ 到截面 $c—c$ 之间,各截面的速度图是各不相同的,但必有一截面 $b—b$,使油的速度呈三角形分布。

根据以上分析可知,形成动压油膜的必要条件是:① 两工作表面间必须有楔形间隙;② 两工作表面间必须连续充满润滑油或其他黏性流体;③ 两工作表面间必须有相对滑动速度,其运动方向必须保证润滑油从大截面流进,从小截面流出。此外,对于一定的载荷 F,必须使速度 v、黏度 η 及间隙等匹配恰当。

现进一步观察向心滑动轴承形成动压油膜的过程。图 15-17a 表示停车状态,轴颈沉在下部。轴颈表面与轴承孔表面构成了楔形间隙,这就满足了形成动压油膜的首要条件。开始起动时因摩擦力而使轴颈沿轴承孔内壁向上爬,如图 15-17b 所示。当转速继续增加时,楔形间隙内形成的油膜压力将轴颈抬起而与轴承脱离接触,如图 15-17c 所示。但此情况不能持久,因油膜内各点压力的合力有向左推动轴颈的分力存在,因而轴颈继续向左移动。最后,当达到机器的工作转速时,轴颈则处于图 15-17d 所示的位置。此时油膜内各点的压力其垂直方向的合力与载荷 F 平衡,其水平方向的压力左、右自行抵消,于是轴颈就稳定在此平衡位置上旋转。从图中可以明显看出,轴颈中心 O_1 与轴承孔中心 O 不重合,$OO_1 = e$,称为偏心距。其他条件相同时,工作转速越高,e 值越小,即轴颈中心越接近轴承孔中心。

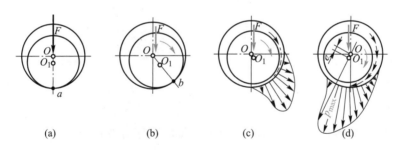

图 15-17 向心轴承动压油膜形成过程

二、液体动压润滑的基本方程

对照图 15-18,假设:① z 向无限长,润滑油在 z 向没有流动;② 压力 p 不随 y 值的大小而变化,即同一油膜截面上压力为常数(由于油膜很薄,故这样假设是合理的);③ 润滑油黏度 η 不随压力而变化,并且忽略油层的重力和惯性;④ 润滑油处于层流状态。

在油膜中取出一微单元体,它承受油压 p 和内摩擦切应力 τ(图 15-18)。根据平衡条件,得

$$p\,\mathrm{d}y\mathrm{d}z - (\tau + \mathrm{d}\tau)\mathrm{d}x\mathrm{d}z - (p + \mathrm{d}p)\mathrm{d}y\mathrm{d}z + \tau\mathrm{d}x\mathrm{d}z = 0$$

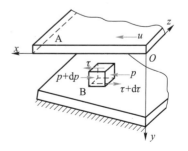

图 15-18 液体动压分析

整理后,得

$$\frac{\mathrm{d}p}{\mathrm{d}x} = -\frac{\mathrm{d}\tau}{\mathrm{d}y}$$

由式(15-1)知

$$\tau = -\eta\,\frac{\mathrm{d}u}{\mathrm{d}y}$$

因此

$$\frac{\mathrm{d}p}{\mathrm{d}x} = \eta\,\frac{\mathrm{d}^2 u}{\mathrm{d}y^2} \tag{15-8}$$

此式表明,任意一点的油膜压力 p 沿 x 方向的变化率$\dfrac{\mathrm{d}p}{\mathrm{d}x}$,与该点速度梯度($y$ 向)的导数有关。

将式(15-8)对 y 积分$\left(\text{根据假设②,}\dfrac{\mathrm{d}p}{\mathrm{d}x}\text{是一常数}\right)$得

$$u = \frac{1}{2\eta}\frac{\mathrm{d}p}{\mathrm{d}x}y^2 + C_1 y + C_2$$

式中: C_1、C_2 是积分常数,可由边界条件来确定。

当 $y=0$ 时,$u=v$,所以 $C_2 = v$;

当 $y=h$,$u=0$, $\qquad C_1 = -\dfrac{1}{2\eta}\dfrac{\mathrm{d}p}{\mathrm{d}x}h - \dfrac{v}{h}$

代回原式并整理得

$$u = \frac{1}{2\eta}\frac{\mathrm{d}p}{\mathrm{d}x}(y^2 - hy) - \frac{y+h}{h}v \tag{15-9}$$

根据流体的连续性原理,流过不同截面的流量应该是相等的,为此先求任意截面上的流量(z 方向取单位长)

$$q_x = \int_0^h u\,\mathrm{d}y = -\frac{1}{12\eta}\frac{\mathrm{d}p}{\mathrm{d}x}h^3 + \frac{hv}{2}$$

再求特定截面上的流量,现取图 15-16c 上的 b—b 截面,该处速度呈三角形分布,间隙厚度为 h_0,故

$$q_x = \frac{1}{2}vh_0$$

因流经两个截面上的流量相等,故

$$\frac{\mathrm{d}p}{\mathrm{d}x} = 6\eta v\,\frac{h-h_0}{h^3} \tag{15-10}$$

当 $h=h_0$ (即图 15-16c 中 b—b 截面处)时, $\dfrac{\mathrm{d}p}{\mathrm{d}x}=0$, p 有极大值 $p_{\max}$, 所以 b 点是对应于 $p_{\max}$ 处的特定点。又 $\dfrac{\mathrm{d}p}{\mathrm{d}x}=0$, 即 $\dfrac{\mathrm{d}^2u}{\mathrm{d}y^2}=0$, 所以速度梯度 $\dfrac{\mathrm{d}u}{\mathrm{d}y}$ 必须是常量, 亦即 b—b 截面处的速度呈三角形分布。

式(15-10)为液体动压润滑的基本方程, 称为一维雷诺(Reynolds)方程。它描述了两平板间油膜压力 p 的变化与润滑油的动力黏度 η、相对滑动速度 v 及油膜厚度 h 之间的关系。由式(15-10)可求出油膜压力 p 沿 x 方向分布的曲线(图 15-16c), 再根据油膜压力的合力, 便可确定油膜的承载能力。

§15-7 磁悬浮轴承、静压轴承与空气轴承简介

一、磁悬浮轴承

磁悬浮轴承的结构类似于电机的定子(但不产生旋转磁场), 图 15-19a 是其结构示意图, 图 15-19b 是电极沿轴向布置的另一种形式, 图 15-19c 是止推轴承。磁悬浮轴承用电磁力来承受载荷。它不需要润滑, 适于高速运转, 其承载能力和旋转刚性大, 对环境适应性强, 可在真空环境中运转, 目前国外已用于汽轮机、超高速离心机等机械。

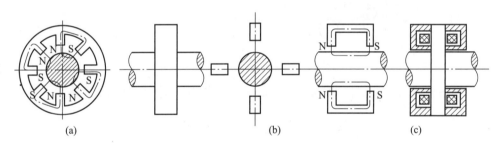

图 15-19 磁悬浮轴承结构

要使磁悬浮轴承稳定工作, 伺服装置是关键。当轴受载时, 轴心偏离轴承中心, 由位移传感器发出信号, 伺服装置即时调控有关电极的电流, 改变相关磁力, 使轴心恢复原位。

将来高温超导材料研究成功后, 磁悬浮轴承将有非常广阔的应用前景。

二、静压轴承

静压轴承是依靠一套给油装置, 将高压油压入轴承的油腔中, 强制形成油膜, 保证轴承在液体摩擦状态下工作。油膜的形成与相对滑动速度无关, 承载能力主要取决于油泵的给油压力, 因此静压轴承在高速、低速、轻载、重载下都能胜任工作。在起动、停止和正常运转时期内, 轴与轴承之间均无直接接触, 理论上轴瓦没有磨损, 轴承寿命长, 可以长时期保持精度。而且正由于任何时期内轴承间隙中均有一层压力油膜, 故对轴和轴瓦的制造精度要求可适当降低, 对轴瓦的材料要求也较低。如果设计良好, 静压轴承可以达到很高的旋转精度。但静压轴承需要附加一套可靠的给油装置, 所以应用不如动压轴承

普遍。静压轴承一般用于低速、重载或要求高精度的机械装备中,如精密机床、重型机器等。

静压轴承在轴瓦内表面上开有几个(通常是四个)对称的油腔,各油腔的尺寸一般是相同的。每个油腔四周都有适当宽度的封油面,称为油台,而油腔之间用回油槽隔开,如图15-20所示。为了使油腔具有压力补偿作用,在外油路中必须为各油腔配置一个节流器。工作时,若无外载荷(不计轴的自重)作用,轴颈浮在轴承的中心位置,各油腔内压力相等。当轴颈受载荷 F 后,轴颈向下产生位移 e,此时下油腔 3 四周油台与轴颈之间的间隙减小,流出的油量亦随之减少,下油腔 3 油压升高,而上油腔与轴的间隙增大,使流出油量增加,因而油压降低,上、下油腔产生的压力差与外载荷平衡。所以,应用节流器能随外载荷的变化而自动调节各油腔内的压力。节流器是静压轴承中的关键元件。

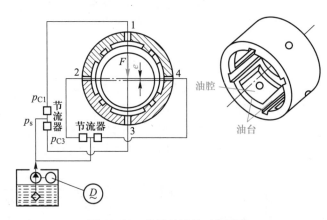

图 15-20　静压轴承的工作原理

常用的节流器有小孔节流器(图 15-21a)和毛细管节流器(图 15-21b)等。

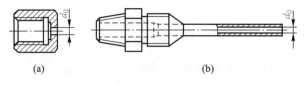

(a) (b)

图 15-21　常用的节流器

三、空气轴承

空气的黏性小,它的黏度为 L-AN7 全损耗系统用油的 1/4 000,所以利用空气作为润滑剂,可以解决每分钟数十万转的超高速轴承的温升问题。气体润滑在本质上与液体润滑一样,也有静压式和动压式两类。它形成的动压气膜厚度很小,最大不超过 20 μm,故对于空气轴承制造要求十分精确,而且空气需经严格过滤。空气的黏度很少受温度的影响,因此有可能在低温及高温环境中应用。它没有油类污染的危险,而且回转精度高、运行噪声低。它的主要缺点是承载量不能太大,密封较困难。空气轴承常用于高速磨头、陀螺仪、医疗设备等方面。

习 题

15-1 滑动轴承的摩擦状态有几种? 各有什么特点?

15-2 校核铸件清理滚筒上的一对滑动轴承。已知装载量加自重为 18 000 N,由两轴承平均分担,转速为 40 r/min,两端轴颈的直径为 120 mm,轴瓦宽径比为 1. 2,材料为锡青铜(ZCuSn5Pb5Zn5),润滑脂润滑。

15-3 有一非液体摩擦向心滑动轴承,已知轴颈直径为 100 mm,轴瓦宽度为 100 mm,轴的转速为 1 200 r/min,轴承材料为 ZCuSn10P1,试问它允许承受多大的径向载荷?

15-4 试设计某轻纺机械一转轴上的非液体摩擦向心滑动轴承。已知轴颈直径为 55 mm,轴瓦宽度为44 mm,轴颈的径向载荷为 24 200 N,轴的转速为 300 r/min。

第 16 章

滚动轴承

滚动轴承一般是由外圈 1、滚动体 2、内圈 3 和保持架 4 组成（图 16-1）。内圈装在轴上，外圈装在机座或零件的轴承孔内。内、外圈上有滚道，当内、外圈相对旋转时，滚动体将沿着滚道滚动。保持架的作用是把滚动体均匀地隔开。

滚动体与内、外圈的材料应具有高的硬度和接触疲劳强度、良好的耐磨性和冲击韧性。一般用含铬合金钢制造，经热处理后硬度可达 61～65 HRC，工作表面须经磨削和抛光。保持架一般用低碳钢板冲压制成，高速轴承的保持架多采用有色金属或塑料。

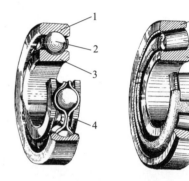

图 16-1　滚动轴承的构造

与滑动轴承相比，滚动轴承具有摩擦阻力小、起动灵敏、效率高、润滑简便和易于互换等优点，所以获得广泛应用。它的缺点是抗冲击能力较差，高速时出现噪声，工作寿命也不及液体摩擦的滑动轴承，且径向尺寸较大。

滚动轴承已经标准化，并由轴承生产企业大批生产。设计人员的任务主要是熟悉标准，正确选用。

§16-1　滚动轴承的基本类型和特点

滚动轴承通常按其承受载荷的方向（或接触角）和滚动体的形状分类。

滚动体与外圈接触处的法线与垂直于轴承轴心线的平面之间的夹角称为公称接触角，简称接触角。接触角是滚动轴承的一个主要参数，轴承的受力分析和承载能力等都与接触角有关。接触角越大，轴承承受轴向载荷的能力也越大。表 16-1 列出各类轴承的公称接触角。

按照承受载荷的方向或公称接触角的不同，滚动轴承可分为：① 向心轴承，主要用于承受径向载荷，其公称接触角 $0° \leq \alpha \leq 45°$；② 推力轴承，主要用于承受轴向载荷，其公称接触角 $45° < \alpha \leq 90°$（表 16-1）。

表 16-1　各类轴承的公称接触角

轴承种类	向心轴承		推力轴承	
	径向接触	角接触	角接触	轴向接触
公称接触角 α	$\alpha=0°$	$0°<\alpha\leq45°$	$45°<\alpha<90°$	$\alpha=90°$
图例(以球轴承为例)	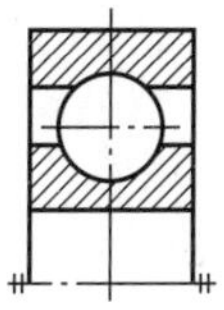 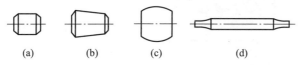	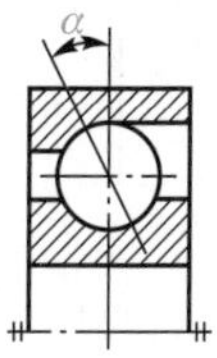	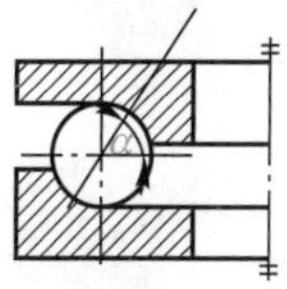	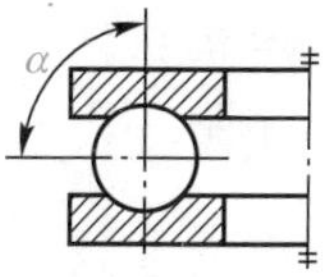

　　按照滚动体形状,滚动轴承可分为球轴承和滚子轴承。滚子又分为圆柱滚子(图 16-2a)、圆锥滚子(图 16-2b)、球面滚子(图 16-2c)和滚针(图 16-2d)等。

(a)　　　(b)　　　(c)　　　(d)

图 16-2　滚子的类型

我国机械工业中常用滚动轴承的类型和特性见表 16-2。

表 16-2　常用滚动轴承的类型和性能特点

名称	类型代号	轴承结构、承载方向及结构简图	极限转速	允许角偏差	性能特点与应用场合
调心球轴承	1	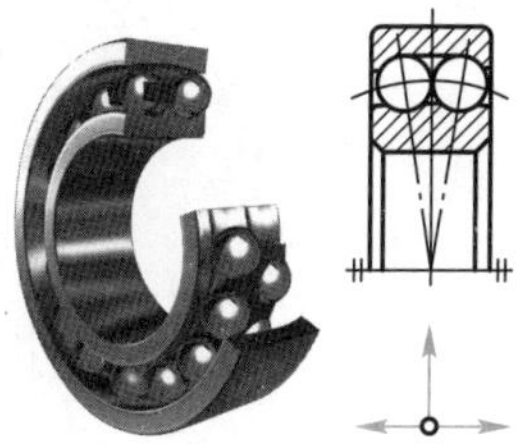	中	2°~3°	其结构特点为双列球,外圈滚道是以轴承中心为中心的球面。故能自动调心,适用于多支点和弯曲刚度不足的轴
调心滚子轴承	2	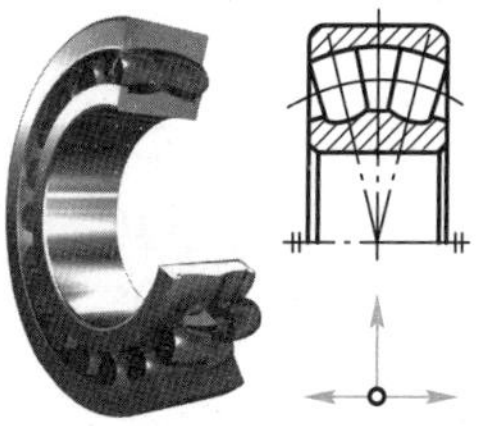	中	1.5°~2.5°	其结构特点是滚动体为双列鼓形滚子,外圈滚道是以轴承中心为中心的球面。故能自动调心,能承受很大的径向载荷和少量的轴向载荷,抗振动、冲击

续表

名称	类型代号	轴承结构、承载方向及结构简图	极限转速	允许角偏差	性能特点与应用场合
圆锥滚子轴承	3		中	2′	能同时承受较大的径向载荷和轴向载荷。公称接触角有 $\alpha = 10° \sim 18°$ 和 $\alpha = 27° \sim 30°$ 两种。外圈可分离，游隙可调，装拆方便，适用于刚性较大的轴，一般成对使用，对称安装
推力球轴承	5	单列51000 双列52000	低	不允许	只能承受轴向载荷，且载荷作用线必须与轴线重合。 　推力轴承的套圈有轴圈与座圈。轴圈与轴过盈配合并一起旋转，座圈的内径与轴保持一定间隙，置于机座中。 　因滚动体离心力大，滚动体与保持架摩擦发热严重，故用于轴向载荷大但转速不高的场合。 　单列球轴承仅承受单向轴向载荷；双列球轴承可承受双向轴向载荷
深沟球轴承	6		高	8′ ~ 16′	主要承受径向载荷，同时也可承受一定量的轴向载荷。当转速很高而轴向载荷不太大时，可代替推力球轴承受纯轴向载荷。 　当承受纯径向载荷时，$\alpha = 0°$

续表

名称	类型代号	轴承结构、承载方向及结构简图	极限转速	允许角偏差	性能特点与应用场合
角接触球轴承	7		高	2′~10′	能同时承受径向、轴向联合载荷,公称接触角越大,轴向承载能力也越大。公称接触角 α 有 15°、25°、40° 三种。通常成对使用,对称安装
圆柱滚子轴承	N		高	2′~4′	能承受较大的径向载荷,不能承受轴向载荷。因系线接触,内、外圈只允许有极小的相对偏转。 除图示外圈无挡边(N)结构外,还有内圈无挡边(NU)、外圈单挡边(NF)等结构形式
滚针轴承	NA		低	不允许	只能承受径向载荷,承载能力大,径向尺寸特小,带内圈或不带内圈。一般无保持架,因而滚针间有摩擦,轴承极限转速低。这类轴承不允许有角偏差

由于结构的不同,各类轴承的使用性能也不相同,现说明如下:

1. 承载能力

在同样外形尺寸下,滚子轴承的承载能力为球轴承的 1.5~3 倍。所以,在载荷较大或有冲击载荷时宜采用滚子轴承。但当轴承内径 $d \leqslant 20$ mm 时,滚子轴承和球轴承的承载能力已相差不多,而球轴承的价格一般低于滚子轴承,故可优先选用球轴承。

角接触轴承可以同时承受径向载荷和轴向载荷。角接触向心轴承(0°<α≤45°)以承受径向载荷为主;角接触推力轴承(45°<α<90°)以承受轴向载荷为主。轴向接触(α=90°)推力轴承只能承受轴向载荷。径向接触(α=0°)向心轴承,当以滚子为滚动体时,只能承受径向载荷;当以球为滚动体时,因内、外滚道为较深的沟槽,除主要承受径向载荷外,也能承受一定量的双向轴向载荷。深沟球轴承结构简单,价格较低,应用最广泛。

2. 极限转速

滚动轴承转速过高会使摩擦面间产生高温,润滑失效,从而导致滚动体回火或胶合破坏。

滚动轴承在一定载荷和润滑条件下,允许的最高转速称为极限转速,其具体数值见有关手册。各类轴承极限转速的比较见表 16-2。

如果滚动轴承极限转速不能满足要求,可采取提高轴承精度、适当加大间隙、改善润滑和冷却条件等措施来提高极限转速。

3. 角偏差

轴承由于安装误差或轴的变形等都会引起内、外圈中心线发生相对倾斜。其倾斜角 θ 称为角偏差,见图 16-3。角偏差较大时会影响轴承正常运转,故在这种场合应采用调心轴承。调心轴承(图 16-3)的外圈滚道表面是球面,能自动补偿两滚道轴心线的角偏差,从而保证轴承正常工作。滚针轴承对轴线偏斜最为敏感,应尽可能避免在轴线有偏斜的情况下使用。各类轴承的允许角偏差见表 16-2。

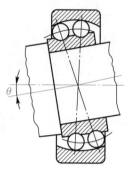

图 16-3　调心轴承

§16-2　滚动轴承的代号

滚动轴承的类型很多,而各类轴承又有不同的结构、尺寸、公差等级和技术要求,为便于组织生产和选用,规定了滚动轴承的代号。我国滚动轴承的代号由基本代号、前置代号和后置代号构成,按国家标准 GB/T 272—2017 的规定,其排列顺序见表 16-3。

表 16-3　滚动轴承代号的排列顺序

前置代号(□)	基本代号				后置代号(□或加×)							
	×(□)	×	×	×	×								
		尺寸系列代号		内径尺寸系列代号								
轴承分部件代号	类型代号	宽(高)度系列代号	直径系列代号		内部结构代号	密封、防尘与外部结构代号	保持架及其材料代号	轴承材料代号	公差等级代号	游隙代号	配置代号	振动及噪声代号	其他代号

注:□—字母;×—数字。

(1) 基本代号　表示轴承的基本类型、结构和尺寸,是轴承代号的基础。按国家标准生产的滚动轴承的基本代号,由轴承类型代号、尺寸系列代号和内径尺寸系列代号构成,见表 16-3。

基本代号左起第一位为类型代号,用数字或字母表示,见表 16-2第二列。若代号为“0”(双列角接触球轴承),则可省略。

尺寸系列代号由轴承的宽(高)度系列代号(基本代号左起第二位)和直径系列代号(基本代号左起第三位)组合而成。向心轴承和推力轴承的常用尺寸系列代号见表 16-4。

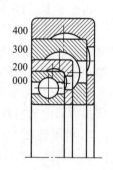

图 16-4　直径系列的对比

表 16-4   向心轴承和推力轴承的尺寸系列代号

代号	7	8	9	0	1	2	3	4	5	6
宽度系列	—	特窄	—	窄	正常	宽	特宽			
直径系列	超特轻	超轻		特轻		轻	中	重	—	

注:1. 宽度系列代号为零时可略去(但 2、3 类轴承除外);有时宽度代号为 1、2 也被省略。

2. 特轻、轻、中、重以及窄、正常、宽等称呼为旧国家标准中的相应称呼。

图 16-4 所示为内径相同而直径系列不同的四种轴承的对比,外廓尺寸大则承载能力强。

内径尺寸系列代号(基本代号左起第四、五位数字)表示轴承公称内径尺寸,按表 16-5 的规定标注。

表 16-5   滚动轴承的内径尺寸系列代号

内径尺寸系列代号	00	01	02	03	04~99
轴承的内径尺寸/mm	10	12	15	17	数字 × 5

注:内径小于 10 mm 和大于 495 mm 的轴承的内径尺寸系列代号另有规定。

(2)前置代号   用字母表示成套轴承的分部件。前置代号及其含义可参阅机械设计手册。

(3)后置代号   用字母(或加数字)表示,置于基本代号右边,并与基本代号空半个汉字距离或用符号"-""/"分隔。按照 GB/T 272—2017 的规定,轴承后置代号排列顺序见表 16-3。

滚动轴承内部结构常用代号如表 16-6 所示。例如角接触球轴承等随其不同公称接触角而标注不同代号。

表 16-6   滚动轴承内部结构常用代号

轴承类型	代号	含义	示例
角接触球轴承	B	$\alpha = 40°$	7210B
	C	$\alpha = 15°$	7005C
	AC	$\alpha = 25°$	7210AC
圆锥滚子轴承	B	接触角 α 加大	32310B
	E	加强型	NU207E

按照 GB/T 272—2017 的规定,公差等级代号列于表 16-7。

表 16-7   公差等级代号

代号	省略	/P6	/P6X	/P5	/P4	/P2
公差等级符合标准规定的	0 级	6 级	6X 级	5 级	4 级	2 级
示 例	6203	6203/P6	30210/P6X	6203/P5	6203/P4	6203/P2

注:公差等级中 0 级为普通级,向右依次增高,2 级最高;P6X 适用于 2、3 类轴承。

游隙代号 C2、CN、C3、C4、C5 分别表示轴承径向游隙,游隙量依次由小到大。CN 为符合标准规定的 N 组,代号中省略不表示。

例 16-1　试说明滚动轴承代号 62203、7312AC/P62 和 30222B/P4 的含义。

解:(1) 代号 62203:6—深沟球轴承(表 16-2);22—轻宽系列(表 16-4);03—内径 $d=17$ mm(表 16-5)。

(2) 代号 7312AC/P62:7—角接触球轴承(表 16-2);(0)3—中窄系列(表 16-4);12—内径 $d=60$ mm(表 16-5);AC—接触角 $\alpha=25°$(表 16-6);/P6—6 级公差(表 16-7);2—第 2 组游隙 C2,当游隙与公差同时表示时,符号"C"可省略。

(3) 代号 30222B/P4:3—圆锥滚子轴承(表 16-2);02—轻窄系列(表 16-4);22—内径 $d=110$ mm(表 16-5);B—接触角 $\alpha=27°\sim30°$(表 16-6,表 16-2);/P4—4 级公差(表 16-7)。

§16-3　滚动轴承的选择计算

一、失效形式

滚动轴承在通过轴心线的轴向载荷(中心轴向载荷)F 作用下,可认为各滚动体所承受的载荷是相等的。当轴承受纯径向载荷 F_r 作用时(图 16-5),情况就不同了。假设在 F_r 作用下,内、外圈不变形,那么内圈沿 F_r 方向下降一距离 δ,上半圈滚动体不承载,而下半圈各滚动体承受不同的载荷(由于各接触点上的弹性变形量不同)。处于 F_r 作用线最下位置的滚动体承载最大(F_{max}),而远离作用线的各滚动体,其承载逐渐减小。对于 $\alpha=0°$ 的向心轴承,可以导出

$$F_{max} \approx \frac{5F_r}{z}$$

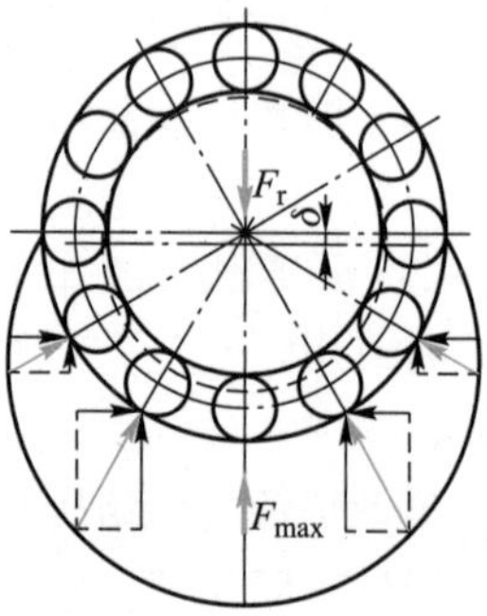

图 16-5　径向载荷的分布

式中:z 为轴承的滚动体的总数。

滚动轴承的失效形式主要有:

(1) 疲劳破坏　滚动轴承工作过程中,滚动体相对内圈(或外圈)不断地转动,因此滚动体与滚道接触表面受变应力。如图 16-5 所示,此变应力可近似看作载荷按脉动循环变化。由于脉动接触应力的反复作用,首先在滚动体或滚道的表面下一定深度处产生疲劳裂纹,继而扩展到接触表面,形成疲劳点蚀,致使轴承不能正常工作。通常,疲劳点蚀是滚动轴承的主要失效形式。

(2) 永久变形　当轴承转速很低或间歇摆动时,一般不会产生疲劳损坏。但在很大载荷或冲击载荷作用下,会使轴承滚道和滚动体接触处产生永久变形(滚道表面形成变形凹坑),从而使轴承在运转中产生剧烈振动和噪声,以致轴承不能正常工作。

此外,由于使用、维护和保养不当或密封、润滑不良等因素,也能引起轴承早期磨损、胶合、内外圈和保持架破损等不正常失效。

二、轴承寿命计算

轴承的一个套圈或滚动体的材料出现第一个疲劳扩展迹象前,一个套圈相对于另一个

套圈的总转数,或在某一转速下的工作小时数,称为轴承的寿命。

　　对一组同一型号的轴承,由于材料、热处理和工艺等很多随机因素的影响,即使在相同条件下运转,寿命也不一样,有的相差几十倍。因此对一个具体轴承,很难预知其确切的寿命。

　　在滚动轴承试验机上对轴承进行疲劳试验,一组同型号的轴承在相同载荷 P_1 作用下,各轴承的疲劳失效寿命数据很分散,图 16-6 所示为其示意图,图中纵坐标表示轴承所受载荷,横坐标表示轴承的寿命,以符号"×"表示各轴承的失效寿命。对于一般工业应用,从可靠性和经济性综合考虑,在载荷 P_1 作用下,取 90% 的轴承不发生失效所能达到的寿命(图中以符号"△"表示)作为基本额定寿命(即该批轴承在载荷 P_1 作用下,允许有 10% 的轴承在

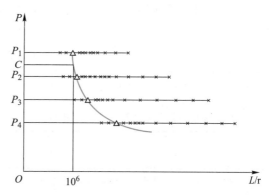

图 16-6　轴承的载荷-基本额定寿命曲线

未使用到基本额定寿命时已失效)。当工作载荷不等于 P_1 时,与其相应的基本额定寿命也不相同,将各个试验载荷 P_1、P_2、P_3、P_4…作用下的基本额定寿命点连成一平滑曲线,即可得到载荷-基本额定寿命曲线(实际应用上,是用概率论与数理统计方法来处理数据,从而得到该曲线)。它是一条指数曲线,其表达式为

$$P_1^{\varepsilon} L_1 = P^{\varepsilon} L \tag{16-1}$$

式中:ε 为寿命指数,对于球轴承 $\varepsilon = 3$,对于滚子轴承 $\varepsilon = 10/3$。

　　在初步选定轴承后,若轴承所受的载荷为 P,其相应的基本额定寿命即可在图 16-6 所示的曲线上找到。不同牌号的轴承有不同的载荷-基本额定寿命曲线,但均为指数曲线。在实际应用时,只需提供基本寿命曲线上的一个坐标点 $(10^6, C)$ 即可代表该曲线(图 16-6),坐标点 $(10^6, C)$ 代表该轴承受载为 C 值时,其相应的基本额定寿命 $L = 10^6$ r,C 值称为该轴承的基本额定动载荷,对于向心轴承,用 C_r 代替 C;对于推力轴承,用 C_a 代替 C。在式 (16-1) 中,令

$$P_1 = C, \qquad L_1 = 10^6 \text{ r}$$

因此,可用下式计算轴承在承受载荷 P 时的基本额定寿命 L:

$$L = \left(\frac{C}{P} \right)^{\varepsilon} 10^6 \text{ r} \tag{16-2}$$

各种牌号的 C 值可在设计手册中查得,本书附录中列举了少量轴承的 C 值供参考。

　　实际计算时,轴承寿命用小时数代替转数较方便,当轴承转速为 n(r/min)时,式(16-2)可写为

$$L_h = \frac{10^6}{60n} \left(\frac{C}{P} \right)^{\varepsilon} \text{ h} \tag{16-3}$$

式（16-2）和式（16-3）中的 P 称为当量动载荷。P 为一恒定径向（或轴向）载荷，在该载荷作用下，滚动轴承具有与实际载荷作用下相同的寿命。P 的确定方法将在下一节阐述。

考虑到轴承在温度高于 100 ℃ 下工作时，基本额定动载荷 C 有所降低，故引进温度系数 f_t（$f_t \leqslant 1$），对 C 值予以修正。f_t 值可查表 16-8。考虑到工作中的冲击和振动会使轴承寿命降低，为此又引进载荷系数 f_p。f_p 值可查表 16-9。

表 16-8　温度系数 f_t

轴承工作温度/℃	100	125	150	200	250	300
温度系数 f_t	1	0.95	0.90	0.80	0.70	0.60

表 16-9　载荷系数 f_p

载荷性质	无冲击或轻微冲击	中等冲击	强烈冲击
f_p	1.0~1.2	1.2~1.8	1.8~3.0

作了上述修正后，寿命计算式可写为

$$L_h = \frac{10^6}{60n}\left(\frac{f_t C}{f_p P}\right)^\varepsilon \quad \text{h} \tag{16-4}$$

或

$$C = \frac{f_p P}{f_t}\left(\frac{60n}{10^6}L_h\right)^{1/\varepsilon} \quad \text{N} \tag{16-5}$$

式（16-4）中，L_h 是初选轴承的在受载荷 P 时的基本额定寿命，若 L_h 大于或等于所设计机械预期寿命（可由表 16-10 选取），则说明初选轴承的可靠度 $R \geqslant 90\%$，可用，否则应重选 C 值较高的轴承，再进行计算。而式（16-5）可用于所受载荷 P 已知，轴承预期寿命 L_h 已定时，所求出的 C 值可作为选定轴承牌号的依据，即所选轴承的基本额定动载荷 C 值必须大于或等于计算出的 C 值才合格。

各类机器中轴承预期寿命 L_h 的参考值列于表 16-10 中。

表 16-10　轴承预期寿命 L_h 的参考值

使用场合	L_h/h
不经常使用的仪器和设备	300~3 000
短时间或间断使用，中断时不致引起严重后果	3 000~8 000
间断使用，中断会引起严重后果	8 000~12 000
每天工作 8 h 的机械	12 000~20 000
24 h 连续工作的机械	40 000~60 000

三、当量动载荷的计算

滚动轴承的基本额定动载荷 C 是在一定的试验条件下确定的。如前所述,对向心轴承是指承受纯径向载荷,对推力轴承是指承受中心轴向载荷。如果作用在轴承上的实际载荷既有径向载荷又有轴向载荷,则必须将实际载荷换算成与试验条件相当的载荷后,才能和基本额定动载荷进行比较。换算后的载荷是一种假定的载荷,故称为当量动载荷。当量动载荷的计算公式为

$$P = XF_r + YF_a \qquad (16-6)$$

式中:F_r、F_a 分别为轴承的径向载荷及轴向载荷,N;X、Y 分别为径向动载荷系数及轴向动载荷系数。对于向心轴承,当 $F_a/F_r > e$ 时,可由表 16-11 查出 X 和 Y 的数值;当 $F_a/F_r \leq e$ 时,轴向力的影响可以忽略不计(这时表中 $Y=0$,$X=1$)。e 值列于轴承标准中,其值与轴承类型和 F_a/C_{0r} 值有关(C_{0r} 是轴承的径向额定静载荷),是衡量轴承承载能力的判别系数。以上 X、Y、e、C_{0r} 诸值由制订轴承标准的部门根据试验确定,初学者不必深究。

表 16-11　向心轴承当量动载荷的 X、Y 值

轴承类型		$\dfrac{F_a}{C_{0r}}$	e	$F_a/F_r > e$		$F_a/F_r \leq e$	
				X	Y	X	Y
深沟球轴承		0.014	0.19		2.30		
		0.028	0.22		1.99		
		0.056	0.26		1.71		
		0.084	0.28		1.55		
		0.11	0.30	0.56	1.45	1	0
		0.17	0.34		1.31		
		0.28	0.38		1.15		
		0.42	0.42		1.04		
		0.56	0.44		1.00		
角接触球轴承(单列)	$\alpha = 15°$	0.015	0.38		1.47		
		0.029	0.40		1.40		
		0.056	0.43		1.30		
		0.087	0.46		1.23		
		0.12	0.47	0.44	1.19	1	0
		0.17	0.50		1.12		
		0.29	0.55		1.02		
		0.44	0.56		1.00		
		0.58	0.56		1.00		
	$\alpha = 25°$	—	0.68	0.41	0.87	1	0
	$\alpha = 40°$	—	1.14	0.35	0.57	1	0
圆锥滚子轴承(单列)		—	$1.5\tan\alpha$	0.4	$0.4\cot\alpha$	1	0
调心球轴承(双列)		—	$1.5\tan\alpha$	0.65	$0.65\tan\alpha$	1	$0.42\tan\alpha$

向心轴承只承受径向载荷时

$$P = F_r \qquad\qquad (16-7)$$

推力轴承($\alpha = 90°$)只能承受轴向载荷,其轴向当量动载荷为

$$P = F_a \qquad\qquad (16-8)$$

四、角接触向心轴承轴向载荷的计算

角接触向心轴承的结构特点是在滚动体和滚道接触处存在着接触角 α。当它承受径向载荷 F_r 时,作用在承载区内第 i 个滚动体上的法向力 F_i 可分解为径向分力 F_{ri} 和轴向分力 F_{si}(图 16-7)。各滚动体上所受轴向分力的和即为轴的内部轴向力 F_s。F_s 的近似值可按照表 16-12 中的公式计算求得。

为了使角接触向心轴承的内部轴向力得到平衡,以免轴向窜动,通常这种轴承都要成对使用,对称安装。安装方式有两种:图 16-8 为两外圈窄边相对(正装),图 16-9 为两外圈宽边相对(反装)。图中 F_A 为轴向外载荷。计算轴承的轴向载荷 F_a 时还应将由径向载荷 F_r 产生的内部轴向力 F_s 考虑进去。图中 O_1、O_2 点分别为轴承 1 和轴承 2 的压力中心,即支反力作用点。O_1、O_2 与轴承端面的距离 a_1、a_2 可由轴承样本或有关手册查得,但为了简化计算,通常可认为支反力作用在轴承宽度的中点。

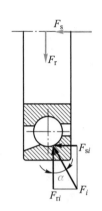

图 16-7   径向载荷产生的轴向分力

表 16-12   角接触向心轴承内部轴向力 F_s

轴承类型	角接触向心球轴承			圆锥滚子轴承
	$\alpha = 15°$	$\alpha = 25°$	$\alpha = 40°$	$F_r/(2Y)$
F_s	eF_r	$0.68F_r$	$1.14F_r$	(Y 是 $\dfrac{F_a}{F_r} > e$ 时的轴向动载荷系数)

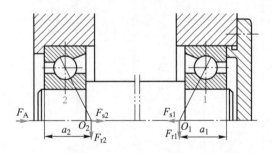

图 16-8   外圈窄边相对安装(正装,面对面排列)

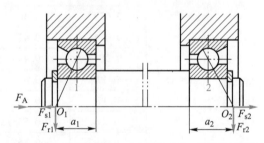

图 16-9   外圈宽边相对安装(反装,背靠背排列)

若把轴和内圈视为一体,并以它为脱离体考虑轴系的轴向平衡,就可确定各轴承承受的轴向载荷。例如,在图 16-8 中,有两种受力情况:

(1) 若 $F_A + F_{s2} > F_{s1}$,由于轴承 1 的右端已固定,轴不能向右移动,即轴承 1 被压紧,由力的平衡条件得:压紧端 F_a 为除去自身内部轴向力 F_s 以外的外载荷的代数和,放松端 F_a 即

为自身内部轴向力 F_s。于是

$$\left.\begin{array}{l} 轴承1(压紧端)承受的轴向载荷 \quad F_{a1} = F_A + F_{s2} \\ 轴承2(放松端)承受的轴向载荷 \quad F_{a2} = F_{s2} \end{array}\right\} \qquad (16-9)$$

（2）若 $F_A + F_{s2} < F_{s1}$，即 $F_{s1} - F_A > F_{s2}$，则轴承2被压紧，由力的平衡条件得

$$\left.\begin{array}{l} 轴承1(放松端)承受的轴向载荷 \quad F_{a1} = F_{s1} \\ 轴承2(压紧端)承受的轴向载荷 \quad F_{a2} = F_{s1} - F_A \end{array}\right\} \qquad (16-10)$$

显然,放松端轴承的轴向载荷等于它本身的内部轴向力,压紧端轴承的轴向载荷等于除本身内部轴向力外其余轴向力的代数和。当轴向外载荷 F_A 与图16-8所示方向相反时,F_A 应取负值。

对于图16-9所示的反装结构,为能同样使用式(16-9)和式(16-10)来计算轴承的轴向载荷,只需将图中左边轴承(即轴向外载荷 F_A 与内部轴向力 F_s 的方向相反的轴承)看作图16-8中的轴承1,右边轴承看作轴承2。

五、滚动轴承的静强度校核

对于转速很低($n \leqslant 10$ r/min)或缓慢摆动的滚动轴承,一般不会产生疲劳点蚀,但为了防止滚动体和内、外圈产生过大的塑性变形,应进行静强度校核。

GB/T 4662—2012规定,使受载最大的滚动体与内、外圈滚道接触处中心的接触应力达到某一定值的载荷称为基本额定静载荷 C_0,其值可查设计手册和本书附录。

当轴承既受径向力又受轴向力时,可将它们折合成当量静载荷 P_0,应满足

$$P_0 = X_0 F_r + Y_0 F_a \leqslant \frac{C_0}{S_0} \qquad (16-11)$$

式中:X_0、Y_0 分别为径向、轴向静载荷系数,可查表16-13;S_0 为静强度安全系数,对于旋转精度与平稳性要求高或承受大冲击载荷时取3,相反情况则取1.5。

表16-13　静载荷系数 X_0 与 Y_0

轴承类型		X_0	Y_0
深沟球轴承		0.6	0.5
角接触球轴承	7000C	0.5	0.46
	7000AC		0.38
	7000B		0.26
圆锥滚子轴承		0.5	查设计手册

六、滚动轴承计算实例

例16-2　试求NF207圆柱滚子轴承允许的最大径向载荷。已知工作转速 $n = 200$ r/min,工作温度 $t < 100$ ℃,寿命 $L_h = 10\ 000$ h,载荷平稳。

解:对向心轴承,由式(16-5)知径向基本额定动载荷为

$$C_r = \frac{f_p P}{f_t} \left(\frac{60n}{10^6} L_h \right)^{1/\varepsilon} \quad N$$

由机械设计手册或本书附表 1 查得，NF207 圆柱滚子轴承的径向基本额定动载荷 $C_r = 28\,500\ N$，由表 16-9 查得 $f_p = 1$，由表 16-8 查得 $f_t = 1$，对滚子轴承取 $\varepsilon = \dfrac{10}{3}$。将以上有关数据代入上式，得

$$28\,500 = \frac{1 \times P}{1} \times \left(\frac{60 \times 200}{10^6} \times 10^4 \right)^{\frac{3}{10}}$$

故　　　　　　　　　　　　　　$$P = \frac{28\,500}{120^{0.3}}\ N = 6\,778\ N$$

由式（16-6）可得　　　　　　　　　　　　$P = F_r = 6\,778\ N$

故在本题规定的条件下，NF207 轴承可承受的最大径向载荷为 6 778 N。

例 16-3　一水泵轴选用深沟球轴承支承。已知轴颈 $d = 35\ mm$，转速 $n = 2\,900\ r/min$，轴承所受径向载荷 $F_r = 2\,300\ N$，轴向载荷 $F_a = 540\ N$，要求使用寿命 $L_h = 5\,000\ h$，试选择轴承型号。

解：（1）求当量动载荷 P

因该向心轴承受 F_r 和 F_a 的作用，必须求出当量动载荷 P。计算时用到的径向系数 X、轴向系数 Y 要根据 $\dfrac{F_a}{C_{0r}}$ 值查取，而 C_{0r} 是轴承的径向额定静载荷，在轴承型号未选出前暂不知道，故用试算法。据表 16-11，暂取 $\dfrac{F_a}{C_{0r}} = 0.028$，则 $e = 0.22$。

因 $\dfrac{F_a}{F_r} = \dfrac{540}{2\,300} = 0.235 > e$，由表 16-11 查得 $X = 0.56$，$Y = 1.99$。由式（16-6）得

$$P = X F_r + Y F_a = (0.56 \times 2\,300 + 1.99 \times 540)\ N \approx 2\,363\ N$$

即轴承在 $F_r = 2\,300\ N$ 和 $F_a = 540\ N$ 作用下的使用寿命，相当于在纯径向载荷为 2 363 N 作用下的使用寿命。

（2）计算所需的径向基本额定动载荷

由式（16-5），　　　　　　$$C_r = \frac{f_p P}{f_t} \left(\frac{60n}{10^6} L_h \right)^{1/\varepsilon} \quad N$$

上式中 $f_p = 1.1$（查表 16-9），$f_t = 1$（查表 16-8，因工作温度不高），所以

$$C_r = \frac{1.1 \times 2\,363}{1} \times \left(\frac{60 \times 2\,900}{10^6} \times 5000 \right)^{1/3}\ N$$

$$\approx 24\,814\ N$$

（3）选择轴承型号

查机械设计手册或本书附表 1，选 6207 轴承，其 $C_r = 25\,500\ N > 24\,814\ N$，$C_{0r} = 15\,200\ N$，故 6207 轴承的 $\dfrac{F_a}{C_{0r}} = \dfrac{540}{15\,200} = 0.0355$，与原估计接近，适用。

例 16-4　一工程机械传动装置中的轴，根据工作条件决定采用一对角接触球轴承支承（图 16-10），并暂定轴承型号为 7208AC。已知轴承载荷 $F_{r1} = 1\,000\ N$，

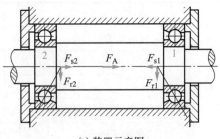

(a) 装置示意图

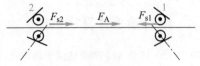

(b) 轴向力图

图 16-10　例 16-4 的轴承装置

$F_{r2}=2\,060$ N，$F_A=880$ N，转速 $n=5\,000$ r/min，运转中受中等冲击，预期寿命 $L_h=2\,000$ h，试问所选轴承型号是否恰当。（注：AC 表示 $\alpha=25°$。）

解：（1）计算轴承 1、2 的轴向力 F_{a1}、F_{a2}

由表 16-12 查得轴承的内部轴向力为

$$F_{s1}=0.68F_{r1}=0.68\times1\,000\ \text{N}=680\ \text{N（方向见图示）}$$

$$F_{s2}=0.68F_{r2}=0.68\times2\,060\ \text{N}=1\,401\ \text{N（方向见图示）}$$

因为

$$F_{s2}+F_A=(1\,401+880)\ \text{N}=2\,281\ \text{N}>F_{s1}$$

所以轴承 1 为压紧端　　$F_{a1}=F_{s2}+F_A=2\,281$ N

而轴承 2 为放松端　　$F_{a2}=F_{s2}=1\,401$ N

（2）计算轴承 1、2 的当量动载荷

由表 16-11 查得 $e=0.68$，而

$$\frac{F_{a1}}{F_{r1}}=\frac{2\,281}{1\,000}=2.28>0.68$$

$$\frac{F_{a2}}{F_{r2}}=\frac{1\,401}{2\,060}=0.68=e$$

查表 16-11 可得 $X_1=0.41$、$Y_1=0.87$，$X_2=1$、$Y_2=0$。故当量动载荷为

$$P_1=X_1F_{r1}+Y_1F_{a1}=(0.41\times1\,000+0.87\times2\,281)\ \text{N}=2\,394\ \text{N}$$

$$P_2=X_2F_{r2}+Y_2F_{a2}=(1\times2\,060+0\times1\,401)\ \text{N}=2\,060\ \text{N}$$

（3）计算所需的径向基本额定动载荷 C_r

因轴的结构要求两端选择同样尺寸的轴承，今 $P_1>P_2$，故应以轴承 1 的径向当量动载荷 P_1 为计算依据。因受中等冲击载荷，查表 16-9 得 $f_p=1.5$；工作温度正常，查表 16-8 得 $f_t=1$。所以

$$C_{r1}=\frac{f_pP_1}{f_t}\left(\frac{60n}{10^6}L_h\right)^{1/3}=\frac{1.5\times2\,394}{1}\times\left(\frac{60\times5\,000}{10^6}\times2\,000\right)^{1/3}\ \text{N}=30\,288\ \text{N}$$

由机械设计手册或附表 2 查得轴承的径向基本额定动载荷 $C_r=35\,200$ N。因为 $C_{r1}<C_r$，故所选 7208AC 轴承适用。

§16-4　滚动轴承的润滑和密封

润滑和密封，对滚动轴承的使用寿命具有重要意义。

润滑的主要目的是减小摩擦与减轻磨损。滚动接触部位如能形成油膜，还有吸收振动、降低工作温度和噪声等作用。

密封的目的是防止灰尘、水分等进入轴承，并阻止润滑剂流失。

一、滚动轴承的润滑

滚动轴承的润滑剂可以是润滑脂、润滑油或固体润滑剂。一般情况下，滚动轴承采用润滑脂润滑，但在轴承附近已经具有润滑油源时（如变速箱内本来就有润滑齿轮的油），也可采用润滑油润滑。具体选择可按速度因数 dn 值来定，d 代表轴承内径，mm；n 代表轴承套圈的转速，r/min。dn 值间接地反映了轴颈的圆周速度，当 $dn<(2\sim3)\times10^5$ mm·r/min 时，一般

滚动轴承可采用润滑脂润滑,超过这一范围宜采用润滑油润滑。

脂润滑因润滑脂不易流失,故便于密封和维护,且一次充填润滑脂可运转较长时间。油润滑的优点是比脂润滑摩擦阻力小,并能散热,主要用于高速或工作温度较高的轴承。装脂量不宜多于轴承空隙的 $\frac{1}{3} \sim \frac{1}{2}$,以免发生轴承过热。

如图 16-11 所示,润滑油的黏度可按轴承的速度因数 dn 和工作温度 t 来确定。油量不宜过多,如果采用浸油润滑,则油面高度应不超过最低滚动体的中心,以免产生过大的搅油损耗和热量。高速轴承通常采用喷油或喷雾方法润滑。

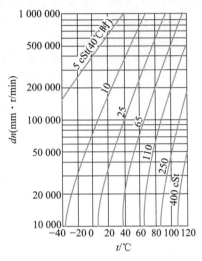

图 16-11   润滑油黏度的选择

二、滚动轴承的密封

滚动轴承密封方法的选择与润滑的种类、工作环境、温度、密封表面的圆周速度有关。密封方法可分两大类:接触式密封和非接触式密封。它们的密封形式、适用范围和性能,可参阅表16-14。

表 16-14   常用的滚动轴承密封形式

密封类型	图例	适用场合	说明
接触式密封	毛毡圈密封 1	脂润滑。要求环境清洁,轴颈圆周速度 v 不大于 4 ~ 5 m/s,工作温度不超过 90 ℃	矩形断面的毛毡圈 1 被安装在梯形槽内,它对轴产生一定的压力而起到密封作用
	密封圈密封 (a)　　　(b)	脂或油润滑。轴颈圆周速度 v <7 m/s,工作温度范围是 -40~100 ℃	密封圈用皮革、塑料或耐油橡胶制成,有的具有金属骨架,有的没有骨架,密封圈是标准件。图 a 密封唇朝内,目的是防止漏油;图 b 密封唇朝外,主要目的是防止灰尘、杂质进入
非接触式密封	间隙密封 δ	脂润滑。干燥、清洁环境	靠轴与盖间的细小环形间隙密封,间隙愈小愈长,密封效果愈好。间隙 δ 取 0.1~0.3 mm

续表

密封类型	图例	适用场合	说明
非接触式密封	迷宫式密封 (a) (b)	脂润滑或油润滑。工作温度不高于密封用脂的滴点。这种密封效果可靠	将旋转件与静止件之间的间隙做成迷宫(曲路)形式,并在间隙中充填润滑油或润滑脂以加强密封效果。分径向、轴向两种:图 a 为径向曲路,径向间隙 δ 不大于 0.1~0.2 mm;图 b 为轴向曲路,考虑轴受热后会伸长,间隙应取大些,$\delta = 1.5 \sim 2$ mm
组合密封	毛毡加迷宫密封	脂润滑或油润滑	是组合密封的一种形式,毛毡加迷宫,可充分发挥各自优点,提高密封效果。组合方式很多,不一一列举

§16-5　滚动轴承的组合设计

为保证轴承在机器中正常工作,除合理选择轴承类型、尺寸外,还应正确进行轴承的组合设计,处理好轴承与其周围零件之间的关系。也就是要解决轴承的轴向位置固定、轴承与其他零件的配合、间隙调整、装拆和润滑密封等一系列问题。

一、轴承的固定

轴承的固定有两种方式。

1. 两端固定

如图 16-12a 所示,使轴的两个支点中每一个支点都能限制轴的单向移动,两个支点合起来就限制了轴的双向移动,这种固定方式称为两端固定。它适用于工作温度变化不大的短轴,考虑到轴因受热而伸长,在轴承盖与外圈端面之间应留出热补偿间隙 $c,c = 0.2 \sim 0.3$ mm(图 16-12b)。

2. 一端固定、一端游动

这种固定方式是在两个支点中使一个支点双向固定以承受轴向力,另一个支点则可作轴向游动(图 16-13)。可作轴向游动的支点称为游动支点,显然它不能承受轴向载荷。

选用深沟球轴承作为游动支点时,应在轴承外圈与端盖间留适当间隙(图 16-13a);选用圆柱滚子轴承时,则轴承外圈应作双向固定(图 16-13b),以免内、外圈同时移动,造成过大错位。这种固定方式适用于温度变化较大的长轴。

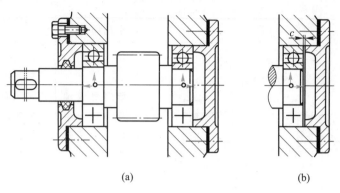

(a)　　　　　　　　　　　　　(b)

图 16-12　两端固定支承

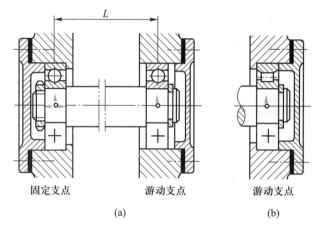

固定支点　　　　　　游动支点　　　　　　游动支点

(a)　　　　　　　　　　　　　(b)

图 16-13　一端固定、一端游动支承

二、轴承组合的调整

1. 轴承间隙的调整

轴承间隙的调整方法有：① 靠加减轴承盖与机座间垫片厚度进行调整（图 16-14a）；② 利用螺钉 1 通过轴承外圈压盖 3 移动外圈位置进行调整（图 16-14b），调整之后，用螺母 2 锁紧防松。

2. 轴承的预紧

对某些可调游隙式轴承（如 6 类、7 类等），在安装时给予一定的轴向压紧力（预紧力），使内、外圈产生相对位移而消除游隙，并在套圈和滚动体接触处产生弹性预变形，借此提高轴的旋转精度和刚度，这种方法称为轴承的预紧。预紧力可以利用金属垫片（图 16-15a）或磨窄套圈（图 16-15b）等方法获得。

3. 轴承组合位置的调整

轴承组合位置调整的目的，是使轴上的零件（如齿轮、带轮等）具有准确的工作位置。如锥齿轮传动，要求两个节锥顶点相重合，方能保证正确啮合；又如蜗杆传动，则要求蜗轮中间平面通过蜗杆的轴线等。图 16-16 为锥齿轮轴承组合位置的调整，套杯与机座间的垫片 1 用来调整锥齿轮轴的轴向位置，而垫片 2 则用来调整轴承游隙。

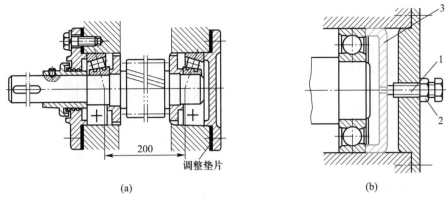

图 16-14 轴承间隙的调整

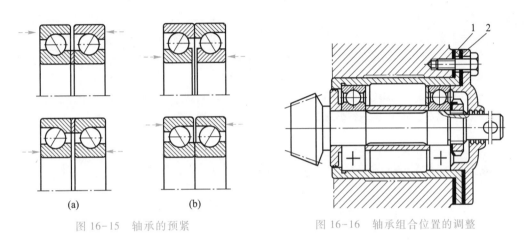

图 16-15 轴承的预紧

图 16-16 轴承组合位置的调整

三、滚动轴承的配合

由于滚动轴承是标准件,为了便于互换及适应大量生产,滚动轴承的公差与配合按GB/T 307.1—2017 规定,轴承内圈孔与轴的配合采用基孔制,轴承外圈与轴承座孔的配合则采用基轴制。

选择配合时,应考虑载荷的方向、大小和性质,以及轴承类型、转速和使用条件等因素。当外载荷方向不变时,转动套圈应比固定套圈的配合紧一些。一般情况下是内圈随轴一起转动,外圈固定不动,故内圈与轴常取具有过盈的过渡配合,如轴的公差采用 k6、m6、n6、js6;外圈与座孔常取较松的过渡配合,如座孔的公差采用 H7、J7 或 JS7。当轴承作游动支承时,外圈与座孔应取保证有间隙的配合,如座孔公差采用 G7、G8、G9。

四、轴承的装拆

设计轴承组合时,应考虑有利于轴承装拆,以便在装拆过程中不致损坏轴承和其他零件。

如图 16-17 所示,若轴肩高度大于轴承内圈外径,就难以放置拆卸工具的钩头。对外圈拆卸要求也是如此,应留出拆卸高度 h_1(图 16-18a、b)或在壳体上做出能放置拆卸螺钉的螺纹孔(图 16-18c)。

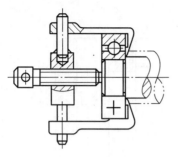

图 16-17   用钩爪器拆卸轴承

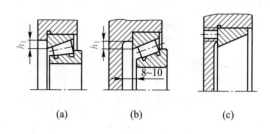

图 16-18   拆卸高度和拆卸螺孔

习题

16-1   说明下列型号轴承的类型、尺寸系列、结构特点、公差等级及其适用场合：6005，N209/P6，7207C，30209/P5。

16-2   一深沟球轴承 6304 承受的径向力 $F_r = 4$ kN，载荷平稳，转速 $n = 960$ r/min，室温下工作，试求该轴承的基本额定寿命，并说明能达到或超过此寿命的概率。若载荷改为 $F_r = 2$ kN，轴承的基本额定寿命是多少？

16-3   根据工作条件，某机械传动装置中轴的两端各采用一个深沟球轴承支承，轴颈 $d = 35$ mm，转速 $n = 2\,000$ r/min，每个轴承承受径向载荷 $F_r = 2\,000$ N，常温下工作，载荷平稳，预期寿命 $L_h = 8\,000$ h，试选择轴承。

16-4   一矿山机械的转轴，两端用 6313 深沟球轴承支承，每个轴承承受的径向载荷 $F_r = 5\,400$ N，轴的轴向载荷 $F_a = 2\,650$ N，有轻微冲击，轴的转速 $n = 1\,250$ r/min，预期寿命 $L_h = 5\,000$ h，问是否适用。

16-5   某机械的转轴两端各用一个向心轴承支承。已知轴颈 $d = 40$ mm，转速 $n = 1\,000$ r/min，每个轴承的径向载荷 $F_r = 5\,880$ N，载荷平稳，工作温度为 125 ℃，预期寿命 $L_h = 5\,000$ h，试分别按球轴承和滚子轴承选择型号，并比较之。

16-6   根据工作条件，决定在某传动轴上安装一对角接触球轴承，反装排列，如题 16-6 图所示。已知两个轴承的载荷分别为 $F_{r1} = 1\,470$ N，$F_{r2} = 2\,650$ N，外加轴向力 $F_A = 1\,000$ N，轴颈 $d = 40$ mm，转速 $n = 5\,000$ r/min，常温下运转，有中等冲击，预期寿命 $L_h = 2\,000$ h，试选择轴承型号。

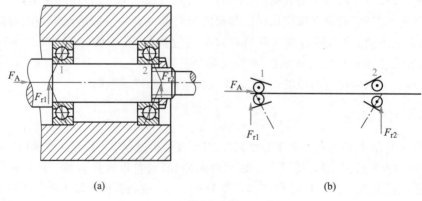

(a)   (b)

题 16-6 图   ·

16-7 根据工作要求,选用内径 $d = 50$ mm 的圆柱滚子轴承。轴承的径向载荷 $F_r = 39\,200$ N,轴的转速 $n = 85$ r/min,运转条件正常,预期寿命 $L_h = 1\,250$ h,试选择轴承型号。

16-8 某工程机械传动中轴承配置形式如题 16-8 图所示。已知轴承型号为 30311,判别系数 $e = 0.35$,内部轴向力为 $F_s = F_r/2Y$,其中 $Y = 1.7$。当 $F_a/F_r \leq e$ 时,$X = 1$,$Y = 0$;当 $F_a/F_r > e$ 时,$X = 0.4$,$Y = 1.7$。两轴承的径向载荷 $F_{r1} = 4\,000$ N,$F_{r2} = 5\,000$ N,外加轴向载荷 $F_A = 2\,000$ N,方向见题 16-8 图,试画出内部轴向力 F_{s1}、F_{s2} 的方向,并计算轴承的当量动载荷 P_1、P_2。

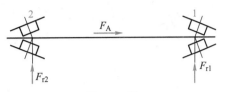

题 16-8 图

16-9 一齿轮轴由一对 30206 轴承支承(见图 16-14),支点间的跨距为 200 mm,齿轮位于两支点的中央。已知齿轮模数 $m_n = 2.5$ mm,齿数 $z_1 = 17$,螺旋角 $\beta = 16.5°$,传递功率 $P = 2.6$ kW,齿轮轴的转速 $n = 384$ r/min。试求轴承的基本额定寿命。(提示:先作齿轮受力分析,再求出轴承两端径向载荷 F_{r1}、F_{r2},然后再求轴承寿命。)

16-10 指出题 16-10 图所示轴系结构上的主要错误并改正之(齿轮用油润滑,轴承用脂润滑)。

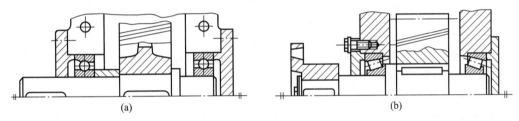

(a)   (b)

题 16-10 图

16-11 题 16-11 图所示为用一对窄边相对安装的圆锥滚子轴承支承的轴系,齿轮用油润滑,轴承用脂润滑,轴端装有联轴器,试指出图中的结构错误。(注:图中倒角和圆角不考虑。)

16-12 某轴系部件用一对圆锥滚子轴承支承,轴承背靠背安装。已知轴承 1 和轴承 2 的径向载荷分别为 $F_{r1} = 600$ N,$F_{r2} = 1800$ N;轴上作用的轴向载荷 $F_A = 150$ N,方向如题 16-12 图所示;轴承的附加轴向力 $F_s = F_r/2Y$,$e = 0.37$,当轴承的总轴向力 F_a 与径向力 F_r 之比 $F_a/F_r > e$ 时,$X = 0.4$,$Y = 1.6$,当 $F_a/F_r < e$ 时,$X = 1$,$Y = 0$。轴承有中等冲击,载荷系数 $f_p = 1.5$,工作温度不大于 120 ℃。试求:(1)轴承 1 和轴承 2 的轴向载荷 F_{a1} 和 F_{a2};(2)轴承 1 和轴承 2 的当量动载荷 P_1 和 P_2。

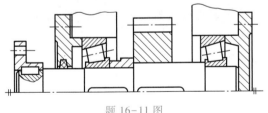

题 16-11 图

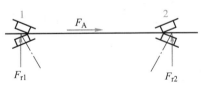

题 16-12 图

第 17 章

联轴器、离合器和制动器

§17-1　联轴器、离合器的类型和应用

联轴器和离合器主要用于轴与轴之间的连接,使它们一起回转并传递转矩。用联轴器连接的两根轴,只有在机器停车后,经过拆卸才能把它们分离。用离合器连接的两根轴,在机器工作中就能方便地使它们分离或接合。

联轴器分刚性联轴器和弹性联轴器两大类。刚性联轴器由刚性传力件组成,又可分为固定式和可移式两类。固定式刚性联轴器不能补偿两轴的相对位移;可移式刚性联轴器能补偿两轴的相对位移。弹性联轴器包含有弹性元件,能补偿两轴的相对位移,并具有吸收振动和缓和冲击的能力。

离合器主要分牙嵌式和摩擦式两类。另外,还有电磁离合器和自动离合器。电磁离合器在自动化机械中作为控制转动的元件而被广泛应用。自动离合器能够在特定的工作条件下(如一定的转矩、一定的转速或一定的回转方向)自动接合或分离。

联轴器和离合器大都已标准化。一般可先依据机器的工作条件选定合适的类型,然后按照计算转矩、轴的转速和轴端直径从标准中选择所需的型号和尺寸。必要时还应对其中某些零件进行验算。

计算转矩 T_c 已将机器起动时的惯性力和工作中的过载等因素考虑在内。联轴器和离合器的计算转矩可按下式确定:

$$T_c = K_A T \tag{17-1}$$

应使

$$T_c < T_n$$

$$n < n_p$$

式中:T 为名义转矩;K_A 为工作情况系数,K_A 值列于表 17-1 中;T_n、n_p 分别为所选型号的公称转矩和许用转速(可查设计手册)。

表 17-1　工作情况系数 K_A

工作机	原动机为电动机时
转矩变化很小的机械:如发电机、小型通风机、小型离心泵	1.3

续表

工作机	原动机为电动机时
转矩变化较小的机械：如透平压缩机、木工机械、输送机	1.5
转矩变化中等的机械：如搅拌机、增压机、有飞轮的压缩机	1.7
转矩变化和冲击载荷中等的机械：如织布机、水泥搅拌机、拖拉机	1.9
转矩变化和冲击载荷大的机械：如挖掘机、起重机、碎石机、造纸机械	2.3

§17-2 固定式刚性联轴器

凸缘联轴器是较常用的固定式刚性联轴器。如图 17-1 所示,它是由两个各具有凸缘和毂的半联轴器所组成。各半联轴器用平键分别与两轴相连,然后用螺栓把两个半联轴器连成一体。连接可用铰制孔用螺栓或普通螺栓,前者靠螺栓杆受挤压和剪切传递转矩并实现两轴对中(图 17-1a),后者则靠凸缘端面间的摩擦力传递转矩,且常用一个半联轴器端面上的对中榫和另一个半联轴器端面上的凹槽实现对中(图 17-1b)。

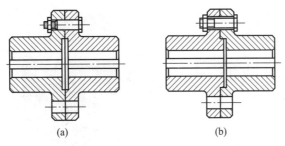

(a)   (b)

图 17-1 凸缘联轴器

制造凸缘联轴器时,应准确保持半联轴器的凸缘端面与孔的轴线垂直,安装时应使两轴精确对中。

半联轴器的材料通常为铸铁,当受重载或圆周速度 $v \geq 30$ m/s 时,可采用铸钢或锻钢。

凸缘联轴器的结构简单、使用方便,可传递的转矩较大,但不能缓冲减振,常用于转速低、载荷较平稳的两轴连接。

§17-3 可移式刚性联轴器

由于制造、安装误差或工作时零件的变形等原因,被连接的两轴不一定都能精确对中,因此就会出现两轴间的轴向位移 x(图 17-2a)、径向位移 y(图 17-2b)、角位移 α(图 17-2c),以及由这些位移组合的综合位移。如果联轴器没有适应这种相对位移的能力,就会在联轴器、轴和轴承中产生附加载荷,甚至引起强烈振动。

可移式刚性联轴器的组成零件间构成的动连接,具有某一方向或几个方向的活动度,因此能补偿两轴的相对位移。常用的可移式刚性联轴器有以下几种:

一、齿式联轴器

齿式联轴器是由两个有内齿的外壳 3 和两个有外齿的套筒 4 所组成(图 17-3a)。套筒与轴用键相连,两个外壳用螺栓 2 连成一体,外壳与套筒之间设有密封圈 1。内齿轮齿数和外齿轮齿数相等。轮齿通常采用压力角为 20°的渐开线齿廓。工作时靠啮合的轮齿传递转矩。由于轮齿间留有较大的间隙和外齿轮的齿顶制成球形(图 17-3b),所以能补偿两轴的轴向、径向和角位移(图 17-4)。为了减小轮齿的磨损和相对移动时的摩擦阻力,在外壳内贮有润滑油。

齿式联轴器允许角位移在 30′以下,若将外齿轮做成鼓形齿(图 17-3b),则允许角位移可达 3°。

齿式联轴器的优点是能传递很大的转矩和补偿适量的综合位移,因此常用于重型机械中。但是,当传递巨大转矩时,齿间的压力也随着增大,使联轴器的灵活性降低,而且其结构笨重、造价较高。

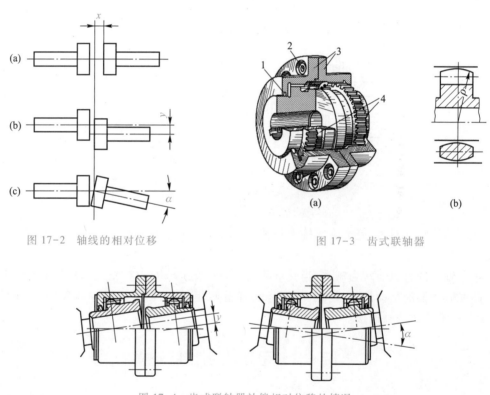

图 17-2　轴线的相对位移　　　　　　　　图 17-3　齿式联轴器

图 17-4　齿式联轴器补偿相对位移的情况

二、滑块联轴器

滑块联轴器是由两个端面开有径向凹槽的半联轴器 1、3 和两端各具凸榫的中间滑块 2 所组成(图 17-5)。中间滑块两端面上的凸榫相互垂直,分别嵌装在两个半联轴器的凹槽中,构成移动副。如果两轴线不对中或偏斜,运转时滑块将在凹槽内滑动,所以凹槽和凸榫的工作面间要加润滑剂。若两轴不对中,当转速较高时,由于滑块的偏心将会产生较大的离心力和磨损,并给轴和轴承带来附加动载荷,因此它只适用于低速,轴的转速一般不超过300 r/min。

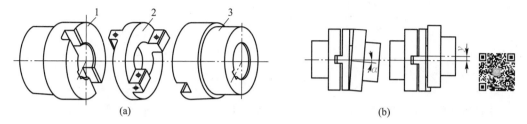

图 17-5　滑块联轴器

滑块联轴器允许的径向位移(即偏心距)$y \leqslant 0.04d$(d 为轴的直径),角位移 $\alpha \leqslant 30'$。

三、万向联轴器

图 17-6 所示为以十字轴为中间件的万向联轴器。十字轴的四端用铰链分别与轴 1、轴 2 上的叉形接头相连。因此,当一轴的位置固定后,另一轴可以在任意方向偏斜 α 角,角位移 α 可达 $40° \sim 45°$。为了增加其灵活性,可在铰链处配置滚针轴承(图中未标出)。

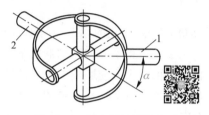

图 17-6　万向联轴器示意图

但是,单个万向联轴器会导致主、从动轴的瞬时角速度不相等,即当主动轴 1 以等角速度回转时,从动轴 2 作变角速度转动,从而引起动载荷。

轴 2 的角速度变化情况可以用下述两个极端位置进行分析。

如图 17-7a 所示,轴 1 的叉面旋转到图纸平面上,而轴 2 的叉面垂直于图纸平面。设轴 1 的角速度为 ω_1,轴 2 在此位置时的角速度为 ω_2'。取十字轴上的 A 点分析,若将十字轴看作与轴 1 一起转动,则 A 点的速度为

$$v_{A1} = \omega_1 r$$

而将十字轴看作与轴 2 一起转动,则 A 点的速度应为

$$v_{A2} = \omega_2' r \cos \alpha$$

显然,同一点的速度应该相等,即 $v_{A1} = v_{A2}$,所以

$$\omega_1 r = \omega_2' r \cos \alpha$$

即
$$\omega_2' = \frac{\omega_1}{\cos \alpha} \qquad\qquad (17-2)$$

将两轴转过 $90°$,如图 17-7b 所示,此时轴 1 的叉面垂直于图纸平面,而轴 2 的叉面转到图纸平面上。设轴 2 在此位置时的角速度为 ω_2'',取十字轴上 B 点分析,同理可得

$$\omega_2'' = \omega_1 \cos \alpha \qquad\qquad (17-3)$$

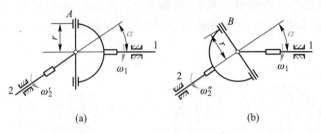

图 17-7 万向联轴器的速度分析

如果再继续转过 90°,则两轴的叉面又将与图 17-7a 所示的图形一致。不难想象,每转过 90°,将交替出现图 17-7a 及图 17-7b 中的叉面图形。因此,当轴 1 以等角速度 ω_1 回转时,轴 2 的角速度 ω_2 将在 $\omega_1 \cos \alpha$ 到 $\omega_1 / \cos \alpha$ 的范围内作周期性的变化,且

$$\omega_1 \cos \alpha \leqslant \omega_2 \leqslant \frac{\omega_1}{\cos \alpha} \qquad (17-4)$$

可见角速度 ω_2 变化的幅度与两轴的夹角 α 有关,α 越大,则 ω_2 变动幅度越大。

为了克服单个万向联轴器的上述缺点,机器中常将万向联轴器成对使用,如图 17-8 所示。这种由两个万向联轴器组成的装置称为双万向联轴器。对于连接相交或平行两轴的双万向联轴器,欲使主、从动轴的角速度相等,必须满足两个条件:① 主动轴、从动轴与中间件 C 的夹角必须相等,即 $\alpha_1 = \alpha_2$;② 中间件两端的叉面必须位于同一平面内。

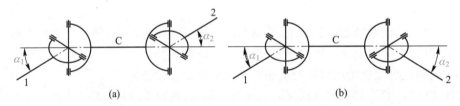

图 17-8 双万向联轴器示意图

显然,中间件本身的转速是不均匀的。但因它的惯性小,由它产生的动载荷、振动等一般不致引起显著危害。

小型双万向联轴器的实际结构如图 17-9 所示,通常用合金钢制造。

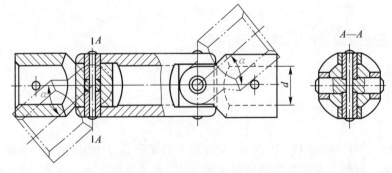

图 17-9 小型双万向联轴器结构图

§17-4 弹性联轴器

弹性联轴器因装有弹性元件,故在安装时允许两轴有一定的相对轴向位移和偏移,并有减振作用,目前应用很广。弹性元件可用金属材料或非金属材料制作,前者的特点为强度高、尺寸小、寿命长,而后者的特点为重量轻、价廉、减振性能好。本节只介绍非金属弹性元件联轴器。

一、弹性套柱销联轴器

弹性套柱销联轴器结构上和凸缘联轴器很相近,但是两个半联轴器的连接不用螺栓,而是用带橡胶弹性套的柱销,如图 17-10 所示。为了更换橡胶套时简便而不必拆移机器,设计中应注意留出距离 A;为了补偿轴向位移,安装时应注意留出相应大小的间隙 c。弹性套柱销联轴器在高速轴上应用得十分广泛,缺点是弹性套易磨损,寿命较短。

二、弹性柱销联轴器

如图 17-11 所示,弹性柱销联轴器是将用若干非金属材料制成的柱销置于两个半联轴器凸缘的孔中,以实现两轴的连接。柱销通常用尼龙制成,而尼龙具有一定的弹性。弹性柱销联轴器的结构简单,更换柱销方便。为了防止柱销滑出,在柱销两端配置环形挡板。装配挡板时应注意留出间隙。

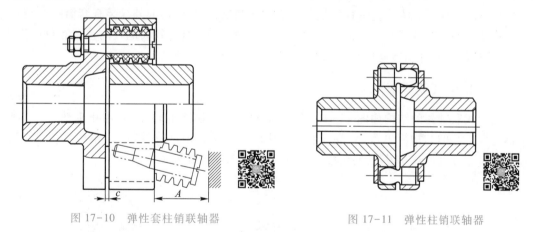

图 17-10 弹性套柱销联轴器   图 17-11 弹性柱销联轴器

上述两种联轴器中,动力从主动轴通过弹性件传递到从动轴。因此,它能缓和冲击、吸收振动,适用于正反向变化多、起动频繁的高速轴。最大转速可达 8 000 r/min,使用温度范围为 -20~60 ℃。

这两种联轴器能补偿较大的轴向位移。依靠弹性柱销的变形,允许有微量的径向位移和角位移。但若径向位移或角位移较大,则会引起弹性柱销的迅速磨损,因此采用这两种联轴器时,仍须较仔细地安装。

三、梅花形弹性联轴器

如图 17-12 所示,1、2 为两个半联轴器,它们的端面上各有凸齿,类似于图 17-15 的牙嵌式离合器,不同之处是各凸齿的两侧面呈内凹形,并在齿侧间隙放置非金属弹性元件(橡胶或尼龙)。

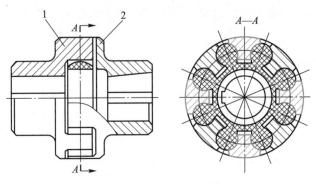

图 17-12　梅花形弹性联轴器

四、弹性活块联轴器

弹性活块联轴器也是在凸齿的两侧面间隙内放置非金属弹性活块 3,但各弹性活块不相连(图 17-13),其特点是各弹性活块可径向插入而不必轴向移动两个半联轴器 1、2,便于更换损坏的弹性件。为防止弹性活块因离心力而脱出,在联轴器的外缘装有套筒 4。

梅花形弹性联轴器和弹性活块联轴器比前两种联轴器具有较大的径向位移和角位移补偿量,公称转矩和许用转速也较大,其许可工作温度为 $-35 \sim 85\ ℃$。

五、轮胎式联轴器

轮胎式联轴器的结构如图 17-14 所示,中间为橡胶制成的轮胎环,用止退垫板与半联轴器连接。它的结构简单可靠,易于变形,因此它允许的相对位移较大,角位移可达 $5° \sim 12°$,轴向位移可达 $0.02D$,径向位移可达 $0.01D$,D 为联轴器外径。

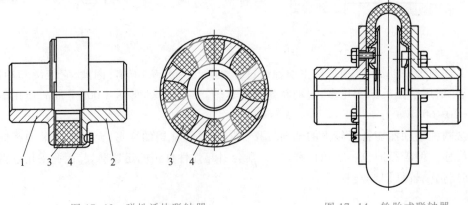

图 17-13　弹性活块联轴器　　　　　图 17-14　轮胎式联轴器

轮胎式联轴器适用于起动频繁、正反向运转、有冲击振动、两轴间有较大的相对位移量以及潮湿多尘之处。它的径向尺寸庞大,但轴向尺寸较小,有利于缩短串接机组的总长度。它的最大转速可达 5 000 r/min。

例 17-1 电动机经减速器驱动水泥搅拌机工作。已知电动机的功率 $P = 11$ kW,转速 $n = 970$ r/min,电动机轴的直径和减速器输入轴的直径均为 42 mm,试选择电动机与减速器之间的联轴器。

解:(1)选择类型

为了缓和冲击和减轻振动,选用弹性套柱销联轴器。

(2)求计算转矩

转矩 $T = 9\,550\,\dfrac{P}{n} = 9\,550 \times \dfrac{11}{970}$ N·m $= 108$ N·m。由表 17-1 查得,工作机为水泥搅拌机时的工作情况系数 $K_A = 1.9$,故计算转矩

$$T_c = K_A T = 1.9 \times 108 \text{ N·m} = 206 \text{ N·m}$$

(3)确定型号

由设计手册选取弹性套柱销联轴器 LT6。它的公称转矩为 355 N·m,半联轴器材料为钢时,许用转速为 3 800 r/min,允许的轴孔直径为 32~42 mm。以上数据均能满足本题的要求,故合适。

§17-5 牙嵌离合器

牙嵌离合器是由两个端面带牙的半离合器所组成(图 17-15),其中半离合器 1 紧配在轴上,而另一半离合器 2 可以沿导向平键 3 在另一根轴上移动。利用操纵杆移动滑环 4 可使两个半离合器接合或分离。为避免滑环的过量磨损,可动的半离合器应装在从动轴上。为便于两轴对中,在半离合器 1 中固装有对中环 5,从动轴端则可在对中环中自由转动。

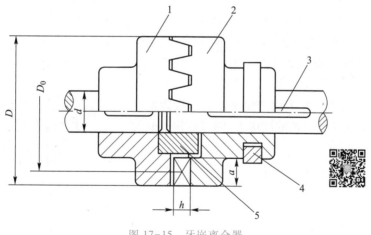

图 17-15 牙嵌离合器

牙嵌离合器牙的形状有三角形、梯形和锯齿形(图 17-16)。三角形牙传递中、小转矩,牙数为 15~60。梯形、锯齿形牙可传递较大的转矩,牙数为 3~15。梯形牙可以补偿磨损后的牙侧间隙。锯齿形牙只能单向工作,反转时由于有较大的轴向分力,会迫使离合器自行分离。各牙应精确等分,以使载荷均布。

牙嵌离合器的承载能力主要取决于牙根处的弯曲强度。对于操作频繁的离合器,尚需

验算牙面的压强,由此控制磨损。即

$$\sigma_b = \frac{hK_A T}{zWD_0} \leqslant [\sigma_b] \quad (17-5)$$

$$p = \frac{2K_A T}{zD_0 ah} \leqslant [p] \quad (17-6)$$

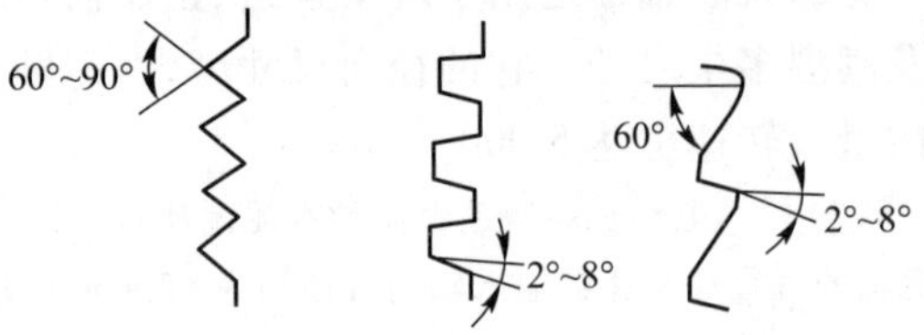

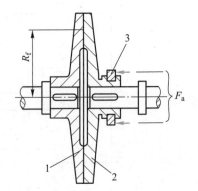

图 17-16   牙嵌离合器的牙形

式中:h 为牙的高度;z 为牙的数目;W 为牙根的弯曲截面系数;D_0 为牙的平均直径;a 为牙的宽度;$[\sigma_b]$ 为许用弯曲应力;$[p]$ 为许用压强。对于表面淬硬的钢制牙嵌离合器,在停车时接合:$[\sigma_b] = \frac{\sigma_s}{1.5}$ MPa,$[p] = 90 \sim 120$ MPa;在低速运转时接合:$[\sigma_b] = \frac{\sigma_s}{5.9 \sim 4.5}$ MPa,$[p] = 50 \sim 70$ MPa。

　　牙嵌离合器结构简单,外廓尺寸小,能传递较大的转矩,故应用较多。但牙嵌离合器只宜在两轴不回转或转速差很小时进行接合,否则牙齿可能会因受撞击而折断。

　　牙嵌离合器的常用材料为低碳合金钢(如 20Cr、20MnB),经渗碳淬火等热处理后使牙面硬度达到 56~62 HRC。有时也采用中碳合金钢(如 40Cr、45MnB),经表面淬火等热处理后硬度达 48~58 HRC。

　　牙嵌离合器可以借助电磁线圈的吸力来操纵,称为电磁牙嵌离合器。电磁牙嵌离合器通常采用嵌入方便的三角形细牙。它依据控制信息而动作,所以便于遥控和程序控制。

§17-6   圆盘摩擦离合器

　　圆盘摩擦离合器有单片式和多片式两种。

　　图 17-17 所示为单片式摩擦离合器的简图,其中圆盘 1 紧配在主动轴上,圆盘 2 可以沿导向键在从动轴上移动。移动滑环 3 可使两圆盘接合或分离。工作时轴向压力 F_a 使两圆盘的工作表面产生摩擦力。设摩擦力的合力作用在摩擦半径为 R_f 的圆周上,则可传递的最大转矩为

$$T_{max} = F_a f R_f$$

式中,f 为摩擦系数。

　　与牙嵌离合器比较,摩擦离合器具有下列优点:

图 17-17   圆盘摩擦离合器

① 在任何不同转速条件下两轴都可以进行接合;② 过载时摩擦面间将发生打滑,可以防止损坏其他零件;③ 接合较平稳,冲击和振动较小。

　　摩擦离合器在正常的接合过程中,从动轴转速从零逐渐加速到主动轴的转速,因而两摩擦面间不可避免地会发生相对滑动。这种相对滑动要消耗一部分能量,并引起摩擦片的磨损和发热。

　　单片式摩擦离合器多用于转矩在 2 000 N·m 以下的轻型机械(如包装机械、纺织机械)。

图 17-18a 所示为多片式摩擦离合器,图中主动轴 1 与外壳 2 固连,从动轴 3 与套筒 4 固连。外壳内装有一组摩擦片 5,如图 17-18b 所示,它的外缘凸齿插入外壳 2 的纵向凹槽内,因而随外壳 2 一起回转,它的内孔不与任何零件接触。套筒 4 上装有另一组摩擦片 6,如图 17-18c 所示,它的外缘不与任何零件接触,而内孔凸齿与套筒 4 上的纵向凹槽相连接,因而带动套筒 4 一起回转。这样,就有两组形状不同的摩擦片相间叠合,如图 17-18a 所示。图中位置表示杠杆 8 经压板 9 将摩擦片压紧,离合器处于接合状态。若将滑环 7 向右移动,杠杆 8 逆时针方向摆动,压板 9 松开,离合器即分离。若把图 17-18c 中的摩擦片改用图 17-18d 的形状,则分离时摩擦片能自行弹开。另外,圆螺母 10 可用来调整摩擦片间的压紧力。

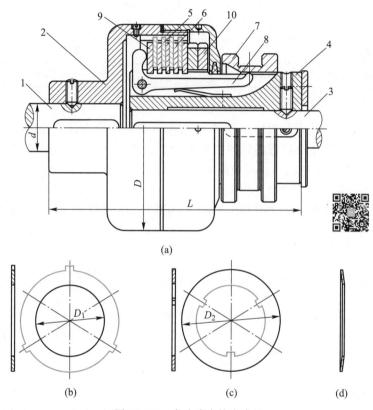

(a)

(b)　　　　　(c)　　　　　(d)

图 17-18　多片式摩擦离合器

摩擦片数目多,可以增大所传递的转矩。但片数过多,将使各层间压力分布不均匀,所以一般不超过 12~15 片。

多片式摩擦离合器所传递的最大转矩 T_{max} 和作用在摩擦面上的压强 p 分别为

$$T_{max} = zfF_a R_f = \frac{zfF_a(D_1 + D_2)}{4} \geqslant K_A T \qquad (17-7)$$

$$p = \frac{4F_a}{\pi(D_2^2 - D_1^2)} \leqslant [p] \qquad (17-8)$$

式中:D_1、D_2 分别为外摩擦片的内径和内摩擦片的外径;z 为摩擦面数目;F_a 为轴向压力;K_A 为工作情况系数,见表 17-1;f 为摩擦系数,$[p]$ 为许用压强,见表 17-2。

摩擦离合器分为不在油中工作与在油中工作两类,前一类反应敏捷,但摩擦片易磨损;后一类摩擦片磨损较轻,寿命较长,但摩擦系数较小。

表 17-2   常用摩擦片材料的摩擦系数 f 和许用压强$[p]$

摩擦片材料	摩擦系数 f		许用压强$[p]$/MPa	
	在油中工作	不在油中工作	在油中工作	不在油中工作
铸铁-铸铁或钢	0.06~0.12	0.15~0.25	0.6~1.0	0.2~0.4
淬火钢-淬火钢	0.05~0.10	0.15~0.20	0.6~1.0	0.2~0.4
青铜-钢或铸铁	0.06~0.12	0.15~0.20	0.6~1.0	0.2~0.4
淬火钢-金属陶瓷	0.10~0.12	0.3~0.4	2.0~3.0	1.2~3.0
压制石棉-铸铁或钢	0.08~0.12	0.25~0.4	0.4~0.6	0.2~0.3

注:摩擦片少,$[p]$值可取上限,摩擦片多则取下限。

对于操作频繁的多片式摩擦离合器,发热与温升成为离合器能否正常工作的关键。然而,由于影响因素甚多,很难进行精确的热平衡计算。此时,除选用耐热性和导热性均较好的摩擦材料外,可将表 17-2 中的$[p]$值降低 15%~30%。

例 17-2   已知一多片式摩擦离合器,外摩擦片的内径 $D_1 = 50$ mm,内摩擦片的外径 $D_2 = 70$ mm,摩擦面数 $z = 10$,轴向压力 $F_a = 1\ 000$ N,摩擦片材料为淬火钢,在油中工作,求打滑力矩 T_{max} 并验算压强。

解:(1) 求打滑力矩 T_{max}

查表 17-2 取 $f = 0.05$,依式(17-7)

$$T_{max} = zfF_a \frac{D_1 + D_2}{4} = 10 \times 0.05 \times 1\ 000 \times \frac{(70 + 50)/1\ 000}{4} \text{N·m} = 15 \text{ N·m}$$

由此可知,若传递的转矩 $T < 15$ N·m,则失效概率接近于零,即可靠度 $R \approx 100\%$。

(2) 验算压强 p

查表 17-2 得$[p] = 0.60 \sim 1.0$ MPa,由式(17-8)知

$$p = \frac{4F_a}{\pi(D_2^2 - D_1^2)}$$

$$= \frac{4 \times 1\ 000}{\pi \times (70^2 - 50^2)} \text{MPa} = 0.53 \text{ MPa} < [p]$$

摩擦离合器也可用电磁力来操纵。如图 17-19 所示,在电磁操纵的摩擦离合器中,当直流电经接触环 1 导入电磁线圈 2 后,产生磁力线吸引衔铁 5,于是衔铁 5 将两组摩擦片 3 和 4 压紧,离合器处于接合状态。当电流切断时,磁力消失,依靠复位弹簧 6 将衔铁推开,使两组摩擦片松开,离合器处于分离状态。

在电磁离合器中,电磁摩擦离合器是应用最

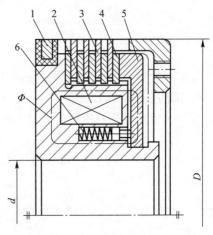

图 17-19   电磁操纵的摩擦离合器

广泛的一种。另外,电磁摩擦离合器在电路上还可进一步实现各种特殊要求,如快速励磁电路可以实现快速接合,提高离合器的灵敏度。相反,缓冲励磁电路可抑制励磁电流的增长,使起动缓慢,从而避免起动冲击。

§17-7　磁粉离合器

磁粉离合器的构造和工作原理如图 17-20 所示,零件 1~8 中,除 5 为磁粉外,其余均为盘形或环形零件,环 3 与盘 7、盘 8 连成一体,可绕轴心回转;盘 6 的毂用键与轴相连,是另一回转件。通过磁粉的聚集或分散,可使两回转体接合或分离,而磁粉的状态靠电磁线圈 1 是否通电来控制。线圈通电时,磁力线使磁粉在两回转体内、外表面间楔紧,使两回转体连成一体(图 17-20b);断电则使磁粉恢复分散状态,使两回转体解除接合(图 17-20a)。内装电磁线圈 1 的环形零件 2 被固定,起导磁作用;零件 4 是隔磁环,其作用是迫使磁力线通过磁粉。

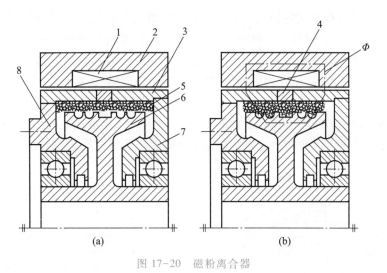

图 17-20　磁粉离合器

磁粉的性能是决定离合器性能的重要因素。磁粉应具有磁导率高、剩磁小、流动性良好、耐磨、耐热、不烧结等性能,一般常用铁钴镍、铁钴钒等合金粉,并加入适量的粉状二硫化钼。磁粉的形状以球形或椭球形为好,颗粒大小宜为 20~70 μm。为了提高充填率,可采用不同粒度的磁粉混合使用。

磁粉离合器具有下列优良性能:

(1)励磁电流与转矩呈线性关系,转矩调节简单而且精确,调节范围也宽。

(2)可用作恒张力控制,这对造纸机、纺织机、印刷机、绕线机等是十分可贵的。例如当卷绕机的卷径不断增加时,通过传感器控制励磁电流变化,从而转矩亦随之相应地变化,以保证获得恒定的张力。

(3)若将磁粉离合器的主动件固定,则可作制动器使用。

此外,这种离合器操纵方便、离合平稳、工作可靠,但质量较大。

§17-8　定向离合器

图 17-21 所示为滚柱式定向离合器,图中星轮 1 和外环 2 分别装在主动件和从动件上,星轮和外环间的楔形空腔内装有滚柱 3,滚柱数目一般为 3~8 个。每个滚柱都被弹簧推杆 4 以不大的推力向前推进而处于半楔紧状态。

星轮和外环均可作为主动件。现以外环为主动件来分析,当外环沿逆时针方向回转时,以摩擦力带动滚柱向前滚动,进一步楔紧内、外接触面,从而驱动星轮一起转动,离合器处于接合状态;反之,当外环沿顺时针方向回转时,则带动滚柱克服弹簧力而滚到楔形空腔的宽敞部分,离合器处于分离状态,所以称为定向离合器。当星轮与外环均按顺时针方向作同向回转时,根据相对运动原理,若外环转速小于星轮转速,则离合器处于接合状态;反之,如外环转速大于星轮转速,则离合器处于分离状态,因此又称为超越离合器。定向离合器常用于汽车、机床等的传动装置中。

图 17-22 所示为楔块式定向离合器。这种离合器以楔块代替滚柱,楔块的形状如图所示。内、外环工作面都为圆形,整圈的拉簧压着楔块始终和内环接触,并力图使楔块绕自身作逆时针方向偏摆。当外环沿顺时针方向旋转或内环沿逆时针方向旋转时,楔块克服弹簧力而作顺时针方向偏摆,从而在内、外环间越楔越紧,离合器处于接合状态。反向时,楔块松开而成分离状态。

由于楔块的曲率半径大于前述滚柱的半径,而且装入量也远比滚柱为多,因此相同尺寸的离合器可以传递更大的转矩。缺点是高速运转时有较大的磨损,寿命较低。

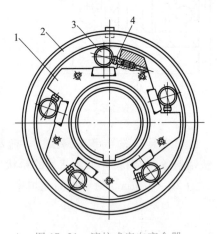

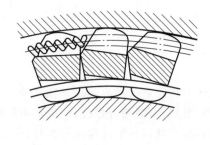

图 17-21　滚柱式定向离合器　　　　图 17-22　楔块式定向离合器

§17-9　制　动　器

制动器是用来降低机械运转速度或迫使机械停止运转的装置。

在车辆、起重机等机械中,广泛采用各种形式的制动器。以下介绍两种常见的结构形式。

一、块式制动器

图 17-23a 所示为块式制动器,它借助瓦块与制动轮间的摩擦力来制动。通电时,励磁线圈 1 吸住衔铁 2,再通过一套杠杆使瓦块 5 松开,机器便能自由运转。当需要制动时,则切断电流,励磁线圈释放衔铁 2,依靠弹簧力并通过杠杆使瓦块 5 抱紧制动轮 6。制动器也可以安排为在通电时起制动作用,但为安全起见,应安排在断电时起制动作用。

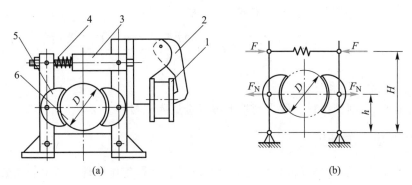

图 17-23　块式制动器

简化的力学计算如图 17-23b 所示,F 为弹簧力,F_N 为瓦块压向制动轮时的反力,i 为弹簧至瓦块部分的杠杆比,即 $i=H/h$,则

$$F_N = 0.95Fi$$

式中:0.95 是考虑杠杆连接处的摩擦耗损而引入的系数。

制动力矩 $$T = F_N fD \tag{17-9}$$

式中:D 为制动轮直径;f 为制动轮和瓦块间的摩擦系数。

瓦块常用金属(钢、铜)或非金属(碳、玻璃)纤维与铁粉、石墨等材料压制而成。

瓦块制动器已规范化,其型号应根据所需的制动力矩在产品目录中选取。

二、带式制动器

图 17-24 为带式制动器。当杠杆上作用外力 F 后,闸带收紧且抱住制动轮,靠带与轮间的摩擦力达到制动目的。这种制动器结构简单、紧凑。

计算时,设制动力矩为 T,圆周力为 F_t,制动轮直径为 D,则

$$F_t = \frac{2T}{D}$$

制动力矩作用在带上时,将使带的两端产生拉力 F_1 和 F_2,则

$$F_t = F_1 - F_2$$

由欧拉公式知

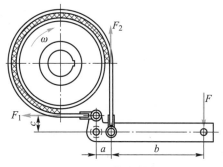

图 17-24　带式制动器

$$F_1 = F_2 e^{f\alpha}$$

式中：e 为自然对数的底（$e \approx 2.718$）；f 为摩擦系数；α 为带绕在制动轮上的包角，一般为 $\pi \sim 3\pi/2$。所以

$$F_2 = \frac{F_t}{e^{f\alpha} - 1} = \frac{2T}{D} \frac{1}{e^{f\alpha} - 1}$$

由此可得杠杆上的力 F（在图 17-24 中取 $a = c$）为

$$F = \frac{a}{a+b}(F_2 + F_1) = \frac{2T}{D} \frac{a}{a+b} \frac{e^{f\alpha} + 1}{e^{f\alpha} - 1} \qquad (17-10)$$

此式可用于制动轮正转和反转。

为了增加摩擦，闸带材料一般为钢带上覆以金属陶瓷材料。

三、内张蹄式制动器

图 17-25 所示为脚踏操纵液体传力的内张蹄式制动器工作原理。图中制动鼓 7 与车轮相连，制动蹄 5 外包摩擦片，其一端由支承销 6 与机架铰接，另一端与卧式油缸 3 的活塞相接，并用拉簧 4 使左、右两个制动蹄拉紧，使摩擦片不与制动鼓接触。当踏下脚踏板 1 时，推动液压制动泵 2 的活塞，通过油管向油缸 3 供油，油缸两端的活塞使制动蹄向左、右张开，靠摩擦片制动制动鼓。当放开脚踏板时，油缸 3 内的油返回制动泵，两制动蹄由拉簧向内拉紧，不再制动。

内张蹄式制动器结构紧凑，容易密封以保护摩擦面，常用于安装空间受限的场合，如各种车辆的制动。

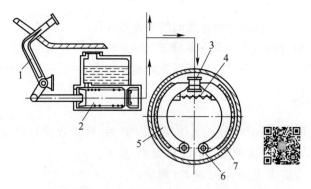

图 17-25   脚踏式常开内张蹄式制动器

习题

17-1   由交流电动机直接带动直流发电机供应直流电。已知所需最大功率为 18~20 kW，转速为 3 000 r/min，外伸轴轴径 $d = 45$ mm。（1）试为电动机与发电机之间选择一只恰当类型的联轴器，并陈述理由；（2）根据已知条件，定出联轴器型号。

17-2 在发电厂中,由高温高压蒸汽驱动汽轮机旋转,并带动发电机供电。在汽轮机与发电机之间用什么类型的联轴器为宜?理由何在?试为 3 000 kW 的汽轮发电机机组选择联轴器的具体型号,设轴颈 $d = 120$ mm,转速为 3 000 r/min。

17-3 如题 17-3 图所示,有两只转速相同的电动机,电动机 1 连接在蜗杆轴上,电动机 2 直接连接在 O_2 轴上(垂直于图纸平面,图中未标出), O_2 轴的另一端连接工作机。这样,当起动电动机 1(停止电动机 2)时,电动机 1 经蜗杆蜗轮减速后驱动 O_2 轴,是慢速挡。若起动电动机 2(停止电动机 1)直接驱动 O_2 轴,则是快速挡。要求电动机 1、电动机 2 可以同时起动,或电动机 2 起动后再停止电动机 1(反之亦然)时,不会产生卡死现象。试选一种离合器,使之实现上述要求(要求用示意图配合文字说明其动作)。

17-4 如图 17-18 所示的多片式摩擦离合器。用于车床,传递的功率为 1.7 kW,转速为 500 r/min,若 $D_1 = 80$ mm, $D_2 = 120$ mm,摩擦片材料用淬火钢,油浴润滑,摩擦片间的压紧力 $F_a = 2 000$ N,问需多少片摩擦片才能实现上述要求(注意区分摩擦面数目和摩擦片片数)?

17-5 自行车飞轮是一种单向离合器,试画出其简图并说明为何要采用单向离合器。

17-6 题 17-6 图所示为自动离合的离心离合器的工作原理。已知弹簧刚度 $k = 3$ N/mm,活动瓦块质量中心与轴中心线的距离 $r = 50$ mm,活动瓦块与鼓轮的间隙 $\lambda = 12$ mm,活动瓦块集中总质量 $m = 1.5$ kg,接合面间摩擦系数 $f = 0.4$,试求传递转矩 $T = 13.5$ N·m 时输入轴的角速度 ω_T(活动瓦块厚度较小,其尺寸可略去不计)。

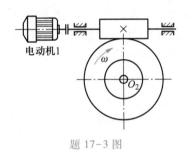

题 17-3 图

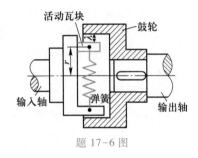

题 17-6 图

第 18 章

弹簧

§18-1 弹簧的功用和类型

弹簧受外力作用后能产生较大的弹性变形,在机械设备中广泛应用弹簧作为弹性元件。弹簧的主要功用有:① 控制机构的运动或零件的位置,如凸轮机构、离合器、阀门以及各种调速器中的弹簧;② 缓冲及吸振,如车辆弹簧和各种缓冲器中的弹簧;③ 储存能量,如钟表、仪器中的弹簧;④ 测量力的大小,如弹簧秤中的弹簧。

弹簧的种类很多,从外形看,有螺旋弹簧、环形弹簧、碟形弹簧、平面涡卷弹簧和板弹簧等。

螺旋弹簧是用金属丝(条)按螺旋线卷绕而成,由于制造简便,所以应用最广。按其形状可分为:圆柱形(图 18-1a、b、d)、截锥形(图 18-1c)等。按受载情况又可分为拉伸弹簧(图18-1a)、压缩弹簧(图 18-1b、c)和扭转弹簧(图 18-1d)。

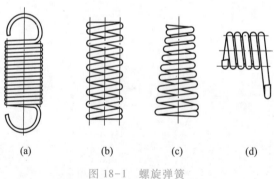

(a)   (b)   (c)   (d)

图 18-1　螺旋弹簧

环形弹簧(图 18-2a)和碟形弹簧(图 18-2b)都是压缩弹簧,在工作过程中,一部分能量消耗在各圈之间的摩擦上,因此具有很高的缓冲、吸振能力,多用于重型机械的缓冲装置。

平面涡卷弹簧或称盘簧(图 18-2c),它的轴向尺寸很小,常用作仪器和钟表的储能装置。

板弹簧 (图 18-2d)由许多长度不同的钢板叠合而成,主要用作各种车辆的减振装置。

本章主要介绍圆柱螺旋拉伸、压缩弹簧的结构和设计。

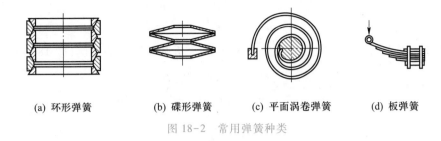

(a) 环形弹簧　　　(b) 碟形弹簧　　(c) 平面涡卷弹簧　　　(d) 板弹簧

图 18-2　常用弹簧种类

§18-2　圆柱螺旋拉伸、压缩弹簧的应力与变形

一、弹簧的应力

圆柱螺旋拉伸及压缩弹簧的外载荷（轴向力）均沿弹簧的轴线作用，它们的应力和变形计算是相同的。现以圆柱螺旋压缩弹簧为例进行分析。

图 18-3 所示为一圆柱螺旋压缩弹簧，轴向力 F 作用在弹簧的轴线上，弹簧丝的截面是圆形的，其直径为 d ，弹簧中径为 D，螺旋升角为 α。一般，弹簧的螺旋升角很小（$\alpha < 9°$），可以认为通过弹簧轴线的截面就是弹簧丝的法截面。由力的平衡可知，此截面上作用着剪力 F 和扭矩 $T = \dfrac{FD}{2}$。

如果不考虑弹簧丝的弯曲，按直杆计算，以 W_{T} 表示弹簧丝的抗扭截面系数，则扭矩 T 在截面上引起的最大扭切应力（图 18-4）为

$$\tau' = \frac{T}{W_{\mathrm{T}}} = \frac{F\dfrac{D}{2}}{\dfrac{\pi d^3}{16}} = \frac{8FD}{\pi d^3}$$

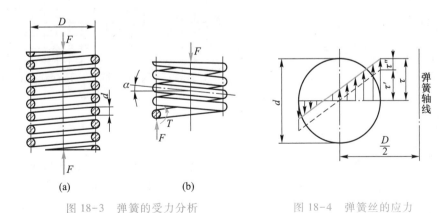

(a)　　　　　　(b)

图 18-3　弹簧的受力分析　　　　　　图 18-4　弹簧丝的应力

若剪力引起的切应力为均匀分布，则切应力为

$$\tau'' = \frac{4F}{\pi d^2}$$

弹簧丝截面上的最大切应力 τ 发生在内侧,即靠近弹簧轴线的一侧(图 18-4),其值为

$$\tau = \tau' + \tau'' = \frac{8FD}{\pi d^3} + \frac{4F}{\pi d^2} = \frac{8FD}{\pi d^3}\left(1 + \frac{d}{2D}\right)$$

令
$$C = \frac{D}{d} \qquad\qquad\qquad (18-1)$$

则弹簧丝截面上的最大切应力为

$$\tau = \frac{8FC}{\pi d^2}\left(1 + \frac{0.5}{C}\right) \qquad\qquad (18-2)$$

式中:C 称为旋绕比或弹簧指数,是衡量弹簧曲率的重要参数;括号内的第二项为切应力 τ'' 的影响。

较精确的分析指出,弹簧丝截面内侧的最大切应力(图 18-5)及其强度条件为

$$\tau = K\frac{8FC}{\pi d^2} \leqslant [\tau] \qquad\qquad (18-3)$$

式中:F、C、d 的意义同上;$[\tau]$ 为材料的许用切应力;K 为弹簧的曲度系数,其计算式为

$$K = \frac{4C-1}{4C-4} + \frac{0.615}{C} \qquad\qquad (18-4)$$

K 值可根据旋绕比 C 直接从图 18-6 查出。

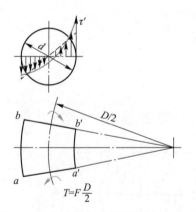

图 18-5　考虑曲率时弹簧丝的扭切应力

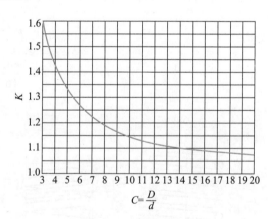

图 18-6　曲度系数 K

式(18-4)中第一项反映了弹簧丝曲率对扭切应力的影响。如图 18-5 所示,弹簧丝在扭矩 T 作用下,截面 a-a' 与 b-b' 将相对转动一个小角度。由于内侧的纤维长度比外侧的短(即 $a'b' < ab$),这样内侧单位长度的扭转变形就比外侧的大,因此内侧的扭切应力大于直杆的扭切应力 τ',而外侧则反之。显然,旋绕比 C 越小,内侧应力增加越多。式(18-4)中的第二项反映了因 τ'' 分布不均匀对内侧应力产生的影响。

二、弹簧的变形

在轴向载荷作用下,弹簧产生轴向变形量 λ,见图 18-7a。今截取微段弹簧丝 ds,如图 18-7b 所示,当弹簧螺旋升角 α 很小时,可认为半径 OC_1、OC_2 和微段弹簧丝的轴线 ds 在同一平面内。微段 ds 受扭矩 T 后,两端截面相对扭转了 $d\varphi$ 角,于是半径 OC_2 也相对于半径 OC_1 扭转了一个角度 $d\varphi$,使点 O 移到 O',从而使弹簧产生相应的轴向变形 $d\lambda$

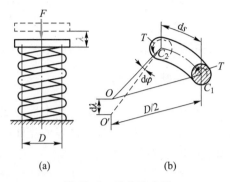

$$d\lambda = \frac{D}{2}d\varphi = \frac{D}{2}\frac{Tds}{GI_p} = \frac{8FD^2 ds}{G\pi d^4}$$

图 18-7 弹簧的变形

积分
$$\lambda = \int_0^l d\lambda = \frac{8FD^2}{G\pi d^4}\int_0^l ds$$

式中:G 为弹簧材料的切变模量(钢:$G = 8\times10^4$ MPa,青铜:$G = 4\times10^4$ MPa);其他符号意义同前;积分 $\int_0^l ds$ 中的 l 为弹簧丝的长度,若弹簧的有效圈数(参与变形的圈数)为 n,则 $l \approx \pi Dn$,由此可得弹簧的轴向变形量为

$$\lambda = \frac{8FD^3 n}{Gd^4} = \frac{8FC^3 n}{Gd} \tag{18-5}$$

使弹簧产生单位变形量所需的载荷称为弹簧刚度 k(也称为弹簧常数),即

$$k = \frac{F}{\lambda} = \frac{Gd^4}{8D^3 n} = \frac{Gd}{8C^3 n} \tag{18-6}$$

从式(18-6)可看出,当其他条件相同时,旋绕比 C 越小,弹簧刚度越大;反之则弹簧刚度越小。若 C 值过小,会使弹簧卷绕困难,并在弹簧内侧引起过大的应力。但 C 值过大,则弹簧易颤动。所以旋绕比 C 应在 4~16 的范围内,常用的为 $C = 5$~8。此外,刚度 k 还与 G、d、n 有关,设计时应综合考虑这些因素的影响。

§18-3 弹簧的制造、材料和许用应力

一、弹簧的制造

螺旋弹簧的制造过程包括:卷绕、两端面加工(指压簧)或挂钩的制作(指拉簧和扭簧)、热处理和工艺性试验等。

大批生产时,弹簧的卷制是在自动机床上进行的,小批生产则常在普通车床上或者手工卷制。弹簧的卷绕方法可分为冷卷和热卷两种。当弹簧丝直径小于 10 mm 时,常用冷卷法。冷卷时,一般用冷拉的碳素弹簧钢丝在常温下卷成,不再淬火,只经低温回火消除内应力。热卷的弹簧卷成后须经过淬火和回火处理。弹簧在卷绕和热处理后要进行表面检验及

工艺性试验,以鉴定弹簧的质量。

弹簧制成后,如再进行强压处理,可提高承载能力。强压处理是将弹簧预先压缩到超过材料的屈服极限,并保持一定时间后卸载,使弹簧丝表面层产生与工作应力方向相反的残余应力,受载时可抵消一部分工作应力,因此提高了弹簧的承载能力。经强压处理的弹簧,不宜在高温、变载荷及有腐蚀性介质的条件下应用。因为在上述情况下,强压处理产生的残余应力是不稳定的。受变载荷的压缩弹簧,可采用喷丸处理提高其疲劳寿命。

二、弹簧的材料

弹簧在机械中常承受具有冲击性的变载荷,所以弹簧材料应具有高的弹性极限、疲劳极限、一定的冲击韧性、塑性和良好的热处理性能等。常用的弹簧材料有优质碳素弹簧钢、合金弹簧钢和有色金属合金。

（1）碳素弹簧钢　含碳质量分数为 0.6%～0.9%,如 65、70、85 等碳素弹簧钢。这类钢价廉易得,热处理后具有较高的强度、适宜的韧性和塑性,但当弹簧丝直径大于 12 mm 时,不易淬透,故仅适用于小尺寸的弹簧。

碳素弹簧钢丝按抗拉强度极限的高低分为 B、C、D 三级,分别适用于低、中、高应力弹簧。表 18-1 列出了碳素弹簧钢丝极限强度的下限值。由表中数据可看出,同一级材料,其极限强度随钢丝直径的增加而减小,这是因为直径大则不容易淬透的缘故,所以设计碳钢弹簧时,先选定弹簧丝直径,然后校核其强度是否足够。

表 18-1　碳素弹簧钢丝的抗拉强度极限 σ_B　　　　　　　　　　MPa

级别	钢丝直径 d/mm													
	0.5	0.8	1.0	1.2	1.6	2.0	2.5	3.0	3.5	4.0	4.5	5.0	6.0	8.0
B 级	1 860	1 710	1 660	1 620	1 570	1 470	1 420	1 370	1 320	1 320	1 320	1 320	1 220	1 170
C 级	2 200	2 010	1 960	1 910	1 810	1 710	1 660	1 570	1 570	1 520	1 520	1 470	1 420	1 370
D 级	2 550	2 400	2 300	2 250	2 110	1 910	1 760	1 710	1 660	1 620	1 620	1 570	1 520	—

（2）合金弹簧钢　承受变载荷、冲击载荷或工作温度较高的弹簧,需采用合金弹簧钢,常用的有硅锰钢和铬矾钢等。

（3）有色金属合金　在潮湿、酸性或其他腐蚀性介质中工作的弹簧,宜采用有色金属合金,如硅青铜、锡青铜、铍青铜等。

选择弹簧材料时应充分考虑弹簧的工作条件（载荷的大小及性质、工作温度和周围介质的情况）、功用及经济性等因素,一般应优先采用碳钢。

三、弹簧的许用应力

影响弹簧许用应力的因素很多,除了材料品种外,材料质量、热处理方法、载荷性质、弹簧的工作条件和重要程度以及弹簧丝的尺寸等,都是确定许用应力时应予以考虑的。

通常,弹簧按其载荷性质分为三类:Ⅰ类——受变载荷作用次数在 10^6 以上或很重要的弹簧,如内燃机气门弹簧、电磁制动器弹簧;Ⅱ类——受变载荷作用次数在 10^3～10^5 及受冲击载荷的弹簧或受静载荷的重要弹簧,如调速器弹簧、安全阀弹簧、一般车辆弹簧;Ⅲ类——

受变载荷作用次数在 10^3 以下的,即基本上受静载荷的弹簧,如摩擦式安全离合器弹簧等。各类弹簧的许用应力分别列于表 18-2 中。

表 18-2 螺旋弹簧的常用材料和许用应力

材料		许用切应力/MPa			推荐使用温度/℃	推荐硬度范围(HRC)	特性及用途
名称	牌号	I 类弹簧 $[\tau_{\mathrm{I}}]$	II 类弹簧 $[\tau_{\mathrm{II}}]$	III 类弹簧 $[\tau_{\mathrm{III}}]$			
碳素弹簧钢丝(可分为B、C、D三级)	65、70	$(0.3\sim0.38)\sigma_B$	$(0.38\sim0.45)\sigma_B$	$0.5\sigma_B$	-40~130		强度高,但尺寸大则不易淬透。B、C、D级分别适用于低、中、高应力弹簧
	65Mn	340	455	570	-40~130		
合金弹簧钢丝	60Si2Mn	445	590	740	-40~200	45~50	弹性好,回火稳定性好,易脱碳,用于重载弹簧
	50CrVA	445	590	740	-40~210	45~50	疲劳强度高,淬透性和回火稳定性好,常用于受变载荷的弹簧
	60CrMnA	430	570	710	-40~250	47~52	抗高温,用于重载、大尺寸弹簧
青铜丝	QSi-3	196	250	333	-40~120		耐腐蚀,防磁
	QSn4-3	196	250	333	-250~120		

注:1. 钩环式拉伸弹簧因钩环过渡部存在附加应力,其许用切应力取表中数值的 80%。

2. 对重要的、其损坏会引起整个机械损坏的弹簧,许用切应力 $[\tau]$ 应适当降低。例如受静载荷的重要弹簧,可按 II 类选取许用应力。

3. 经强压、喷丸处理的弹簧,许用切应力可提高约 20%。

4. 极限切应力可取为:I 类,$\tau_S = 1.67[\tau_{\mathrm{I}}]$;II 类,$\tau_S = 1.25[\tau_{\mathrm{II}}]$;III 类,$\tau_S = 1.12[\tau_{\mathrm{III}}]$。

例 18-1 已知一圆柱螺旋压缩弹簧,钢丝直径 $d = 10$ mm,$D = 50$ mm,$n = 10$ 圈,材料为 60Si2Mn,用在重要场合,受静载荷,问在安全范围内该弹簧工作时最多可压缩多少?

解:只要先求出弹簧丝最大应力 $\tau = [\tau]$ 时的最大工作载荷 F_2[①],就可求出该弹簧允许的最大压缩量。

(1)求许用应力

由弹簧的材料、用途、载荷性质及表 18-2,按 II 类弹簧取许用应力 $[\tau_{\mathrm{II}}] = 590$ MPa。

(2)求最大应力 $\tau = [\tau_{\mathrm{II}}]$ 时的最大工作载荷 F_2

由式(18-3),可解得

---

① 通常以 F_1 表示最小工作载荷,F_2 表示最大工作载荷。

$$F_2 = \frac{\pi d^2 [\tau]}{8KC}$$

其中 $C = \dfrac{D}{d} = \dfrac{50}{10} = 5$，查图 18-6 得 $K = 1.31$。将各值代入上式，得

$$F_2 = \frac{\pi \times 10^2 \times 590}{8 \times 1.31 \times 5} \ \text{N} = 3\ 537 \ \text{N}$$

（3）求 F_2 作用时的变形量 λ_2

由式（18-5）得

$$\lambda_2 = \frac{8F_2 C^3 n}{Gd} = \frac{8 \times 3\ 537 \times 5^3 \times 10}{8 \times 10^4 \times 10} \ \text{mm} = 44 \ \text{mm}$$

故此弹簧工作时，最多可压缩 44 mm。

§18-4　圆柱螺旋拉伸、压缩弹簧的设计

一、结构尺寸和特性曲线

1. 压缩弹簧的结构尺寸

压缩弹簧在自由状态下，各圈间均留有一定的间距 δ，以备受载时变形（图 18-8）。通常，弹簧两端各有 $\dfrac{3}{4} \sim 1\dfrac{1}{4}$ 圈并紧，以使弹簧站得平直。工作时这几圈不参与变形，称为支承圈或死圈。支承圈端部结构有磨平端（图 18-8a）和不磨平端（图 18-8b）两种。为了使弹簧端面和轴线垂直，重要用途的压缩弹簧应采用前一种结构。支承圈的磨平长度应不小于 3/4 圈，末端厚度应近于 $d/4$。

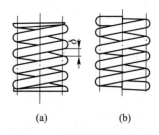

图 18-8　压缩弹簧端面结构

有支承圈的弹簧，其总圈数为

$$n_1 = n + (1.5 \sim 2.5)$$

n_1 的尾数推荐为 1/2 圈，这样工作较为平稳。压缩弹簧的结构尺寸可由图 18-9 求出。

$$\left.\begin{array}{ll}
\text{节距} & t = d + \delta \\[2mm]
\text{间距} & \delta \geqslant \dfrac{\lambda_2}{0.8n}
\end{array}\right\} \tag{18-7}$$

式中：λ_2 为最大工作载荷 F_2 作用时弹簧的变形量。

$$\left.\begin{array}{l}
\text{螺旋升角} \qquad \alpha = \arctan \dfrac{t}{\pi D} \\[4mm]
\text{通常 } t \approx (0.3 \sim 0.5)D，\text{即 } \alpha = 5° \sim 9°。 \\[4mm]
\text{弹簧丝展开长度} \qquad L = \dfrac{\pi D n_1}{\cos \alpha}
\end{array}\right\} \tag{18-8}$$

自由高度 H_0（即未受载时弹簧的高度）：

对于两端并紧不磨平的结构

$$H_0 = n\delta + (n_1 + 1)d \left.\vphantom{\begin{array}{c}1\\1\\1\end{array}}\right\}$$

对于两端并紧磨平的结构

$$\text{(18-9)}$$

$$H_0 = n\delta + (n_1 - 0.5)d$$

式(18-9)中，$(n_1+1)d$ 和 $(n_1-0.5)d$ 分别为两种结构压缩弹簧并紧时的高度 H_S（图18-10）。

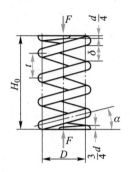
图 18-9 弹簧的几何参数

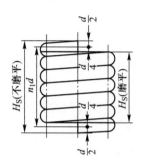
图 18-10 弹簧的并紧高度

为了保证压缩弹簧的稳定性，弹簧的高径比 $b = H_0/D$ 不应超过许用值。两端固定的弹簧，$b < 5.3$；一端固定、另一端铰支的弹簧，$b < 3.7$。当 b 大于许用值时，弹簧可能产生侧弯现象（图18-11a）。为了避免弹簧失稳，应在弹簧内部加导向杆或在弹簧外部加导向套（图18-11b）。导向杆和导向套与弹簧的间隙不应过大，工作时需加油润滑。

2. 压缩弹簧的特性曲线

由 §18-2 可知，等节距圆柱螺旋弹簧在弹性变形范围内，其变形 λ 和载荷成正比，即两者间为直线关系。图18-12为圆柱螺旋压缩弹簧的载荷-变形曲线，称为弹簧特性曲线，图中：

    F_1——最小工作载荷，即弹簧在安装位置时所受的压力。弹簧不应处于无载的自由状态，F_1 能使弹簧可靠地稳定在安装位置上。按弹簧的功用，F_1 在 $(0.2\sim0.5)F_2$ 范围内选取。

    F_2——最大工作载荷。弹簧在 F_2 作用下，弹簧丝的最大应力 τ 不应超过材料的许用应力 $[\tau]$。

    F_{lim}——极限载荷。达到材料剪切屈服极限 τ_S 的载荷，称为极限载荷。

H_1、H_2、H_{lim}——分别对应于上述三种载荷作用时的弹簧高度。

λ_1、λ_2、λ_{lim}——分别对应于上述三种载荷作用时的弹簧的轴向变形量。为了在 F_2 作用时弹簧不致并紧，式(18-7)中已规定 $\lambda_2 \leqslant 0.8n\delta$。

如图18-12所示，弹簧刚度为

$$k = \frac{F_1}{\lambda_1} = \frac{F_2}{\lambda_2} = \cdots = 常数 \tag{18-10}$$

在加载过程中，弹簧所储存的能量为变形能 E，即图18-12中用小方格表示的面积。

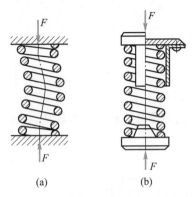

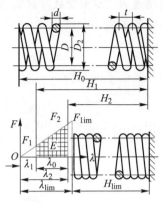

图 18-11　压缩弹簧的侧弯及防止侧弯的措施　　　图 18-12　圆柱螺旋压缩弹簧的特性曲线

在弹簧工作图中,应绘有弹簧的特性曲线,以作为检验和试验时的依据之一。

3. 拉伸弹簧的结构特点

拉伸弹簧卷制时已使各圈相互并紧,即 $\delta=0$。为了增加弹簧的刚性,多数拉伸弹簧在制成后已具有初应力。拉伸弹簧端部做有挂钩,以便安装和加载。挂钩的形式很多,常用的见图18-13。其中半圆钩环型(图 18-13a)和圆钩环型(图 18-13b)的结构制造方便,但这两种挂钩上的弯曲应力都较大,只适用于中小载荷和不重要的地方。图 18-13c 所示为两端具有可转钩环型,它的挂钩是另外装上去的活动钩,故挂钩下端及弹簧端部的弯曲应力较前述两种小。图 18-13d 为可调式拉伸弹簧,具有带螺旋块的挂钩。图 18-13c、d 所示挂钩适用于受变载荷场合,但成本较高。图 18-14 是改进的挂钩形式,其端部弹簧圈直径逐渐减小,因而弯曲应力也相应减小。

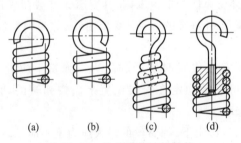

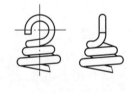

图 18-13　拉伸弹簧端部结构　　　　　　图 18-14　改进的挂钩形式

圆柱螺旋拉伸弹簧结构尺寸的计算公式与压缩弹簧相同,但在使用公式时应注意拉伸弹簧的间距 $\delta=0$;计算弹簧丝展开长度和弹簧自由高度时应把挂钩部分的尺寸计入。

二、设计计算步骤

设计弹簧时应满足以下要求:有足够的强度;符合载荷-变形特性曲线的要求(即刚度条件);不侧弯;等等。

通常的已知条件为:弹簧所承受的最大工作载荷 F_2 和相应的变形量 λ_2,以及其他方面的要求(例如工作温度、空间地位的限制等)。具体计算时,首先根据工作条件选择合宜的弹簧材料及结构形式;其次运用§18-2中求应力、变形的公式确定弹簧的主要参数 d、D、n,在大量生产中,中径 D 应符合 GB/T 1358—2009《圆柱螺旋弹簧尺寸系列》;最后由式(18-7)~式(18-9)求出弹簧的其他结构尺寸 t、α、H_0 及弹簧丝展开长度等。运用式(18-3)求弹簧丝直径 d 时,因为许用应力 $[\tau]$ 和旋绕比 C 都与 d 有关,所以常需采用试算法。

常用圆柱螺旋弹簧中径尺寸系列(mm)如下:4 4.2 4.5 5 5.5 6 6.5 7 7.5 8 8.5 9 10 12 14 16 18 20 22 25 28 30 32 38 42 45 48 50 52 55 58 60 65 70 75 80 85 90 95 100 105 110 115 120 125 130 135 140 145 150 160 170 180 190 200 210 220 230 240 250 260 270 280 300 320 340 360 380 400 450 500 550 600。

例 18-2 一个供蒸煮器用的立式小锅炉,炉顶上采用微启式①弹簧安全阀(图18-15)。阀座通径 $D_0 = 32$ mm,要求阀门起跳气压 $p_1 = 0.33$ MPa,阀门行程 $\lambda_0 = 2$ mm,全开时弹簧受力 $F_2 = 340$ N,结构要求弹簧的内径 $D_1 > 16$ mm。试设计此安全阀上的压缩弹簧。若现有 $d = 4$ mm 的 60Si2Mn 钢丝,问能否使用?

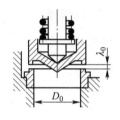

图 18-15 弹簧安全阀

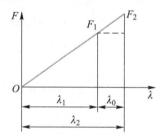

图 18-16 弹簧特性曲线

解:1. 分析已知条件

(1)此弹簧用作锅炉安全阀,是重要弹簧,按Ⅱ类载荷计算。

(2)弹簧所受最小工作载荷 F_1(即安装位置的压力)应等于起跳时的压力,即

$$F_1 = p_1 \frac{\pi D_0^2}{4} = 0.33 \times \frac{\pi}{4} \times 32^2 \text{ N} = 265.4 \text{ N}$$

(3)由图18-16可求得所需的弹簧刚度 k 为

$$k = \frac{F_2 - F_1}{\lambda_0} = \frac{340 - 265.4}{2} \text{ N/mm} = 37.3 \text{ N/mm}$$

弹簧在最大工作载荷 F_2 作用时的变形量 λ_2 为

$$\lambda_2 = \frac{F_2}{k} = \frac{340}{37.3} \text{ mm} = 9.1 \text{ mm}$$

(4)要求 $D_1 > 16$ mm。

2. 确定弹簧各参数

(1)选择弹簧材料 根据工作条件和题意,选用 60Si2Mn。由表18-2查得 $[\tau_{II}] = 590$ MPa。由表18-2注4得 $\tau_{lim} \leq \tau_S = 1.25[\tau_{II}] = 737.5$ MPa。

(2)确定钢丝直径 d 由式(18-3)可解得

---

① 微启式安全阀行程 λ_0 较小,$\lambda_0 \approx \frac{D_0}{25} \sim \frac{D_0}{10}$。

$$d \geqslant \sqrt{\frac{8KF_2C}{\pi[\tau_{II}]}}$$

由于要求 $D_1 > 16$ mm，设 d 的大小等于题中现有钢丝直径（$d = 4$ mm），暂取 $D = D_1 + d = 22$ mm。则 $C = \dfrac{D}{d} = \dfrac{22}{4} = 5.5$，查图 18-6 得 $K = 1.28$。将各值代入上式，得

$$d \geqslant \sqrt{\frac{8 \times 1.28 \times 340 \times 5.5}{\pi \times 590}} \text{ mm} = 3.22 \text{ mm}$$

说明采用 $d = 4$ mm 的钢丝能满足强度条件。不受现成材料限制时，可考虑取 $d = 3.5$ mm。

（3）确定弹簧的圈数 n 由式（18-6）可解得

$$n = \frac{Gd}{8C^3k} = \frac{80\,000 \times 4}{8 \times 5.5^3 \times 37.3} = 6.45 \approx 6.5 [①]$$

（4）计算弹簧的其他尺寸   利用式（18-8）、式（18-9）可算出：

内径 $D_1 = D - d = (22 - 4)$ mm = 18 mm（>16mm，符合要求）

外径 $D_2 = D + d = (22 + 4)$ mm = 26 mm

间距 $\delta \geqslant \dfrac{\lambda_2}{0.8n} = \dfrac{9.1}{0.8 \times 6.5}$ mm = 1.75 mm，取 $\delta = 3$ mm

节距 $t = \delta + d = (3 + 4)$ mm = 7 mm

螺旋升角 $\alpha = \arctan \dfrac{t}{\pi D} = \arctan \dfrac{7}{\pi \times 22} = 5.8°$ （在 5°~9°的范围内）

两端各并紧一圈并磨平，则总圈数 $n_1 = (6.5 + 2) = 8.5$

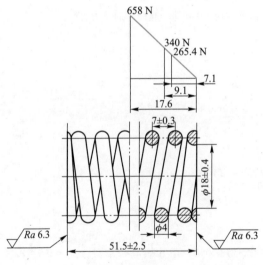

技术要求
1. 总圈数：8.5±0.25；
2. 工作圈数：6.5；
3. 旋向：右旋；
4. 展开长度：$L = 590$；
5. 热处理硬度：45~50 HRC；
6. 端部磨平

图 18-17   弹簧工作图

---

① 当计算的弹簧工作圈数 n 与 0.5 的倍数相差较大时，若要求计算精确，则在圆整 n 后，应重新计算弹簧的实际刚度 k。

弹簧丝展开长度
$$L = \frac{\pi D n_1}{\cos \alpha} = \frac{\pi \times 22 \times 8.5}{\cos 5.8°} \text{ mm} = 590 \text{ mm}$$

自由高度
$$H_0 = n\delta + (n_1 - 0.5)d = [6.5 \times 3 + (8.5 - 0.5) \times 4] \text{ mm} = 51.5 \text{ mm}$$

验算稳定性
$$b = \frac{H_0}{D} = \frac{51.5}{22} = 2.34 (<3.7, \text{符合要求})$$

由式(18-10)可求得弹簧受载荷 F_1 时的初始变形量为

$$\lambda_1 = \frac{F_1}{k} = \frac{265.4}{37.3} \text{ mm} = 7.1 \text{ mm}$$

弹簧的安装高度
$$H_1 = H_0 - \lambda_1 = (51.5 - 7.1) \text{ mm} = 44.4 \text{ mm}$$

3. 绘制弹簧的特性曲线与工作图(图18-17)[①]

在特性曲线图上一般应标注 F_1、F_2、$F_{\lim}$ 及对应的变形量。

由式(18-3)和式(18-10)可得

$$F_{\lim} \leqslant \frac{\pi d^2}{8KC} \tau_{\lim} = \frac{\pi \times 4^2}{8 \times 1.28 \times 5.5} \times 737.5 \text{ N} = 658 \text{ N}$$

$$\lambda_{\lim} = \frac{F_{\lim}}{k} = \frac{658}{37.3} \text{ mm} = 17.6 \text{ mm}$$

§18-5　其他弹簧简介

一、圆柱螺旋扭转弹簧

扭转弹簧的外形和拉压弹簧相似,但承受的是绕弹簧轴线的外加力矩,主要用于压紧和储能,例如使门上铰链复位、电机中保持电刷的接触压力等。为了便于加载,其端部常做成图18-18 所示的结构形式。

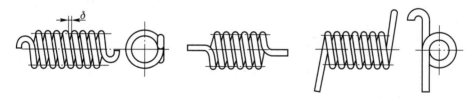

图 18-18　扭转弹簧端部结构

如图 18-19 所示,当扭转弹簧受外加力矩 T 时,若弹簧的螺旋升角 α 很小,可以认为弹簧丝只承受弯矩,其值等于外加力矩 T。应用曲梁受弯的理论,可求得圆截面弹簧丝的最大弯曲应力及强度条件为

$$\sigma = K_1 \frac{T}{W} = K_1 \frac{32T}{\pi d^3} \leqslant [\sigma] \qquad (18-11)$$

---

① 制造精度、允许偏差及技术要求参看机械设计手册。

式中：K_1 为曲度系数，$K_1 = \dfrac{4C-1}{4C-4}$；W 为抗弯截面系数；d 为弹簧丝直径；$[\sigma]$ 为材料的许用弯曲应力，可取 $[\sigma] \approx 1.25[\tau]$，$[\tau]$ 值见表 18-2。

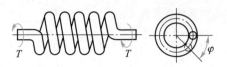

图 18-19　扭转弹簧的载荷

扭转弹簧受外加力矩后，产生的变形为扭转角 φ。与圆柱拉压弹簧类似，圆柱扭转弹簧的扭转角 φ 与载荷 T 成正比。由梁受弯时的偏转角方程式可求得弹簧扭转角的计算式为

$$\varphi = \frac{Tl}{EI} = \frac{\pi TDn}{EI} \quad \text{rad} \tag{18-12}$$

式中：E 为材料的弹性模量（钢：$E = 2.06 \times 10^5$ MPa）；I 为弹簧丝截面的轴惯性矩，$I = \pi d^4/64$；D 为弹簧的中径；n 为弹簧的有效圈数。

精度要求高的扭转弹簧，圈与圈之间应有一定的间隙，以免载荷作用时，因圈间摩擦而影响其特性曲线。扭转弹簧的旋向应与外加力矩的方向一致。这样，位于弹簧内侧的最大工作应力（压应力）与卷绕时产生的残余应力（拉应力）反向，从而可提高承载能力。扭转弹簧受载后，平均直径 D 会缩小。对于有心轴的扭转弹簧，为了避免受载后"抱轴"，心轴和弹簧内径间必须留有足够的间隙。

二、碟形弹簧

碟形弹簧是用薄钢板冲制而成的，其外形像碟子（图 18-20）。当它受到沿周边均匀分布的轴向力 F 时，内锥高度 h 变小，相应地产生轴向变形 λ。这种弹簧具有变刚度的特性。当 D_1、D_2 和 t 一定时，随着内锥高度 h 与簧片厚度 t 的比值不同，它们的特性曲线也不相同（图 18-20）。每条曲线上的小圆圈表示碟形弹簧片正好压平时的状况。值得提出的是当 $h/t \approx 1.5$ 时，曲线的中间部分接近于水平。这一特性很重要，它提供了在一定变形范围内保持载荷恒定的方法。例如在精密仪器中，可利用碟形弹簧使轴承端面摩擦力矩不受温度变化的影响；在密封垫圈中也可利用这一特性使密封性能不因温度变化而削弱。

实际应用时，往往把碟形弹簧片组合起来使用。为了增大变形量，可以采用对合式组合碟形弹簧（图 18-21a），这时变形量随着片数的增加而增加，但承载能力不变。在工作过程中碟形弹簧片间有摩擦损失，所以加载和卸载的特性线不重合（图 18-21b）。加载特性曲线与卸载特性曲线所包围的面积，就代表阻尼所消耗的能量，此能量越大说明弹簧的吸振能力越强。为了增加承载量，可以采用叠合式组合碟形弹簧（图 18-22a），这时承载能力随着片数的增加而增加，但变形量不变。这种结构由于碟形弹簧片间的摩擦而产生的阻尼较大，特别适用于缓冲和吸振。如欲同时增加变形量和承载能力，则可以采用复合式组合碟形弹簧（图 18-22b）。同样尺寸的碟形弹簧片，在不同组合时也能获得许多不同的弹簧特性，以适应不同的使用要求。

碟形弹簧除了上述特点外，还具有变形量小、承载能力强、在受载方向空间尺寸小等显著优点。目前，常用作重型机械、飞机等的强力缓冲弹簧，还在离合器、减压阀、密封圈和自动化控制机构中获得应用。

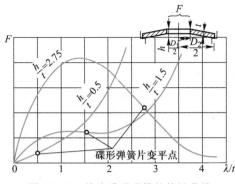

图 18-20　单片碟形弹簧的特性曲线

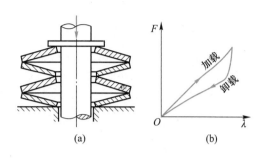

图 18-21　对合式组合碟形弹簧

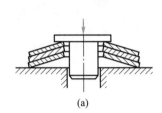

(a)

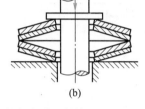

(b)

图 18-22　叠合式和复合式碟形弹簧

碟形弹簧的缺点是用作高精度控制弹簧时,对材料和制造工艺(加工精度、热处理)等要求比较严,制造困难。

关于碟形弹簧的设计计算可参阅有关设计手册。

习题

18-1　已知一圆柱螺旋压缩弹簧的弹簧丝直径 $d = 6$ mm,中径 $D = 30$ mm,有效圈数 $n = 10$。采用 C 级碳素弹簧钢丝,受变载荷作用次数为 $10^3 \sim 10^5$。(1)求允许的最大工作载荷及变形量;(2)若端部采用磨平端支承圈结构(图 18-8a),求弹簧的并紧高度 H_s 和自由高度 H_0;(3)验算弹簧的稳定性。

18-2　试设计一能承受冲击载荷的圆柱螺旋压缩弹簧。已知 $F_1 = 40$ N,$F_2 = 240$ N,工作行程 $\lambda = 40$ mm,中间有 $\phi 30$ mm 的心轴,弹簧外径不大于 45 mm,用 C 级碳素弹簧钢丝制造。

18-3　设计一圆柱螺旋压缩弹簧。已知采用 $d = 8$ mm 的钢丝制造,$D = 48$ mm,该弹簧初始时为自由状态,将它压缩 40 mm 后,需要储能 25 J。(1)求弹簧刚度;(2)若许用切应力为 400 MPa,问此弹簧的强度是否足够?(3)求有效圈数 n。

18-4　一圆柱螺旋拉伸弹簧用于高压开关中,已知最大工作载荷 $F_2 = 2\,070$ N,最小工作载荷 $F_1 = 615$ N,弹簧丝直径 $d = 10$ mm,外径 $D_2 = 90$ mm,有效圈数 $n = 20$,弹簧材料为 60Si2Mn,载荷性质属于 II 类。(1)在 F_2 作用时弹簧是否会断? 求该弹簧能承受的极限载荷 $F_{\lim}$;(2)求弹簧的工作行程。

18-5　有两根尺寸完全相同的圆柱螺旋拉伸弹簧,一根没有初应力,另一根有初应力,两根弹簧的自由高度 $H_0 = 80$ mm。现对有初应力的那根弹簧实测如下:第一次测定,$F_1 = 20$ N,$H_1 = 100$ mm;第二次测定,$F_2 = 30$ N,$H_2 = 120$ mm。试计算:(1)初拉力 F_0;(2)没有初应力的弹簧在 $F_2 = 30$ N 的拉力下,弹簧的高度。

[提示:有初应力的拉伸弹簧比没有初应力的弹簧多了一段假想的变形量 x(题 18-5 图),也就是说前者在

自由状态下具有一定初应力 τ_0。工作时,当外力大于初拉力 F_0 时,弹簧才开始伸长。]

18-6　试设计一受静载荷的圆柱螺旋压缩弹簧。已知条件如下:当弹簧承受载荷 $F_1 = 178$ N 时,其长度 $H_1 = 89$ mm,当 $F_2 = 1\,160$ N 时,$H_2 = 54$ mm,该弹簧使用时套在直径为 30 mm 的芯棒上,现有材料为 B 级碳素弹簧钢丝,要求所设计弹簧的尺寸尽可能小。

18-7　一圆柱螺旋扭转弹簧用在 760 mm 的门上,见题 18-7 图。当门关闭时,手把上加 4.5 N 的推力才能把门打开。当门转到 180° 时,手把上的力为 13.5 N。若材料的许用应力 $[\sigma] = 1\,100$ MPa,求:(1)该弹簧的弹簧丝直径 d 和中径 D;(2)所需的初始扭转角:(3)弹簧的有效圈数。

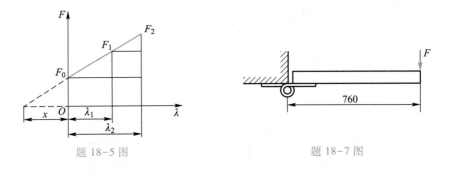

题 18-5 图　　　　　　　　　　题 18-7 图

滚动轴承基本额定动载荷与静载荷

附表 1　常用向心轴承的径向基本额定动载荷 C_r 和径向额定静载荷 C_{0r}　　　　kN

轴承内径/mm	深沟球轴承（60000 型）								圆柱滚子轴承 $\left(\begin{array}{l}\text{N0000 型}\\ \text{NF0000 型}\\ \text{NU0000 型}\end{array}\right)$							
	*（1）0		（0）2		（0）3		（0）4		10		（0）2		（0）3		（0）4	
	C_r	C_{0r}	C_r	C_{0r}	C_r	C_{0r}	C_r	C_{0r}	C_r	C_{0r}	C_r	C_{0r}	C_r	C_{0r}	C_r	C_{0r}
10	4.58	1.98	5.10	2.38	7.65	3.48										
12	5.10	2.38	6.82	3.05	9.72	5.08										
15	5.58	2.85	7.65	3.72	11.5	5.42					7.98	5.5				
17	6.00	3.25	9.58	4.78	13.5	6.58	22.5	10.8			9.12	7.0				
20	9.38	5.02	12.8	6.65	15.8	7.88	31.0	15.2	10.5	9.2	12.5	11.0	18.0	15.0		
25	10.0	5.85	14.0	7.88	22.2	11.5	38.2	19.2	11.0	10.2	14.2	12.8	25.5	22.5		
30	13.2	8.30	19.5	11.5	27.0	15.2	47.5	24.5	13.0	12.8	19.5	18.2	33.5	31.5	57.2	53.0
35	16.2	10.5	25.5	15.2	33.2	19.2	56.8	29.5	19.5	18.8	28.5	28.0	41.0	39.2	70.8	68.2
40	17.0	11.8	29.5	18.0	40.8	24.0	66.5	37.5	21.2	22.0	37.5	38.2	48.8	47.5	90.5	89.8
45	21.0	14.8	31.5	20.5	52.8	31.8	77.5	45.5	23.2	23.8	39.8	41.0	66.8	66.8	102	100
50	22.0	16.2	35.0	23.2	61.8	38.0	92.2	55.2	25.0	27.5	43.2	48.5	76.0	79.5	120	120
55	30.2	21.8	43.2	29.2	71.5	44.8	100	62.5	35.8	40.0	52.8	60.2	97.8	105	128	132
60	31.5	24.2	47.8	32.8	81.8	51.8	108	70.0	38.5	45.0	62.8	73.5	118	128	155	162
65	32.0	24.8	57.2	40.0	93.8	60.5	118	78.6	39.0	46.5	73.2	87.5	125	135	170	178
70	38.5	30.5	60.8	45.0	105	68.0	140	99.6	47.0	57.0	112.0	135.0	145	162	215	232

注：* 尺寸系列代号括号中的数字通常省略。

附表 2 常用角接触球轴承的径向基本额定动载荷 C_r 和径向额定静载荷 C_{0r} kN

轴承内径/ mm	70000C 型 ($\alpha = 15°$)				70000AC 型 ($\alpha = 25°$)				70000B 型 ($\alpha = 40°$)			
	*(1)0		(0)2		(1)0		(0)2		(0)2		(0)3	
	C_r	C_{0r}	C_r	C_{0r}	C_r	C_{0r}	C_r	C_{0r}	C_r	C_{0r}	C_r	C_{0r}
10	4.92	2.25	5.82	2.95	4.75	2.12	5.58	2.82				
12	5.42	2.65	7.35	3.52	5.20	2.55	7.10	3.35				
15	6.25	3.42	8.68	4.62	5.95	3.25	8.35	4.40				
17	6.60	3.85	10.8	5.95	6.30	3.68	10.5	5.65				
20	10.5	6.08	14.5	8.22	10.0	5.78	14.0	7.82	14.0	7.85		
25	11.5	7.46	16.5	10.5	11.2	7.08	15.8	9.88	15.8	9.45	26.2	15.2
30	15.2	10.2	23.0	15.0	14.5	9.85	22.0	14.2	20.5	13.8	31.0	19.2
35	19.5	14.2	30.5	20.0	18.5	13.5	29.0	19.2	27.0	18.8	38.2	24.5
40	20.0	15.2	36.8	25.8	19.0	14.5	35.2	24.5	32.5	23.5	46.2	30.5
45	25.8	20.5	38.5	28.5	25.8	19.5	36.8	27.0	36.0	26.2	59.5	39.8
50	26.5	22.0	42.8	32.0	25.2	21.0	40.8	30.5	37.5	29.0	68.2	48.0
55	37.2	30.5	52.8	40.5	35.2	29.2	50.5	38.5	46.2	36.0	78.8	56.5
60	38.2	32.8	61.0	48.5	36.2	31.5	58.2	46.2	56.0	44.5	90.0	66.3

注：* 尺寸系列代号括号中的数字通常省略。

附表 3 常用圆锥滚子轴承的径向基本额定动载荷 C_r 和径向额定静载荷 C_{0r} kN

轴承代号	轴承内径/ mm	C_r	C_{0r}	α	轴承代号	轴承内径/ mm	C_r	C_{0r}	α
30203	17	20.8	21.8	12°57'10"	30303	17	28.2	27.2	10°45'29"
30204	20	28.2	30.5	12°57'10"	30304	20	33.0	33.2	11°18'36"
30205	25	32.2	37.0	14°02'10"	30305	25	46.8	48.0	11°18'36"
30206	30	43.2	50.5	14°02'10"	30306	30	59.0	63.0	11°51'35"
30207	35	54.2	63.5	14°02'10"	30307	35	75.2	82.5	11°51'35"
30208	40	63.0	74.0	14°02'10"	30308	40	90.8	108	12°57'10"
30209	45	67.8	83.5	15°06'34"	30309	45	108	130	12°57'10"
30210	50	73.2	92.0	15°38'32"	30310	50	130	158	12°57'10"
30211	55	90.8	115	15°06'34"	30311	55	152	188	12°57'10"
30212	60	102	130	15°06'34"	30312	60	170	210	12°57'10"
30213	65	120	152	15°06'34"	30313	65	195	242	12°57'10"
30214	70	132	175	15°38'32"	30314	70	218	272	12°57'10"

[1] 郑文纬,吴克坚. 机械原理. 7 版. 北京:高等教育出版社,1997.

[2] 孙桓,陈作模,葛文杰. 机械原理. 8 版. 北京:高等教育出版社,2013.

[3] 于红英,王知行. 机械原理. 3 版. 北京:高等教育出版社,2015.

[4] 邹慧君,郭为忠. 机械原理. 3 版. 北京:高等教育出版社,2016.

[5] 申永胜. 机械原理教程. 3 版. 北京:清华大学出版社,2015.

[6] 濮良贵,陈国定,吴立言. 机械设计. 9 版. 北京:高等教育出版社,2013.

[7] 吴克坚,于晓红,钱瑞明. 机械设计. 北京:高等教育出版社,2003.

[8] 吴宗泽,高志. 机械设计. 2 版. 北京:高等教育出版社,2009.

[9] 邱宣怀. 机械设计. 4 版. 北京:高等教育出版社,1997.

[10] 张策. 机械原理与机械设计:上册. 2 版. 北京:机械工业出版社,2011.

[11] 张策. 机械原理与机械设计:下册. 2 版. 北京:机械工业出版社,2011.

[12] 闻邦椿. 机械设计手册. 5 版. 北京:机械工业出版社,2009.

[13] 成大先. 机械设计手册. 5 版. 北京:化学工业出版社,2008.

[14] 徐灏. 机械设计手册. 2 版. 北京:机械工业出版社,2004.

[15] 机械设计手册编委会. 机械设计手册. 3 版. 北京:机械工业出版社,2004.

[16] 吴宗泽,吴鹿鸣. 机械设计. 北京:中国铁道出版社,2016.

郑重声明

高等教育出版社依法对本书享有专有出版权。任何未经许可的复制、销售行为均违反《中华人民共和国著作权法》，其行为人将承担相应的民事责任和行政责任；构成犯罪的，将被依法追究刑事责任。为了维护市场秩序，保护读者的合法权益，避免读者误用盗版书造成不良后果，我社将配合行政执法部门和司法机关对违法犯罪的单位和个人进行严厉打击。社会各界人士如发现上述侵权行为，希望及时举报，我社将奖励举报有功人员。

反盗版举报电话　　（010）58581999　58582371

反盗版举报邮箱　　dd@hep.com.cn

通信地址　　北京市西城区德外大街4号　　高等教育出版社法律事务部

邮政编码　　100120

防伪查询说明

用户购书后刮开封底防伪涂层，使用手机微信等软件扫描二维码，会跳转至防伪查询网页，获得所购图书详细信息。

防伪客服电话　　（010）58582300